◎陕西省软科学项目“智慧医疗大数据治理体系和治理对策研究”（2022KRM188）
◎陕西省软科学项目“地方政府大数据治理能力影响因素及提升策略研究”（2019KRM193）

大数据分析与应用实验教程

——基于Tempo平台

段刚龙　薛宏全◎主编
张津恺　杨鑫军　董嘉怡　严顺飞　王延爽　杨东涛◎副主编

经济管理出版社
ECONOMY & MANAGEMENT PUBLISHING HOUSE

图书在版编目（CIP）数据

大数据分析与应用实验教程 ：基于 Tempo 平台 / 段刚龙，薛宏全主编. -- 北京 ：经济管理出版社，2024.
ISBN 978-7-5096-9878-5

Ⅰ. TP274

中国国家版本馆 CIP 数据核字第 2024LJ0738 号

组稿编辑：申桂萍
责任编辑：申桂萍
助理编辑：张　艺
责任印制：张莉琼
责任校对：蔡晓臻

出版发行：经济管理出版社
（北京市海淀区北蜂窝 8 号中雅大厦 A 座 11 层　100038）
网　　址：www. E-mp. com. cn
电　　话：（010）51915602
印　　刷：唐山昊达印刷有限公司
经　　销：新华书店
开　　本：787mm×1092mm/16
印　　张：18. 75
字　　数：422 千字
版　　次：2024 年 7 月第 1 版　　2024 年 7 月第 1 次印刷
书　　号：ISBN 978-7-5096-9878-5
定　　价：88. 00 元

前 言

随着信息时代的不断发展，大数据已经成为当今社会中不可忽视的重要资源。在各个领域，大数据分析和应用已经成为推动科学研究、产业发展以及社会进步的关键力量。面对日益增长的数据规模和复杂性，如何高效地进行大数据分析和应用，成为当今学术界和产业界共同关注的焦点之一。

本书在《大数据分析与应用》一书的基础上，以 Tempo 平台为实验工具，旨在为读者提供系统、全面的大数据分析与应用知识的教材，并通过实验的方式，让读者深入理解各种大数据分析方法的原理和实践技能。通过实验，读者能够更加深入地理解大数据分析的核心概念和方法，掌握 Tempo 大数据处理平台的使用技巧，从而在实际中灵活运用所学的知识。

本书紧紧围绕“构建知识体系、阐明基本原理、引导理论实践、掌握相关应用”的指导思想，对大数据分析与应用知识体系进行了系统梳理。第 1 章介绍了大数据分析的相关概念和建立方法；第 2 章介绍了 Tempo 平台的功能模块以及创建课堂、添加实验、发布实验等常用功能的快速入门方法；第 3 章介绍了回归分析实验；第 4 章描述了分类分析实验，涉及决策树算法、随机森林算法、朴素贝叶斯算法、KNN 算法和神经网络算法；第 5 章描述了聚类分析实验，分别介绍了 K-means 算法、EM 算法、模糊 C 均值算法；第 6 章描述了关联分析实验，包括 Apriori 算法和 FP-Growth 算法；第 7 章介绍了文本分析实验；第 8 章介绍了数据可视化分析实验。

本书得到了教育部产学合作协同育人项目“大数据分析与应用实践教学体系研究”（202102344003）和“大数据分析与商务智能教学平台建设”（201901263032）的资助。本书由段刚龙、薛宏全主编，杨鑫军、董嘉怡、王延爽、严顺飞为副主编，其他参与编写的成员有张津恺、廖浩丞、张少阳、柏力豪、史文龙、杜雨彤、谢珊珊、崔博文、刘建君、刘萌、李扬、郭格、孔维维。全体编写人员为本书付出了大量的心血，在此表示衷心的感谢！

最后，诚挚地感谢经济管理出版社为本书出版提供的大力支持，感谢美林公司提供的 Tempo 大数据分析实验平台。祝愿读者在学习本书的过程中有所收获！

由于笔者水平有限，书中难免存在一些疏漏和不足，恳切希望广大读者批评指正。

段刚龙
西安理工大学经济与管理学院
2024 年 5 月

目　录

1 大数据分析概述

1.1 什么是大数据

1.1.1 大数据的定义

大数据的概念起源于2008年9月美国《自然》(*Nature*)杂志刊登的名为“Big Data”的专题。2011年《科学》(*Science*)杂志也推出专刊“Dealing with Data”，对大数据的计算问题进行了讨论。在此基础上，谷歌、雅虎、亚马逊等著名企业总结了它们利用积累的海量数据为用户提供更加人性化服务的方法，进一步完善了大数据的概念。

根据维基百科的定义，大数据是指无法在可承受的时间范围内用常规软件工具进行捕捉、管理和处理的数据集合。国际权威研究机构Gartner将大数据定义为需要新处理模式才能具有更强的决策力、洞察发现力和流程优化能力的海量、高增长率和多样化的信息资产。

一般来说，大数据泛指巨量的数据集，这些数据集经过计算分析后，能够揭示某个方面相关的模式和趋势。对于大数据的定义，可以分别从广义和狭义两个方面理解。广义的大数据定义有点哲学的味道，是指物理世界到数字世界的映射和提炼，通过发现其中的数据特征，从而提升决策的效率。狭义的定义是基于技术工程师的角度，通过获取、存储、分析，从大容量数据中挖掘价值的一种全新技术架构。

如今，获取数据、存储数据、分析数据，这一系列的行为已经很常见了。例如，每月初，考勤管理员会获取每个员工上个月的考勤信息，在Excel表格中录入数据，然后统计分析每个员工的出勤情况。但是，这并不是所谓的大数据应用。当数据量巨大到传统个人电脑以及常规软件无力应对时，这种情况下的数据才能被称作大数据。

1.1.2 大数据的普及

当今社会，互联网尤其是移动互联网的发展，显著地加快了信息化向社会经济以及大众生活等各方面的渗透，促使了大数据时代的到来。近年来，人们能明显地感受到大数据来势迅猛。事实上，我国网民数量位居世界第一，产生的数据量也位于世界前列，这其中包括淘宝网每天超数千万次的交易所产生的超 50 TB 的数据，百度搜索每天生成的几十 PB 的数据，城市里大大小小的摄像头每月产生的几十 PB 的数据，甚至还包括医院里 CT 影像或门诊所记录的信息。总之，大到学校、医院、银行、企业的系统行业信息，小到个人的一次百度搜索、一次地铁刷卡，大数据存在于各行各业，存在于民众生活的方方面面。

大数据因自身可挖掘的高价值而受到重视。在“宽带中国”战略实施、云计算服务起步、物联网广泛应用和移动互联网崛起的同时，数据处理能力也迅速发展，数据积累到一定程度，其资料属性将更加明晰，显示出开发的价值。同时，社会节奏的加快，要求快速反应和精细管理，亟须借助数据分析和科学决策，这样，我们便需要对上面所说的形形色色的海量数据进行开发。也就是说，大数据的时代到来了。

有学者称，大数据将引发生活、工作和思维的革命；《华尔街日报》将大数据称为引领未来繁荣的三大技术变革之一；麦肯锡公司的报告指出，数据是一种生产资料，大数据将是下一个创新、竞争、生产力提高的前沿；世界经济论坛的报告认为，大数据是新财富，价值堪比石油；等等。因此，大数据的开发利用将成为各个国家抢占的新的制高点。

大数据包括那些数目极庞大的网络数据。有自媒体数据（如社交网络）、日志数据（如用户在搜索引擎上留下的大数据），还有流量最大的富媒体数据（如视频、音频）等。例如，淘宝每天的数据量就超过 50 TB、新浪微博晚高峰时每秒要接受 100 万次以上的请求、YouTube 网站每分钟有 100 小时的视频被上传。

大数据包括企事业单位数据和政府数据。一家医院一年能收集包括医疗影像、患者信息在内的 500 TB 数据，用于预测疾病、预防疾病、改善治疗手段等；中国联通每秒记录用户上网条数近百万条，一个月大概是 300 TB；国家电网信息中心目前累计收集了 2PB 的数据。

大数据包括我们身边的一些公用设施所记录的数据。就监控而言，很多城市的交通摄像头多达几十万个，一个月的数据就达到数十 PB，基本上所有的超市都覆盖了摄像头，这些都可以是大数据的基本来源并可以被挖掘利用。在北京，每天用市政交通一卡通刷卡的乘客有 4000 万人次记录，每天地铁刷卡的乘客也有 1000 万人次记录，这些数据可以用来改善北京的交通状况，优化交通路线。

大数据还包括国家大型公用设备和科研设备等产生的数据。例如，波音 787 每飞一个来回可产生 TB 级的数据，美国每个月收集 360 万次飞行记录。又如，风力发电机装有测量风速、螺距、油温等的多种传感器，每隔几毫秒就要测量一次，数据汇集用于检测叶片、变速箱、变频器等的磨损程度；一个具有风机的风场一年会产生 2PB 的数据，这些数据用于预防维护，可使风机寿命延长 3 年，极大地降低了风机的维护成本。

工业领域也产生了大量的数据，美国通用电气（GE）能源监测和诊断（M&D）中心每天从客户处收集 10 千兆字节的数据；长虹控股集团等离子显示板制造中生产流程数据涉及 75 条组装线，279 个主要生产设备，超过 10000 个参数，每天 3000 万条记录，大约 10 GB；杭州西奥电梯有限公司的数字化车间监控超过 500 个参数，每天产生约 50 万条记录；浙江雅莹服装有限公司数字化生产线由 15 个子系统组成，超过 1000 个参数，每天产生约 80 万条记录，约 1GB。

大数据甚至还包括一些地理位置、基因图谱、天体运动轨迹的数据。总之，任何可以利用数据分析来达到目的的地方就会有大数据的存在。

1.1.3 大数据的特点

大数据的重要特征是规模上的“大”，但远不是全部，由于在人类发展的不同阶段，人们对数据量的主观感受是不同的，因此不能单纯根据数据规模来定义大数据。

与传统的大量数据相比，大数据的基本特征可以概括为“5V”：Volume（大量）、Variety（多样）、Velocity（高速）、Value（低价值密度）、Veracity（真实性）。

（1）大量（Volume）。

2003 年，在人类第一次破译人体基因密码时，用了 10 年才完成对 30 亿对碱基对的排序；而在 10 年之后，世界范围内的基因仪 15 分钟就可以完成同样的工作量。

（2）多样（Variety）。

随着传感器、智能设备以及在线社交协作技术的飞速发展，组织中的数据也变得更加复杂，因为它不仅包含传统的关系型数据，还包含来自网页、互联网日志（包括单击流数据）、搜索索引、社交媒体、电子邮件、文档文件、音视频文件各种传感器数据等原始、半结构化和非结构化数据。

（3）高速（Velocity）。

在数据处理速度方面，有一个著名的“一秒定律”，即如果不能在秒级时间范围内给出分析结果，数据就会失去价值。而对于大数据来说，这里的高速不仅指的是数据处理速度快，也包括数据产生速度快的特点。有的数据是爆发式产生，比如，欧洲核子研究中心的大型强子对撞机在工作状态下每秒产生 PB 级的数据；有的数据是涓涓细流式产生，但是由于用户众多，短时间内产生的数据量依然非常庞大，比如，互联网单击流、电商平台日志、射频识别数据、全球定位系统（GPS）位置信息。

（4）低价值密度（Value）。

数据价值密度较低，又如浪里淘沙般弥足珍贵。随着互联网以及物联网的广泛应用，信息感知无处不在，信息虽海量，但价值密度较低，如何结合业务逻辑并通过强大的机器算法来挖掘数据价值，是大数据时代最需要解决的问题。

（5）真实性（Veracity）。

量大导致数据的准确性和可信赖度难以判定，数据质量良莠不齐。

大数据的“5V”特征使得大数据分析的主要难点并不仅仅在于数据体量大。实际上，通过对计算机系统的扩展可以在一定程度上缓解数据体量大带来的挑战，而大数据分析真正的挑战来自数据类型多样、数据质量的不确定性和数据分析的实时性要求。数据类型多样使一个应用往往既要处理结构化数据，又要处理文本、视频、语音等非结构化数据，这对单一的数据库系统来说是难以应对的；数据质量的不确定性，使数据真伪难辨，这成为大数据应用的一大挑战，追求高质量数据是对大数据处理的一项重要要求，最好的数据清洗方法也难以消除某些数据固有的不可预测性；在数据分析的实时性方面，在许多应用中时间就是利益，大数据分析的实时响应、在线更新是关键。

1.2 什么是大数据分析

随着互联网的普及，整个世界已经联机，越来越多的数据被创造和记录，数据增长率迅速提高。大数据的主要来源有社交媒体站点、传感器网络、数字图像/视频、手机、购买交易记录、医疗记录、档案、电子商务、复杂的科学研究等。直到今天，我们还可以将数据存储到服务器中，因为现有数据量非常有限，并且处理这些数据的时间也在接受范围内。但是在当今的技术世界中，全球数据总量呈指数级增长，人们在很多时候都依赖数据。同样地，数据的增长速度很快，就不可能将所有数据都存储到服务器中。因此，大数据分析就显得十分必要。

1.2.1 大数据分析的定义

数据分析指的是用适当的统计分析方法对收集来的大量数据进行分析，从中提取有用信息和形成结论，即对数据加以详细研究和概括总结的过程。

数据分析可以分为三个层次，即描述分析、预测分析和规范分析。

描述分析是探索历史数据并描述发生了什么，这一层次包括发现数据规律的聚类、相关规则挖掘、模式发现和描述数据规律的可视化分析。

预测分析用于预测未来的概率和趋势，如基于逻辑回归的预测、基于分类器的预测等。

规范分析是根据期望的结果、特定场景、资源以及对过去和当前事件的了解，对未来的决策给出建议，如基于模拟的复杂系统分析和基于给定约束的优化解生成。

顾名思义，大数据分析是指对规模巨大的数据进行分析。大数据分析是大数据到信息，再到知识的关键步骤。

1.2.2 大数据分析的相关概念

（1）数据可视化。

数据可视化是利用计算机图形学和图像处理技术，将数据转换成图形或图像在屏幕上显示出来，并进行交互处理的理论、方法和技术。数据可视化的实质是借助图形化手段，清晰有效地传达与沟通信息，使通过数据表达的内容更容易被理解。无论是对数据分析专家还是普通用户，数据可视化是数据分析工具最基本的要求。可视化可以直观地展示数据，让数据自己说话，让使用者看到结果。

可视化分析可以对以多维形式组织起来的数据进行钻取、联动、链接等各种分析操作，以便剖析数据，使分析者、决策者能从多个角度、多个侧面来观察数据库中的数据，从而深入了解包含在数据中的信息和内涵。

1）钻取。钻取是对数据进行可视化的基本功能之一，包括上钻与下钻两种方式。上钻是通过在维级别中上升或者通过消除某个（某些）维来观察更为概括和广泛的数据；而下钻则是通过在维级别中下降或者通过引入某个（某些）维来更加细致地观察数据。

2）联动。联动是指将多个可视化图表之间的操作和数据链接起来，实现交互式数据分析和可视化展示。例如，通过选择某个区域或某个数据点，在一个图表中的操作会自动联动到其他相关的图表中，从而实现多个视图之间的数据同步和交互式分析。

3）链接。图表链接用于触发打开新的场景或链接，实现图表超链接功能，目标链接可在弹出窗口、新页面或当前页面打开。链接功能不仅可以实现页面跳转，还可以通过传递参数值来实现跨页面的数据筛选。

（2）数据分析方法。

可视化是给人看的，数据挖掘就是给机器看的。集群、分割、孤立点分析还有其他的算法让我们深入数据内部，以挖掘价值。这些算法不仅要处理大数据的量，也要处理大数据的速度。常用的算法如下：

1）聚类分析。目标是通过对无标记训练样本的学习，揭示数据内在的规律及性质。

①K-means 聚类算法。该聚类算法适用于对球形簇分布进行数据聚类分析，其可应用于客户细分、市场细分等分析场景。该算法对空间需求及时间需求均是适度的，且收敛速度很快。但其难以发现非球形簇，且对噪声及孤立点较为敏感。

②模糊 C 均值聚类算法。模糊聚类分析作为无监督机器学习的主要技术之一，是用模糊理论对重要数据分析和建模的方法，建立了样本类属的不确定性描述。在众多模糊聚类算法中，模糊 C 均值聚类算法应用最广泛且较为成功。模糊 C 均值聚类算法通过优化目标函数得到每个样本点对所有类中心的类属度，从而决定样本点的类属，以达到自动对样本数据进行分群的目的。

③EM 算法。最大期望（EM）算法是在概率模型中寻找参数最大似然估计的算法。EM 算法经过两个步骤交替进行计算：第一步是计算期望（E），利用对隐藏变量的现有估计值，计算其最大似然估计值；第二步是最大化（M），这个过程不断交替进行。与其他聚类算法相比，EM 算法可以给出每个样本被分配到每一个类的概率，还能够处理异构数据，进行具有复杂结构的记录，适用于客户细分业务场景。EM 算法比 K-means 算法复杂，收敛也较慢，不适于大规模数据集和高维数据。

④层次聚类：层次聚类方法对给定的数据集进行层次的分解或者合并，直到某种条件满足为止。传统的层次聚类算法主要分为：凝聚的层次聚类（AGNES），即一种自底向上的策略，首先将每个对象作为一个簇，其次合并这些原子簇变为越来越大的簇，直到某个终结条件被满足；分裂的层次聚类（DIANA），即采用自顶向下的策略，它首先将所有对象置于一个簇中，其次逐渐细分为越来越小的簇，直到达到某个终结条件。

⑤KoHonen 聚类。KoHonen 网络是一种竞争型神经网络，可用于将数据集聚类到有明显区别的分组中，使得组内各样本间趋于相似，而不同组中的样本有所差异，其在训练过程中，每个神经元会与其他单元进行竞争，以“赢得”每个样本。

⑥视觉聚类。在视觉聚类算法中，将每一样本数据点视作空间中的一个光点，于是数据集便构成空间的一幅图像。当尺度参数充分小时，每一数据点就是一个类，当尺度逐渐变大时，小的数据类逐渐融合形成大的数据类，直到尺度参数充分大时，形成一个类。

⑦Canopy 聚类。Canopy 聚类算法是一个将对象分组到类的简单、快速的方法。Canopy 算法首先指定两个距离阈值 T1、T2（T1>T2），随机选择一个数据点，创建一个包含这个点的 Canopy，对于每个点，如果它到第一个点的距离小于 T1，就把这个点加入这个数据点的 Canopy 中，如果这个距离小于 T2，就把此点从候选中心向量集合中移除。重复以上步骤直到候选中心向量为空，最后形成一个 Canopy 集合。

⑧幂迭代聚类。幂迭代聚类（Power Iteration Clustering，PIC）是一个可尺度化的有效聚类算法。幂迭代算法是将数据点嵌入到由相似矩阵推导出来的低维子空间中，然后通过 K-means 算法得出聚类结果。幂迭代算法利用数据归一化的逐对相似度矩阵，采用截断的迭代法，寻找数据集的一个超低维嵌入，低维空间的嵌入是由拉普拉斯矩阵迭代生成的伪特征向量，这种嵌入恰好是有效的聚类指标，使它不需要求解矩阵的特征值。

⑨两步聚类。两步聚类算法可以同时分析连续属性和离散（分类）属性。算法中采用的度量距离包括欧氏距离及对数似然距离。该算法的特点是可以基于贝叶斯（BIC）信息准则自动确定最优聚类数。

2）分类分析。其将已知研究对象分为若干类，按照某种指定的属性特征将新数据归类。

①逻辑回归分类。逻辑回归算法（Logistic Regression）可用于二元及多元分类问

题，是经典的分类算法。对于二分类问题，算法会输出一个二元 Logistic 回归模型。对于 K 分类问题，算法会输出一个多维 Logistic 回归模型，包含 K-1 个二分类模型。

②朴素贝叶斯。朴素贝叶斯（Naive Bayes）算法在机器学习中属于简单概率分类器。朴素贝叶斯是一个多分类算法，前提假设为任意特征之间相互独立。首先计算给定标签下每一个特征的条件概率分布，其次应用贝叶斯理论计算给定观测值下标签的条件概率分布并用于预测。

③XGboost 分类。XGboost 分类是集成学习算法 Boosting 族中的一员，其全名为极端梯度提升模型，其对 GBDT 分类算法作了较大改进，分类效果显著。该算法的核心是大规模并行 boosted tree。XGBoost 是以 CART 树中的回归树作为基分类器，但其并不是简单重复地将几个 CART 树进行组合，而是一种加法模型，将模型上次预测（由 t-1 棵树组合成的模型）产生的误差作为建立下一棵树（第 t 棵树）的参考。

④贝叶斯网络。贝叶斯网络（Bayesian Network）是一种概率网络，它是基于概率推理的图形化网络，通过各类的先验概率计算待分类样本的后验概率，得到测试样本属于各类别的概率。贝叶斯网络是为了解决不确定性和不完整性而提出的，它对于解决复杂不确定性和关联性引起的问题有很大的优势，在多领域中被广泛应用。

⑤BP 神经网络。BP 神经网络由输入层、隐藏层和输出层构成，学习过程由信号的正向传播和误差的反向传播两个过程组成，通过多次调整权值，直至网络输出的误差减小到可以接受的程度，或进行事先设定的学习次数。学习得到因变量和自变量之间的一个非线性关系。

⑥随机森林算法。随机森林（Random Forest）算法被广泛应用于分类问题。其是决策树的组合，将许多决策树联合到一起，以降低过拟合的风险。同决策树类似，随机森林算法可以处理名词型特征，不需要进行特征缩放处理（如归一化），便能够处理特征间相互交互的非线性关系。随机森林算法支持连续数据或离散数据进行二分类或多分类。

⑦分类回归树。分类回归树（Classification and Regression Tree，CART）是一种典型的二叉决策树。对于分类问题，目标变量必须是字符型，可以通过剪枝避免模型对数据产生过拟合，同时可以控制剪枝程度，训练完成可得到一棵多叉树。

⑧ID3 算法。ID3 算法是一种流行的机器学习分类算法，其核心是信息熵。ID3 算法通过计算每个属性的信息增益，认为信息增益高的属性是好属性，每次划分选择信息增益最高的属性作为划分标准，重复这个过程，直至生成一个好的分类训练样本的决策树。

⑨C5.0 算法。C5.0 算法是在 C4.5 算法的基础上改进而来的产生决策树的一种更新的算法，计算速度比较快，占用的内存资源较少。C5.0 算法的优点如下：面对数据遗漏和输入字段很多的问题时非常稳健；比一些其他类型的模型易于理解，模型退出的规则有非常直观的解释；能提供强大技术以提高分类的精度。

⑩梯度提升决策树分类。梯度提升决策树（Gradient Boosting Decision Tree，GBDT）分类是一种迭代的决策树算法，该算法由多棵决策树组成，所有树的结论累加起来做最

终答案。

⑪L1/2 稀疏迭代分类。L1/2 稀疏迭代算法是基于极小化损失函数与关于解的 1/2 范数正则项的高效稀疏算法。在分类问题中，采用分类损失函数，并通过 L1/2 阈值迭代算法实现 L1/2 稀疏迭代分类。通过 Half 阈值迭代算法实现 L1/2 稀疏迭代分类问题的求解，使得它相比于凸正则化方法精度更高。

⑫RBF 神经网络分类。RBF 网络，即径向基神经网络，是前馈型网络的一种，其基本原理是针对在低维空间不一定线性可分的问题，如果把它映射到高维空间中，在那里就可能是线性可分的。其在对问题进行线性转换的同时，也解决了 BP 网络的局部极小值问题。RBF 网络是一个三层的网络，包含输入层、隐层和输出层，其中隐层的转换函数是局部相应的高斯函数，而其他前向型网络的转换函数一般都是全局响应的函数，理论上讲可以对任意连续函数无限逼近。

⑬KNN 邻近算法。KNN 邻近算法亦称 K 近邻分类算法，是数据挖掘技术中最简单的分类算法之一。所谓 K 最近邻，就是 k 个最近的邻居的意思，也就是说每个样本都可用它最接近的 k 个邻居来代表。该算法的核心思想是，如果一个样本所在的特征空间中的大多数 k 个最相邻的样本的属于某个类别，则该样本也属于这个类别。

⑭线性判别分类。线性判别分类算法是根据研究对象的各种特征值判别其类别归属问题的一种多变量统计分析方法，其将输入数据投影到线性子空间中，以最大限度地将类别分开。

⑮Adaboost 分类。Adaboost 分类是集成学习算法 Boosting 族中最著名的代表。其训练过程为：首先选取一个基分类器（这里用的是逻辑回归分类器），按顺序进行 T 轮模型训练。初始时，给训练集的每个样本赋予相同权重 1/N（N 为训练样本数）。其次进行第一轮带权训练，得到分类器 H1，然后求出该分类器在训练集上的加权误差率，并基于此误差率求得 H1 分类器的权重及更新训练样本权值（分类错误的样本权重调大，分类正确的反之）。接下来的每轮训练依次类推，最终得到每轮的分类器及其权重。这 T 个基分类器及其权重组成了整个 Adaboost 分类模型。当对新样本进行预测时，其分类预测值为这 T 个分类器的加权分类结果。需要注意的是，如果迭代过程中，某一次的误差率大于定限值，将终止迭代。此时，得到的基分类器少于 T 个。

3）回归分析。回归分析指的是确定两种或两种以上变量间相互依赖的定量关系的一种统计分析方法，在解决实际问题时经常会把数据拆分为训练数据集和测试数据集。

①线性回归。线性回归（Linear Regression）算法假设每个影响因素与目标之间存在线性关系，并通过特征选择得到关键影响因素，建立线性回归模型来预测目标值。该算法利用数理统计中的回归分析，来确定两种或两种以上变量间相互依赖的定量关系，并通过凸优化的方法进行求解，在实际业务中应用十分广泛。

②决策树回归。决策树回归（Decision Tree）算法通过构建决策树来进行回归预测。在创建决策树时，使用最小剩余方差来决定决策树的最优分类，该分类准则是期望

分类之后的子树误差方差最小。

③支持向量回归。支持向量回归（Support Vector Regression，SVR）是支持向量机处理回归问题的算法，它通常将回归问题转换为分类问题。支持向量机是一类按监督学习方式对数据进行二元分类的广义线性分类器，其决策边界是对学习样本求解的最大边距超平面。

④梯度提升树回归。梯度提升树（GBDT）是一种迭代的决策树算法，该算法由多棵决策树组成。它基于集成学习中 Boosting 的思想，每次迭代都在减少残差的梯度方向上建立一棵决策树，迭代多少次就生成多少棵决策树。该算法的思想使其具有天然优势，即可以发现多种有区分性的特征以及特征组合。

⑤BP 神经网络回归。BP 神经网络算法的学习过程由信号的正向传播和误差的反向传播两个过程组成，通过多次调整权值，直至网络输出的误差减小到可以接受的程度，或进行事先设定的学习次数。学习得到因变量和自变量之间的一个非线性关系。

⑥保序回归。保序回归可以看作附加有序限制的最小二乘问题，拟合的结果为分段的线性函数。训练集用该算法可以返回一个保序回归模型，可以被用于预测已知或者未知特征值的标签。目前只支持一维自变量。

⑦曲线回归。曲线回归算法实现的是一元多项式曲线回归，是研究一个因变量与一个自变量间多项式的回归分析方法。一元多项式回归的最大优点是可以通过增加高次项对实测点进行逼近，直至满意为止。在一元多项式回归模型中，自变量的次数不宜设置得太高，否则容易产生过拟合。

⑧随机森林回归。随机森林回归算法是决策树回归的组合算法，将许多回归决策树组合到一起，以降低过拟合的风险。随机森林可以处理名词型特征，不需要进行特征缩放处理。随机森林并行训练许多决策树模型，对每个决策树的预测结果进行合并可以降低预测的变化范围，进而改善测试集上的预测性能。

⑨L1/2 稀疏迭代回归：L1/2 稀疏迭代回归算法是基于极小化损失函数（误差平方和函数）与关于解 L1/2 范数正则项的高效稀疏算法。L1/2 正则化与 L0 正则化相比更容易求解，而与 L1 正则化相比能产生更稀疏的解，说明 L1/2 正则化具有广泛且重要的应用价值，平台通过 Half 阈值迭代算法实现 L1/2 稀疏迭代回归问题的求解，该算法具有高效、精确的优点。

4）时序分析。时序分析通过与当前预测时间点相近的历史时刻的数据来预测当时时刻的值（变量随时间变化，按等时间间隔所取得的观测值序列，称为时间序列）。

①ARIMA 模型。ARIMA 模型全称为差分自回归移动平均模型，其基本思路是将预测对象随时间推移而形成的数据序列视为一个随机序列，用一定的数学模型来近似描述这个序列。这个模型一旦被识别后就可以根据时间序列的过去值及当前值来预测未来值。ARIMA（p，d，q）为差分自回归移动平均模型，AR 是自回归，p 为自回归项，MA 为移动平均，q 为移动平均项数，d 为时间序列成为平稳时所做的差分次数。所谓

ARIMA 模型，是指将非平稳时间序列转化为平稳时间序列，然后将因变量仅对它的滞后值以及随机误差项的现值和滞后值进行回归所建立的模型。需要注意的是，此算法不支持利用节点连接模型，对于新数据只能重新进行预测。

②稀疏时间序列。稀疏时间序列是将稀疏性引入时间序列模型系数的求解中。该算法基于 AR 模型，通过 L1/2 稀疏化方法，能够获取更好的稀疏解，稀疏时间序列在一定程度上解决了 ARMA 模型的定阶问题。需要注意的是，此算法节点不支持连接模型利用节点，对于新数据只能重新进行预测。

③指数平滑。指数平滑模型根据时间序列先前的观察值来预测未来，如根据历史销售记录来预测未来销售情况。该节点提供了自动、简单指数平滑、Holt 线性趋势、简单季节模型、Winter 加法多种模型可以选择。其中，自动是指节点会自动求解平滑系数。需要注意的是，此算法节点不支持连接模型利用节点，对于新数据只能重新进行预测。

④移动平均。移动平均算法是根据时间序列逐项推移，依次计算包含一定项数的序时平均数，以反映长期趋势的方法。因此，当时间序列的数值由于受周期变动和随机波动的影响而起伏较大，且不易显出事件的发展趋势时，使用移动平均算法可以消除这些因素的影响。

⑤向量自回归模型。简称 VAR 模型，是计量经济中常用的一种时间序列分析模型。该模型是用所有当期变量对所有变量的若干滞后变量进行回归。VAR 模型用来估计联合内生变量的动态关系，而不带有任何事先约束条件。VAR 模型是 AR 模型的推广，可同时回归分析多个内生变量，即同时构建多个时间序列回归方程。

⑥回声状态网络。回声状态网络（Echo State Network，ESN）作为一种新型的递归神经网络，也由输入层、隐藏层（即储备池）、输出层组成。其将隐藏层设计成一个具有很多神经元组成的稀疏网络，通过调整网络内部权值的特性达到记忆数据的功能，其内部的动态储备池（DR）包含了大量稀疏连接的神经元，蕴含系统的运行状态，并具有短期记忆功能。回声状态网络训练的过程，就是训练隐藏层到输出层的连接权值（Wout）的过程。

⑦灰色预测。灰色预测是通过计算各因素之间的关联度，鉴别系统各因素之间发展趋势的相异程度。其核心体系为灰色模型（Grey Model，GM）。灰色模型的建立机理是根据系统的普遍发展规律，建立一般性的灰色微分方程，然后通过对数据序列的拟合，求得微分方程系数，从而获得灰色模型方程。灰色建模直接将时间序列转化为微分方程，从而建立抽象系统的发展变化的动态模型，灰色理论微分方程模型称为 GM（M，N），即 M 阶 N 个变量的微分方程灰色模型，其中 GM（1，1）是最基础模型，即一阶一变量微分方程灰色模型，其应用最为广泛。

5）关联规则分析。即挖掘一个事物与其他事物之间的相互依存性和关联性。

①Apriori 算法。Apriori 算法是一种挖掘关联规则的频繁项集算法。其核心思想是不断寻找候选集，然后剪枝去掉包含非频繁子集的候选集。该算法节点提供给了用户设

置最小支持度、置信度等选项，生成满足特定要求的关联规则，生成输出关联规则的模型和网络图。

②FP-Growth 算法，是挖掘关联规则的经典算法之一。FP-Growth 算法是基于数据构建一棵规则树，并基于规则树进行频繁项挖掘的算法，算法对数据库仅扫描 2 次，并且不会产生大量的频繁项集，因此算法具备处理效率高、内存占用较小的优点。

6）综合分析。即根据评价目标建立的评价体系选择合适的方法去计算综合价值，对评价对象进行排序和归档。

①层次分析法。层次分析法（Analytic Hierarchy Process，AHP）是将与决策相关的元素分解成目标、准则、方案等层次，进行定性和定量分析的决策方法。

②模糊综合评价法。模糊评价法是一种基于模糊数学的综合评价方法。该方法将"优""良""差"等定性评价转化为定量评价值，进而用模糊算子自下而上逐层对各指标权重及评价进行运算，最终得到最高层目标的评价等级或综合得分值。

③语料库。语料库中存放的是在语言的实际使用中真实出现过的语言材料。语料库是以电子计算机为载体承载语言知识的基础资源；真实语料需要经过分析和处理，才能成为有用的资源。

（3）预测性分析能力。

数据挖掘可以帮助人们更好地理解数据，而预测性分析可以基于可视化分析和数据挖掘的结果帮助人们做出一些预测性的判断。常用的预测方法有以下几种：

1）经验预测法。经验预测法是最为传统的预测法。如果有了丰富的生活阅历和工作经验，那么对事物的判断就会更加准确，从而能够做出更加合理的决策。

经验预测法在生活、工作中有大量的应用实例。人们很容易用自己过去的经验做出判断，所以人们几乎每时每刻都在做经验预测。单纯依靠少数人的预测往往风险很高，因为每个人的生活经历都是有限的，并且看问题的视角也是有限的，所以对于重大决策，在没有其他更好的方法进行预测时，需要让更多的人一起利用经验来预测，这个方法被称为德尔菲法。

德尔菲法是通过召集专家开会、集体讨论，得出一致预测意见的专家会议法，它与传统的专家预测方法既有联系又有区别。德尔菲法能发挥专家会议法的优点，即能充分发挥各位专家的作用，集思广益，准确性高。同时，又能避免专家会议法的缺点，如权威人士的意见影响他人的意见；有些专家碍于情面，不愿意发表与其他人不同的意见；出于自尊心而不愿意修改自己原来不全面的意见等。

德尔菲法的主要缺点是缺少思想沟通交流，可能会存在一定的主观片面性；易忽视少数人的意见，可能会导致预测的结果偏离实际；存在组织者主观影响。

2）类比预测法。事物有很多的相似性，事物发展的规律也有相似性。例如，可以根据一个人对一件事情的反应，了解这个人的行为模式，从而预测其未来的行为模式，这就是类比预测法。

标杆研究也是一种类比的方法，可以通过研究标杆企业的做法借鉴其经营和管理的决策。如果一家公司采用某种管理模式成功解决了一类问题，那么也可以采用同样的方法来解决类似的问题。因此，当对于某些管理问题找不到解决方案的时候，最简单有效的方法就是寻找标杆企业的做法。

然而，类比预测法也有局限性，其主要的局限在于类的可比性。因此，当使用类比预测法时，需确保所选取的类别具有足够的相似性和可比性，以获得更准确的预测结果。

3）逻辑关系预测法。逻辑关系预测法从预测的角度看是最简单的方法，但从算法探索的角度看则是最难的方法。

每个逻辑规律都有其成立的条件。例如，在广告投放初期构建的模型，不见得适合中期和后期；在品牌知名度较低的时候，广告与销售额的关系会被弱化，边际效应显现；当品牌较高的时候，广告本应该承担一个提醒功能，这个时候如果还是采用说服式广告就非常不妥了，消费者会觉得这是欺骗，其自我保护机制显现，会产生一些负面的影响。

4）惯性时间预测法。惯性预测法是根据事物发展的惯性进行预测，其中最典型的就是趋势分析。炒股的人除了要看基本的股值点数外，还要看趋势线，并根据趋势线判断什么时候会出现拐点。

时间序列分析模型是最典型的惯性分析模型，其本质就是探寻一个事物的数量化指标随时间变化的规律。如果事物完全按照时间顺序发展，则一定会按照一定的规律继续发展下去。如果是向上的趋势，就会继续向上发展；如果是向下的趋势，就会继续向下发展；如果存在周期性，就会按照周期性的规律发展；如果具有循环往复的特征，就会按照循环往复的特征发展下去。

然而，时间序列模型也有其局限性：忽略了现在的变化影响因素，即如果事物过去都是向上发展的，则时间序列认为事物还会继续向上发展，但是因为某些特殊的原因出现了下滑，则这个因素不予考虑，会认为是误差或者受随机因素的影响；如果是向下趋势则也是如此。

5）比例预测法。运用比例预测法，其实就是根据以往的数据，对其进行分类汇总整理后，对未来的数据按照一定的比例进行预测。其中，“比例”是根据以往某一指标与目标指标之间的比例关系总结确定的。

人的行为方式、兴趣爱好在短时间内并不会发生较大的变化，预测其实就是在预测人的行为方式和思维，这也就是为什么可以使用比例预测法的原因。

比例预测法的重点是在无特殊情况下的一种状态下的预测。例如，一家大型购物中心，前 5 个月的会员销售占比为 50%，那么在第 6 个月的会员销售占比也会在 50%左右。前 5 个月工作日的日均销售额为 100 万元，周六、周日的日均销售额为 200 万元。那么可以根据本月工作日和双休日的天数，预测出这个月的销售额。比例预测法也有其

局限性，它成立的前提是需要有大量的数据源，在数据较少的情况下，比例预测法就没有效果，反而会误导正确决策。

（4）数据质量和数据管理。

数据质量是指数据的准确性、完整性、一致性和可靠性等特征。数据管理是指对数据进行收集、监控、存储、处理和分析的一系列活动。通过标准化的流程和工具对数据进行处理可以保证一个预先定义好的高质量的分析结果。提升数据质量可以从以下几方面入手：

1）事前定义数据的监控规则。其提炼规则如下：梳理对应指标、确定对象（多表、单表、字段）、通过影响程度确定资产等级、质量规则制定。

2）事中监控和控制数据生产过程。在数据生产过程中进行监控和控制，实现监控和工作流无缝对接；支持定时调度；通过强弱规则控制数据抽取、转换和加载（Extract-Transform-Load，ETL）流程；清洗脏数据。

3）事后分析和问题跟踪。邮件短信报警并及时跟踪处理；稽核报告查询；数据质量报告的概览、历史趋势、异常查询、数据质量表覆盖率；异常评估、严重程度、影响范围、问题分类。

（5）数据存储。

大数据处理过程中面临的第一道障碍就是关于大数据存储的问题，大数据主要有以下几种存储方式：

1）顺序存储方法。该方法把逻辑上相邻的节点存储在物理位置上相邻的存储单元里，节点间的逻辑关系由存储单元的邻接关系来体现。由此得到的存储表示称为顺序存储结构（Sequential Storage Structure），通常借助程序语言的数组来描述。该方法主要应用于线性的数据结构，非线性的数据结构也可通过某种线性化的方法实现顺序存储。

2）链接存储方法。该方法不要求逻辑上相邻的节点在物理位置上亦相邻，节点间的逻辑关系由附加的指针字段表示。由此得到的存储表示称为链式存储结构（Linked Storage Structure），通常借助于程序语言的指针类型来描述。

3）索引存储方法。该方法通常在储存节点信息的同时，还建立附加的索引表。索引表由若干索引项组成。若每个节点在索引表中都有一个索引项，则该索引表称为稠密索引（Dense Index）。若一组节点在索引表中只对应一个索引项，则该索引表称为稀疏索引（Spare Index）。索引项的一般形式是关键字、地址。关键字是能唯一标识一个节点的数据项。稠密索引中索引项的地址指示节点所在的存储位置；稀疏索引中索引项的地址指示一组节点的起始存储位置。

4）散列存储方法。该方法的基本思想是，根据节点的关键字直接计算出该节点的存储地址。

上述四种基本存储方法，既可单独使用，也可组合起来对数据结构进行存储映像。同一逻辑结构采用不同的存储方法，可以得到不同的存储结构。选择何种存储结构来表示相应的逻辑结构，视具体要求而定，主要考虑运算方便及算法的时空要求。

BI 数据仓库是为了便于多维分析和多角度展示数据按特定模式进行存储所建立起来的关系型数据库。在商业智能系统的设计中，数据仓库的构建是关键，是商业智能系统的基础，承担对业务系统数据整合的任务，为商业智能系统提供数据抽取、转换和加载（ETL），并按主题对数据进行查询和访问，为联机数据分析和挖掘提供数据平台。

1.2.3 大数据分析的过程

大数据分析的过程大致分为以下六个阶段：

（1）业务理解阶段。

业务理解阶段集中在理解项目目标和从业务的角度理解需求，同时将业务知识转化为数据分析问题的定义和实现目标的初步计划。

（2）数据理解阶段。

数据理解阶段从初始的数据收集开始，通过一些活动的处理，目的是熟悉数据，识别数据的质量问题，首次发现数据的内部属性，或是探测引起兴趣的子集去形成隐含信息的假设。

（3）数据准备阶段。

数据准备阶段包括从未处理数据中构造最终数据集的所有活动。这些数据将是模型工具的输入值。这个阶段的任务包括表、记录和属性的选择，以及为模型工具转换和清洗数据。

（4）建模阶段。

在这个阶段，可以选择和应用不同的模型技术，模型参数被调整到最佳的数值。有些技术可以解决一类相同的数据分析问题；有些技术在数据形成上有特殊要求，因此需要经常跳回到数据准备阶段。

（5）评估阶段。

在这个阶段，已经从数据分析的角度建立了一个高质量显示的模型。在最后部署模型之前，重要的事情是彻底地评估模型，检查构造模型的步骤，确保模型可以完成业务目标。这个阶段的关键目的是确定是否有重要业务问题没有被充分考虑。在这个阶段结束后，必须达成一个数据分析结果使用的决定。

（6）部署阶段。

通常，模型的创建不是项目的结束。模型的作用是从数据中找到有价值的信息，获得的信息需要以便于用户使用的方式重新组织和展现。根据需求，这个阶段可以产生简单的报告，或者是实现一个比较复杂的、可重复的数据分析过程。在很多案例中，由客户而不是由数据分析人员承担部署的工作。

1.2.4 大数据分析的技术

大数据分析通常包括数据采集、存储、分析、可视化等方面，都有一些相应的技术，如用于数据采集的 ETL，用于数据存储的分布式系统（如 HDFS）、云存储等，用于数据分析与挖掘的 MapReduce、Spark 等，以及用于可视化展示的热图、标签云、地图、相关矩阵等。

大数据分析涉及的技术相当广泛，主要包括以下几类：

（1）数据采集。

大数据的采集是指利用多个数据库或存储系统来接收发自客户端（Web、App 或者传感器形式等）的数据，并且用户可以通过这些数据库或存储系统来进行简单的查询和处理工作。例如，电商会使用传统的关系型数据库 MySQL 和 Oracle 等来存储每一笔事务数据。除此之外，Redis 和 MongoDB 这样的非关系型数据库（NoSQL）也常用于数据的采集。比如，一款阿里云的数据采集产品 DataHub，它可为用户提供实时数据的发布和订阅功能，写入的数据既可直接进行流式数据处理，也可参与后续的离线作业计算，并且 DataHub 同主流插件和客户端保持高度兼容。

在大数据采集过程中，其主要特点和挑战是并发数高，因为同时有可能会有成千上万的用户来进行访问和操作，如火车票售票网站和淘宝，它们并发的访问量在峰值时达到上百万，所以需要在采集端部署大量数据库才能支撑。并且，如何在这些数据库之间进行负载均衡和分片需要深入的思考和设计。例如，ETL 工具负责将分布的、异构数据源中的数据（如关系数据、网络数据、日志数据、文件数据）抽取到临时中间层后进行清洗、转换、集成，最后加载到数据仓库或数据集市中，成为联机分析处理、数据挖掘的基础。

（2）数据管理。

对大数据进行分析的基础是对大数据进行有效的管理，使大数据“存得下、查得出”，并且为大数据的高效分析提供基本数据操作（如 Join 和聚集操作等），实现数据有效管理的关键是数据组织。面向大数据管理已经提出了一系列技术。随着大数据应用越来越广泛，应用场景的多样化和数据规模的不断增加，传统的关系数据库在很多情况下难以满足要求，学术界和产业界开发出了一系列新型数据库管理系统，如适用于处理大量数据的高访问负载以及日志系统的键值数据库（如 Tokyo Cabinet、Tyrant、Redis、Voldemort、Oracle BDB）、适用于分布式大数据管理的列存储数据（如 Cassandra、HBase、Riak）、适用于 Web 应用的文档型数据库（如 CouchDB、MongoDB、SequoiaDB）、适用于社交网络和知识管理等的图形数据库（如 Neo4J、InfoGrid、Infinite Graph），这些数据库统称为 NoSQL。面对大数据的挑战，学术界和产业界拓展了传统的关系数据库，即 NewSQL，这是对各种新的可拓展/高性能数据库的简称。这类数据库不仅具有 NoSQL 对海量数据的存储管理能力，还保持了传统数据库支持 ACID［原子性（Atomicity）、一致性（Consistency）、隔离性（Isolation）和持久性（Durability）］和 SQL［包括数据查询语言（DDL）、数据定义语言（DQL）、数据操纵语言（DML）、数据控制语言（DCL）］的特性。典型的 NewSQL 包括 VoltDB、ScaleBase、ScaleDB 等。例如，阿里云分析型数据库可以实现对数据的实时多维分析，百亿量级多维查询只需 100 毫秒。

（3）基础架构。

从更底层来看，对大数据进行分析还需要高性能的计算架构和存储系统。例如，用于分布式计算的 MapReduce 计算框架、Spark 计算框架，以及用于大规模数据协同工作的分布式文件存储 HDFS 等。

（4）数据理解与提取。

大数据的多样性体现在多个方面。在结构方面，大数据分析中处理的数据不仅有传统的结构化数据，还包括多模态的半结构和非结构化数据。在语义方面，大数据的语义也有着多样性，同一含义有着多样的表达，同样的表达在不同的语境下也有着不同的含义。要对具有多样性的大数据进行有效分析，需要对数据进行深入的理解，并从结构多样、语义多样的数据中提取出可以直接进行分析的数据。这方面的技术包括自然语言处理、信息抽取等。自然语言处理（Natural Language Processing，NLP）是研究人与计算机交互的语言问题的一门学科。处理自然语言的关键是要让计算机“理解”自然语言，所以自然语言处理又叫自然语言理解（Natural Language Understanding，NLU），也称计算机语言学，它是人工智能（Artificial Intelligence，AI）的核心课程之一。信息抽取（Information Extraction）是从非结构化数据中自动提取结构化信息的过程。

（5）统计分析。

统计分析是指运用统计方法及与分析对象有关的知识，从定量与定性的结合上进行的研究活动。它是继统计设计、统计调查、统计整理之后的又一项十分重要的工作，是在前几个阶段工作的基础上通过分析达到对研究对象更为深刻的认识。它也是在一定的选题下，针对分析方案的设计、资料的搜索和整理而展开的研究活动。系统、完善的资料是统计分析的必要条件。统计分析技术包括假设检验、显著性检验、差异分析、相关分析、T 检验、方差分析、卡方分析、偏相关分析等。

（6）数据挖掘。

数据挖掘指的是从大量数据中通过算法搜索隐藏于其中信息的过程，包括分类（Classification）、估计（Estimation）、预测（Prediction）、相关性分组或关联规则（Affinity Grouping or Association Rule）、聚类（Clustering）、描述和可视化（Description and Visualization）、异常点检测（Outlier Detection）、复杂数据类型挖掘（如 text、Web、图形图像、视频、音频等）。与前面统计和分析过程不同的是，数据挖掘一般没有什么预先设定好的主题，主要是在现有数据上进行基于各种算法的计算，从而起到预测的效果，满足一些高级别数据分析的需求。例如，阿里云的数据分析产品拥有一系列机器学

习工具，可基于海量数据实现对用户行为、行业走势、天气、交通的预测，该产品还集成阿里巴巴核心算法库，包括特征工程、大规模机器学习、深入学习等。

（7）数据可视化。

数据可视化是关于数据视觉表现形式的科学技术研究。对于大数据而言，由于其规模大、速度快和多样性，用户并不能通过直接浏览来了解数据，因此，将数据进行可视化，就能将其表示成用户能够直接读取的形式。目前，针对数据可视化已经提出了许多方法，这些方法根据其可视化的原理可以划分为基于几何的技术、面向像素的技术、基于图标的技术、基于层次的技术、基于图像的技术和分布式技术等；根据数据类型可以分为文本可视化、网络（图）可视化、时空数据可视化、多维数据可视化等。

数据可视化应用包括报表类工具（如我们熟知的 Excel）、BI 分析工具及专业的数据可视化工具等。例如，阿里云 2016 年发布的 BI 报表产品，3 分钟内即可完成海量数据的分析报告，产品支持多种语音数据源，提供近 20 种可视化效果。

1.2.5　大数据分析的应用

大数据分析算法的原理可以追溯到经典的统计分析算法。统计分析算法指通过对研究对象的规模、速度、范围、程度等数量关系的分析研究，认识和揭示事物间的相互关系、变化规律和发展趋势，借以达到对事物的正确解释和预测的一种研究方法。典型的统计分析算法包括采样算法、假设检验、相关性分析及因果推断。统计分析的三个主要步骤包括收集数据、整理数据及分析数据。

与统计分析算法紧密相关的是机器学习算法，机器学习是人工智能的一个分支，它是实现人工智能的一条途径，即以机器学习为手段解决人工智能中的问题。机器学习在 30 多年来已经发展成一个涉及概率论、统计学、凸分析、计算复杂性理论等多学科的交叉学科。机器学习的目的是自动拟合出各变量之间的关系，并提供一种可预测新数据的机制，具有明显的应用优势。目前，机器学习可以分为监督学习、非监督学习、半监督学习及强化学习四类。监督学习通常有训练数据集（带标签的数据），其目标是解决一些分类和回归任务。非监督学习没有训练数据集，典型应用是聚类分布。半监督学习介于监督学习与非监督学习之间，利用大量无标签的数据和少量有标签的数据去解决分类或间归任务。强化学习是通过观察来学习如何行动使长期的收益最大化，主要用于解决序列决策问题。

大数据分析算法与机器学习算法有很多的相通之处，其基本思想都是从已有数据中发现特征模式，并能对新数据进行某种预测，但是大数据分析算法的输入数据规模远远大于传统的机器学习算法，并且数据可持续产生（流式数据）。传统机器学习模型容量无法满足大数据的规模要求，因此催生出大数据分析模型算法，其典型代表为卷积神经网络（CNN）在图像领域的成功应用。一般而言，大数据分析模型其输入一般是非结构化数据，数据量大、模型容量大、参数多、优化困难，这就需要设计专门的优化算法及系统去训练大数据分析模型。目前，大数据分析模型最主要的优化算法是随机梯度下降，其通过数据子集产生随机梯度，对模型参数进行更新，不断迭代以达到模型最优解。目前为加速大数据分析算法的收敛，异步并行随机梯度下降算法被提出，其通过多个模型副本更新共享模型参数，在保证模型收敛的同时加速了训练过程。目前，较热的研究领域是深度学习网络架构的设计、异步算法的设计以及如何通过大批量数据的同步方法进行高效训练等。

相比于大数据模型算法的相对稳定，大数据分析系统一直处于高速发展状态。较早的数据分析系统是结构化数据分析系统，其核心技术是关系数据库，通过将数据表示成结构化的数据表，利用结构化查询语言（Structured Query Language，SQL）操作数据。关系数据模型的成熟使得结构化数据分析系统取得了极大的成功，如联机分析处理（OLAP）。但是其相关缺点也不断被暴露出来，即由于关系型数据库有较强的一致性，在进行多机拓展时比较困难，这样限制了其处理大数据的能力。目前很多大数据都是文本或图像等非结构化数据，结构化数据分析系统在非结构化数据的处理上没有优势。

大数据分析系统发展的一个重要时刻是2003年谷歌公司提出Map Reduce计算模型，其能充分利用机群的性能进行大数据分析，解决了可拓展性问题。Hadoop是一个实现了Map Reduce计算模型的开源分布式并行编程框架。其基本思想是在Map阶段将大数据分给机群中的机器，利用机群机器的高并发性来处理数据，最后在Reduce阶段汇总处理每个Map阶段的处理结果。该计算模型的另一个优势是具有容错性。为了支持容错，需要大量写磁盘操作，因此其计算效率不高。Spark作为Hadoop的继承和扩展，采用内存式计算，不需要大量写磁盘操作，因此计算效率得到大大提高。MLlib是Spark提供的一个机器学习库。尽管Spark在多个机器学习算法的效率上有了极好的表现，其对神经网络的支持依然有限，且其本质是同步模型，无法异步对参数进行更新，这影响了Spark的训练效率。为解决上述问题，谷歌公司发布了TensorFlow，使其为深度学习提供充分的支持。TensorFlow是参数服务器（Parameter Server，PS）架构，其分布式版本可利用多个计算点（Worker）上的模型副本去异步更新服务器（Server）上的共享参数。TensorFlow提供TensorBoard，对可视化学习提供了支持。TensorFlow的核心由C++语言实现，支持图形处理器（GPU）计算，通过将复杂的深度学习网络表示成数据流，支持反向梯度求导，并提供基于Python的应用程序接口（API），使其在保证性能的同时编程方便，深受模型开发者的喜爱。在未来，大数据分析系统会不断对大数据分析的相关算法进行深度优化，通过算法与系统的深度结合来实现应用性能的提升。此外，系统的易用性（编程及可视化等方面）、可扩展性也是系统改进的方向。

现如今，大数据分析已经被各行各业广泛应用。在医疗领域，利用大数据分析医疗数据，为用户提供健康管理及有效的医疗干预方案，降低了用户的医疗支出。在电商领域，根据用户的历史购买行为为用户进行画像刻画，实现了个性商品的推荐。在金融领域，大数据在识别交易欺诈、消费信贷风险评估等方面起到重要作用。此外，大数据分析也能支持政府开展智能交通、智慧养老、智慧政务、社保金融和公共安全管理等重点应用项目。

1.3 大数据分析模型的建立方法

模型的建立是数据挖掘的核心，在这一步要确定具体的数据挖掘模型（算法），并用这个模型原型训练出模型的参数，得到具体的模型形式。

常用的数据分析方法主要是基于客户画像体系与结果，选取相关性较大的特征变量，通过聚类分析、分类分析、深度学习分析、强化学习分析等大数据分析方法进行数据挖掘。常用算法的基本内容如下：

1.3.1 回归分析方法

回归分析是一种统计学方法，用于探索变量之间的关系，并预测一个或多个因变量（目标变量）如何随着一个或多个自变量（预测变量）的变化而变化。回归分析通常用于解释变量之间的关系、预测未来趋势，以及评估自变量对因变量的影响程度。在回归分析中，常见的模型包括线性回归、多项式回归、逻辑回归等。这些模型的基本思想是通过拟合一个数学函数来描述自变量与因变量之间的关系，从而进行预测或推断。

在大数据分析中，回归分析扮演着重要的角色，它可以通过以下几种方式应用：

（1）预测和趋势分析。

大数据集通常包含大量的历史数据，回归分析可以利用这些数据来建立模型，预测未来的趋势和变化。例如，通过分析销售数据的回归模型，企业可以预测未来产品的需求量，从而进行库存规划和生产安排。

（2）因果关系分析。

回归分析可以用来探索变量之间的因果关系。通过分析大数据集中的相关变量，可以识别出对特定结果产生影响的关键因素。例如，在医疗领域，可以使用回归分析来研究各种因素对患者健康状况的影响，以指导医疗决策和制定干预措施。

（3）模式识别和异常检测。

回归分析可以帮助识别大数据集中的模式和异常。通过建立回归模型，可以发现数据中的规律和趋势，同时可以检测到异常值和异常行为。这对于监控系统的运行状态、识别欺诈行为等具有重要意义。

（4）个性化推荐。

在电子商务和社交媒体等领域，回归分析可以用来构建个性化推荐系统。通过分析用户的历史行为和偏好，可以建立回归模型来预测用户对特定产品或内容的喜好，从而提供个性化的推荐服务。

总之，回归分析在大数据分析中扮演着重要的角色，它能够帮助组织理解数据中的关系和趋势，从而制定支持决策、预测未来趋势、发现隐藏模式等。

1.3.2 分类分析方法

分类和聚类的目的都是将数据项进行归类，但两者有显著的区别。分类是有监督的学习，即这些类别是已知的，通过对已知分类的数据进行训练和学习，找到这些不同类的特征，再对未分类的数据进行分类。而聚类则是无监督的学习，不需要对数据进行训练和学习。常见的分类算法有决策树分类算法、贝叶斯分类算法等；聚类算法则包括系统聚类、K-means 均值聚类等，这些内容在后面章节会进行学习。

分类是把一些预先定义好的类别赋予一些对象，这个问题是一个普遍存在的问题，并在诸多场景中应用。在日常生活中，处处可见分类的踪影：图书馆的书按照不同科目进行分类、诗歌按照字数多少分为不同的律诗、音乐按照演唱方式可以分为多个风格。

在监督学习中，我们可以把分类问题（或者分类任务）定义为：从一个数据集中学习一个目标函数 f，使其可以把符合条件的输入映射到一个特定的标签上。其中，数据集是元组的集合，每个元组由属性和标签组成。学习的目标函数也称为分类模型。

分类算法通常利用数据的特征对其分类，可以应用于许多领域。例如，在判断邮件是否属于垃圾邮件时，可根据邮件正文所包含的单词是否经常出现在垃圾邮件中，从而作出判断；在字符识别中，根据提取的字符特征向量来判断字符；在医学肿瘤细胞的判别中，常根据细胞的半径、质地、周长、面积、光滑度、对称性、凹凸性等特征来判断细胞是否为肿瘤细胞；也可应用于文学著作统计，如对《红楼梦》前 80 回和后 40 回进行统计，运用分类模型判断是否皆为曹雪芹所著。

分类算法具体可以分成以下三个步骤：

（1）特征选择或特征抽取。

选择或抽取最具代表性的特征集合，输入给分类算法进行分析。

（2）分类算法的设计和选择。

根据应用场景不同，设计和选择合适的分类算法进行实验。

（3）验证与应用。

选择合适的评价指标对实验结果进行验证，判断算法的有效性，并用其解决实际问题。

1.3.3 聚类分析方法

我们生活在充满数据的世界里，每一天人们都会产生大量信息，这些信息需要进行存储、分析和管理，聚类是分析这些数据的重要方法之一。实际上聚类也存在于人们认识世界的基本活动中，人们为了认识新的事物，往往尝试抽取关键特征去描述它，然后将其同已有的事物进行比较，将其归类。

聚类分析是大数据处理中较为常用的分析技术。聚类分析通过某种策略将数据点划分成若干个子集合，使得相似的数据点落到相同的子集合内。聚类后的结果捕捉了数据的内在结构。聚类算法的结果可以直接用于解决问题，也可以作为其他算法的数据预处理步骤。聚类分析在各种领域发挥着重要的作用，如模式识别、信息检索和数据挖掘等。

在信息检索应用中，万维网上有数以亿计的网页，每一次查询均能够获得几千甚至上万个页面，聚类分析可以用于把返回结果进行归类，如搜索“电影”时，返回的网页可以被聚类成明星、导演、题材等类别。聚类分析还可以用来辅助其他任务，如在进行主成分分析时，其方法复杂度较高，不能被应用到大数据集中，而采用聚类分析，对经过聚类后所产生的有代表性的点进行分析，既可以获得与使用全部数据分析类似的结果，又能极大降低运算复杂度。

聚类算法并没有一致认可的定义，以下仅给出一个较为常见的描述：聚类算法是一类将数据分割成不同类或簇的算法，目的是使同一个簇内的数据对象尽可能相似，而不同簇的数据对象尽可能不同。

聚类分析具体可以分成以下四个步骤：

（1）特征选择或者特征抽取。

特征选择就是选出具有区分性的特征集合，而抽取则是将特征进行组合变换构成新的特征。

（2）聚类算法的设计和选择。

主要涉及距离度量函数的选择，聚类算法需要根据实际需求选择合适的度量函数去度量任何两个样本点之间的距离，然后选择合适的聚类准则去指导聚类过程。

（3）聚类验证。

给定一个数据集合，无论结构是否存在，每个聚类算法均可以产生一种划分，然而，不同方法产生不同的划分，即使是相同的算法，不同的参数也会导致不同的结果，所以有效的验证准则十分重要。常用的验证准则包括三种：外部评价，即用标注的聚类结果和聚类算法给出的结果去评价聚类性能；内部评价，即直接使用原始数据去检查聚类结果；关系评价，其侧重于比较不同的簇之间的关系。聚类结果验证不能对聚类算法有任何偏置，以保证其可以作为公平的准则去评价聚类的结果。

（4）聚类的解释。

聚类的终极目标是给用户提供有意义的视角去观察原始数据，需要相关人员去阐述聚类结果的含义。

聚类是分析数据的重要手段和工具，然而将聚类技术应用于大数据有诸多困难和新的挑战。由于大数据规模庞大、异构复杂，因此传统聚类算法在直接应用时面临很高的计算复杂度。若要将聚类技术应用于大数据场景，并在合理的时间内获得结果，就要有针对性地修改现有算法以适应大数据场景。大数据不仅数据总量很大，且单条数据的维度也非常高，单机的聚类算法很难处理以上困难，因此，分布式的计算框架、优化的算法以及数据压缩技术随之兴起。分布式的计算框架可以让我们解决 TB、PB 级别数据量的聚类，而数据压缩技术可以优化聚类中距离度量的时间。此外，大数据带来的挑战还有数据的形式，如电商平台的用户数据，不仅数据量大，且不断地产生新的数据，聚类算法要对各类数据进行聚类分析，实现对用户合理分组，使分析后的结果可以更好地用于商品推荐，这种大量在线数据的处理对算法提出了新的挑战，算法的输入形式发生改变，传统算法不仅要扩展到能够处理大数据，而且要解决新的流式输入。

1.3.4 关联分析方法

关联分析是一种数据挖掘技术，用于发现数据集中项之间的关联规则或模式。这些关联规则描述了数据中不同项之间的关系，能够帮助我们理解数据之间的相关性，并且可以用于预测和决策制定。关联分析的方法通常包括 Apriori 算法和 FP-growth 算法。Apriori 算法是一种基于频繁项集的搜索方法，通过迭代的方式生成候选项集，并根据最小支持度筛选出频繁项集。FP-growth 算法则是一种基于 FP 树的高效算法，它通过构建数据的压缩表示形式来快速发现频繁项集。

在大数据分析中，关联分析有着广泛的应用，具体如下：

（1）购物篮分析。

在零售和电商领域，关联分析可以用来分析顾客购买行为，发现不同商品之间的关联规则。这些规则可以用于促销策略的制定，如组合销售、商品搭配推荐等，以提高销售额和顾客满意度。

（2）网络流量分析。

在网络安全领域，关联分析可以用来分析网络流量数据，发现不同网络活动之间的关联规则。这些规则可以帮助发现异常行为和攻击模式，提高网络安全性。

（3）医疗数据分析。

在医疗领域，关联分析可以用来分析患者的病历数据，发现疾病之间的关联规则。这些规则可以用于疾病诊断、预防和治疗方案的制定，以提高医疗效率和治疗结果。

（4）社交网络分析。

在社交网络领域，关联分析可以用来分析用户之间的交互行为，发现不同用户之间

的关联规则。这些规则可以用于社交网络推荐系统的建设，提供个性化的好友推荐和内容推荐服务。

总的来说，关联分析是大数据分析中的重要技术之一，它能够帮助组织发现数据中的隐藏规律和关联关系，从而支持决策制定、预测和推荐等。

1.3.5 文本分析方法

文本分析是一种通过使用自然语言处理技术来理解和分析文本数据的方法。它涉及对文本数据进行预处理、特征提取、模型建立等步骤，以从文本中提取信息、发现模式和推断结论。

文本分析的方法包括但不限于以下几种：一是情感分析。情感分析旨在识别文本中的情感和情绪态度，常用于分析用户评论、社交媒体帖子等，其目标是确定文本是积极的、消极的还是中性的，并量化情感的强度。二是主题建模。主题建模旨在发现文本中隐含的主题和话题，常用于对大量文本进行自动分类和归纳，其目标是从文本中提取出主题和话题，并理解它们之间的关系和发展趋势。三是实体识别。实体识别旨在识别文本中具有特定意义的实体（如人名、地名、组织名等），常用于信息提取和知识图谱构建，其目标是从文本中抽取出具有指定类型的实体，并将它们归类和标注。四是关键词提取。关键词提取旨在从文本中自动抽取出最具代表性和重要性的关键词或短语，常用于文本摘要和信息检索，其目标是识别出文本中的关键信息，并帮助用户快速理解文本的内容。

在大数据分析中，文本分析有着广泛的应用，具体如下：

（1）舆情分析。

在企业和政府等组织中，文本分析可用于分析新闻报道、社交媒体评论等大量文本数据，了解公众舆情和情感倾向，从而指导决策和舆情危机处理。

（2）客户反馈分析。

在零售和服务行业，文本分析可用于分析客户的反馈和评价，了解客户需求和满意度，优化产品设计和服务流程，以提高客户体验。

（3）知识图谱构建。

在知识管理和搜索引擎等领域，文本分析可用于构建知识图谱，将文本数据转化为结构化的知识表示形式，以支持智能搜索和语义理解。

（4）情报分析。

在安全和情报领域，文本分析可用于分析情报文本和通信数据，发现隐藏的模式和关联关系，帮助情报分析员快速识别威胁和风险。

总的来说，文本分析是大数据分析中的重要技术之一，它可以帮助组织理解和利用文本数据中的信息，从而支持决策制定、情报分析、舆情监控等。

1.3.6 数据可视化分析方法

数据可视化分析是通过图表、图形等可视化手段将数据呈现出来，以便用户更直观地理解数据的结构、趋势和关系。数据可视化可以帮助人们发现数据中的模式、趋势和异常，从而支持决策制定、问题解决和见解发现。

常见的数据可视化分析的方法包括以下几种：一是散点图和折线图。散点图和折线图常用于显示变量之间的关系和趋势。散点图可以展示两个变量之间的相关性，而折线图则适合展示随时间变化的趋势。二是柱状图和饼图。柱状图和饼图常用于显示数据的分布和比例。柱状图适合展示不同类别之间的比较，而饼图则适合展示各类别的占比。三是热力图和地图。热力图和地图常用于显示数据的空间分布和热度分布。热力图可以展示数据在空间上的密度分布，地图则可以展示数据在地理位置上的分布情况。四是箱线图和直方图。箱线图和直方图常用于显示数据的分布和离散程度。箱线图可以展示数据的分布情况和离群值，直方图则可以展示数据的频率分布。

在大数据分析中，数据可视化有着重要的应用，具体如下：

（1）数据探索和发现。

大数据通常包含大量的复杂信息，通过数据可视化，可以帮助用户快速理解数据的结构和特征，发现数据中的模式和趋势，从而指导后续分析和决策制定。

（2）结果展示和沟通。

在分析结果的展示和沟通过程中，数据可视化可以将复杂的分析结果简化和直观化，使利益相关者更容易理解和接受分析结论，从而促进决策的制定和执行。

（3）监控和预警。

在实时数据监控和预警系统中，数据可视化可以帮助用户实时监视数据的状态和变化，及时发现异常情况和潜在问题，从而采取相应的措施和干预行动。

总的来说，数据可视化是大数据分析中不可或缺的一部分，它可以帮助用户更好地理解和利用数据，发现数据中的价值和见解，从而支持决策制定、问题解决和业务发展。

本章小结

本章从大数据的定义、特点等角度入手，介绍了如何更深入地理解大数据及其对现实生活的影响，进而引出大数据的实际应用。首先了解了大数据分析的定义、类型，其次了解了数据分析的过程、技术以及当前大数据分析的应用场景，最后学习了大数据分析模型的建立方法以便更好地应用大数据。不同的分析方法都有其适用的应用场景，只有通过对分析任务的深入理解，找到合适的分析算法，才能充分发挥大数据的价值，形成有创新的应用和突破。

大数据并不足以成就一个时代，它与云计算、产业创新、智能化等概念结合在一起，才有足够的力量。另外，如何更好地利用这些大数据也颇为重要，数据量大固然重要，但提高数据利用率也是加速发展的又一关键，这是国家、政府、企业共同面临的难题。大数据站在数据革命的中心，承载着未来的科研、知识挖掘、数据科学的重任，对大数据领域来说这是一个机遇与挑战并存的时期。

参考文献

[1] Christophides V, Efthymiou V, Palpanas T, et al. An Overview of End-to-End Entity Resolution for Big Data [J]. ACM Computing Surveys, 2021, 53 (6): 127.

[2] Fahrmeir L, Kneib T, Lang S, et al. Regression: Models, Methods and Applications [M]. Berlin: Springer-Verlag, 2013.

[3] Hoerl A E, Kennard R W. Ridge Regression: Biased Estimation for Nonorthogonal Problem, Technometrics [J]. Technometrics, 1970, 12 (1): 55-67.

[4] Kleinbaum D G, Kupper L, Muller K E, et al. Applied Regression Analysis and Other Multivariable Methods (3rd ed.) [M]. Belmont: Duxbury Press, 1998.

[5] Manu M R, Balamurugan B. An Overview of Milestones of Big Data Analytics in Clinical and Medical Analysis [J]. International Journal of Engineering and Advanced Technology, 2021, 10 (5): 416-421.

[6] Nelder J A, Wedderburn R W M. Generalized Linear Models [J]. Journal of the Royal Statistical Sociely: Series A (General), 1972, 135 (3): 370-384.

[7] Pencheva I, Estere M, Mikhaylov S J. Big Data and AI-A Transformational Shift for Government: So, What Next for Research? [J]. Public Policy and Administration, 2020, 35 (1): 24-44.

[8] Chatterjee S, Hadi A S, Price B. 例解回归分析（第三版）[M]. 郑明，等译. 北京：中国统计出版社，2004.

[9] Chatterjee S, Hadi A S. 例解回归分析（第五版）[M]. 郑忠国，许静，译. 北京：机械工业出版社，2013.

[10] 郭子菁，罗玉川，蔡志平，等. 医疗健康大数据隐私保护综述 [J]. 计算机科学与探索，2021，15 (3)：389-402.

[11] 何强，尹震宇，黄敏，等. 基于大数据的进化网络影响力分析研究综述 [J].

计算机科学，2022，49（8）：1-11.

［12］拉罗斯．数据挖掘方法与模型［M］．刘燕权，胡赛全，冯新平，等译．北京：高等教育出版社，2011.

［13］李学龙，龚海刚．大数据系统综述［J］．中国科学：信息科学，2015，45（1）：1-44.

［14］梁吉业，冯晨娇，宋鹏．大数据相关分析综述［J］．计算机学报，2016，39（1）：1-18.

［15］刘智慧，张泉灵．大数据技术研究综述［J］．浙江大学学报（工学版），2014，48（6）：957-972.

［16］叶小青，汪政红，吴浩．大数据统计方法综述［J］．中南民族大学学报（自然科学版），2018，37（4）：151-156.

［17］周英，卓金武，卞月青．大数据挖掘：系统方法与实例分析［M］．北京：机械工业出版社，2016.

2 实验平台

2.1 平台简介

Tempo Talents 大数据管理与应用实验平台（以下简称“平台”）是美林数据技术股份有限公司（以下简称“美林数据”）自主研发的面向高校大数据与人工智能领域“教学实践、集中实训与科研创新应用的一体化实验平台”。平台以专业课程教学实验、应用实训为核心，以创新产业应用孵化为目标，围绕大数据核心技术体系及应用，提供丰富元子化课程实验、基础实验与实训案例资源。平台依托低代码可视化分析与机器学习开发引擎，过程与结果兼顾的教学管理方式，闯关、考试、竞赛、数据游乐场等多种实验模式，为高校打造教与学充分互动的“大数据应用能力成长平台”。

平台将用户划分为教师与学生两种权限，教师用户登录后，可以看到顶部导航栏中提供了六个模块，分别是首页、课程中心、数据超市、我的课堂、优秀作业、考试中心（见图 2-1）。

图 2-1 平台首页

2.1.1 首页

首页展示的是大数据专业的课程体系，基于企业岗位需求、行业人才标准和国家职业技术技能标准及学科定位与人才培养目标，设计覆盖大数据项目全流程应用技术的课程体系，从整体上提升学生学习水平，提高就业质量。大数据专业课程体系主要分为基础课程、专业核心课程、专业选修课程，以及应用实战，涵盖了理论、技术、实践行业应用知识（见图 2-2）。

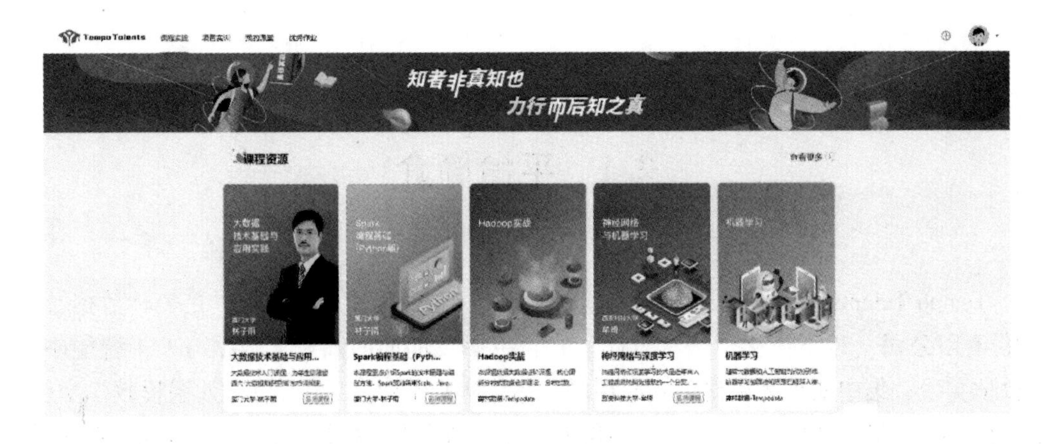

图 2-2 首页界面

2.1.2 课程中心

课程中心是平台的资源中心之一，提供了针对整个学科平台的课程资源，围绕学生的数智化素养提升以及技能提升，根据教学规律，提供了相关的实验课程；同时根据美林数据在不同行业的应用案例，提供相应的应用实训案例，以满足老师不同场景的教学需求。

（1）专业课程。

专业课程中，公共课程包含美林数据基于教学名师、行业资深技术工程师联合开发的完整课程资源，由丰富的元子实验与基础实验有机组成，符合高校课程的教学需求，并提供完整的课程教学大纲、课程实验、名师课程配套教学 PPT 及完整讲解视频、课程思政以及教学方案等；“我的课程”则是教师根据自身的教学需求自定义的专业课程，灵活度更高（见图 2-3）。

（2）元子实验。

平台创新“元子课”设计，将课程中涉及的知识点、技能点“元子化”拆分，每一个元子实验用闯关的模式将一个知识点从基础原理、特性到最终应用递进设计，为教

图 2-3　专业课程界面

师提供丰富的实践课程，支持教师自主组合实践课程，形成自己专属的个性化课堂，满足不同类型专业课程知识、技能的在线实践需求（见图 2-4）。针对教学团队的个性化教研需求，平台提供完整的实验自定义开发功能，支持教师自定义元子实验，分享自己创建的课程成果供其他教师复用，减轻教师备课压力，同时让优秀课程发挥更大的价值。

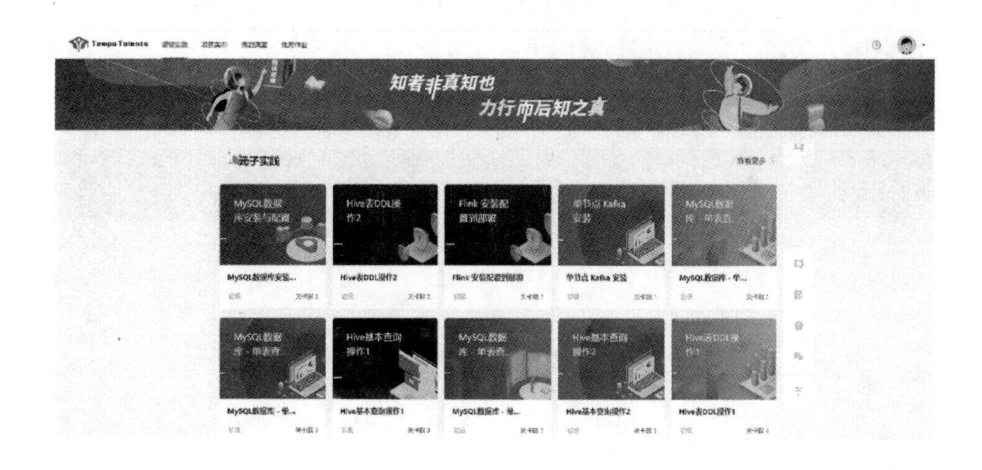

图 2-4　元子实验界面

（3）基础实验。

基础实验为教师和学生提供在交互式编程、低代码开发、云桌面等多种实验模式，层层递进，将知识点融入实验，让学生更容易掌握（见图 2-5）。平台提供完整的实验指导手册以及实训环境，支持教师自定义基础实验，满足不同的教学需求。

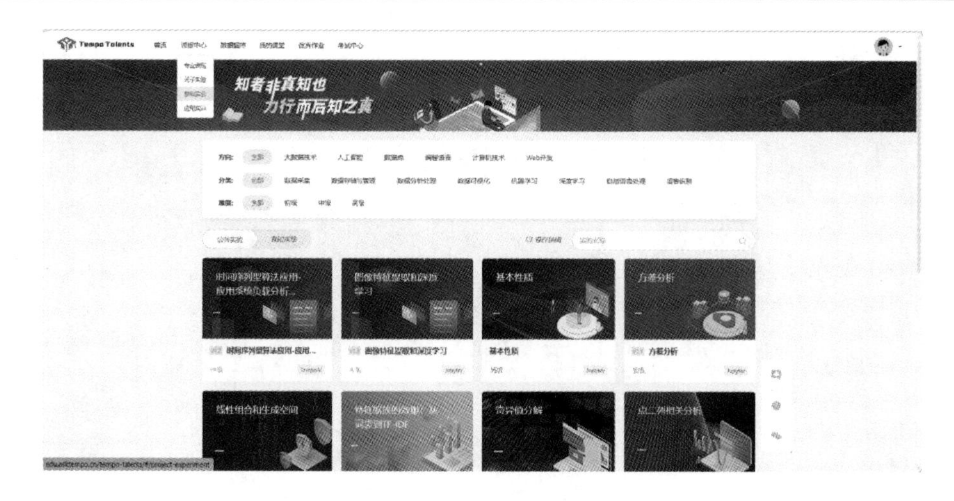

图 2-5　基础实验界面

（4）应用实训。

应用实训是以项目应用实践为核心，结合行业真实业务场景，以解决问题为目标进行项目实训，为高校师生应用实训提供环境与资源的双重保障，真正实现学生“应用能力”培养（见图 2-6）。基于 Jupyter Notebook 的交互式编程与拖拽式可视化分析引擎和机器学习开发引擎，可满足大数据专业的多种实训需求。平台提供完整的在线指导手册、实训环境，同时支持自定义实训项目，教师可将科研课题成果转化为实训项目案例，让科研反哺教学，不断优化教学成果。

图 2-6　应用实训界面

2.1.3 数据超市

“数据超市”是平台支撑实验数据展示的门户，将实验数据通过分类显性化地展示出来，以满足高校对数据资源的管理与展示，完成数据资源的积累（见图 2-7）。平台提供了覆盖农业、制造业、政务、医疗等数十个行业领域的数据，提供数据表上百份，数据量达千万级，从微观、中观、宏观多方面提供了各类企业数据分析报告、行业趋势报告和相关指数。

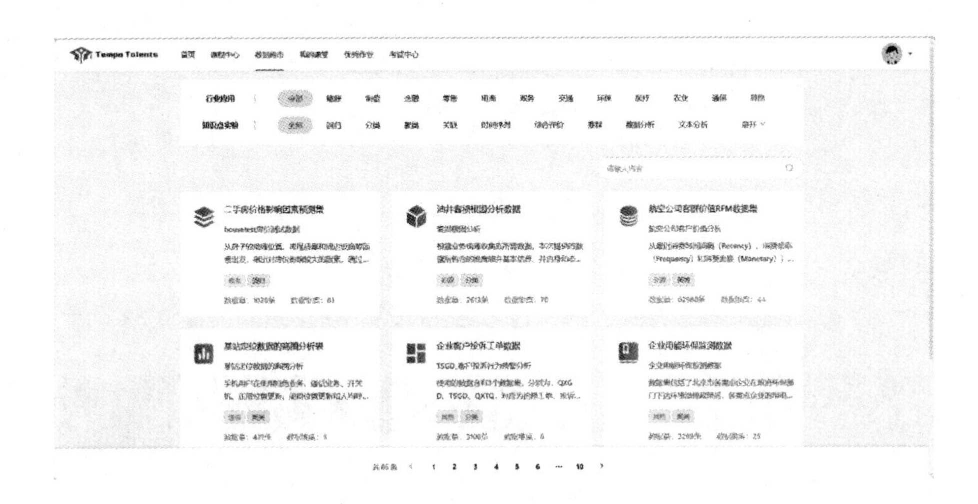

图 2-7 “数据超市”界面

2.1.4 我的课堂

“我的课堂”是平台提供“教学考评管”全流程教学管理模块（见图 2-8）。在教学过程中，教师可根据人才培养需求、学科特色，以及相关教材等，在资源库中自由挑选，选择不同方向、分类、难易度的实验课和实训项目组合成教学课堂，针对不同专业、年级、班级的学生灵活搭配出符合自身教学需求的课堂，实现个性化课堂定制，让实践教学与整体教学目标更好地融合。同时，平台还提供必修课与拓展课配置，在满足教学目标的基础上，还能添加“拓展内容”，更好地激发学生的学习兴趣。

2.1.5 优秀作业

优秀作业模块展示了教师在实训课程中评选出来的优秀作业，可以在学生间树立优秀榜样，其他学生用户也可以浏览查看优秀作业，促进学生互相学习，共同进步。同时，优秀作业模块还将展示相同专业课程的往届优秀作业，可供学生在学习过程中参考，助推总结反思。该模块为学生搭建了展示风采、相互促进、观摩学习的平台（见图 2-9）。

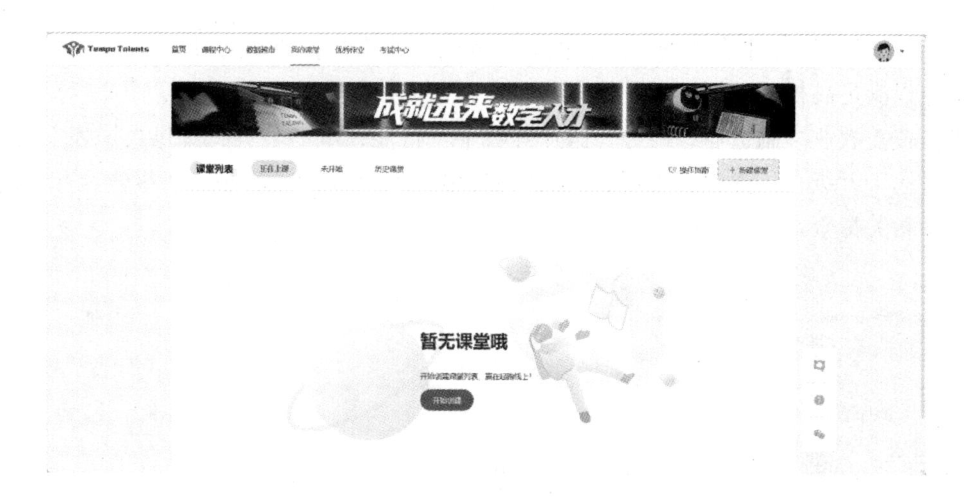

图 2-8 “我的课堂”界面

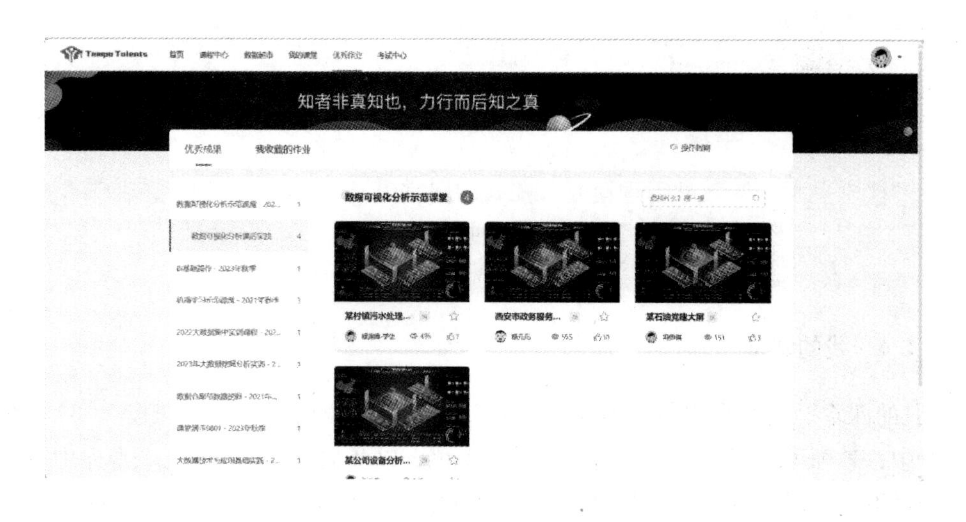

图 2-9 “优秀作业”界面

2.1.6 考试中心

“考试中心”是平台提供的对试题、试卷等资源管理的模块（见图 2-10）。平台提供了大量内置试卷与试题，教师可自定义新建试题、试卷，积累自己的教学成果；也可通过试卷创建考试，以课堂为单位进行在线考试、在线评阅试卷，并查阅考试成绩、成绩分布以及详细答题情况分析，帮助教师快速了解学生对课程知识的掌握情况。

图 2-10 “考试中心”界面

2.2 快速入门方法

我的课堂是平台的教学管理模块，在我的课堂模块中，基于专业代课老师的教学计划，针对某一门具体的课程完成教学考评管全过程支撑。教师快速创建课堂的流程可参考图 2-11。

在教师发布完实验之后，学生即可在自己对应的课堂中查看相应的实验课程。对于元子实验课程，平台支持自动评测，无需教师手动评分，学生通关后自动获取得分；对于基础实验与应用实训，需要教师在课堂中对学生的作业进行检查评分。

教师可实时查看学生的课程成绩、学情分析，并且支持教师自主上传教学资源供学生在线学习或共享课程资料，具体操作见下文。

2.2.1 创建课堂

（1）从课堂模块新建课堂。

1）在我的课堂模块中，单击“新建课堂”或“开始创建”进入课堂信息填写页面（见图 2-12）。

2）填写相应的信息，并提交保存（见图 2-13）。此外，需要注意的是：系统会根据设置的课堂起止时间，自动生成课堂所属学期；同一学期内，不能创建相同名称的课堂；超过课堂结束时间后，该课堂会转为历史课堂，不可进行任何编辑操作。

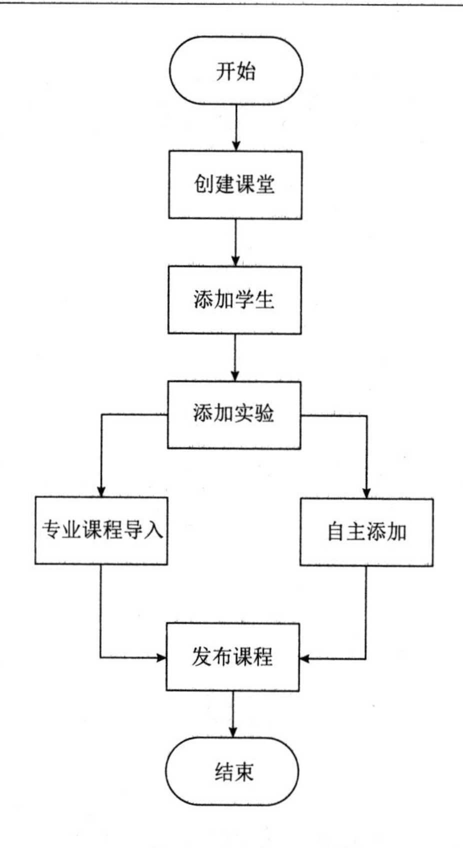

图 2-11 快速创建课堂流程

图 2-12 “新建课堂”界面

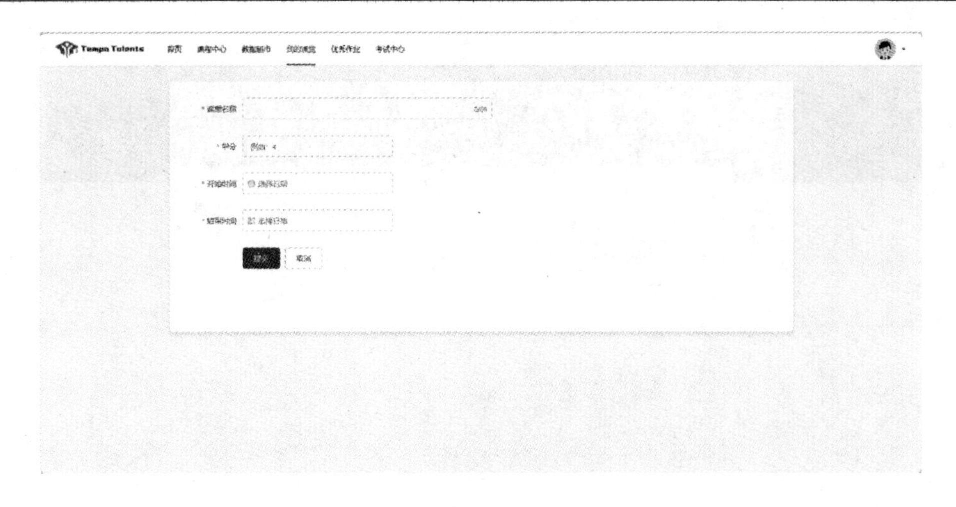

图 2-13 填写相应信息

3）勾选添加学生至本课堂并保存，完成课堂创建。

（2）基于课程创建课堂。

1）在课程中心模块的“专业课程”一栏中，单击想要开设的课程，进入课程详情（见图 2-14）。

图 2-14 “专业课程”界面

2）在课程详情页中，单击“创建课堂”（见图 2-15）。

3）在弹窗中填写相应的信息，并提交保存，即可完成课程创建（见图 2-16）。其中，教师可根据自身需要，选择是否将实验之外的其余教学资源的内容也同步添加至课堂中。

图 2-15 课程详情页

图 2-16 同步添加信息

2.2.2 添加实验

平台提供两种添加实验的方式：按专业课程导入、自主添加课程。其中，课程是由美林数据与高校名师合作联合开发的完整的专业课程，包含整套的课程实验与教学资源等，可一键复用；元子实验是将专业课程的知识点与技能点进行“元子化”拆分，以在线练习、在线评测的形式进行闯关，巩固学习知识点；基础实验是技术、工具的应用实践，提供多种实验模式，训练学生的实践动手能力；应用实训融合实验课程中的知识点，学生使用编码式或拖拽式操作工具进行综合练习并提交学习成果，教师进行主观评分及评优。

(1）按专业课程导入。

1）进入课堂中，单击“按专业课程导入”，进入课程选择页面（见图 2-17)。

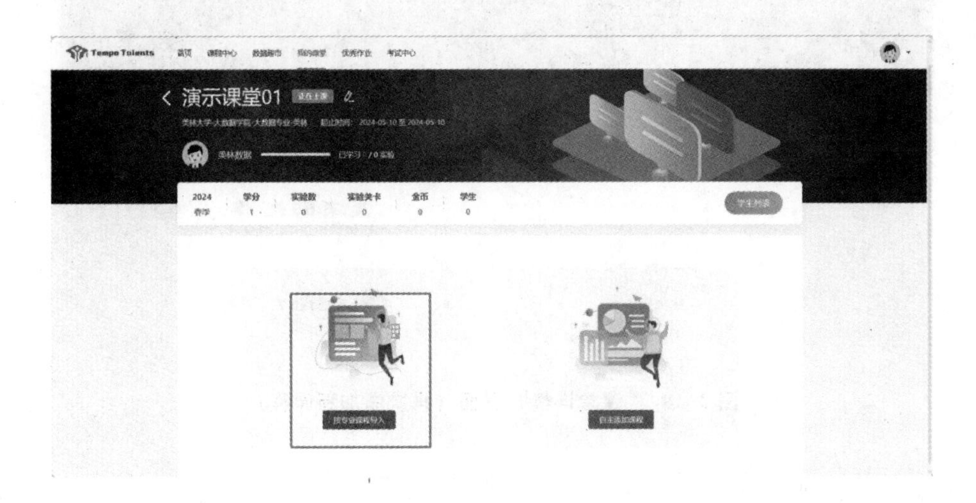

图 2-17 “我的课堂”界面（“按专业课程导入”）

2）在课程选择页面中，选择想要引用的课程，单击“保存”（见图 2-18)。

图 2-18 课程选择界面

3）可以在弹窗中选择是否同步将其余教学资源内容添加至课堂中，单击“确定”，完成课程引用。

4）在完成首次添加课程后，可单击课堂详情页列表顶部的“添加元子实验”“添加基础实验”“添加实训项目”，再次添加新课程（见图 2-19)。

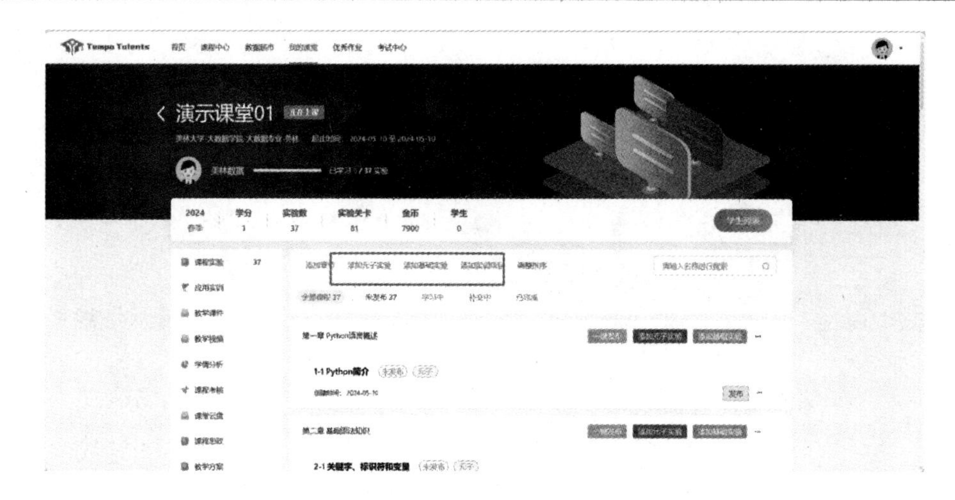

图 2-19 “课堂详情”界面（再次添加新课程）

（2）自主添加课程。

1）进入课堂中，单击“自主添加课程”，进入“课堂详情”界面（见图 2-20）。

图 2-20 我的课堂界面（“自主添加课程”）

2）单击课堂详情页列表顶部的“添加元子实验”“添加基础实验”“添加实训项目”，添加新课程（见图 2-21）。

2.2.3 发布实验

添加到课堂中的实践/实训在发布后，学生才能在对应的课堂中看到。

（1）单击课程后的“发布”或“一键发布”，打开发布设置弹窗（见图 2-22）。

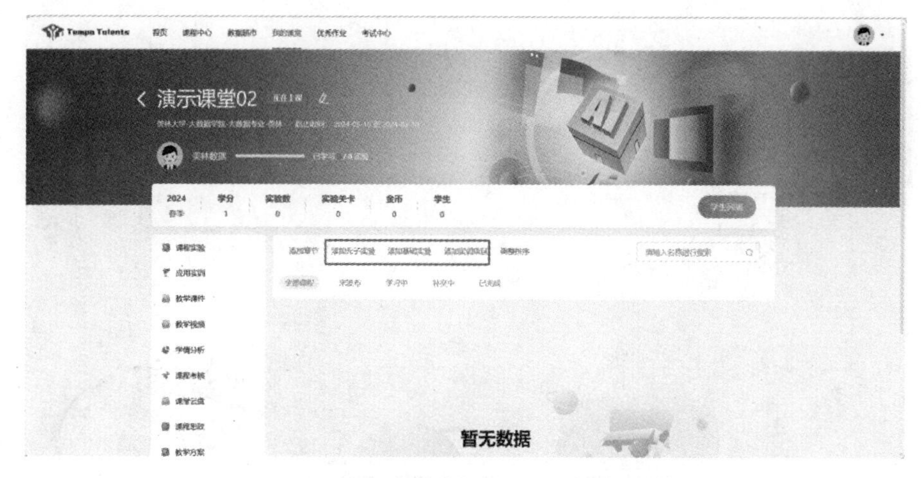

图 2-21 “课堂详情”界面（添加新课程）

图 2-22 “课堂详情”界面（“发布”或“一键发布”）

（2）设置课程截止时间及课程属性后，单击“确定”即可完成课程发布（见图 2-23、图 2-24）。此处需要注意的是：课程发布时间默认为当天，且不可修改。

2.2.4 基础实验、应用实训作业评分及评优

在学生提交实验/实训作业后，教师可单击实验/实训项目后的“作业列表”，进入作业展示页面（见图 2-25）。

（1）查看学生作业后，单击“作业点评”，打开点评弹窗。

（2）在弹窗中输入得分及点评后，单击“确认”，完成实训作业评分。

（3）完成实训作业评分后，可以单击“评为优秀作业”，将该作业评优并展示在优秀作业模块中。

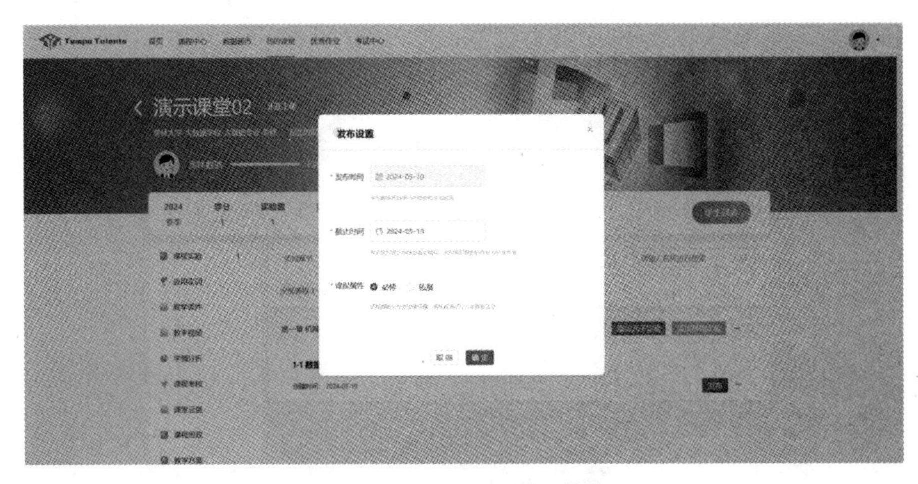

图 2-23 “发布设置”界面

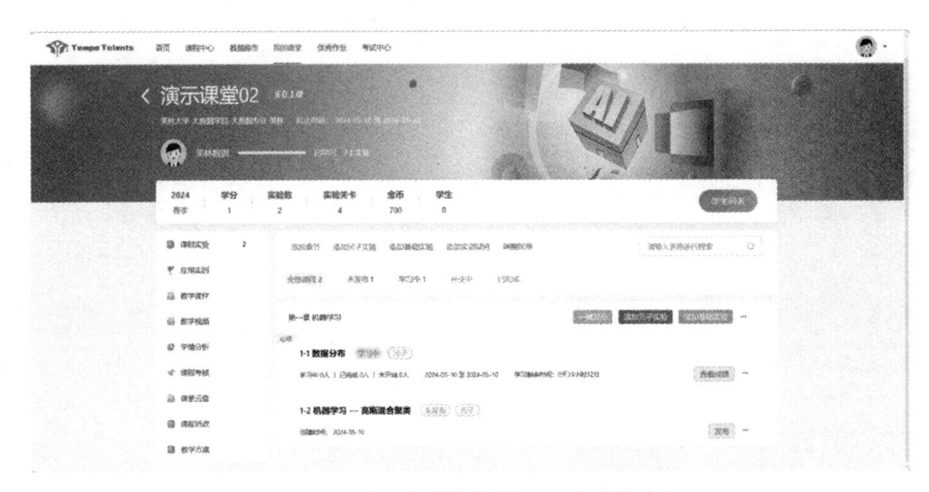

图 2-24 “课堂详情”界面（完成发布）

图 2-25 实训项目界面（“作业列表”）

（4）单击顶部导航栏中的“优秀作业”，即可进入优秀作业展示页面，查看被评选为优秀的作业。

2.2.5 课程成绩查询

（1）单击实验或实训课程后的“查看成绩”，即可查询课程成绩（见图 2-26）。

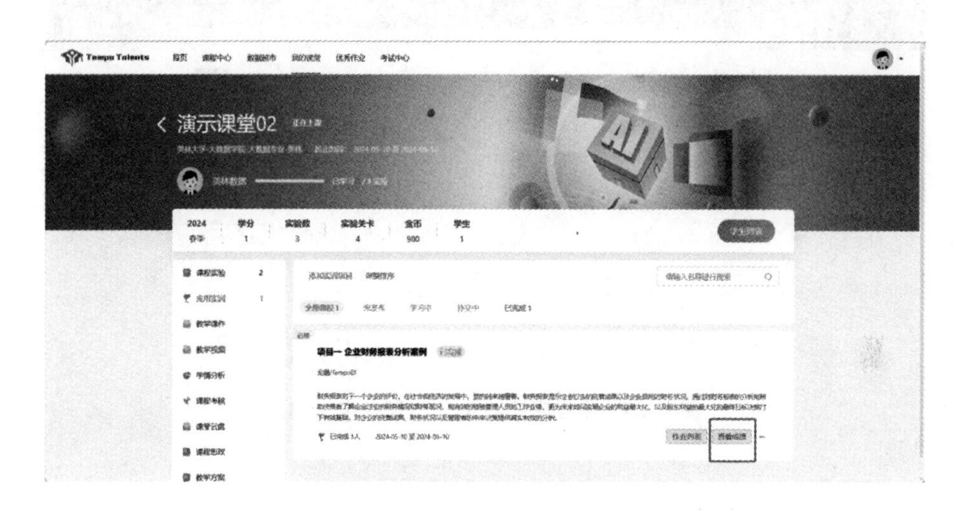

图 2-26 查看成绩

（2）进入课程成绩页面后，可以用列表的形式查看全部学生的成绩（见图 2-27）。

图 2-27 课程成绩列表

（3）对于基础实验、应用实训可以单击“查看作业”，进入作业详情页面（见图2-28）。

图 2-28　课程成绩界面（“查看作业”）

2.2.6　课堂学情分析

（1）在课堂详情页，单击“学情分析”，进入本课堂的学情分析页面（见图2-29）。

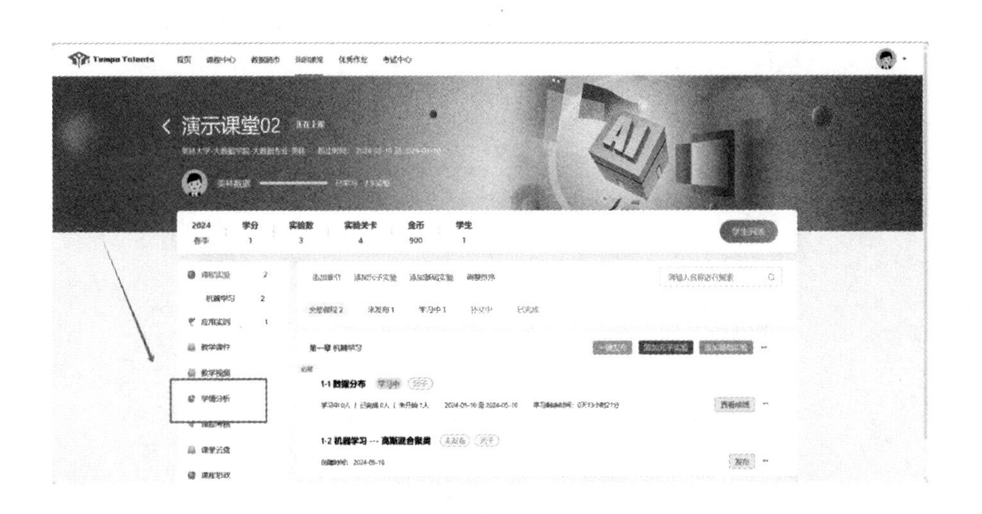

图 2-29　课堂详情页（“学情分析”）

（2）在学情总览界面可以查看课程学习进度及学生学习情况，单击“必修课程统计”或“拓展课程统计”，进入相应的学习情况统计页面（见图 2-30）。

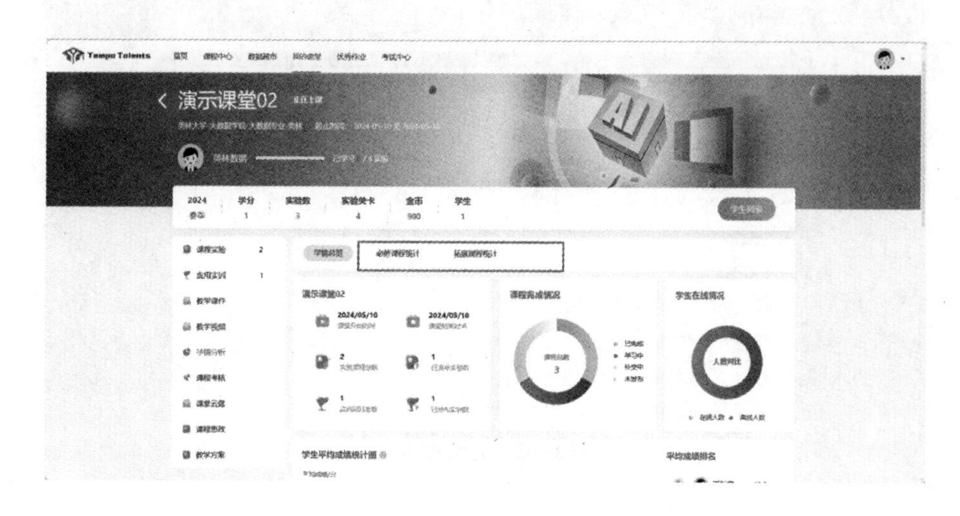

图 2-30　学情总览界面

（3）在必修课程统计和拓展课程成绩统计表中可以查看每个学生的课程完成情况，单击列表中学生对应的“查看成绩单”，可以查看该学生的成绩单（见图 2-31）。

图 2-31　学习情况统计界面

（4）成绩单中展示了该学生在本课堂中全部课程的学习情况（见图 2-32）。

图 2-32　成绩单界面

2.2.7　教学资源上传

平台支持教师上传教学课件、教学视频、课程思政以及教学方案等教学资源，在教学课件、教学视频中，教师可上传视频与 PPT、PDF 等格式的教学资源供学生学习。在教学资源中上传的资料不支持学生下载，学生仅可在线学习并统计学习时长。教学方案以及课程思政仅支持教师查看，辅助教师教学。

（1）以教学课件为例，在课堂详情页，单击“教学课件”，进入详情页，单击“添加章节”，先添加章节，之后即可将教学课件上传至章节内（见图 2-33）。

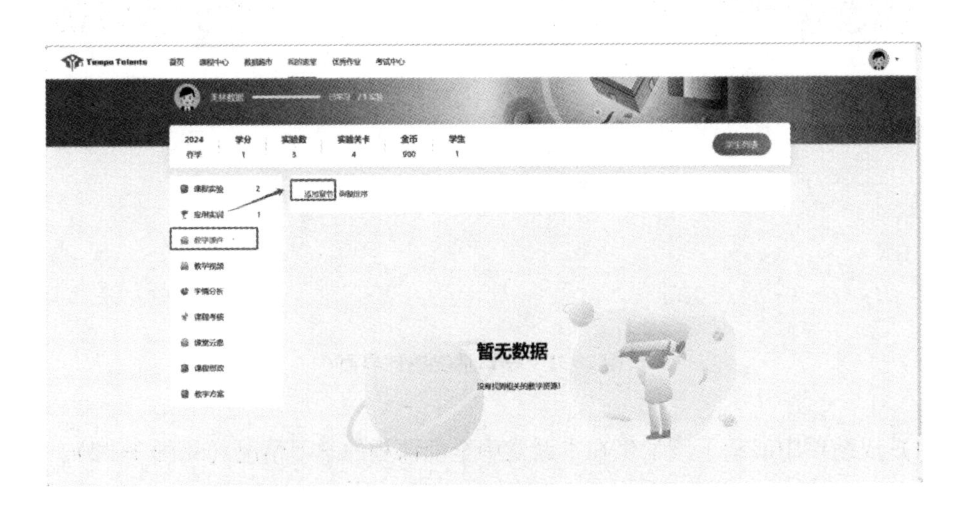

图 2-33　课堂详情页（“教学课件”）

(2) 创建好章节后，单击“上传”，选择将本地的 Word、PPT、PDF 等格式的教学资源上传至章节中（见图 2-34）。

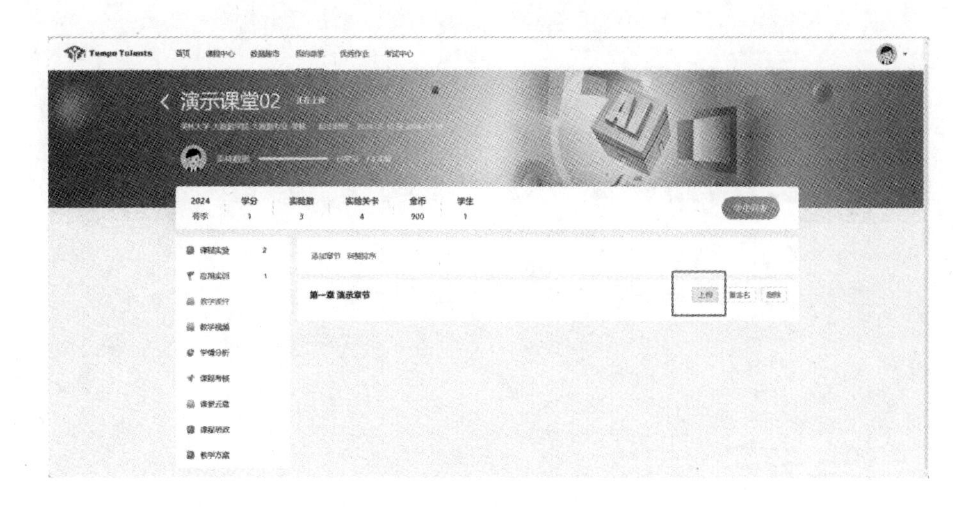

图 2-34　添加章节后上传

(3) 可以单击名称查看已上传的教学课件（见图 2-35）。

图 2-35　查看已上传资源

2.2.8　课程资源共享

教师可以在课堂中上传共享课件、视频、代码包等教学资源，所有加入本课堂的学生均可查看并下载。

（1）在课堂详情页，单击“课堂云盘”，进入本课堂的课程资源共享页面（见图2-36）。

图2-36　课堂详情页（“课堂云盘”）

（2）在课程资源页面，单击“上传文件”，可将本地文件上传至本课堂的课程资源库，课堂内全部学生均可查看并下载（见图2-37）。

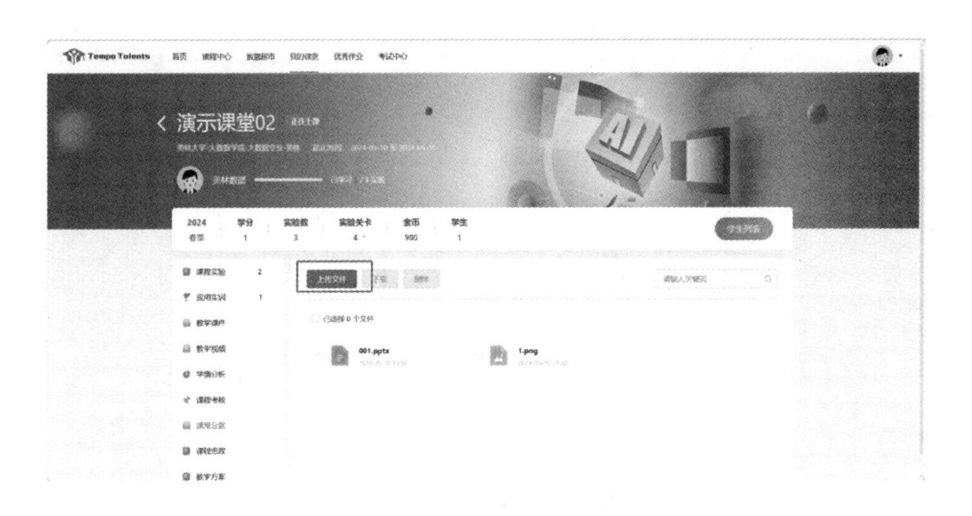

图2-37　课程资源页面（“上传文件”）

（3）勾选文件，单击“下载”或“删除”可对选中文件进行相关操作（见图2-38）。

图 2-38 下载或删除文件

2.2.9 在线考试设置

（1）创建考试。

1）从课堂内创建考试。

①在课堂详情页面，单击“课程考核”标签页（见图 2-39）。

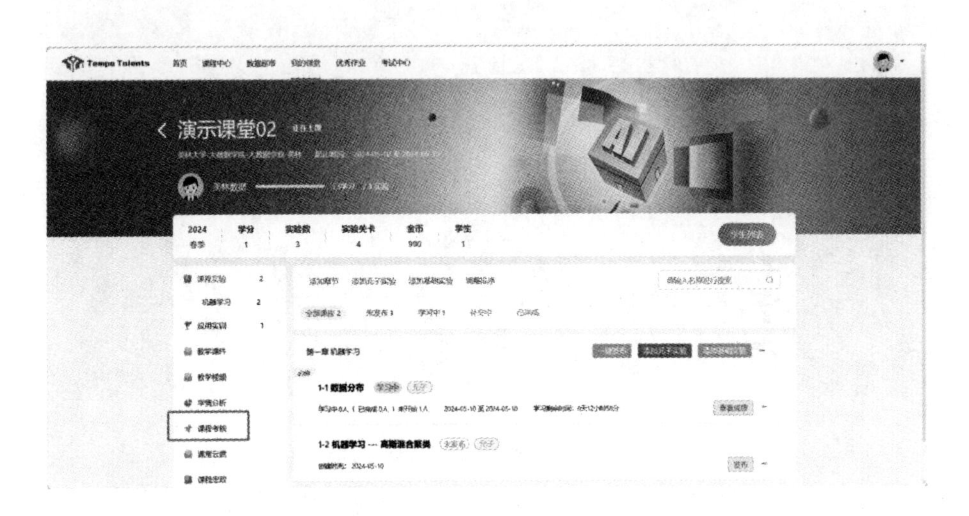

图 2-39 课堂详情页（“课程考核”）

②在课程考核页面中，单击“创建考试”，打开创建考试弹窗（见图 2-40）。

图 2-40　课堂考核界面（“创建考试”）

③在创建考试弹窗中，可输入考试名称，单击“选择试卷”，打开选择试卷弹窗，可通过上方筛选条件搜索出想要的试卷，完成本课堂内的考试创建（见图 2-41、图 2-42）。

图 2-41　创建考试弹窗（从课堂内创建）

2）从考试中心创建考试。

①在考试中心试卷库页面中，可先搜索想要使用的试卷，单击该试卷右下角“创建考试”，打开创建考试弹窗（见图 2-43）。

②在创建考试弹窗中，可输入考试名称，并选择需要使用该试卷的课堂，选择完成后，单击“确定”即可在该课堂下创建相应的考试（见图 2-44）。

图 2-42　选择试卷弹窗

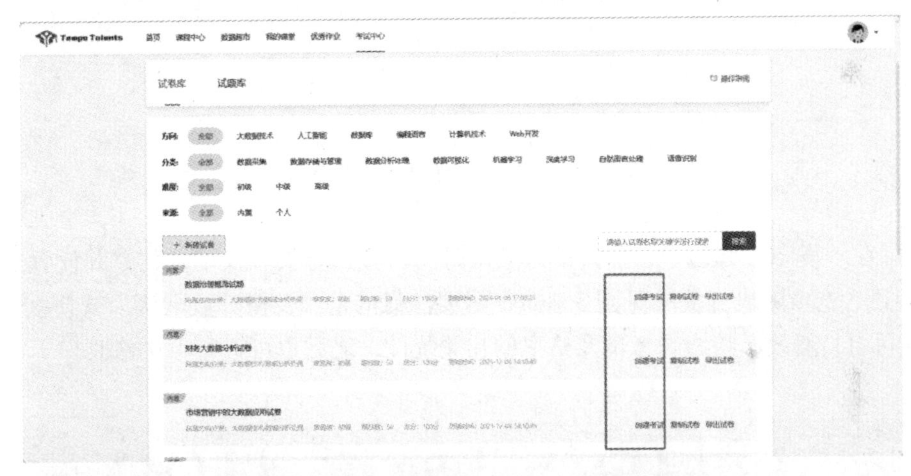

图 2-43　考试中心试卷库页面（“创建考试”）

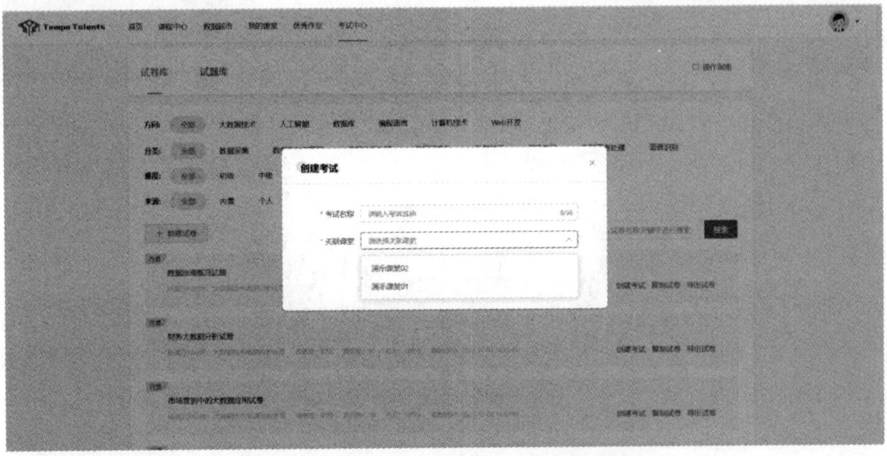

图 2-44　创建考试弹窗（从考试中心创建）

（2）发布考试。

1）创建完成后的考试默认为未发布状态，需要发布后方可供学生使用，在课程考核页面中，单击考试右下角的“发布”，打开发布弹窗（见图 2-45）。

图 2-45　课程考核界面（“发布”）

2）在“发布”弹窗中，需要填写考试时间、考试时长、及格分数，并设置是否需要将题目、选项随机打乱（见图 2-46）。需要注意的是：及格分数默认为试卷总分值的 60%，可自行修改，将影响考试及格率的相关统计，之后也可进行再次修改。

图 2-46　配置考试信息

3）配置好考试信息后，单击“确定”即可完成考试发布。

（3）考试信息编辑。

1）已发布但未开始状态下的考试可以对考试相关信息进行编辑，单击“未开始”状态下考试右下角的“…”，展开悬浮窗，单击悬浮窗中“设置”，打开“设置考试”弹窗（见图2-47）。

图2-47　课程考核页面（“设置考试”）

2）在“设置考试”弹窗中，支持修改考试时间、考试时长、及格分数、顺序打乱设置（见图2-48）。

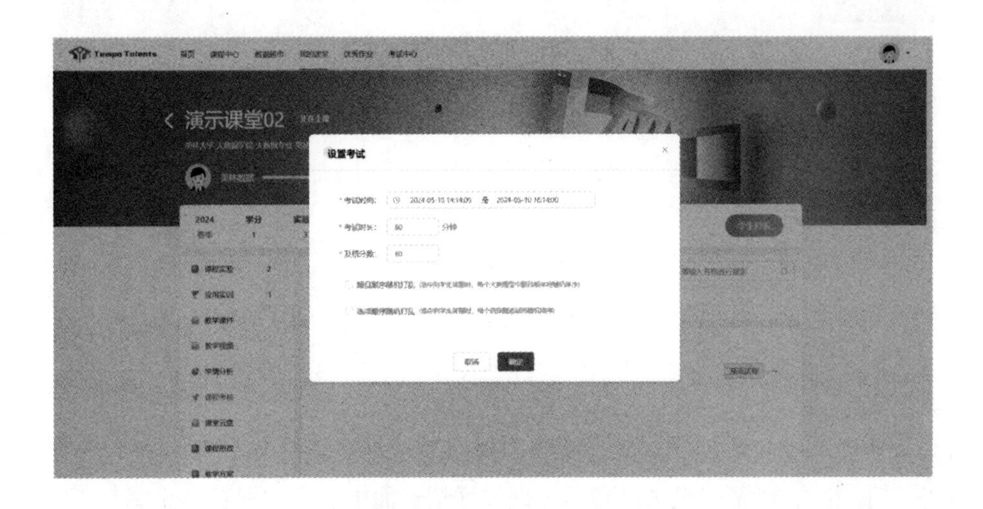

图2-48　设置考试弹窗

3）单击“未开始”状态下考试右下角的“…”，展开悬浮窗，单击悬浮窗中“重命名”，考试名称变为可编辑区域，可对考试进行重命名（见图 2-49、图 2-50）。注意：仅可对未发布状态下的考试信息进行编辑，若已经开始考试或考试已结束则无法编辑考试信息。

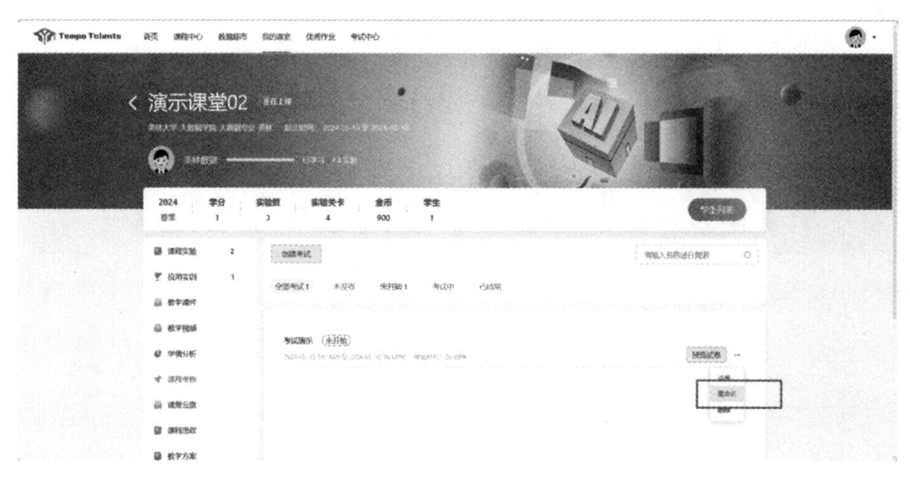

图 2-49　课程考核页面（考试重命名）

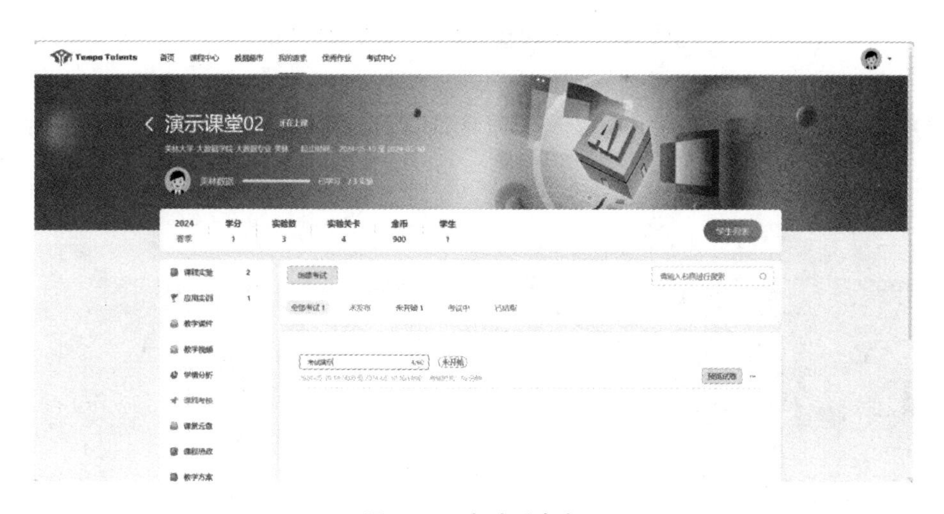

图 2-50　考试重命名

（4）阅卷。

1）从课程考核页面进入阅卷。在课程考核页面中，对于考试中或者已完成的考试，单击“阅卷”，可跳转至未阅卷学生试卷详情页面中，进行阅卷（见图 2-51）。

2）从考试详情页面进入阅卷。

①在考试详情页面中，单击右上角“阅卷”，可跳转至未阅卷学生试卷详情页面，进行阅卷（见图 2-52）。

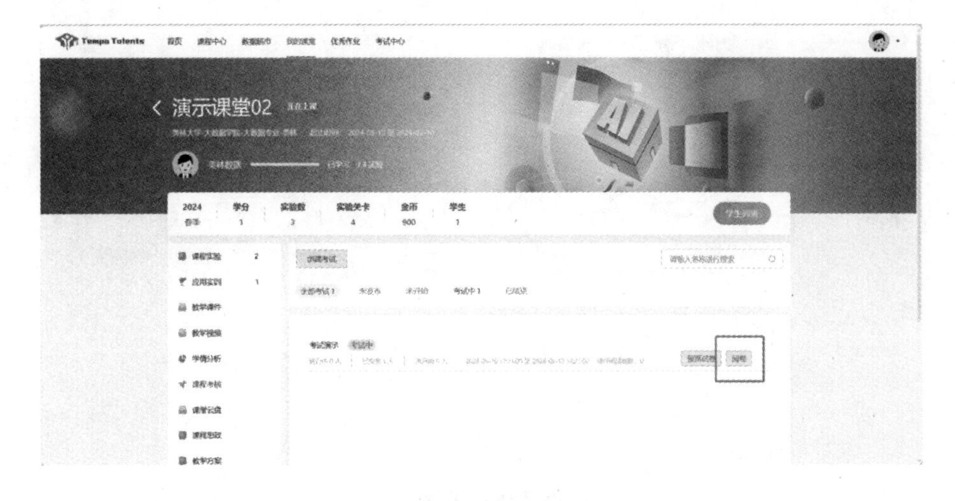

图 2-51 课程考核页面（“阅卷”）

图 2-52 考试详情页面（“阅卷”）

②在考试详情页面中，单击列表中对应学生后方的“阅卷”，可跳转至该学生试卷详情页，进行阅卷（见图 2-53）。

3）试卷评阅。

①试卷评阅时区分主观题和客观题，简答题属于主观题，除简答题外，单选题、多选题、判断题属于客观题；主观题需要教师进行评分，客观题自动判题得分，单击左侧题目标号可跳转至对应的题目处（见图 2-54）。

②对于主观题，教师可根据题目总分及学生答题情况赋予对应的分值，可选填教师评语；左侧悬浮窗及试题底色都通过颜色区分试题状态，可快速找到未评分题目进行评分、评语（见图 2-55）。

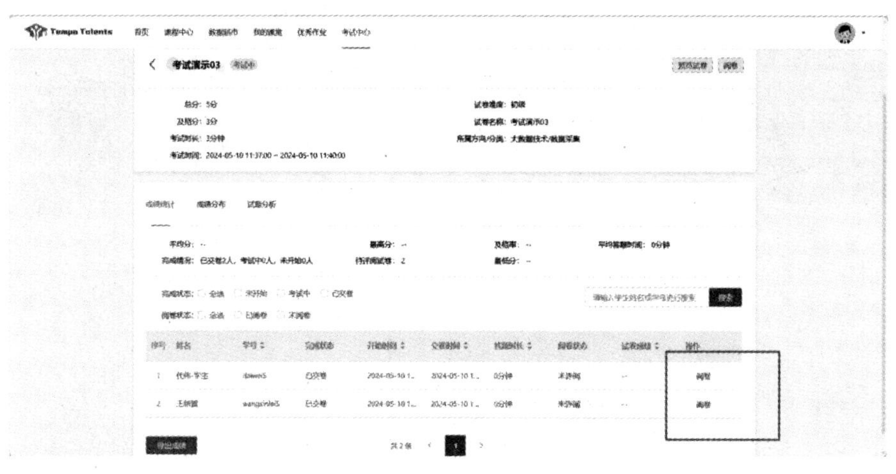

图 2-53　阅卷

图 2-54　试卷评阅

图 2-55　评分、评语

③所有主观题目完成评分后，单击右侧悬浮栏中“提交评分”即可提交评分，完成试卷评阅（见图 2-56）。

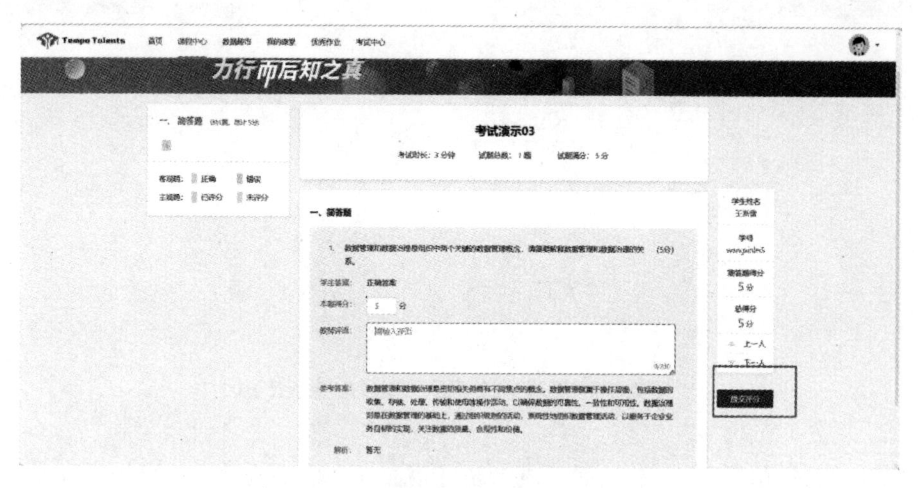

图 2-56 提交评分

（5）查看试卷。

在考试详情页中，单击学生列表中对应学生后方的“查看试卷”，即可查看该学生的试卷（见图 2-57）。

图 2-57 查看试卷

（6）查看考试完成情况。

1）查看成绩统计。

①在课堂的课程考核页面中，单击考试名称，进入考试详情页（见图 2-58）。

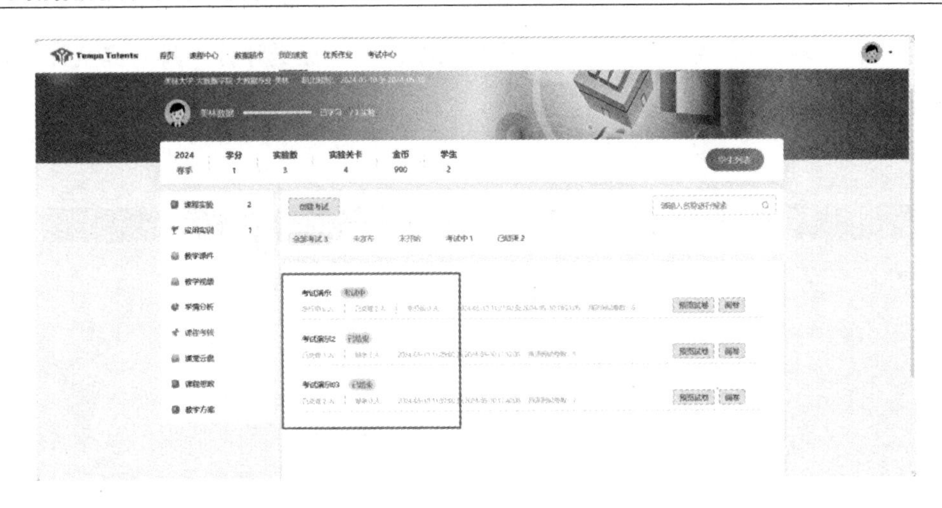

图 2-58　课程考核页面（查看成绩统计）

②进入考试详情页后，默认展示成绩统计页面，在成绩统计页面可查看课堂内全部学生的答题情况，可单击表头对列表进行自定义排序（见图 2-59）。

图 2-59　成绩统计页面

③单击列表下方的“导出成绩”，可将列表中学生成绩导出为 Excel。

2）查看成绩分布。

①在考试详情页中，单击“成绩分布”进入成绩分布标签页，可查看考试成绩分布统计，提供了柱状图和饼状图两种图表展示结果（见图 2-60）。

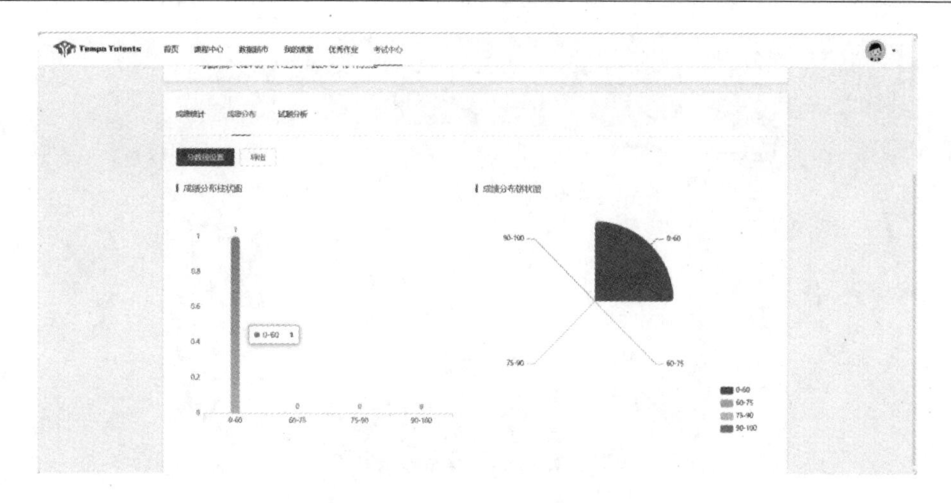

图 2-60　考试成绩分布统计

②系统默认按照百分比将成绩分为四段，单击“分数段设置”可对分数段进行自定义设置（见图 2-61）。

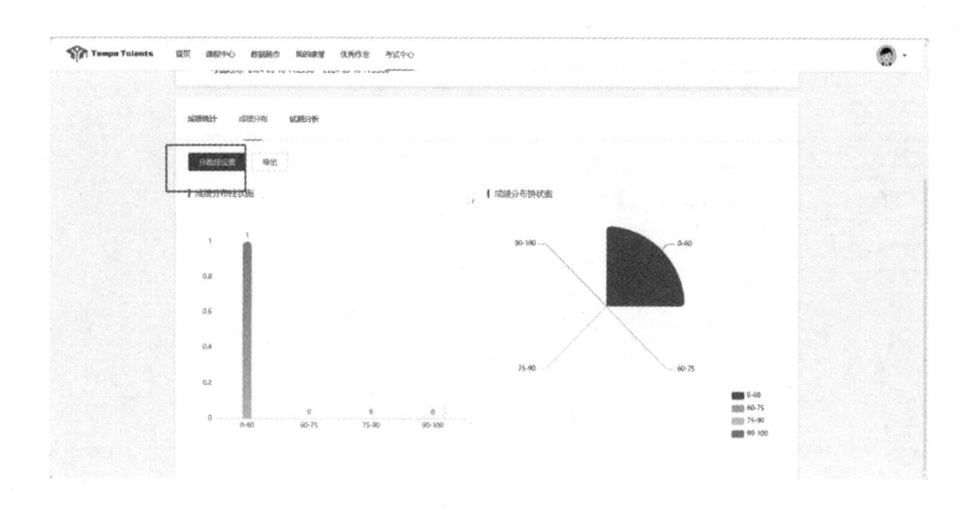

图 2-61　分数段设置

③在分数段设置页面，系统支持设置 2~6 个分数段，可设置开启自定义考试评价，可对每个分数段进行命名，开启后图表中显示对应分数段名称（见图 2-62）。

3）查看试题分析。在考试详情页中，单击“试题分析”进入试题分析标签页，可查看该考试中每个题目的答题情况分析（见图 2-63）。

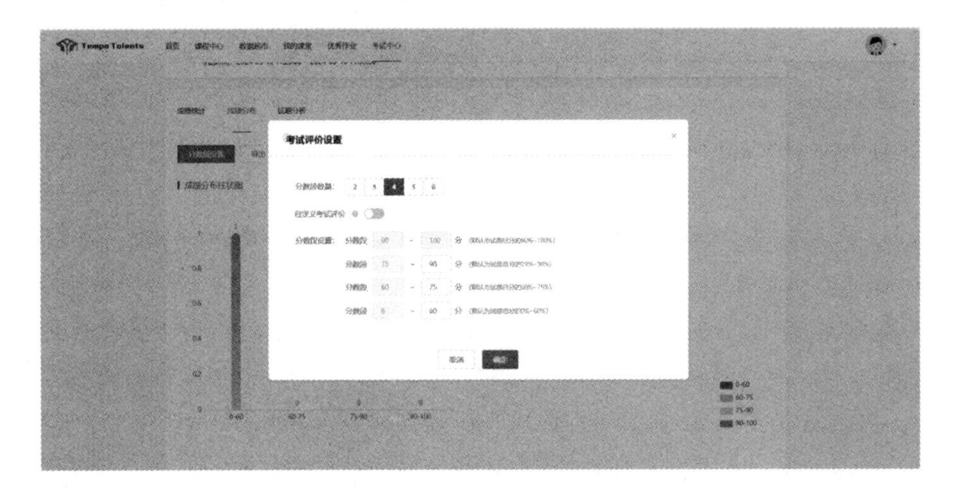

图 2-62　分数段设置页面

Tempo Talents　首页　课程中心　数据超市　我的课堂　优秀作业　考试中心

成绩统计　成绩分布　试题分析

一、单选题

题号	题目内容	正确人数	有效填写数	考试人数	正确率/得分率
1.	[illegible]	0	1	1	0%
2.	[illegible]	0	1	1	0%
3.	[illegible]	0	0	1	0%
4.	[illegible]	0	0	1	0%
5.	[illegible]	0	0	1	0%
6.	[illegible]	0	0	1	0%
7.	[illegible]	0	0	1	0%

图 2-63　试题分析页面

本章小结

本章主要介绍了 Tempo Talents 大数据管理与应用实验平台的定位、特点和常用教学场景的操作方法。围绕专业教学管理，结合实验课程教学与管理特点，着重介绍课堂管理、学生管理、教学计划、作业评价、课程考核等教学管理核心流程。同时，围绕教学活动开展课程资源共享、学情分析等多个场景的操作介绍，围绕“教学考评管”开展系统介绍和操作指导，帮助老师更好地使用平台开展教学工作。

本章内容引用了美林数据技术股份有限公司 Tempo Talents 大数据管理与应用实验平台（http：//edu. asktempo. cn/）相关公开资料，包含平台简介以及平台内置的操作指南。

3　回归分析实验

当人们对研究对象的自身特征以及各因素之间的相互关联有较为全面的了解时，通常会用机理分析来构建数学模型。由于受到客观事物内在规则的复杂性和对人类社会理解程度的影响，无法解析与实际对象之间的关系，从而无法形成符合机理法则的数学模型，最常用的方法就是先收集大量数据，再通过对历史数据的统计分析去构建模型。而数据挖掘就是处理大数据分析问题的技术，因此本章将探讨在数据挖掘中应用得非常普遍的一类方法——回归方法。

物体间的关系也可抽象地称为变量间的关系。而变量间的关系又一般分成两种：一种是确定性关系，又称双变量关系。另一种是相关关系，因为变量间的关系很难用一种准确的方式描述。因此，回归分析也是处理因素间相互关系的一个重要数学方法。

具体的回归过程包括：

（1）收集一组包含因变量和自变量的数据。

（2）确定因变量和自变量关系的模式，即一组几何公式，使用数字依照一定准则（如最小二乘）估计模式中的关系。

（3）通过统计分析技术对不同的模式加以对比，找到效果最佳的模式。

（4）判断得到的模型是否适合于这组数据。

（5）使用模型，对因变量进行估计或解释。

回归在数据挖掘中是最为基础的方法，也是应用于领域和场景最多的方法，只要是量化型问题，我们一般都会先尝试使用回归方法来研究或分析。根据回归方法中因变量的个数和回归函数的类型可将回归方法分为以下几种：线性回归、随机森林回归、SVM回归和梯度提升决策树回归。

3.1 回归分析概述

3.1.1 回归分析的定义

（1）变量间的关系。

变量间的关系分为两类，即函数关系和相关关系。函数关系又称确定性关系，探讨的是确定事件和随机变量之间的联系。一个或多个变量如果在特定变化时，另一个变量有确定变化并与之对应，则一个（或多个）因素的变化就完全取决于另一个因素的变化，这些因素相互之间一一对应的稳定性关系就叫作函数关系。一个或若干彼此关联的变量在取得了某个数值之后，与它相应的另一个变量的数值尽管并不固定，但又按照一定规则在一定区域内变动，即变量间具有联系却又不完全确定，这些变量之间的不确定性对应联系就叫作相关关系。设两个变量 x 与 y，若变量 y 随变量 x 值一起变动，但并不完全取决于 x，当变量 x 取得一定值时，变量 y 的取值范围可能只有几个，而且取值范围变动也具有一定规律性，则称变量 x 与 y 具有相关关系。例如，居民收入虽与居民消费有关，但并不全部取决于居民消费；广告费支出与销售量有关，但并不完全取决于销售量。又如，粮食作物亩产量与施肥量、降水、温度之间的关系，家庭收入水平与受教育程度之间的关系，父母身材与孩子体格之间的关系等，均为相关关系。

相关关系并不一定体现出因果，但相关关系的因果涉及的领域往往更为广阔。存在于相关关系的特定事件的总量也体现为相关关系总量，如自变量和因变量之间的相关关系等，但有时候并不出现明确的因果或互为因果关联，如人的身材与体型、食品的供求和价值等。变量之间的函数关系和相关关系，在特定情况下还可能发生互相转换。在测量误差或随机因素的影响下，函数关系也可以体现为相关关系；当人们对变量的内在联系有规律性了解时，相互关联也可以转换为参数关联或用参数关联加以说明。

相关关系的具体类型如图 3-1 至图 3-6 所示。

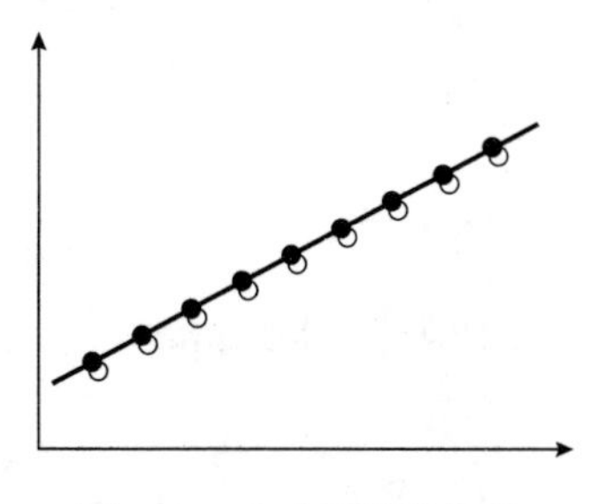

图 3-1 完全正线性相关

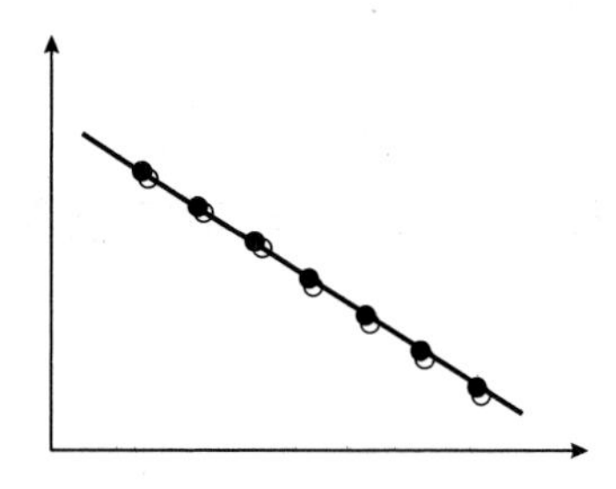

图 3-2　完全负线性相关

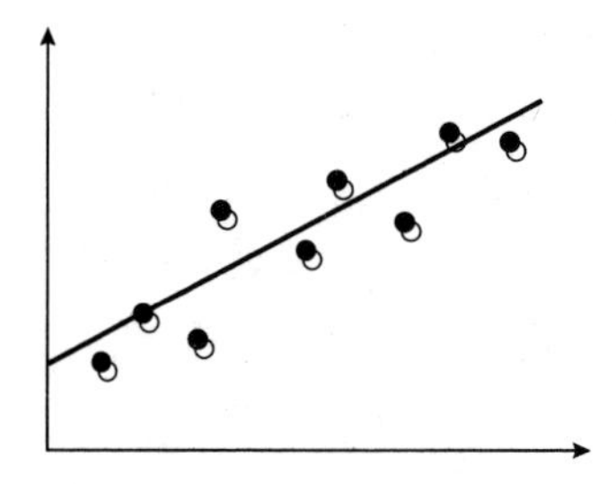

图 3-3　正线性相关

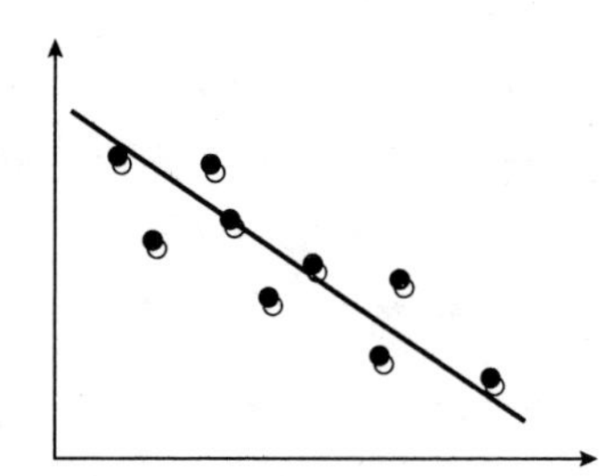

图 3-4　负线性相关

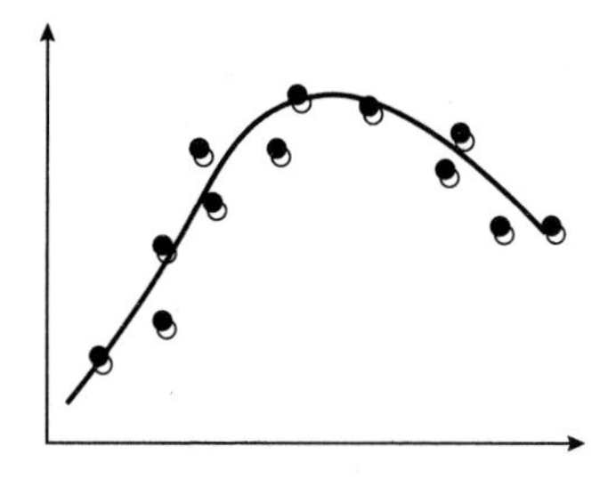

图 3-5　非线性相关

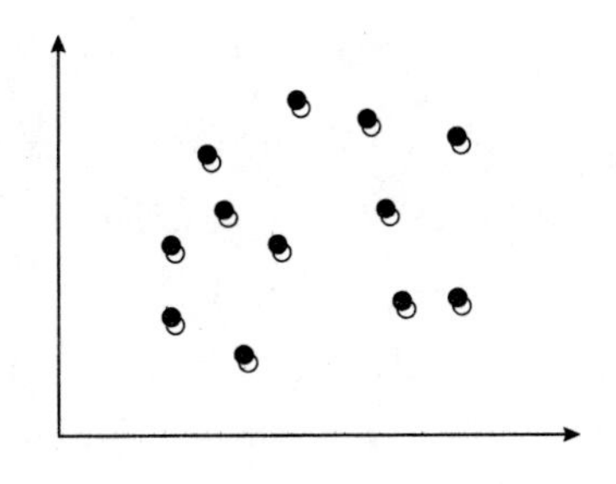

图 3-6 不相关

判断随机变量内部的相互关系，一般是利用相关分析（Correlation Analysis）方法或回归分析（Regression Analysis）方法来进行。相关分析方法重点深入研究随机变量内部的关联形式和相关性程度，其相关性程度也可以利用统计的相关系数分析方法来观察。当存在相互关系的随机变量相互之间产生因果时，则可利用回归分析方法来探究它们间的具体依赖关系。相关分析方法和回归分析方法相互之间的重要差异表现在以下两个方面：一方面，相关分析方法通常只重视随机变量内部的相互紧密联系程度，不重视其中的依赖性关联；而回归分析方法则着眼于变量相互之间的具体依赖关系（因果），探究怎样利用解释变量的变化，来推断或预测被解释变量的变化。另一方面，在关系分析中，变量的战略地位是相对的，而在回归分析中，变量的战略地位却是不相对的，有解释变量和被解释变量之分。

（2）相关系数。

相关系数研究主要用于反映变量间联系的密切程度，对两个变量间线性相关程度的测量也叫作简单相关系数（以下简称“相关系数”）。若相关系数是按照总体全部信息计算的，则称为总体相关系数，记为 ρ；若相关系数是按照整体抽样信息计算的结果，则称为抽样相关系数，记为 r。对于随机变量 x 和 y，总体相关系数 ρ 通常是未知的，只能根据样本观测值给出一个估计量，即样本的相关系数 r。

样本相关系数 r 的计算公式如下：

$$r = \frac{\frac{1}{n-1}\sum(x-\bar{x})(y-\bar{y})}{\sqrt{\frac{1}{n-1}\sum(x-\bar{x})^2 \cdot \frac{1}{n-1}\sum(y-\bar{y})^2}} = \frac{\sum(x-\bar{x})(y-\bar{y})}{\sqrt{\sum(x-\bar{x})^2 \cdot \sum(y-\bar{y})^2}} \tag{3-1}$$

或简化为：

$$r = \frac{n\sum xy - \sum x\sum y}{\sqrt{n\sum x^2 - (\sum x)^2} \cdot \sqrt{n\sum y^2 - (\sum y)^2}} \tag{3-2}$$

r 的取值范围是[-1，1]，$|r|=1$ 表明 x 与 y 完全线性相关；$r=1$ 表明 x 与 y 完全正线性相关；$r=-1$ 表明 x 与 y 完全负线性相关；$r=0$ 表明 x 与 y 不存在线性相关关系；$-1 \leqslant r<0$，表明 x 与 y 负线性相关；$0<r \leqslant 1$，表明 x 与 y 正线性相关；$|r|$ 越趋近于 1 表示 x 与 y 线性关系越密切；$|r|$ 越趋近于 0 表示 x 与 y 线性关系越不密切。

使用相关系数的分析方法时应考虑以下几点：①x 和 y 都是彼此相对的随机变量；②线性相关性系数只反映变量之间的线性相关情况；③样本相关系数分析是对总体相关系数的估计值，但由于抽样波动，所以样本相关系数分析是一个随机变量，其统计学显著性待进一步检验；④相关系数只表达线性相关程度，无法判断因果关系，也不表示相关关系具体接近于哪一条直线。

（3）回归分析的概念。

回归这个术语是由英国著名统计学家 Francis Galton 于 19 世纪末在探讨儿童以及家长的平均身高时提出来的。Galton 认为，身材较高的父母，他们的孩子也较高，但这些孩子的平均身高并没有他们父母的平均身高高；身材较矮的父母，他们的孩子也较矮，而这些孩子的平均身高却比他们父母的平均身高高。Galton 将这种后代的身高向中值靠近的趋势称为回归现象，由他所发明的分析两种数值变量间数量关系的方法叫作回归分析。

回归分析（Regression Analysis）方法是探讨一种变量对于另一种变量之间的具体依赖关系的计算方法，并利用某个或若干个变量的变化分析另一种变量的变化。这里，为了更容易使人理解，将被影响变化的变量称为被解释变量（Explained Variable）或因变量（Dependent Variable），主动变化的变量被称为解释变量（Explanatory Variable）或自变量（Independent Variable）。

回归分析构成计量经济学的方法论基础，其操作步骤为：根据理论和对问题的分析判断，区分自变量（解释变量）和因变量（被解释变量）；从一组样本数据出发，设法确定合适的数学方程式（回归模型）描述变量间的关系；对数学方程式（回归模型）的可信程度进行统计检验，并从影响某一特定变量的诸多变量中找出哪些变量的影响显著，哪些不显著；利用数学方程式（回归模型），根据一个或几个自变量的取值来估计或预测因变量的取值，并给出这种估计或预测的精确程度。

3.1.2 回归分析的算法

（1）线性回归。

1）线性回归的定义。

线性回归是一种用于建立变量之间线性关系的统计模型。在机器学习中，线性回归被用于预测一个或多个自变量与一个连续因变量之间的关系。这种关系通常表示为一条直线的方程，因此称为“线性回归”。

具体来说，线性回归模型假设因变量（目标变量）与自变量之间存在线性关系，其基本方程形式为：

$$Y=\beta_0+\beta_1X_1+\beta_2X_2+\cdots+\beta_nX_n+\varepsilon \quad (3-3)$$

其中，Y 是因变量（或目标变量）；X_1，X_2，…，X_n 是自变量（或特征变量）；β_0，β_1，β_2，…，β_n 是模型的系数，表示自变量对因变量的影响程度；ε 是误差项，表示模型无法解释的部分。

线性回归的目标是找到最佳的系数 β_0，β_1，β_2，…，β_n，使模型预测的值与实际观测值之间的误差最小化。这通常通过最小化残差平方和（Residual Sum of Squares，RSS）或最小化均方误差（Mean Squared Error，MSE）来实现。线性回归在实践中被广泛应用，如预测房价、股票价格、销售量等连续型变量。

2）一元线性回归模型的基本假设。

一元线性回归模型（只有一个解释变量）的基本方程形式为：

$$Y_i=\beta_0+\beta_1X_i+\mu_i \quad i=1, 2, \cdots, n \quad (3-4)$$

其中，Y 为被解释变量，X 为解释变量，β_0 与 β_1 为待估参数，μ 为随机干扰项。

回归分析的主要目的是要通过样本回归函数（模型）（Sample Regression Function，SRF）尽可能准确地估计总体回归函数（模型）（Population Regression Function，PRF），为保证参数估计量具有良好的性质，通常对模型提出若干基本假设。线性回归模型包含6个经典假设，满足该假设的线性回归模型称为经典线性回归模型。

假设1：回归模型是正确设定的。

假设2：解释变量 X 是确定性变量，不是随机变量。

假设3：解释变量 X 在所抽取的样本中具有变异性，而且随着样本容量的无限增加，解释变量 X 的样本方差趋于一个非零的有限常数。

假设4：随机误差项 μ 具有给定 X 条件下的零均值、同方差和不序列相关性：

$$E(\mu_i \mid X_i)=0 \quad i=1, 2, \cdots, n \quad (3-5)$$

$$Var(\mu_i \mid X_i)=\sigma_\mu^2 \quad i=1, 2, \cdots, n \quad (3-6)$$

$$Cov(\mu_i, \mu_j \mid X_i, X_j)=0 \quad i, j=1, 2, \cdots, n \quad (3-7)$$

假设5：随机误差项与解释变量 X 之间不相关。

假设6：随机误差项服从零均值、同方差的正态分布。

3）一元线性回归模型的参数估计。

①参数的普通最小二乘法（Ordinary Least Squares，OLS）。一元线性回归模式的参数估计，就是在一组样本观测值（X_i，Y_i）（$i=1, 2, \cdots, n$）下，采用特定的参数估计方式，估计出样本回归线，最常见的是普通最小二乘法的估值。

给出一个数据观测值(X_i，Y_i)($i=1, 2, \cdots, n$)需要用样本回归函数尽量好地拟合这组值，不同的估计方式可以求得不同的取样回归参数 $\hat{\beta}_0$ 和 $\hat{\beta}_1$，其估计的结果 $\hat{Y}_i$ 也有所不同。理想的估计方法，应使 Y_i 与 $\hat{Y}_i$ 之间的差值，即 e_i 越小越好。由于 e_i 可正可负，故可取的 $\sum e_i^2$ 最小：

$$Q=\sum_{1}^{n} e_i^{\,2}=\sum_{1}^{n}(Y_i-\hat{Y}_i)^2=\sum_{1}^{n}(Y_i-(\hat{\beta}_0+\hat{\beta}_1 X_i))^2 \tag{3-8}$$

即在给定的样本值下，选择出 $\hat{\beta}_0$ 与 $\hat{\beta}_1$ 能使 Y_i 与 $\hat{Y}_i$ 之差的平方和最小化。

为了精确地描述 Y 与 X 之间的关系，必须使用这两个变量的每一对观测值（n 组观测值），尽可能做到全面。用协方差或相关系数判断 Y 与 X 是否为直线关系，若是，则可用一条直线描述它们之间的关系。在 Y 与 X 的散点图上画出直线的方法有很多，应找出一条能够最好地描述所有点的直线，使得所有这些点到该直线的纵向距离的和（平方和）最小。纵向距离是 Y 的实际值与拟合值之差，差越小直线拟合就越好，所以称为残差、拟合误差或剩余。将所有纵向距离平方后相加，即可得误差平方和，误差平方和最小的直线就是对所有点来说最拟合的直线。拟合直线在总体上最接近实际观测点，此时可以运用求极值的原理，将求最好拟合直线的问题转换为求误差平方和最小的问题（见图 3-7）。

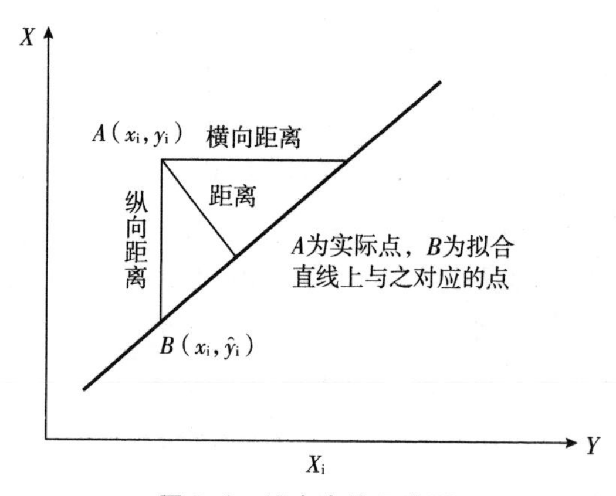

图 3-7　拟合直线示意图

得到的参数估计量可以写成：

$$\begin{cases}\hat{\beta}_1=\dfrac{\sum x_i y_i}{\sum x_i^2}\\ \hat{\beta}_0=\overline{Y}-\hat{\beta}_1\overline{X}\end{cases} \tag{3-9}$$

其中：

$$x_i=X_i-\overline{X}=X_i-\frac{\sum_{i=1}^{n}X_i}{n} \tag{3-10}$$

$$y_i=Y_i-\overline{Y}=Y_i-\frac{\sum_{i=1}^{n}Y_i}{n} \tag{3-11}$$

可将其称为 OLS 估计量的离差形式（Deviation Form）。由于参数的估计结果是通过最小二乘法得到的，故称为普通最小二乘估计量。

②最小二乘估计量的性质。在估计出模型参数后，往往需要考虑参数估计值的精度，即其能否表示总体参数的真值，或者说需要考虑参数估计中的统计性质。一般从以下角度考察总体估计量的优劣性：

一是线性性。一个随机变量是另一个随机变量的线性函数，即估计量 $\hat{\beta}_0$、$\hat{\beta}_1$ 是 Y_i 的线性组合。

二是无偏性。总体估计量均值或期望值是否等于总体的真实值，即估计量 $\hat{\beta}_0$、$\hat{\beta}_1$ 的均值（期望）是否等于总回归参数真值 β_0 与 β_1。

三是有效性。总体估计量能否在所有线性无偏估计量中具有最小方差，即在所有线性无偏估计量中，普通最小二乘估计量 $\hat{\beta}_0$、$\hat{\beta}_1$ 是否具有最小方差。

这三个准则被称为估计量的小样本性质，而具有这类性质的估计量称为最佳线性无偏估计量。

当不能满足最小样本性质时，需要从以下角度进一步考虑估计量的大样本或渐近特性：

一是渐近无偏性，即样本容量趋于无穷大时，它的均值序列是否趋于总体真值。

二是一致性，即样本容量趋于无穷大时，它能否依概率完全收敛于总体真值。

三是渐近有效性，即样本容量趋于无穷大时，是否它在所有的一致估计量中都存在着最小的渐近方差。

③参数估计量 $\hat{\beta}_0$ 和 $\hat{\beta}_1$ 的概率分布。普通最小二乘估计量 $\hat{\beta}_0$、$\hat{\beta}_1$ 分别是 Y_i 的线性组合，因此，$\hat{\beta}_0$、$\hat{\beta}_1$ 的概率分布取决于 Y_i 的分布特征。在 μ_i 是正态分布的假设下，Y_i 是正态分布，则 $\hat{\beta}_0$、$\hat{\beta}_1$ 也服从正态分布，因此 $\hat{\beta}_1 \sim N\left(\beta_1, \dfrac{\sigma^2}{\sum x_i^2}\right)$，$\hat{\beta}_0 \sim N\left(\beta_0, \dfrac{\sum X_i^2}{n\sum x_i^2}\sigma^2\right)$，$\hat{\beta}_0$ 与 $\hat{\beta}_1$ 的标准差如下：

$$\sigma_{\hat{\beta}_0} = \sqrt{\frac{\sigma^2 \sum X_i^2}{n\sum x_i^2}} \tag{3-12}$$

$$\sigma_{\hat{\beta}_1} = \sqrt{\sigma^2 / \sum X_i^2} \tag{3-13}$$

④随机误差项 μ 的方差 σ^2 的估计。在估计的系数 $\hat{\beta}_0$ 与 $\hat{\beta}_1$ 的方差表达式中，只存在随机干扰项 μ 的方差 σ^2。σ^2 也称总体方差，由于 σ^2 实际上是未知的，因此 $\hat{\beta}_0$ 与 $\hat{\beta}_1$ 的方差实际上无法计算，这就需要对其进行估计。由于随机项 μ_i 无法观测，因此只能从 μ_i 的估计即残差 e_i 值入手，对总体方差 σ^2 进行估计。证明得到，σ^2 的最小二乘估计量也是 σ^2 的无偏数估计量：

$$\hat{\sigma}^2 = \frac{\sum e_i^2}{n-2} \tag{3-14}$$

随机误差项 μ 的方差 σ^2 估计出后，可得到参数 $\hat{\beta}_0$ 与 $\hat{\beta}_1$ 的方差和标准差的估计量。

$\hat{\beta}_1$ 的样本方差：

$$S_{\hat{\beta}_1}^2 = \hat{\sigma}^2 / \sum x_i^2 \tag{3-15}$$

$\hat{\beta}_1$ 的样本标准差：

$$S_{\hat{\beta}_1} = \hat{\sigma} / \sqrt{\sum x_i^2} \tag{3-16}$$

$\hat{\beta}_0$ 的样本方差：

$$S_{\hat{\beta}_0}^2 = \hat{\sigma}^2 \sum X_i^2 / n \sum x_i^2 \tag{3-17}$$

$\hat{\beta}_0$ 的样本标准差：

$$S_{\hat{\beta}_0} = \hat{\sigma} \sqrt{\sum X_i^2 / n \sum x_i^2} \tag{3-18}$$

4）一元线性回归模型的统计检验

回归分析是要用样本估计的参数来代替总体的真实参数，即用样本回归线代替总体回归线。在统计学层面上，如果有足够多的重复抽样，参数的估计值的期望（均值）应当等于其总体的参数真值，但由于抽样范围的局限性以及系统性误差等因素的存在，估计值通常不等于该真值。那么，在一次抽样中，参数的估计值与真值的差异程度以及该差异是否显著，就需要进一步进行统计检验，主要包括拟合优度检验、变量的显著性检验及参数的区间估计。

①判定系数（可决系数）R^2 的推导。拟合优度检验指通过对样本回归直线和样本观测值间拟合程度的检验。度量拟合优度的指标为判定函数（可决系数）R^2。

Y 的观测值围绕其均值的总离差（Total Variation）可划分为两方面：一方面来源于回归平方和（Explained Sum of Squares，ESS）；另一方面则来源于残差平方和（Residual Sum of Squares，RSS）。对于所有样本点，则需考虑这些点与样本均值离差的平方和，可以证明：

$$\sum (Y_i - \bar{Y})^2 = \sum (\hat{Y}_i - \bar{Y})^2 + \sum (Y_i - \hat{Y}_i)^2 \tag{3-19}$$

即：

$$TSS = ESS + RSS \tag{3-20}$$

其中：

（总体平方和） $$TSS = \sum y_i^2 = \sum (Y_i - \bar{Y})^2 \tag{3-21}$$

（回归平方和） $$ESS = \sum \hat{Y}_i^2 = \sum (\hat{Y}_i - \bar{Y})^2 \tag{3-22}$$

（残差平方和） $$RSS = \sum e_i^2 = \sum (Y_i - \hat{Y}_i)^2 \tag{3-23}$$

在给定样本中，TSS 不变，实际观测点离样本回归线越近，则 ESS 在 TSS 中占的比重越大，因此拟合优度可用$\frac{ESS}{TSS}=R^2$来度量。

②判定系数（可决系数）R^2 的统计量。R^2 的方程如下：

$$R^2=\frac{ESS}{TSS}=1-\frac{RSS}{TSS} \tag{3-24}$$

实际计算判定系数时，在 $\hat{\beta}_1$ 已经估出后：

$$R^2=\hat{\beta}_1{}^2\left(\frac{\sum x_i{}^2}{\sum y_i{}^2}\right) \tag{3-25}$$

判定系数的取值范围为（0，1），R^2 越接近 1，说明实际观测点离样本线越近，拟合优度越高。

回归分析，就是要确定解释变量 X 是不是对被解释变量 Y 产生的显著性的影响因子。在一元线性模型中，就是要确定 X 是否对 Y 具有显著的线性影响。这就必须进行变量的显著性检验。变量的显著性检验所应用的方法就是在数理统计学中的假设检验。在计量经济学中，主要是根据变量的参数真值是否为零来进行显著性检验。

③假设检验。假设检验是指预先对总体参数及总体分布形式做出一个假设，进而运用样本信息来确定原假设是否合理，即判断样本信息与原假设是否有明显不同，进而决定是否接受原假设。

假设检验采用的逻辑推理方式为反证法：先假定原假设合理，然后通过样本信息，考察由此假设产生的结论是否合理，从而确定能否接受原假设。

判断结果正确与否，依据“小概率事件不易发生”的原理。

④变量的显著性检验。对于一元线性回归方程中的 $\hat{\beta}_1$，可以证明其服从正态分布：

$$\hat{\beta}_1\sim N\left(\beta_1,\ \frac{\sigma^2}{\sum x_i{}^2}\right) \tag{3-26}$$

由于真实的 σ^2 未知，当用它的无偏估计量 $\hat{\sigma}^2=\sum e_i{}^2/(n-2)$ 替代时，可构造如下统计量：

$$t=\frac{\hat{\beta}_1-\beta_1}{\sqrt{\hat{\sigma}^2/\sum x_i{}^2}}=\frac{\hat{\beta}_1-\beta_1}{S_{\hat{\beta}_1}}\sim t(n-2) \tag{3-27}$$

检验步骤如下：

第一步，对总体参数提出假设：

$$H_0:\ \beta_1=0 \tag{3-28}$$

$$H_1:\ \beta_1\neq 0 \tag{3-29}$$

第二步，以原假设 H_0 构造 t 统计量，并由样本计算其值：

$$t=\frac{\hat{\beta}_1}{S_{\hat{\beta}_1}} \tag{3-30}$$

第三步，给定显著性水平 α，查 t 分布表的临界值 $t_{\frac{\alpha}{2}}$（$n-2$）参数的置信区间。

第四步，比较、判断：若 $|t|>t_{\frac{\alpha}{2}}(n-2)$，则拒绝 H_0，接收 H_1；若 $|t|\leqslant t_{\frac{\alpha}{2}}(n-2)$，则拒绝 H_1，接收 H_0。

对于常数项 β_0，可构造如下 t 统计量进行显著性检验：

$$t=\frac{\hat{\beta}_1}{\sqrt{\hat{\sigma}^2\sum X_i^2/n\sum x_i^2}}=\frac{\hat{\beta}_0-\beta_0}{S_{\hat{\beta}_0}}\sim t(n-2) \tag{3-31}$$

该统计量服从自由度为（$n-2$）的 t 分布，检验的原假设为 $\beta_0=0$。

⑤参数的置信区间。统计检验虽然可以通过一次抽样的结果检验总体参数假设值的范围（如是否为零），但它并没有指出在一次抽样中，样本参数值到底离总体参数的真值有多“近”。要判断样本参数的估计值在多大程度上可以“近似”地替代总体参数的真值，往往需要构造一个以样本参数的估计值为中心的“区间”，来考察它以多大的可能性（概率）包含着真实的参数值，这种方法就是参数检验的置信区间估计。

为了确定估计的参数值 $\hat{\beta}$ 离实际的参数值 β 有多“近”，可以预先选择一个概率 α（$0<\alpha<1$），并求一个正数 δ，因此随机区间（$\hat{\beta}-\delta$，$\hat{\beta}+\delta$）包含真实参数值的概率为（$1-\alpha$），即：

$$P(\hat{\beta}-\delta\leqslant\beta\leqslant\hat{\beta}+\delta)=(1-\alpha) \tag{3-32}$$

若存在这么一个区间，则称为置信区间；（$1-\alpha$）为置信系数（置信度），α 为显著性水平；置信区间的端点称为置信限（置信上限、置信下限）或临界值（Critical Values）。

由 $\beta_i(i=1,2)$ 的置信区间在变量的显著性检验中可知：$t=\frac{\hat{\beta}_i-\beta_i}{S_{\hat{\beta}_i}}\sim t(n-2)$。这意味着，如果给定置信度（$1-\alpha$），从分布表中查得自由度为（$n-2$）的临界值，那么 t 值处在（$-t_{\frac{\alpha}{2}}$，$<t_{\frac{\alpha}{2}}$）的概率是（$1-\alpha$），可表示为：

$$P(-t_{\frac{\alpha}{2}}<t<t_{\frac{\alpha}{2}})=1-\alpha \tag{3-33}$$

即：

$$P\left(-t_{\frac{\alpha}{2}}<\frac{\hat{\beta}_i-\beta_i}{S_{\hat{\beta}_i}}<t_{\frac{\alpha}{2}}\right)=1-\alpha \tag{3-34}$$

$$P\left(\hat{\beta}_i-t_{\frac{\alpha}{2}}\times S_{\hat{\beta}_i}<\beta_i<\hat{\beta}_i+t_{\frac{\alpha}{2}}\times S_{\hat{\beta}_i}\right)=1-\alpha \tag{3-35}$$

因此，（$1-\alpha$）的置信度下 β_i 的置信区间是：

$$\left(\hat{\beta}_i-t_{\frac{\alpha}{2}}\times S_{\hat{\beta}_i},\ \hat{\beta}_i+t_{\frac{\alpha}{2}}\times S_{\hat{\beta}_i}\right) \tag{3-36}$$

置信区间在一定程度上提供了样本估计值和总体参数真值的“接近”范围，因此置信区间越小越好。从（$1-\alpha$）的置信度下 β_i 的置信区间的表达式可以得知，为缩小置信区间，可以从以下两方面入手：一是增加样本容量 n。因为在相同的置信水平下，

n 值越大，t 分布表中的临界值越小。二是提高模型的拟合优度。因为样本参数估计量的标准差与残差平方和成正比；模型拟合优度越高，回归平方和就越大，残差平方和应越小，参数估计值的标准差越小。

5）一元线性回归模型的预测

计量经济学模型的一个重要应用是经济预测。一元线性回归模型如下：

$$\hat{Y}_i=\hat{\beta}_0+\hat{\beta}_1 X_i \tag{3-37}$$

如果给定样本以外的解释变量的观测值 X_0，可以得到被解释变量的预期值 $\hat{Y}_0$，以此作为其条件均值 $E(Y|X=X_0)$ 或个别值 Y 的一个近似估计。但严格地讲，这是对被解释变量的预测值的估计值，而不是预测值。其原因在于：一是模型中的参数估计量是不确定的；二是随机项的影响。因此，仅能得到预测值的一个估计值，预测值仅以某一个置信度处于以该估计值为中心的一个区间中。

①$\hat{Y}_0$ 是条件均值 $E(Y|X=X_0)$ 或个值 Y 的一个无偏估计。在总体回归函数为 $E(Y|X)=\beta_0+\beta_1 X$ 的情况下，Y 在 $X=X_0$ 时的条件均值为：

$$E(Y|X=X_0)=\beta_0+\beta_1 X_0 \tag{3-38}$$

通过样本回归函数 $\hat{Y}=\hat{\beta}_0+\hat{\beta}_1 X$，求得 $X=X_0$ 的拟合值为：

$$\hat{Y}_0=\hat{\beta}_0+\hat{\beta}_1 X_0 \tag{3-39}$$

$$E(\hat{Y}_0)=E(\hat{\beta}_0+\hat{\beta}_1 X_0)=E(\hat{\beta}_0)+X_0 E(\hat{\beta}_1)=\beta_0+\beta_1 X_0 \tag{3-40}$$

此外，在总体回归模型为 $Y=\beta_0+\beta_1 X+\mu$ 的情况下，Y 在 $X=X_0$ 时的值为：

$$Y_0=\beta_0+\beta_1 X_0+\mu \tag{3-41}$$

$$E(Y_0)=E(\beta_0+\beta_1 X_0+\mu)=\beta_0+\beta_1 X_0+E(\mu)=\beta_0+\beta_1 X_0 \tag{3-42}$$

式(3-42)说明当 $X=X_0$ 时，样本估计值 $\hat{Y}_0$ 是总体均值 $E(Y|X=X_0)$ 和个值 Y_0 的无偏估计，因此可用 $\hat{Y}_0$ 作为 $E(Y|X=X_0)$ 与 Y_0 的预测值。

②总体条件均值与个值预测值的置信区间。

A. 总体均值预测值的置信区间。由于 $\hat{Y}_0=\hat{\beta}_0+\hat{\beta}_1 X_0$ 且 $\hat{\beta}_1 \sim N\left(\beta_1, \frac{\sigma^2}{\sum x_i^2}\right)$，$\hat{\beta}_0 \sim N\left(\beta_0, \frac{\sum X_i^2}{n\sum x_i^2}\right)$，则：

$$E(\hat{Y}_0)=E(\hat{\beta}_0)+X_0 E(\hat{\beta}_1)=\beta_0+\beta_1 X_0 \tag{3-43}$$

$$Var(\hat{Y}_0)=Var(\hat{\beta}_0)+2X_0 Cov(\hat{\beta}_0, \hat{\beta}_1)+X_0^2 Var(\hat{\beta}_1) \tag{3-44}$$

可以证明：

$$Cov(\hat{\beta}_0, \hat{\beta}_1)=-\sigma^2\bar{X}/\sum x_i^2 \tag{3-45}$$

$$Var(\hat{Y}_0)=\frac{\sigma^2\sum X_i^2}{n\sum x_i^2}-\frac{2X_0 X\sigma^2}{\sum x_i^2}+\frac{X_0^2\sigma^2}{\sum x_i^2}$$

$$= \frac{\sigma^2}{\sum x_i^2}\left(\frac{\sum X_i^2 - n\overline{X}^2}{n} + X^2 - 2X_0X + X_0^2\right)$$

$$= \frac{\sigma^2}{\sum x_i^2}\left(\frac{\sum x_i^2}{n} + (X_0 - \overline{X})^2\right)$$

$$= \sigma^2\left(\frac{1}{n} + \frac{(X_0 - \overline{X})^2}{\sum x_i^2}\right) \tag{3-46}$$

因此，$\hat{Y}_0 \sim N\left(\beta_0+\beta_1 X_0,\ \sigma^2\left(\frac{1}{n}+\frac{(X_0-\overline{X})^2}{\sum x_i^2}\right)\right)$。

将未知的 σ^2 代以它的无偏估计量 $\hat{\sigma}^2$，则可构造 t 统计量：

$$t = \frac{\hat{Y}_0-(\beta_0+\beta_1 X_0)}{S_{\hat{Y}_0}} \sim t(n-2) \tag{3-47}$$

其中，$S_{\hat{Y}_0} = \sqrt{\hat{\sigma}^2\left(\frac{1}{n} + \frac{(X_0 - \overline{X})^2}{\sum x_i^2}\right)}$。因此，在$(1-\alpha)$的置信度下，总体均值 $E(Y \mid X_0)$ 的置信区间为 $\left(\hat{Y}_0 - t_{\frac{\alpha}{2}} \times S_{\hat{Y}_0},\ \hat{Y}_0 + t_{\frac{\alpha}{2}} \times S_{\hat{Y}_0}\right)$。

B. 总体个值预测值的预测区间。由 $Y_0 = \beta_0+\beta_1 X_0+\mu$ 可知，$Y_0 \sim N(\beta_0+\beta_1 X_0,\ \sigma^2)$。

因此，$\hat{Y}_0 - Y_0 \sim N\left(0,\ \sigma^2\left(1 + \frac{1}{n} + \frac{(X_0 - \overline{X})^2}{\sum x_i^2}\right)\right)$。

将未知的 σ^2 代以它的无偏估计量 $\hat{\sigma}^2$，则可构造 t 统计量：

$$t = \frac{\hat{Y}_0 - Y_0}{S_{\hat{Y}_0 - Y_0}} \sim t(n-2) \tag{3-48}$$

$$S_{\hat{Y}_0 - Y_0} = \sqrt{\hat{\sigma}^2\left(1 + \frac{1}{n} + \frac{(X_0 - \overline{X})^2}{\sum x_i^2}\right)} \tag{3-49}$$

因而，在$(1-\alpha)$的置信度下，Y_0 的置信区间为：

$$\left(\hat{Y}_0 - t_{\frac{\alpha}{2}} \times S_{\hat{Y}_0 - Y_0},\ \hat{Y}_0 + t_{\frac{\alpha}{2}} \times S_{\hat{Y}_0 - Y_0}\right) \tag{3-50}$$

6）多元线性回归模型的表达式。

多元线性回归模型如下所示：

$$Y_i = \beta_0+\beta_1 X_{1i}+\beta_2 X_{2i}+\cdots+\beta_k X_{ki}+\mu_i$$

$$= \beta_0 + \sum_{j=1}^{k} \beta_j X_{ji} + \mu_i$$

$$= \sum_{j=0}^{k} \beta_j X_{ji} (X_{0i}=1) \tag{3-51}$$

该模型也被称为总体回归函数的随机表达式。其中：①解释变量 X 的个数为 k 个，回归系数 β_j 的个数为 $(k+1)$ 个；② β_0 为常数项，β_j 为偏回归系数，表示了 X_j 对 Y 的净影响，即当其他自变量保持不变时，X_j 增加或减少一个单位时 Y 的平均变化量；③X 的第一个下标 j 区分变量 $(j=1, 2, \cdots, k)$，第二个下标 i 区分变量 $(i=1, 2, \cdots, n)$；④ μ_i 是去除 m 个自变量对 Y 影响后的随机误差（残差）。

总体回归函数（PRF）：$Y=X\beta+\mu$；样本回归函数（SRF）：$\hat{Y}=X\hat{\beta}+e$。

7）多元线性回归模型的基本假设

假设1：解释变量都是非随机的或固定的，且各 X 之间互不相关（无多重共线性）。

假设2：随机误差项 μ 有零均值、同方差和无序列相关性：

$$E\mu(\mu_i)=0 \quad Var(\mu_i)=0 \quad i=1, 2, \cdots, N \tag{3-52}$$

$$Cov(\mu_i, \mu_j)=0 \qquad i\neq j \quad i, j=1, 2, \cdots, N \tag{3-53}$$

假设3：随机误差项 μ 与解释变量 X 之间不相关：

$$Cov(X_{ij}, \mu_j)=0 \quad i=1, 2, \cdots, N \tag{3-54}$$

假设4：μ 服从零均值、同方差、零协方差的正态分布：

$$\mu_i \sim N(0, \sigma^2) \quad i=1, 2, \cdots, N \tag{3-55}$$

8）多元线性回归模型的参数估计。

①普通最小二乘估计。对于多元线性回归模型：

$$y_t=b_0+b_1x_{1t}+b_2x_{2t}+\cdots+b_kx_{kt}+\mu_t \tag{3-56}$$

设 $(y_t, x_{1t}, x_{2t}, x_{kt})$ 为第 t 次观测样本 $(t=1, 2, \cdots, n)$，为使残差 $e_t=y_t-\hat{y}_t=y_t-(\hat{b}_0+\hat{b}_1x_{1t}+\hat{b}_2x_{2t}+\cdots+\hat{b}_kx_{kt}+\mu_t)$ 的平方和 $\sum e_t{}^2=\sum (y_t-\hat{y}_t)^2=\sum [y_t-(\hat{b}_0+\hat{b}_1x_{1t}+\hat{b}_2x_{2t}+\cdots+\hat{b}_kx_{kt})]^2$ 达到最小，根据极值原理有如下条件：

$$\frac{\partial(\sum e_t{}^2)}{\partial \hat{b}_j}=0 \quad (j=0, 1, 2, 3, \cdots, k) \tag{3-57}$$

即：

$$\begin{cases} \sum 2e_t(-1)=-2\sum [y_t-(\hat{b}_0+\hat{b}_1x_{1t}+\hat{b}_2x_{2t}+\cdots+\hat{b}_kx_{kt})]=0 \\ \sum 2e_t(-x_{1t})=-2\sum x_{1t}[y_t-(\hat{b}_0+\hat{b}_1x_{1t}+\hat{b}_2x_{2t}+\cdots+\hat{b}_kx_{kt})]=0 \\ \sum 2e_t(-x_{2t})=-2\sum x_{2t}[y_t-(\hat{b}_0+\hat{b}_1x_{1t}+\hat{b}_2x_{2t}+\cdots+\hat{b}_kx_{kt})]=0 \\ \cdots\cdots \\ \sum 2e_t(-x_{kt})=-2\sum x_{kt}[y_t-(\hat{b}_0+\hat{b}_1x_{1t}+\hat{b}_2x_{2t}+\cdots+\hat{b}_kx_{kt})]=0 \end{cases} \tag{3-58}$$

上述 $(k+1)$ 个方程称为正规方程。用矩阵表示如下：

$$\begin{cases} n\hat{b}_0 + \hat{b}_1 \sum x_{1t} + \hat{b}_2 \sum x_{2t} + \cdots + \hat{b}_k \sum x_{kt} = \sum y_t \\ \hat{b}_0 \sum x_{1t} + \hat{b}_1 \sum x_{1t}x_{1t} + \hat{b}_2 \sum x_{1t}x_{2t} + \cdots + \hat{b}_k \sum x_{1t}x_{kt} = \sum x_{1t}y_t \\ \hat{b}_0 \sum x_{2t} + \hat{b}_1 \sum x_{2t}x_{1t} + \hat{b}_2 \sum x_{2t}x_{2t} + \cdots + \hat{b}_k \sum x_{2t}x_{kt} = \sum x_{2t}y_t \\ \cdots\cdots \\ \hat{b}_0 \sum x_{kt} + \hat{b}_1 \sum x_{kt}x_{1t} + \hat{b}_2 \sum x_{kt}x_{2t} + \cdots + \hat{b}_k \sum x_{kt}x_{kt} = \sum x_{kt}y_t \end{cases} \tag{3-59}$$

$$\begin{Bmatrix} \sum e_t \\ \sum x_{1t}e_t \\ \vdots \\ \sum x_{kt}e_t \end{Bmatrix} = \begin{pmatrix} 1 & 1 & \cdots & 1 \\ x_{11} & x_{12} & \cdots & x_{1n} \\ \cdots & \cdots & \cdots & \cdots \end{pmatrix} \begin{Bmatrix} e_1 \\ e_2 \\ \cdots \\ e_n \end{Bmatrix} = X'e \tag{3-60}$$

样本回归模型 $Y=X\hat{B}+e$，两边同乘样本观测值矩阵 X 的转置 X'，有：

$$X'Y=X'X\hat{B}+X'e \tag{3-61}$$

将极值条件式代入式（3-61）的正规方程组，有：

$$X'Y=X'X\hat{B} \tag{3-62}$$

用$(X'X)^{-1}$左乘上述方程两端，可得参数向量 B 的最小二乘估计为：

$$\hat{B}=(X'X)^{-1}X'Y \tag{3-63}$$

②多元线性回归最小二乘估计量的性质。

A. 线性性：

$$\hat{B}=(X'X)^{-1}X'Y \tag{3-64}$$

其中，$C=(X'X)^{-1}X'$为一仅与固定的 X 有关的行向量。

B. 无偏性：

$$\begin{aligned} E(\hat{\beta}) &= E((X'X)^{-1}X'Y) \\ &= E((X'X)^{-1}X'(X\beta+\mu)) \\ &= \beta+(X'X)^{-1}E(X'\mu) \\ &= \beta \end{aligned} \tag{3-65}$$

这里利用了假设 $E(X'\mu)=0$

C. 有效性（最小方差性）。参数估计量 $\hat{\beta}$ 的方差—协方差矩阵如下：

$$\begin{aligned} Cov(\hat{\beta}) &= E(\hat{\beta}-E(\hat{\beta}))(\hat{\beta}-E(\hat{\beta})) \\ &= E((X'X)^{-1}X'\mu\mu'X(X'X)^{-1}) \\ &= (X'X)^{-1}X'E(\mu\mu')X \\ &= E(\mu\mu')(X'X)^{-1} \\ &= \sigma^2 I(X'X)^{-1} \\ &= \sigma^2(X'X)^{-1} \end{aligned} \tag{3-66}$$

其中，利用了 $\hat{\beta}=(X'X)^{-1}X'Y=(X'X)^{-1}X'(X\beta+\mu)=\beta+(X'X)^{-1}X'\mu$ 和 $E(\mu\mu')=\sigma^2 I$。

根据高斯—马尔可夫定理，$Cov(\hat{\beta})=\sigma^2$ 在所有无偏估计量的方差中都是很小的。残差的方差 σ^2 估计为：$S^2=\frac{e'e}{n-k}$，k 为欲估计参数的个数。参数估计量 $\hat{\beta}$ 的预估计方差为：$Cov(\hat{\beta})=S^2(X'X)^{-1}$。值得注意的是，这些估计公式在显著性检验、预测的置信区间构造上不可或缺。

9）多元线性回归模型的统计检验。

①参数估计式的分布特征。如果只计算最小二乘估计 β，并不要求对 μ 的分布形式提出要求，只有 $E(\mu)=0$ 即可。若存在模型的显著性检验问题、置信区间和预测问题，则需要对误差项 μ 的分布形式进行规定。中心极限定理指出，无论 μ 服从什么分布，如果样本容量 n 足够大，则都可以类似地按 μ 服从正态分布看待。

虽然在实际的研究中，很难以达到正态分布的条件，但只要样本容量足够大，也可以近似地根据 Y 和 μ 服从正态分布来进行研究。

由多元线性回归模型基本假设 4 可知，μ 服从多元正态分布，$\mu \sim N(0, \sigma^2)$，则有：

$$\hat{\beta}=\beta+(X'X)^{-1}X'\mu \tag{3-67}$$

故参数估计式的分布为：

$$\hat{\beta} \sim N(\beta, \sigma^2(X'X)^{-1}) \tag{3-68}$$

由于 σ^2 是未知的，通常用 $S^2=\frac{e'e}{n-k}$ 估计 σ^2。

②多元线性回归模型的统计检验。类似一元线性回归分析，在多元线性回归分析中有对单个解释变量的显著性检验（t 检验）、拟合优度检验（或相关分析）。

A. 拟合优度检验——R^2 检验。拟合优度检验，是指检验模型曲线上对样本观测值的拟合程度，检验的方法是可决系数 R^2。

$$R^2=\frac{ESS}{TSS}=1-\frac{RSS}{TSS} \tag{3-69}$$

其中，$0<R^2<1$，该计算数值越逼近于 1，代表模型的拟合优度就越大。

值得注意的是，当模型中增加了某个解释变量，R^2 通常明显增加。不过，增加解释变量个数往往得不偿失，不重要的变量也不应引入。增加解释变量导致了估计参数增加，从而自由度减小。如果新引入的变量对减少残差平方和的影响极小，这将导致误差方差 σ^2 的增大，从而导致模型精确度的下降。因此，R^2 需调整。

B. 调整的可决系数——$Adj(R^2)$。调整的思路为，将残差平方和与总离差平方和分别除以各自的自由度，以剔除变量个数对拟合优度的影响。

自由度为统计量可自由变化的样本观测值的个数，记为 df。

$$TSS: df=n-1 \tag{3-70}$$

$$ESS: df=k \tag{3-71}$$

RSS：$df=n-k-1$ (3-72)

其中：

$df(TSS)=df(ESS)+df(RSS)$ (3-73)

因此，调整的可决系数的公式为：

$$\bar{R}^2=1-\frac{RSS(n-k-1)}{TSS(n-1)} \quad (3-74)$$

$Adj(R^2)$ 对回归分析具有以下几个方面的重要作用：其一，可消除拟合优度评价中解释变量的多少对拟合优度的干扰；其二，对于因变量 Y 相同，但自变量 X 个数不同的模型，不能采用 R^2 直接比较拟合优度，而应该采用 $Adj(R^2)$；其三，可以通过 $Adj(R^2)$ 的增加变化，判断是否引入一个新的解释变量。

$Adj(R^2)$ 与 R^2 的关系如下：

$$\bar{R}^2=1-(1-R^2)\frac{(n-1)}{(n-k-1)} \quad (3-75)$$

$Adj(R^2)\neq R^2$，即调整的可决系数不等于未调整的可决系数。随着解释变量的增加，两者的差异越来越大。

③多元线性回归模型的显著性检验——F 检验。多元线性回归模型的显著性检验，旨在对模型中被解释变量与解释变量之间的线性关系在整体上是否显著成立做出推断。应用最普遍的检验方法是 F 检验。下面，将利用方差分析技术，建立 F 统计量来进行模型线性显著性的联合假设检验。检验模型中被解释变量与解释变量之间的线性关系在整体上是否显著成立，意味着检验总体线性回归模型的参数是否显著地不为零。检验模型如下：

$$Y_i=\beta_0+\beta_1X_{1i}+\beta_2X_{2i}+\cdots+\beta_kX_{ki}+\mu_i \quad i=1,2,\cdots,n \quad (3-76)$$

建立原假设：

$$H_0: \beta_0=\beta_1=\beta_2=\cdots=\beta_k=0 \quad (3-77)$$

若原假设成立，表明模型线性关系不成立。

A. 检验统计量。用方差分析技术，考虑恒等式：

$$TSS=ESS+RSS \quad (3-78)$$

$$\sum_{t=1}^{n}(Y_t-\bar{Y})^2=\sum(\hat{Y}_t-\bar{Y})^2+\sum e_t^2 \quad (3-79)$$

对 TSS 的各个部分进行的研究称为方差分析。为此，建立方差分析表，如表 3-1 所示。

表 3-1 方差分析

方差来源	平方和 SS	自由度 df	$MSS=SS/df$
回归平方和(ESS)	$\sum(\hat{Y}_t-\bar{Y})^2$	$k-1$	$ESS/(k-1)$
残差平方和(RSS)	$\sum e_t^2$	$n-k$	$RSS/(n-k)$

续表

方差来源	平方和 SS	自由度 df	MSS=SS/df
总体平方和(TSS)	$\sum(Y_t-\bar{Y})^2$	$n-1$	$TSS/(n-1)$

由于 Y_t 服从正态分布，因此有：

$$ESS=\sum(\hat{Y}_t-\bar{Y})^2 \sim \chi^2(k-1) \tag{3-80}$$

$$RSS=\sum(Y_t-\hat{Y}_t)^2 \sim \chi^2(n-k) \tag{3-81}$$

构造统计量：

$$F=\frac{ESS/k}{RSS/(n-k-1)} \sim F(k-1,\ n-k) \tag{3-82}$$

根据变量的样本观测值和参数估计值，计算 F 统计量的数值，即给定一个显著性水平 α，查 F 分布表，得到一个临界值 $F_\alpha(k-1,\ n-k)$。

检验的准则是：当 $F>F_\alpha(k-1,\ n-k)$，则拒绝 H_0：$\beta_0=\beta_1=\beta_2=\cdots=\beta_k=0$，表明模型线性关系显著成立；当 $F<F_\alpha(k-1,\ n-k)$，则接受 H_0：$\beta_0=\beta_1=\beta_2=\cdots=\beta_k=0$，表明模型线性关系不成立。

B. 对多个线性约束的 F 检验。

无约束模型（Unrestricted Model）如下：

$$y=\beta_1+\beta_2X_2+\beta_3X_3+\cdots+\beta_kX_k+\mu \tag{3-83}$$

假设有 q 个排除性约束，不妨设为自变量中的最后 q 个，虚拟假设为：

$$H_0:\ \beta_{k-q+1}=\cdots=\beta_k=0 \tag{3-84}$$

受约束模型（Restricted Model）如下：

$$y=\beta_1+\beta_2X_2+\beta_3X_3+\cdots+\beta_{k-q}X_{k-q}+\mu \tag{3-85}$$

对立假设 H_1：不正确（即至少有一个异于0）。定义检验的 F 统计量：

$$F=\frac{(RSS_r-RSS_{ur})/q}{RSS_{ur}/(n-k)} \sim F_{q,n-k} \tag{3-86}$$

其中，RSS_r 为受约束模型的残差平方和，而 RSS_{ur} 则为无约束模型的残差平方和。分子中使用的自由度 df=所检验的约束个数$=df_r-df_{ur}$，即受约束模型和不受约束模型的自由度之差。分母所采用的自由度 df=无约束模型的自由度$=n-k$。

④变量显著性检验——t 检验。对于多元线性回归模型，模型的总体线性关系是显著的，但这并不能说明每个解释变量对被解释变量的影响都是显著的，必须对每个解释变量进行显著性检验，以决定是否作为解释变量被保留在模型中。如果某个变量对被解释变量的影响不显著，应该将它剔除，以建立更为简单的模型。

系数的显著性检验最常用的检验方法是 t 检验。要利用 t 检验对某变量 X_i 的显著性进行检验，首先建立原假设 H_0：$\beta_i=0(i=1,\ 2,\ 3,\ \cdots,\ k)$；若接受原假设，表明该变量是不显著的，须从模型中剔除该变量。

A. 检验统计量。由于 $Cov(\hat{\beta})=\sigma^2(X'X)^{-1}$，以 c_{ii} 表示矩阵 $(X'X)^{-1}$ 主对角线上的第 i 个元素，于是参数估计量的方差为：

$$Var(\hat{\beta}_i)=\sigma^2 c_{ii} \tag{3-87}$$

其中，σ^2 为随机误差项的方差，在实际计算时，用它的估计量代替：

$$\hat{\sigma}^2=\frac{\sum e_i^2}{n-k}=\frac{e'e}{n-k} \tag{3-88}$$

可得 $\hat{\beta}$ 服从如下正态分布 $\hat{\beta}_i \sim N(\beta_i,\ \sigma^2 c_{ii})$，因此，可构造如下 t 统计量：

$$t=\frac{\hat{\beta}_i-\beta_i}{\sqrt{c_{ii}\frac{e'e}{n-k}}}\sim t(n-k) \tag{3-89}$$

B. t 检验。先假定为备择假设：H_0：$\beta_i=0(i=2,\ 3,\ \cdots,\ k)$，$H_1$：$\beta_i\neq 0$，给定显著性水平 α，可得出临界值 $t_{\frac{\alpha}{2}}(n-k)$。由样本求出统计量 t 的数值，使用 $|t|>t_{\frac{\alpha}{2}}(n-k)$ 或 $|t|\leqslant t_{\frac{\alpha}{2}}(n-k)$ 来否定或接纳该假设 H_0，以便判断相应的解释变量是不是已被包含在模型中。在一元线性回归中，t 检验和 F 检验效果相同。

10）多元线性回归模型的预测。

①均值预测。

A. 点预测。考虑满足正态经典假设条件的简单线性回归模型：

$$Y=X\beta+\mu \tag{3-90}$$

其样本回归函数为：

$$\hat{Y}=X\hat{\beta} \tag{3-91}$$

当由各解释变量为分量构成的解释向量控制在 $X=X_0[X_0=(X_{20},\ \cdots,\ X_{k0})]$ 时，则被解释变量的平均数为 $E(Y_0|X_0)=X_0\beta$，并以 $\hat{Y}_0=X_0\hat{\beta}$ 为平均数 $E(Y_0|X_0)=X_0\beta$ 的点预测。由此可知，对均值的点预测是无偏的。但实际上：

$$E(\hat{Y}_0)=X_0E(\hat{\beta})=X_0\beta=E(Y_0|X_0) \tag{3-92}$$

$\hat{Y}_0$ 的方差为：

$$\begin{aligned}Var(\hat{Y}_0)&=E[(X_0\hat{\beta}-X_0\beta)(X_0\hat{\beta}-X_0\beta)']\\&=E[X_0(\hat{\beta}-\beta)(\hat{\beta}-\beta)'X_0']\\&=X_0E[(\hat{\beta}-\beta)(\hat{\beta}-\beta)']X_0\\&=X_0Cov(\hat{\beta})X_0'\\&=\sigma^2X_0(X'X)^{-1}X_0'\end{aligned} \tag{3-93}$$

B. 区间预测。由于 $\hat{Y}_0$ 是正态分布的线性函数，因此它也服从正态分布，故有：

$$\hat{Y}_0\sim N(X_0\hat{\beta},\ \sigma^2X_0(X'X)^{-1}X_0') \tag{3-94}$$

如果用 $\hat{S}_{\hat{Y}_0}=\sqrt{\hat{\sigma}^2X_0(X'X)^{-1}X_0'}$ 表示 $\hat{Y}_0$ 的标准误差，则易证 $\frac{\hat{Y}_0-E(\hat{Y}_0)}{\hat{S}_{\hat{Y}_0}}$ 满足自由度为 $(n-k)$ 的 t 分布。因此，在解释变量的平均值为 X_0 时，该变量均值的置信度为 $(1-\alpha)$ 时的置信区间为 $\left(\hat{Y}_0-t_{\frac{\alpha}{2}}\hat{S}_{\hat{Y}_0},\ \hat{Y}_0+t_{\frac{\alpha}{2}}\right)$，其中，$t_{\frac{\alpha}{2}}$ 为当显著性水平为 α、自由度为 $(n-k)$ 的 t 分布的双侧临界值。当样本容量很大时，也可使用满足标准正态分布的 Z 统计量代替 t 统计量。

②个值预测。对于多元线性回归模型，其样本回归方程为 $\hat{Y}=X\hat{\beta}$，那么当解释变量的值为 X_0 时，则样本回归方程中所确定的值 $\hat{Y}_0=X_0\hat{\beta}$，也称在解释变量取值为 X_0 时被解释变量的点预测。

可见，无论是被解释变量的个值还是其均值，同简单线性回归模型一样，它们的预测值就其表达式而言是一样的，但是含义却不太相同。

首先，可将对均值的预测归结为总体参数的估计问题，而对个值的预测则不能。其原因在于，当将解释变量的均值限制在某一水平上时，由于该变量的均值从总体来说就是一种常量，并不是随机变量，其估值问题其实就是一种参数估计问题。不过，对于个值的估计并非总是如此，当解释变量限制在某一水平上时，应变量的值是多少，而在我们的模型中，它也是随机的，因而就个值而言，它是一个随机变量，所以对个值的估计是对随机变量的取值所进行的估计，而不是参数估计。

其次，因为在解释变量给定时，被解释变量的个数是绕着总体均值上下波动的，当人们使用样本回归函数所决定的被解释变量的值（这个值取决于样本，当样本不同时，其值也不同）来估计总平均数和个值时，其相应个数的偏差的方差必然超过了相对于平均数的方差，所超过的范围正是个值围绕均值变化的范围。同时，因为个值围绕着均值的变化范围就是模型中的随机扰动，所以这个变化范围恰好可以用随机扰动项的方差代表，故预测值相对于总体个值的方差等于预测值的方差（因为均值的点预测是无偏的，所以其相对于均值的方差等于预测值的方差）加上随机扰动项的方差。可以说明：

$$Var(\hat{Y}_0-Y_0)=\sigma^2[1+X_0(X'X)^{-1}X_0'] \tag{3-95}$$

最后，预测值相对于均值而言是无偏的，但预测值相对于个值而言，则不存在这个问题，这是因为均值是一个参数，而个值则是一个随机变量。

在经典正态假设下，个值预测的置信度为 $(1-\alpha)$ 的置信区间为 $(\hat{Y}_0-t_{\frac{\alpha}{2}}\hat{S}_{\hat{Y}_0-Y_0},\ \hat{Y}_0+t_{\frac{\alpha}{2}}\hat{S}_{\hat{Y}_0-Y_0})$，其中 $\hat{S}_{\hat{Y}_0-Y_0}=\sqrt{\hat{\sigma}^2[1+X_0(X'X)^{-1}X_0']}$ 为 $(\hat{Y}_0-Y_0)$ 的标准误差，$t_{\frac{\alpha}{2}}$ 为当显著性水平为 α、自由度为 $(n-k)$ 时的 t 分布的双侧临界值。

例 3-1：某科研基金会要统计参与某科研项目的人的年均工资 Y 与他的成果(学术论文、作品等)的品质指数 $X1$、进行研究的时限 $X2$、能顺利得到资金的目标 $X3$ 之间的联系，为此按一定的实验设计方法调查了24位研究学者，得到如表3-2所示的数据（i为学者序号），试建立Y与$X1$、$X2$、$X3$之联系的数理建模，得出结果并进行数据分析。

表3-2 从事某种研究的学者的相关指标数据

i	1	2	3	4	5	6	7	8	9	10	11	12
$X1$	3.5	5.3	5.1	5.8	4.2	6.0	6.8	5.5	3.1	7.2	4.5	4.9
$X2$	9	20	18	33	31	13	25	30	5	47	25	11
$X3$	6.1	6.4	7.4	6.7	7.5	5.9	6.0	4.0	5.8	8.3	5.0	6.4
Yi	33.2	40.3	38.7	46.8	41.4	37.5	39.0	40.7	30.1	52.9	38.2	31.8
i	13	14	15	16	17	18	19	20	21	22	23	24
$X1$	8.0	6.5	6.6	3.7	6.2	7.0	4.0	4.5	5.9	5.6	4.8	3.9
$X2$	23	35	39	21	7	40	35	23	33	27	34	15
$X3$	7.6	7.0	5.0	4.4	5.5	7.0	6.0	3.5	4.9	4.3	8.0	5.8
Yi	43.3	44.1	42.5	33.6	34.2	48.0	38.0	35.9	40.4	36.8	45.2	35.1

这个问题属于最常见的多元线性回归问题，可以先利用数值可视化确定它们之间的变化趋势，再假设问题近似满足线性关系，即可实现利用多元线性回归技术对问题的回归。具体解题过程如表3-3所示。

表3-3 多元线性回归解题过程

输入：$X1$=[3.5, 5.3, 5.1, 5.8, 4.2, 6.0, 6.8, 5.5, 3.1, 7.2, 4.5, 4.9, 8.0, 6.5, 6.6, 3.7, 6.2, 7.0, 4.0, 4.5, 5.6, 5.6, 4.8, 3.9]

$X2$=[9, 20, 18, 33, 31, 13, 25, 30, 5, 47, 25, 11, 23, 35, 39, 21, 7, 40, 35, 23, 33, 27, 34, 15]

$X3$=[6.1, 6.4, 7.4, 6.7, 7.5, 5.9, 6.0, 4.0, 5.8, 8.3, 5.0, 6.4, 7.6, 7.0, 5.0, 4.4, 5.5, 7.0, 6.0, 3.5, 4.9, 4.3, 8.0, 5.8]

Y=[33.2, 40.3, 38.7, 46.8, 41.4, 37.5, 39.0, 40.7, 30.1, 52.9, 38.2, 31.8, 43.3, 44.1, 42.5, 33.6, 34.2, 48.0, 38.0, 35.9, 40.4, 36.8, 45.2, 35.1]

输出：多元线性回归模型 Y=17.436+1.119X1+0.321X2+1.333X3

过程：(1)用Matplotlib绘图，判断$X1$、$X2$、$X3$与Y之间是不是线性关系；

(2)根据矩阵法 $b=(X^TX)^{-1}X^TY$，即 *b = np.matmul(np.matmul(np.linalg.inv(np.matmul(X.T, X)), X.T), Y)*求得b_0，b_1，b_2，b_3,；

(3)得到一元线性回归模型 $Y=b_0+b_1X_1+b_2X_2+b_3X_3$，即$Y$=17.436+1.119X1+0.321X2+1.333X3；

(4)最终计算相关系数 $R^2=0.913$

源代码如下：

```
import pandas as pd   # 读数据库
import numpy as np     # 矩阵计算库
X1=np. array([3.5,5.3,5.1,5.8,4.2,6.0,6.8,5.5,3.1,7.2,4.5,4.9,8.0,6.5,6.6,3.7,6.2,7.0,
4.0,4.5,5.69,5.6,4.8,3.9])
X2=np. array([9,20,18,33,31,13,25,30,5,47,25,11,23,35,39,21,7,40,35,23,33,27,34,15])
X3=np. array([6.1,6.4,7.4,6.7,7.5,5.9,6.0,4.0,5.8,8.3,5.0,6.4,7.6,7.0,5.0,4.4,5.5,7.0,
6.0,3.5,4.9,4.3,8.0,5.8])
y= np. array ([33.2,40.3,38.7,46.8,41.4,37.5,39.0,40.7,30.1,52.9,38.2,31.8,43.3,44.1,
42.5,33.6,34.2,48.0,38.0,35.9,40.4,36.8,45.2,35.1])
# 多元线性回归
def multiple_regression(X1, X2, X3, y):
    x=range(1, len(X1)+1)
    print("矩阵:",list(zip(np. ones(len(y)),X1, X2, X3)))
    Y=y. T                          # 矩阵
    X=np. array([list(x) for x in zip(np. ones(len(y)), X1, X2, X3)])
    B=np. matmul(np. matmul(np. linalg. inv(np. matmul(X. T, X)), X. T), Y)   # (X. T * X)-
1 * X. T * Y
    print("B=", B)
    # 多元线性回归模型
    print("回归方程为 y=%f+%fx1+%fx2+%fx3" % (B[0], B[1], B[2], B[3]))
    y_predict=B[0]+B[1] * X1+B[2] * X2+B[3] *  X3
    return X, B, y_predict
# 检验
def check(y_real, y_predict, X, B):
    y1=np. sum((y_predict-np. mean(y_real)) * * 2)
    y2=np. sum((y_real-np. mean(y_real)) * * 2)
    R1=y1 / y2
    print("相关系数 R^2=", R1)
if __name__ ==' __main__' :
    X1, X2, X3, y
    X, B, y_predict=multiple_regression(X1, X2, X3, y)
    check(y, y_predict, X, B)
```

绘制分散点图的目的主要在于研究因变量 Y 和相关因素之间能否建立很好的线性关系，从而选取合适的几何模型类型。图 3-8 为因变量 Y 与自变量 $X1$、$X2$、$X3$ 的散点图。可发现这些点大致散布在同一个直线上，因此具有相当好的线性关系，可通过线性回归。

在例 3-1 中，其相关性系数 R^2 为 0.913，表示其线性关联较强，证明了因变量 Y

和自变量 X1、X2、X3 之间有明显的线性相关关系，从而得到了线性回归模型应用。

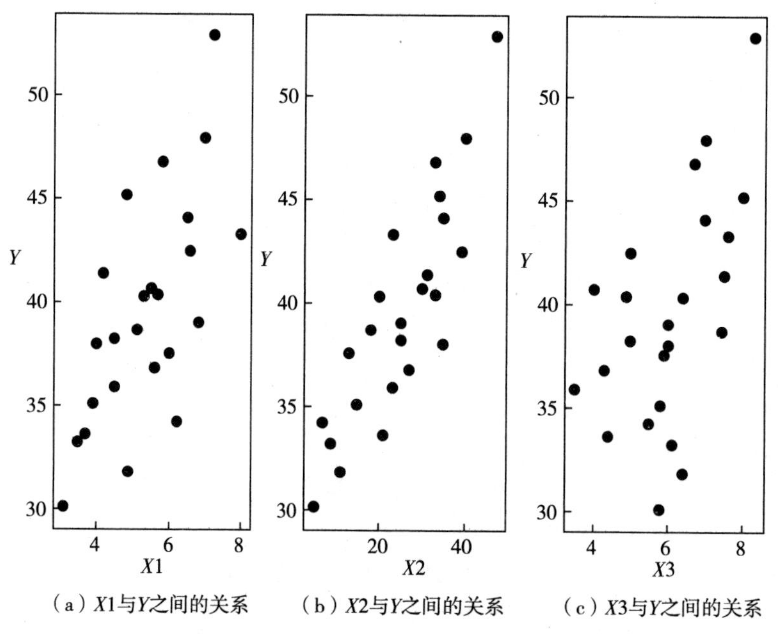

（a）X1与Y之间的关系　（b）X2与Y之间的关系　（c）X3与Y之间的关系

图 3-8　因变量 Y 与自变量 X1、X2、X3 的样本散点图

源代码如下：

```
import pandas as pd
import numpy as np
import matplotlib. pyplot as plt
X1=[3. 5,5. 3,5. 1,5. 8,4. 2,6. 0,6. 8,5. 5,3. 1,7. 2,4. 5,4. 9,8. 0,6. 5,6. 6,3. 7,6. 2,7. 0,4. 0,4. 5,
5. 69,5. 6,4. 8,3. 9]
X2=[9,20,18,33,31,13,25,30,5,47,25,11,23,35,39,21,7,40,35,23,33,27,34,15]
X3=[6. 1,6. 4,7. 4,6. 7,7. 5,5. 9,6. 0,4. 0,5. 8,8. 3,5. 0,6. 4,7. 6,7. 0,5. 0,4. 4,5. 5,7. 0,6. 0,3. 5,
4. 9,4. 3,8. 0,5. 8]
y=[33. 2,40. 3,38. 7,46. 8,41. 4,37. 5,39. 0,40. 7,30. 1,52. 9,38. 2,31. 8,43. 3,44. 1,42. 5,33. 6,
34. 2,48. 0,38. 0,35. 9,40. 4,36. 8,45. 2,35. 1]
fig=plt. figure(figsize=(16,16))
ax1=fig. add_subplot(1,3,1)
plt. scatter(X1, y)
plt. xlabel(' X1' )
plt. ylabel(' y' )
plt. title(' X1 与 y 之间的关系' )

ax2=fig. add_subplot(1,3,2)
plt. scatter(X2, y)
```

```
plt.xlabel('X2')
plt.ylabel('y')
plt.title('X2 与 y 之间的关系')

ax3=fig.add_subplot(1,3,3)
plt.scatter(X3, y)
plt.xlabel('X3')
plt.ylabel('y')
plt.title('X3 与 y 之间的关系')
```

（2）随机森林回归。

1）随机森林回归的定义。

随机森林回归是一种集成学习算法，它由多个基于决策树的模型组成。在随机森林回归中，每个决策树都是基于随机选择的特征和样本构建的，从而使每个决策树都具有一定的独立性。在进行预测时，随机森林对所有决策树的结果进行平均或加权平均，以得到最终的预测结果。

2）随机森林回归模型。

随机森林回归的基本思想是：通过随机选择训练数据集的子集和特征集的子集，构建多个决策树模型。在预测时，将多个决策树的预测结果进行加权平均，得到最终的预测结果。这样做的好处是可以减少过拟合的风险，提高模型的泛化能力。

①决策树。决策树是随机森林回归的基本组成部分，它通过对特征进行递归划分，将数据集划分成多个子集。在每个子集中，决策树根据某个准则（如基尼不纯度或信息熵）选择最佳特征进行划分，从而生成一棵树形结构。决策树的划分过程可以用数学函数来表示，如基尼不纯度可以表示为：

$$Gini(D)=\sum_{k=1}^{|y|}\sum_{k'\neq k}P_kP'_k=\sum_{k=1}^{|y|}P_k(1-P_k) \tag{3-96}$$

其中，D 表示数据集，y 表示数据集的类别，P_k 表示数据集中属于类别 k 的样本占总样本数的比例。基尼不纯度的值越小，表示数据集的纯度越高，划分效果就越好。

②随机性函数。随机性函数是随机森林回归的核心，它可以是随机选择特征或样本，或者是随机选择划分准则。随机性函数可以用数学函数来表示，如随机选择特征可以表示为$f_j=RandomSubset(F,\ m)$。其中，F 表示原始特征集合，m 表示随机选择的特征数，RandomSubset 表示从 F 中随机选择 m 个特征的函数。

随机选择样本可以表示为 $S_i=RandomSubset(D,\ n)$。其中，D 表示原始数据集，n 表示随机选择的样本数，RandomSubset 表示从 D 中随机选择 n 个样本的函数。

③平均函数。在进行预测时，随机森林回归对所有决策树的结果进行平均或加权平均，以得到最终的预测结果。平均函数可以是算术平均或加权平均。

算术平均可以表示为：

$$\hat{y}=\frac{1}{T}\sum_{t=1}^{T}y_t \tag{3-97}$$

其中，$\hat{y}$ 表示最终的预测结果，T 表示决策树的数量，y_t 表示第 t 棵决策树的预测结果。

加权平均可以表示为：

$$\hat{y}=\sum_{t=1}^{T}\alpha_t y_t \tag{3-98}$$

其中，α_t 表示第 t 棵决策树的权重，通常可以通过交叉验证等方法来确定。

④损失函数。在随机森林回归中，通常使用均方误差（MSE）或平均绝对误差（MAE）作为损失函数。损失函数用于衡量预测结果与实际结果之间的差异。

均方误差可以表示为：

$$MSE=\frac{1}{n}\sum_{i=1}^{n}(y_i-\hat{y}_i)^2 \tag{3-99}$$

其中，n 表示样本数，y_i 表示第 i 个样本的真实值，$\hat{y}_i$ 表示第 i 个样本的预测值。

平均绝对误差可以表示为：

$$MAE=\frac{1}{n}\sum_{i=1}^{n}|y_i-\hat{y}_i| \tag{3-100}$$

其变量含义同式（3-99）。

⑤正则化函数。为了避免过拟合，随机森林回归通常使用正则化函数来限制模型的复杂度。正则化函数可以是 L1 正则化（Lasso）、L2 正则化（Ridge）或者是弹性网络正则化。

L1 正则化可以表示为：

$$\sum_{j=1}^{p}|\beta_j| \tag{3-101}$$

其中，p 表示特征数，β_j 表示第 j 个特征的系数。L1 正则化可以使一部分特征的系数变为 0，从而实现特征选择的效果。

L2 正则化可以表示为：

$$\sum_{j=1}^{p}\beta_j^2 \tag{3-102}$$

其中，p 表示特征数，β_j 表示第 j 个特征的系数。L2 正则化可以使得所有特征的系数都趋近于 0，从而实现模型的平滑化效果。

弹性网络正则化综合了 L1 正则化和 L2 正则化的效果，可以同时实现特征选择和模型平滑化的效果。

⑥算法的流程。

A. 样本集的选择。首先，采用有放回抽样的方式从原始数据集中构造子数据集，子数据集的大小与原始数据集相同。每次抽取的子数据集都可以包含重复的元素。例如，根据自助法（Bootstraping），每轮从原始样本集中抽取 N 个样本，得到一个大小为 N 的训练集。其次，进行 k 轮抽取，得到 k 个训练集。随机抽样的目的是得到不同的训练集，从而训练出不同的决策树。

B. 决策树的生成。在每轮产生决策树的阶段中，从 D 个特征中随机选择 d 个特征（d<D）构成一种新的特征集，通过计算产生出新的特征集就得到了一种新决策树。经过 k 轮，得到 k 棵新决策树。由于在创建这 k 棵决策树的过程中，训练集和对象选择都是高度随意的，因此这 k 棵决策树是相互独立的。随机森林的高度随机性使其很容易被拟合，并且具有很强的抗噪性，提高了系统的多样性，从而提高了回归性能。

C. 模型的组合。由于生成的 k 棵决策树都是彼此独立的，且每个决策树的重要性都相当，因此，将它们组合起来时不必考虑它们的权重。对于回归问题，采用所有决策树的预测结果的平均值作为最终的输出结果。

D. 模型的验证。模型的验证需要使用验证集。在这里，可以从原始数据集中选择未被使用过的样本作为验证集。在从原始样本中选择训练集时，存在部分样本一次都没被选择过，因此在进行特征选择训练时，就可能出现部分特征未被采用的情况。可以将这部分特征未被采用的数据拿来验证最终的训练模型。

⑦随机森林回归的优点。

A. 随机森林回归具有较高的预测准确性和稳定性。相比于单个决策树模型，随机森林回归可以更好地处理高维数据和噪声，同时也能够减少过拟合的风险。随机森林回归的预测误差通常比单个决策树更小。

B. 随机森林回归适用于各种回归问题，如金融预测、医疗诊断、环境监测等。在实际应用中，随机森林回归通常可以取得比单个决策树更好的效果。

C. 随机森林回归具有较强的鲁棒性。由于随机森林回归是通过多棵决策树组成的，因此，即使某些决策树出现了错误或者过拟合，整个模型的性能也不会受到太大的影响。

D. 随机森林回归不需要进行特征缩放和特征选择。在随机森林回归中，每个决策树都是基于随机选择的特征和样本构建的，因此不需要进行特征缩放和特征选择。

E. 随机森林回归可以很好地处理缺失值。在随机森林回归中，可以通过随机选择特征来避免缺失值对模型的影响。同时，在进行预测时，可以利用其他特征的信息来填补缺失值。

⑧随机森林回归的缺点。

A. 随机森林回归的模型可解释性较差。由于随机森林回归是由多个决策树组成的，因此难以解释每个特征对预测结果的影响。同时，随机森林回归的预测结果也难以可视化。

B. 随机森林回归的计算成本较高。由于随机森林回归需要训练多个决策树，并且每个决策树的训练都需要进行随机选择特征和样本，因此计算成本较高。

C. 随机森林回归对于非平衡数据集的处理能力相对较弱。在非平衡数据集中，某些类别的样本数量很少，这会导致随机森林回归对这些类别的预测能力较弱。

D. 随机森林回归对于高维稀疏数据的处理能力相对较弱。在高维稀疏数据中，大部分特征都是零或者非常稀疏，这会导致随机森林回归的训练和预测时间变慢。

E. 随机森林回归的模型容易受到噪声的影响。虽然随机森林回归具有较强的鲁棒性，但是在存在大量噪声的数据集中，随机森林回归的性能可能会受到影响。

（3）SVM 回归。

1）SVM 回归的定义。

支持向量机（Support Vector Machine，SVM）回归是一种用于解决回归问题的机器学习算法。SVM 方法是从解决分类问题（模式识别问题）中发展起来的，SVM 回归是模式识别问题中得到的结果在回归情况下的推广，在回归情况下引入 ε 不敏感损失函数。在分类问题中，可以用少量的支持向量来表示决策函数，即解具有稀疏性，解的稀疏性对于在高维空间中用大量数据估计依赖关系是非常重要的。不敏感损失函数的引入，不仅使估计具有鲁棒性，而且使它是稀疏的。SVM 回归是一种强大的回归模型，它通过构建一个最优的超平面来预测连续的输出变量。与传统的线性回归模型不同，SVM 回归可以处理非线性关系，并且具有较好的泛化能力，适用于各种回归问题的建模和预测。

2）SVM 回归的模型。

SVM 回归的基本思想是通过构建一个超平面来预测连续的输出变量，即找到一个最优的超平面，使得样本点到该超平面的距离尽可能小，并且在允许的误差范围内最小化预测误差。这个超平面可以看作一个线性回归模型，其中样本点被划分为两个区域，分别表示预测值大于和小于超平面的情况。

SVM 回归的核心思想是使用支持向量来定义超平面。支持向量是离超平面最近的训练样本点，它们对于定义超平面的位置和方向起着关键作用。SVM 回归的目标是最小化损失函数，其中包括两个部分：正则化项和边际损失项。正则化项用于控制模型的复杂度，边际损失项用于保证超平面与支持向量之间的边际尽可能大。

①损失函数。SVM 回归模型的优化目标函数为 $\frac{1}{2}\|w\|^2$，回归模型的目标是让训练集中的每个点尽量拟合到一个线性模型 $y_i=w^Tx_i+b$。一般的回归模型用模型输出与真实输出之间的均方差来计算损失，SVM 回归则定义了一个常量偏差 $\varepsilon>0$，只有当模型输出与真实输出差的绝对值大于 ε 时才计算损失，相当于以 $f(x)=w^Tx+b$ 为中心，构建了一个宽度为 2ε 的间隔带，若样本落入间隔带内，则认为预测正确。如图 3-9 所示，在两条虚线内的点没有损失，在虚线外的点有损失，损失大小为到直线 $f(x)$ 的距离。

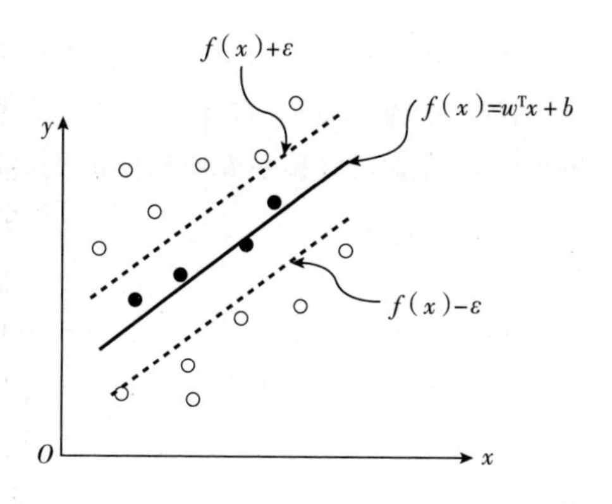

图 3-9 ε-间隔带示意图

SVM 回归模型的损失函数度量为：

$$
\mathrm{error}(x_i,\ y_i)=\begin{cases}0 & |y_i-w\cdot\varphi(x_i)-b|\leqslant\varepsilon\\ |y_i-w\cdot\varphi(x_i)-b|-\varepsilon & |y_i-w\cdot\varphi(x_i)-b|\geqslant\varepsilon\end{cases}\tag{3-103}
$$

其中，w 是超平面的法向量，b 是超平面的截距，x_i 是松弛变量，ε 是正则化参数。松弛变量允许一些样本点落在超平面的错误一侧，而正则化参数控制了模型的复杂度。

如果 $f(x)$ 为单变量线性函数，即 $f(x)=w^Tx+b$，ε 不敏感损失意味着当样本点位于两条虚线之间的区域里时（见图 3-9），认为在该点没有损失。两条虚线构成的区域称为 ε-间隔带，只有样本出现在 ε-间隔带外时，才有损失出现。ε 不敏感损失函数的一个特点是，对样本点来说，存在着一个不为目标函数提供任何损失值的区域，这个特点是其他许多损失函数所不具备的。分类情况下位于间隔外的点不为决策函数提供任何信息，保持了算法的稀疏性，也期望位于 ε-间隔带内的点不会出现在决策函数中。

②目标函数。假设对于给定的训练数据 $(x_1,\ y_1)$，$(x_2,\ y_2)$，…，$(x_i,\ y_i)\in R^n\times R$，用线性函数 $f(x)=w^Tx+b$ 拟合数据，用式(3-103)定义的 ε 不敏感损失函数作为损失函数，进行风险最小化，其中结构元素由不等式 $(w\cdot w)\leqslant c_n$ 来定义，那么就产生了对回归的支持向量估计。通过使回归函数尽可能地平坦来控制函数的复杂性，等价于最小化 $\|w\|^2$，可得到式(3-104)：

$$
\min_{w,b}\frac{1}{2}\|w\|^2,\ \mathrm{s.t.}\ |y_i-w\cdot\varphi(x_i)-b|\leqslant\varepsilon,\ i=1,\ 2,\ \cdots,\ I\tag{3-104}
$$

回归模型对于每个样本 $(x_i,\ y_i)$ 都需要引入松弛变量，定义绝对值两边的松弛变量为 δ_i，则在 SVM 回归模型的损失函数上加入该松弛变量，在 ε 不敏感损失函数下，采用松弛变量为 δ_i 作为参数来控制误差项，并综合考虑拟合误差，可得线性回归估计的优化问题：

$$
\min_{w,b}\frac{1}{2}\|w\|^2+C\sum_{i=1}^{l}\delta_i\tag{3-105}
$$

$-\varepsilon-\delta_i \leqslant y_i - w \cdot \varphi(x_i) - b \leqslant \varepsilon + \delta_i$，$\delta_i > 0$，$i=1, 2, \cdots, I$

其中，常熟 C 决定了在函数的偏平度和对大于 ε 的偏差的容忍度之间的均衡。我们希望求解式（3-104）来得到大间隔划分超平面所对应的模型。

$$f(x) = w^T x + b \tag{3-106}$$

其中，w 和 b 是模型的参数。

式（3-104）本身是一个凸二次规划（Convex Quadratic Programming）问题，能直接用现成的优化计算包求解，但我们可以有更有效的办法，即对其使用拉格朗日乘子法可得其对偶问题（Dual Problem）。具体来说，对式（3-104）每条约束条件添加拉格朗日乘子 $\alpha_i \geqslant 0$，具体求解过程如下：

首先，上述优化问题（3-105）等价于：

$$\min_{w,b} \frac{1}{2}\|w\|^2 + C\sum_{i=1}^{m}(|\mathrm{d}_i| - \varepsilon) \tag{3-107}$$

其次，给出优化问题（3-106）的对偶形式，引入拉格朗日函数：

$$L(w, b, \delta, \alpha, \alpha^*, \gamma) = \min_{w,b} \frac{1}{2}\|w\|^2 + C\sum_{i=1}^{l}\delta_i - \sum_{i=1}^{l}\alpha_i[\delta_i + \varepsilon - y_i + f(x_i)] - \sum_{i=1}^{l}\alpha_i^* [\delta_i + \varepsilon + y_i - f(x_i)] - \sum_{i=1}^{l}\gamma_i\delta_i$$

其中，α，α^*，$\gamma_i \geqslant 0$，$i=1, 2, \cdots, I$。（3-108）

函数 L 的极值应满足条件：

$$\frac{\partial}{\partial w}L = 0, \ \frac{\partial}{\partial b}L = 0, \ \frac{\partial}{\partial \delta_i}L = 0 \tag{3-109}$$

可得到下式：

$$w = \sum_{i=1}^{l}(\alpha_i - \alpha_i^*)\phi(x_i) \tag{3-110}$$

$$\sum_{i=1}^{l}(\alpha_i - \alpha_i^*) = 0 \tag{3-111}$$

$$C - \alpha_i - \alpha_i^* - \gamma_i = 0 \tag{3-112}$$

将上式代入拉格朗日函数中，得到优化问题的对偶形式：

$$\max W(\alpha, \alpha^*) = -\frac{1}{2}\sum_{i,j=1}^{l}(\alpha_i - \alpha_i^*)(\alpha_j - \alpha_j^*)K(x_i, x_j) + \sum_{i=1}^{l}(\alpha_i - \alpha_i^*)y_i - \sum_{i=1}^{l}(\alpha_i + \alpha_i^*)\varepsilon \tag{3-113}$$

约束为：

$$\sum_{i=1}^{l}(\alpha_i - \alpha_i^*)y_i = 0 \tag{3-114}$$

$$\alpha_i + \alpha_i^* \leqslant C, \ i=1, 2, \cdots, l \tag{3-115}$$

$$\alpha_i,\ \alpha_i^* \geqslant 0,\ i=1,\ 2,\ \cdots,\ l \tag{3-116}$$

解出 α 的值，可得$f(x)$的表达式如下：

$$f(x)=\sum_{i=1}^{l}(\alpha_i-\alpha_i^*)K(x,\ x_i)+b \tag{3-117}$$

其中，$K(x,\ x_i)=\varnothing(x_i)^T\varnothing(x_j)$为核函数。

在SVM回归算法中，核函数的选择很重要，核函数能够把高维特征空间中的点积运算转化为低维输入空间的核函数运算。用不同的核函数训练得到的SVM模型不一样，合适的核函数选择会提升算法分类和回归的准确率，进而提升定位精确度。

SVM回归的关键在于选择合适的核函数，用于将输入特征映射到高维空间中。常用的核函数包括线性核函数、多项式核函数、径向基函数核（RBF）函数以及Sigmoid核函数。这些核函数可以使SVM回归模型具有更强的非线性拟合能力。高斯核函数表达式如下：

$$K(x_i,\ x_j)=\exp\left(-\frac{\|x_i-x_j\|^2}{2\sigma^2}\right) \tag{3-118}$$

从对偶问题解出的 α_i 是式（3-114）中的拉格朗日乘子，它恰对应着训练样本（x_i，y_i），因此上述过程需要满足KKT（Karush-Kuhn-Tucher）条件，即要求：

$$\begin{cases}\alpha_i \geqslant 0\\ y_i f(x_i)-1 \geqslant 0\\ \alpha_i(y_i f(x_i)-1)=0\end{cases} \tag{3-119}$$

于是，对任意训练样本$(x_i,\ y_i)$，总有 $\alpha_i=0$ 或 $y_if(x_i)=1$。若 $\alpha_i=0$，则该样本将不会在式(3-117)的求和中出现，也就不会对$f(x)$有任何影响；若 $\alpha_i>0$，则必有 $y_if(x_i)=1$，所对应的样本点位于最大间隔边界上，是一个支持向量。这显示出支持向量机的一个重要性质：训练完成后，大部分的训练样本都不需要保留，最终模型仅与支持向量有关。

那么，如何求解式（3-117）呢？不难发现，这是一个二次规划问题，可便用通用的二次规划算法进行求解。然而，该问题的规模正比于训练样本数，这会在实际任务中造成很大的开销。为了避开这个障碍，人们通过利用问题本身的特性，提出了很多高效算法，其中SMO（Sequential Minimal Optimization，序列最小优化）算法就是一个典型的代表。

SMO算法的基本思路是先固定 α_i 之外的所有参数，然后求 α_i 上的极值。由于存在约束 $\sum_{i=1}^{m}\alpha_i y_i=0$，若固定 α_i 之外的其他变量，则 α_i 可由其他变量导出。于是，SMO算法每次选择两个变量 α_i 和 α_j，并固定其他参数。这样，在参数初始化后，SMO算法不断执行如下两个步骤直至收敛：一是选取一对需更新的变量 α_i 和 α_j；二是固定 α_i 和 α_j 以外的参数，求解式获得更新后的 α_i 和 α_j。

需要注意的是，选取的 α_i 和 α_j 中只要有一个不满足KKT条件，目标函数就会在迭代后增大。直观来看，KKT 条件违背的程度越大，则变量更新后可能导致的目标函数值增幅就越大。于是，SMO 算法先选取违背 KKT 条件程度最大的变量，第二个变量应选择使目标函数值减少最快的变量，但由于其计算过程的复杂度过高，因此 SMO 算法采用了一个启发式：使选取的两变量所对应样本之间的间隔最大。一种直观的解释是，这样的两个变量有很大的差别，与对两个相似的变量进行更新相比，对它们进行更新会带给目标函数值更大的变化。

SMO 算法之所以高效，恰由于在固定其他参数后，仅优化两个参数的过程能做到非常高效。具体来说，仅考虑 α_i 和 α_j 时，式中的约束可重写为：

$$\alpha_i y_i + \alpha_j y_j = c,\ \alpha_i \geqslant 0,\ \alpha_j \geqslant 0 \tag{3-120}$$

其中：

$$c = -\sum_{k \neq i,\ j} \alpha_k y_k \tag{3-121}$$

c 是使 $\sum_{i=1}^{m} \alpha_i y_i = 0$ 成立的常数，有：

$$c = \alpha_i y_i + \alpha_j y_j \tag{3-122}$$

消去式（3-119）中的变量 α_j，则得到一个关于 α_i 的单变量二次规划问题，仅有的约束是 $\alpha_i \geqslant 0$。不难发现，这样的二次规划问题具有闭式解，于是不必调用数值优化算法即可高效地计算出更新后的 α_i 和 α_j。

如何确定偏移项 b 呢？可知，对任意支持向量$(x_s,\ y_s)$都有 $y_s f(x_s) = 1$，即：

$$y_s \left(\sum_{i \in S} \alpha_i y_i x_i^T x_s + b \right) = 1 \tag{3-123}$$

其中，$S = \{i \mid \alpha_i > 0,\ i = 1,\ 2,\ \cdots,\ l\}$ 为所有支持向量的下标集。理论上，可选取任意支持向量并通过求解式（3-123）获得偏移项 b，但现实任务中常采用一种更鲁棒的做法，即使用所有支持向量求解的平均值：

$$b = \frac{1}{|S|} \sum_{s \in S} \left(\frac{1}{y_s} - \sum_{i \in S} \alpha_i y_i x_i^T x_s \right) \tag{3-124}$$

通过上述求解优化问题，可以得到最优的超平面参数 w 和 b，从而可以用于预测新的输入样本的输出值。SVM 回归具有较好的泛化能力和鲁棒性，适用于处理高维数据和噪声较多的回归问题。SVM 回归的求解过程可以通过求解一个凸优化问题来实现。通过引入拉格朗日乘子，可以将优化问题转化为对偶问题，并通过求解对偶问题来得到最优的超平面参数。在求解过程中，需要选择合适的核函数来将输入特征映射到高维空间中，以增强模型的非线性拟合能力。

③SVM 回归的模型选择。从模型选择的一种形式化描述出发，对 SVM 回归的模型选择的概念及内容进行描述。假定样本来自确定的分布 D，存在布尔目标函数 f 作为样本的标识，对于任何布尔函数 h，定义它的推广误差 $\varepsilon(h) = \varepsilon_{f,D}(h) = Pr_{x \in D}[h(x) \neq f(x)]$。样本集 S 为来自分布 D 的随机独立取样，其容量为 m。假定一个嵌套的模型(假

设类)序列 $F_1 \in F_2 \in$，…，$\in F_d \in$，…，定义 $h_d = argmin_{h \in F_d}\{\varepsilon(h)\}$，$\varepsilon_{opt}(d) = \varepsilon(h_d)$，$h_d$ 是类 F_d 中对 f 的最好逼近。模型选择问题都包括一个四元组($\{F_d\}$，f，D，L)，其中$\{F_d\}$是一定复杂度的模型的集合，d 为模型的复杂度，f 为目标函数，D 为样本集合的分布函数，L 为隐含的学习算法。模型选择就是给定一个训练集 S，可以由学习算法 L 确定一系列函数 $\tilde{h}_1 = L(S,\ 1)$，$\tilde{h}_2 = L(S,\ 2)$，…，$\tilde{h}_d = L(S,\ d)$，然后选择一个模型复杂度 $\tilde{d}$ 使得函数 $\tilde{h}_{d}$ 能够达到最小的推广误差。

在这个描述中假定着一个隐含的学习算法，这个算法可以从每一类 F_d 中选择一个模型组成待选模型集合，模型选择算法只需从这个集合中选择一个模型作为最终的模型，模型选择算法只控制模型复杂度的选择，而不是控制最终的模型。从前文对 SVM 回归学习算法的描述可以看出，SVM 回归算法包括模型复杂度的控制，隐含了模型选择的过程，但它还不能涵盖模型选择的全部内容。SVM 回归算法是在预先选定的核函数类型、确定的超参数（学习算法本身不能确定的参数）下的学习，也就是说它搜索的假设空间是事先确定的。假设空间是学习方法用来描述要学习的目标函数的一种表示，核函数刻画了假设空间的结构和特点，学习算法得到的模型局限于特定的假设空间。另外，在 SVM 回归算法中，参数 C、ε 也影响着选择出的模型的复杂度和精确度。

因此，这里将模型看作结构相同或类似的假设的集合，用广义参数 α 来标识不同的模型集，参数 α 的调整能够改变模型集的结构或复杂性。综合上面考虑的因素，我们给出 SVM 回归模型选择问题的一般性描述：模型选择问题包括一个四元组($\{F_\alpha\}$，f，D，L_β)，其中$\{F_\alpha\}$是模型的集合，这里并不假定模型具有嵌套结构，但要求 F_α 是特定假设空间的有限子集，f 为目标函数，D 为样本集合的分布函数，L_β 为隐含的学习算法，β 为学习算法的参数，模型选择问题就是给定一个训练集 S，可以由学习算法 L_β 确定一组函数$\{\tilde{h}_{\alpha,\beta} = L_\beta(S,\ F_\alpha)\}$，然后选择一个模型 $\tilde{F}_\alpha$ 和参数 $\tilde{\beta}$ 使得函数 $\tilde{h}_{\alpha,\beta}$ 能够达到最小的推广误差。

根据上面的描述，在已知训练集和 SVM 回归学习算法的条件下，SVM 回归的模型选择问题包括核函数类型的选择和 SVM 回归的超参数的选择，超参数是指定义可能的模型集合的参数，它们是学习算法本身无法估计的参数，如核参数和 SVM 回归算法中的参数 C、v、ε 等。在 SVM 回归学习算法的形式和核函数类型确定后，模型选择问题就等价于对 SVM 回归的超参数的调整或优化，称其为 SVM 回归的参数调整或参数优化。假定 SVM 回归算法的核函数依赖于几个参数（θ_1，θ_2，…，θ_p），再加上 SVM 回归的参数（C、ε 等）组成参数向量 θ，那么 SVM 回归算法就是对于固定的 θ 值，寻找使优化问题的目标函数值最大的系数 α^0，即：

$$\alpha^0 = \mathrm{argmax}\, W(\alpha) \tag{3-125}$$

假设函数 $E(\theta)$ 提供对 SVM 回归算法学习到的模型的推广误差的一种估计，那么参数优化便是寻找对它极小化的参数组合 θ^0：

$$\theta^0 = \underset{\theta}{\mathrm{argmin}} E(\alpha^0, \theta) \tag{3-126}$$

SVM 回归的参数优化方法是根据模型评价的准则，在参数空间内进行搜索的过程。常用的搜索策略有梯度法、随机搜索方法等。

为了从可能的模型集合中选择好的模型，需要对使用假设类的学习机器所返回模型的推广性能进行评估。

（4）梯度提升决策树回归。

1）梯度提升决策树回归的定义。

梯度提升决策树回归是一种集成学习方法，通过迭代地构建决策树模型来逼近真实值，在每一轮迭代中，通过最小化损失函数的梯度方向来优化模型，从而逐步改进预测能力。基于梯度下降算法，它以平方损失函数为指导，不断添加新树并结合之前树的预测结果，直到达到预设的迭代次数或模型性能不再改善为止。为了防止过拟合，通常采用正则化技术，如限制树的深度和叶子节点的最小样本数。

①梯度。在微积分里，对多元函数的参数求 ∂ 偏导数，然后将得到的各个参数的偏导数都用向量的形式写出来，就是梯度（Gradient）。比如，函数 $f(x, y)$，分别对 x，y 求偏导数，所得到的梯度向量就是 $\left(\frac{\partial f}{\partial x}, \frac{\partial f}{\partial y}\right)^T$，简称 $gradf(x, y)$。假如是 3 个参数的向量梯度，则是 $\left(\frac{\partial f}{\partial x}, \frac{\partial f}{\partial y}, \frac{\partial f}{\partial z}\right)^T$，以此类推。

那么这个梯度向量求出来有哪些作用呢？从几何意义上来说，梯度向量指示了函数增长最快的方向。具体来说，对函数 $f(x, y)$，对于点 (x_0, y_0)，沿着梯度向量的方向就是 $\left(\frac{\partial f}{\partial x}, \frac{\partial f}{\partial y}, \frac{\partial f}{\partial z}\right)^T$ 的方向，也就是 $f(x, y)$ 增加最快的部分。或者说，沿着梯度向量的方向，能够比较容易找出函数的最大值。而反过来说，如果沿着与梯度向量相反的方向，则梯度下降得最快，能够比较容易找出函数的最小值。

深度学习的基础架构中误差的反向传播需要利用计算各层的梯度来完成。通过往梯度下降的方向调整参数，逐步减小损失函数（Loss Function）的值，从而得到训练好的模型，梯度就是当下的最优选择。

②梯度下降与梯度上升。梯度下降法和梯度上升法是两个相似但方向相反的优化算法。

梯度下降法（Gradient Descent Methods），简称最速下降法，是一个一阶最优化算法。通过阶梯下降法寻找某个函数的局部极小值，就需要通过对函数的当前点对应梯度（或者说是近似梯度）的反方向的规定步长距离点进行迭代搜索。

梯度下降法是一种迭代优化算法，用于最小化一个目标函数。该算法的核心思想是，通过沿着目标函数梯度的反方向进行迭代更新，以达到最小化目标函数的目的。因此，梯度下降算法可以应用于一些需要最小化目标函数的问题，如线性回归。

梯度上升法（Gradient Rise Method）。如果相反地向梯度正方向迭代进行搜索，则会接近函数的局部极大值点，这个过程则被称为梯度上升。如果我们需要求解损失函数的最大值，就需要用梯度上升法来迭代了。

梯度上升法同样也是一种迭代优化算法，用于最大化一个目标函数。该算法的核心思想是，通过沿着目标函数梯度的方向进行迭代更新，以达到最大化目标函数的目的。因此，梯度上升算法可以应用于一些需要最大化目标函数的问题，如逻辑斯谛回归（Logistic 回归）。

因为梯度下降法和梯度上升法的优化目标相反，所以它们的更新方向也相反。此外，对于同一个目标函数，梯度上升和梯度下降可能会收敛到不同的极值点。梯度下降法和梯度上升法是可以互相转化的。比如我们需要求解损失函数 $f(\theta)$ 的最小值，这时我们需要用梯度下降法来迭代求解。但是实际上，我们可以反过来求解损失函数 $-f(\theta)$ 的最大值，这时梯度上升法就派上用场了。

③梯度下降法大家族。

A. 批量梯度下降法（Batch Gradient Descent Method）。批量梯度下降法，是梯度下降法最基本的形式。在更新参数时使用所有的样本来进行更新，这个方法对应于线性回归的梯度下降算法，也就是说梯度下降法的代数方式描述的梯度下降算法就是批量梯度下降法。批量梯度下降法的基本原理是在每一次迭代中，计算所有样本的梯度，并朝着梯度的反方向更新参数。这个过程可以描述成以下公式：

$$\theta_i = \theta_i - \alpha \sum_{j=1}^{m} (h_\theta(x_0^{(j)}, x_1^{(j)}, x_2^{(j)}, \cdots, x_n^{(j)}) - y_j) x_i^{(j)} \tag{3-127}$$

由于我们有 m 个样本，这里求梯度的时候就用了所有 m 个样本的梯度数据。批量梯度下降法的优点是收敛速度较快，但缺点是在处理大规模数据时，计算量较大，导致训练时间过长。

例 3－2：x＝[0.2，0.3，0.5，0.68，0.8，1.0，1.15，1.3，1.7，1.8，1.5，1.75，1.7，2.0]，y＝[0.7，0.4，1.0，0.9，1.4，1.1，1.25，1.9，2.2，2.5，1.7，2.0，2.6，2.8]，以此为数据，利用批量梯度下降法绘制图形。

具体解题过程如表 3-4 所示。

表 3-4 批量梯度下降解题过程

输入：X＝［0.2，0.3，0.5，0.68，0.8，1.0，1.15，1.3，1.7，1.8，1.5，1.75，1.7，2.0］ Y＝［0.7，0.4，1.0，0.9，1.4，1.1，1.25，1.9，2.2，2.5，1.7，2.0，2.6，2.8］ 输出：梯度下降算法结果图（见图 3-10） 过程：（1）确定学习率 $alpha$＝0.04； （2）利用批量梯度下降模型 BGD（x，y，$alpha$）； （3）利用 Matplotlib 绘制出结果图

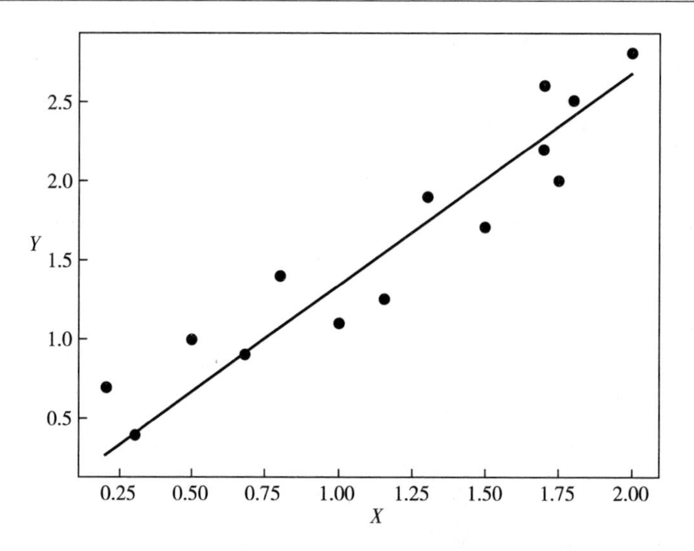

图 3-10　梯度下降算法结果

源代码如下：

```
import numpy as np
from matplotlib import pylab as plt
def BGD(x,y,alpha):
    theta=0
    while True:
        hypothesis=np.dot(x,theta)
        loss=hypothesis-y
        gradient=np.dot(x.transpose(),loss)/len(x)
        theta=theta-alpha * gradient
        if abs(gradient)<0.0001:
            break
    return theta
#假设出数据
x=np.array([0.2,0.3,0.5,0.68,0.8,1.0,1.15,1.3,1.7,1.8,1.5,1.75,1.7,2.0])
y=np.array([0.7,0.4,1.0,0.9,1.4,1.1,1.25,1.9,2.2,2.5,1.7,2.0,2.6,2.8])
#学习率
alpha=0.04
#批量梯度下降
weight=BGD(x,y,alpha)
print(weight)
#绘制所有数据点
plt.plot(x,y, 'ro')
```

```
#绘制拟合出来的直线
plt.plot(x,x * weight)
#显示
plt.show()
```

B. 随机梯度下降法（Stochastic Gradient Descent Method）。在梯度下降法中，每次迭代时都会计算所有样本的梯度，并更新模型参数。当数据集非常大时，这种全局计算梯度的方法会变得非常耗时和内存密集。因此，为了解决这个问题，引入了随机梯度下降法。随机梯度下降法是一种在线学习算法，它的基本思想是每次迭代时只使用一个样本的梯度来更新模型参数。

随机梯度下降法与批量梯度下降法的基本原理差不多，但两者的差异在于使用随机梯度下降法求梯度时没有使用所有的 m 个样本的数据，而只选择了某个数据 j 来求梯度。对应的公式如下：

$$\theta_i=\theta_i-\alpha[h_\theta(x_0^{(j)},\ x_1^{(j)},\ x_2^{(j)},\ \cdots,\ x_n^{(j)})-y_j]x_i^{(j)} \tag{3-128}$$

随机梯度下降法与批量梯度降低法是两种极端：一种使用所有的数据来梯度下降，一种只使用一个样本梯度下降。它们的优缺点也都十分明显，对于训练速度而言，随机梯度下降法因为每次仅使用一次样本来迭代，所以训练速度极快，而批量梯度下降法在样本量较大的时候，训练速度无法让人满意。对于精度而言，因为随机梯度下降法可以仅用某个样本确定梯度方向，得到的解很有可能是非最优解。对于收敛速度而言，随机梯度下降法一次迭代一个样本，导致迭代方向发生很多改变，无法快速地收敛到局部最优解。

C. 小批量梯度下降法（Mini-batch Gradient Descent Method）。这种算法把梯度称为若干个小批量，每次迭代只使用其中一个小批量来训练模型。小批量梯度下降法是批量梯度下降法与随机梯度下降法之间的折中。也就是说，对于 m 个样本，只选择 x 个样本进行迭代，即 $1<x<m$。当然，基于样本的信息，可以改变 x 的取值。对应的公式如下：

$$\theta_i=\theta_i-\alpha\sum_{j=t}^{t+x-1}[h_\theta(x_0^{(j)},\ x_1^{(j)},\ x_2^{(j)},\ \cdots,\ x_n^{(j)})-y_j]x_i^{(j)} \tag{3-129}$$

机器学习中的无约束优化算法，除梯度下降法和之前介绍的最小二乘法之外，另外有牛顿法和拟牛顿法。

与最小二乘法相比，梯度下降法必须考虑步长，而最小二乘法则不需要。梯度下降法是迭代求解，最小二乘法则是计算解析。如果样本数不是很多，并且有解析解，使用最小二乘法比梯度下降法更有优势，因为运算的时间快。不过，如果样本数较大，由于使用最小二乘法还需要求一组超级大的逆矩阵，这时就很难甚至非常慢才能解决问题，所以采用迭代的梯度下降法更好。

梯度下降法与牛顿法或是拟牛顿法一样，都是使用迭代计算，只是梯度下降方法是梯度求解，而牛顿法或是拟牛顿法是用二阶的海森矩阵的逆矩阵或伪逆矩阵求解。相对而言，用牛顿法和拟牛顿法收敛速度更快，但是每次迭代的时间较梯度下降法长。

在小批量梯度下降法中，每个批量中的所有样本共同决定了本次迭代中梯度的方向，这样训练起来就不会跑偏，也就减少了随机性。将所有的批次都执行一遍，就称之为一轮。由于各个批量的样本之间也会存在训练结果互相抵消的问题，因此通常也需要经过多轮训练才能够收敛。使用这种方法的好处是，无论整个训练集的样本数量有多少，每次迭代所使用的训练样本数量都是固定的。同批量梯度下降法相比，这样显然可以大大地加快训练速度，另外，同批量梯度下降法一样，这种方法也可以实现并行计算。因此。在训练大规模数据集时，通常首选小批量梯度下降算法。

2）梯度提升决策树回归模型。

①梯度下降的直观解释。先来看看对梯度下降的一种直观的解释：我们在一座大山上的某个地方，由于我们还不懂得如何下山，因此决定走一步算一步，也就是说，在每走到一个地方的时候，先计算当前位置的梯度，之后顺着梯度的负方向，即当前最陡的地方再往下走一次，接着进一步计算当前位置的梯度，向这一个所在位置再顺着当前最陡最容易下山的地方走一次。这样一步步地走下去，一直走到山脚。当然，有可能我们并没有走到山脚下，而只是到了某一座山峰的低处。

由以上的说明能够发现，利用梯度下降法不一定能够得到全局的最优解，可能是局部最优解。当然，假设损失函数为凸函数，则梯度下降法求得的解也必然为全局最优解。

②梯度下降的相关概念。

A. 步长（Learning Rate）。步长决定了在梯度下降迭代的过程中，每一步沿梯度负方向前进的长度。用上述下山的实例进行说明，步长可以表示为从当前这一步所在位置，顺着最陡峭最容易下山的地方走过的那一步的长度。步长通常取为 1。

B. 特征（Feature）。特征指的是样本输入部分，如两个单特征的样本为$(x^{(0)}, y^{(0)})$，$(x^{(1)}, y^{(1)})$，则第一个样本特征为$x^{(0)}$，第一个样本输出为$y^{(0)}$。

C. 假设函数（Hypothesis Function）。在监督学习中，为拟合输入样本而使用的假设函数，记为$h_\theta(x)$。例如，关于单个特征的 m 个样本$(x^{(i)}, y^{(i)})(i=1, 2, \cdots, m)$的可用拟合函数如下所示：

$$h_\theta(x)=\theta_0+\theta_1 x \tag{3-130}$$

D. 损失函数（Loss Function）。为判断模型拟合的优劣，一般采用损失函数来度量拟合度。损失函数极小化，表示模型拟合度最好，而相应的模型参数即是最优参数。在线性回归中，损失函数通常为样本输出与假定函数的差取平方。例如，对 m 个样本$(x_i, y_i)(i=1, 2, \cdots, m)$采用线性回归，损失函数如下所示：

$$J(\theta_0, \theta_1)=\sum_{i=1}^{m}[h_\theta(x_i)-y_i]^2 \tag{3-131}$$

其中，x_i 表示第 i 个样本特征，y_i 表示第 i 个样本对应的输出，$h_\theta(x_i)$ 为假设函数。

梯度下降法的算法有代数法和矩阵法（也称向量法）两种表示，如果对矩阵分析不熟悉，则代数法更加容易理解。不过矩阵法更加简洁，且由于使用了矩阵，实现逻辑更加一目了然。

③梯度下降法的代数方法描述。

A. 先决条件，即确认优化模型的假设函数和损失函数。

比如对于线性回归，假设函数可表示为：

$$h_\theta(x_1, x_2, \cdots, x_n)=\theta_0+\theta_1 x_1+\cdots+\theta_n x_n \tag{3-132}$$

其中，$\theta_i(i=0, 1, 2, \cdots, n)$ 为模型参数，$x_i(i=0, 1, 2, \cdots, n)$ 为每个样本的 n 个特征值。

这个表示可以简化，我们增加一个特征 $x_0=1$，可转变为：

$$h_\theta(x_0, x_1, \cdots, x_n)=\sum_{i=0}^{n}\theta_i x_{i_0} \tag{3-133}$$

同样是线性回归，对应于上面的假设函数，损失函数可表示为：

$$J(\theta_0, \theta_1, \cdots, \theta_n)=\frac{1}{2m}\sum_{j=1}^{m}\left[h_\theta(x_0^{(j)}, x_1^{(j)}, \cdots, x_n^{(j)})-y_j\right]^2 \tag{3-134}$$

B. 算法相关参数初始化。主要是初始化 θ_0，θ_1，$\cdots$，θ_n 算法终止距离 ε 以及步长 α。在缺少先验知识的情况下，可先将现有的 θ 初始化为 0，然后把步长最初化为 1，在调优的时候再优化。

C. 算法过程。

步骤 1：确定当前位置的损失函数的梯度，θ_i 梯度可表示如下：

$$\frac{\partial}{\partial\theta_i}J(\theta_0, \theta_1, \cdots, \theta_n) \tag{3-135}$$

步骤 2：用步长乘损失函数的梯度，可以求得当前位置下降的距离，则 $\alpha\frac{\partial}{\partial\theta_i}J(\theta_0, \theta_1, \cdots, \theta_n)$，相对于上述登山实例中的某一步。

步骤 3：确定当前是否所有的梯度下降的距离都小于 ε，如果小于 ε 则计算终止，当前所有的 $\theta_i(i=0, 1, \cdots, n)$ 即为最终结果。否则将进入步骤 4。

步骤 4：更新所有的 θ，而针对 θ_i，其表达式更新如下：

$$\theta_i=\theta_i-\alpha\frac{\partial}{\partial\theta_i}J(\theta_0, \theta_1, \cdots, \theta_n) \tag{3-136}$$

修改成功后，接着进入步骤 1。

下面用线性回归的例子来具体描述梯度下降。假设我们的样本是：

$$(x_1^{(0)}, x_2^{(0)}, \cdots, x_n^{(0)}, y_0), (x_1^{(1)}, x_2^{(1)}, \cdots, x_n^{(1)}, y_1), \cdots, (x_1^{(m)}, x_2^{(m)}, \cdots, x_n^{(m)}, y_m) \tag{3-137}$$

损失函数如前面先决条件所述：

$$J(\theta_0, \theta_1, \cdots, \theta_n) = \frac{1}{2m}\sum_{j=0}^{m}[h_\theta(x_0^{(j)}, x_1^{(j)}, \cdots, x_n^{(j)}) - y_j]^2 \tag{3-138}$$

则在算法过程步骤 1 中对于 θ_i 的偏导数计算如下：

$$\frac{\partial}{\partial\theta_i}J(\theta_0, \theta_1, \cdots, \theta_n) = \frac{1}{m}\sum_{j=0}^{m}[h_\theta(x_0^{(j)}, x_1^{(j)}, \cdots, x_n^{(j)}) - y_j]x_i^{(j)} \tag{3-139}$$

由于样本中没有 x_0，上式中令所有的 $x_0^{(j)}$ 为 1。

步骤 4 中 θ_i 的表达式更新如下：

$$\theta_i = \theta_i - \alpha\frac{1}{m}\sum_{j=0}^{m}[h_\theta(x_0^{(j)}, x_1^{(j)}, \cdots, x_n^{j}) - y_j]x_i^{(j)} \tag{3-140}$$

由上述实例可知，在当前地点的梯度方向是由所有的样本决定的，加$\frac{1}{m}$是为了更好地理解。因为步长也是常量，所以它们的乘积也是常量，在这里 $\alpha\frac{1}{m}$也应该用常量表示。

下面会仔细讲述的梯度下降法的变种，它们主要的不同点是对样本的采用方法不同。

④梯度下降法的矩阵方式描述。这一部分主要讲解梯度下降法的矩阵方式表述，相对于代数法，要求有一定的矩阵分析的基础知识，尤其是矩阵求导的知识。

A. 先决条件。与梯度下降方法的代数方式描述相似，必须确定优化模型的假设函数和损失函数。关于线性回归，假设函数为 $h_\theta(x_1, x_2, \cdots, x_n) = \theta_0+\theta_1x_1+\theta_2x_2+\cdots+\theta_nx_n$ 的矩阵，表达方式是 $h_\theta(X) = X\theta$。其中，假设函数 $h_\theta(X)$ 为 $m\times1$ 的向量，θ 为 $(n+1)\times1$ 的向量，则里面有 $n+1$ 的代数法的模型参数。X 为 $m\times(n+1)$ 维的矩阵。M 代表样本的个数，$n+1$ 则代表样本的特征数。

损失函数的表达式是 $J(\theta) = \frac{1}{2}(X\theta-Y)^T(X\theta-Y)$，其中 Y 为样本的输出方向，维度为 $m\times1$。

B. 算法相关参数初始化。θ 向量可以初始化为默认值，或调优后的值。算法终止距离为 ε，步长 α 没有变化。

C. 算法过程。

步骤 1：确定当前位置的损失函数的梯度，对于 θ 向量来说，其梯度可以表示为 $\frac{\partial}{\partial\theta}J(\theta)$。

步骤 2：用步长乘损失函数的梯度，可以求得从当前位置下降的距离，则 $\alpha\frac{\partial}{\partial\theta}J(\theta)$ 相对于上述登山实例中的某一步。

步骤 3：确定了 θ 向量里面的值，梯度下降的距离都小于 ε，如果小于 ε 则算法结束，而当前 ε 向量即是最终结果。否则将进入步骤 4。

步骤 4：更新 θ 向量，其表达式更新为：

$$\theta=\theta-\alpha\frac{\partial}{\partial\theta}J(\theta) \tag{3-141}$$

更新成功后，接着进入步骤 1。

此外，还是用线性回归的实例来说明具体的算法过程。

损失函数对于 $\partial\theta$ 向量的偏导数计算如下：

$$\frac{\partial}{\partial\theta}J(\theta)=X^T(X\theta-Y) \tag{3-142}$$

步骤 4 中 θ 向量的表达式更新如下：

$$\theta=\theta-\alpha X^T(X\theta-Y) \tag{3-143}$$

对比梯度下降法的代数法，矩阵法要简单许多。其中使用了矩阵求导链式规则，以及用两个矩阵求导的公式：

$$\frac{\partial}{\partial x}(x^Tx)=2xx \tag{3-144}$$

$$\nabla_X f\ (AX+B)\ =A^T\ \nabla_Y f,\ Y=AX+B \tag{3-145}$$

⑤梯度下降的算法调优。在使用梯度下降时，需要进行调优。

A. 算法的步长选择。在前面的方法说明中，所提到的步长均为 1，不过实际取值仍取决于样本，可多选取几个值，由大至小，依次进行计算，再看迭代效果，如果损失函数一直在变小，就表示取值比较合理，否则需要增大步长。步长过大，很容易造成迭代速度太快，导致错失最优解，具体表现为损失函数值波动。步长太小，很容易造成迭代速度太慢，很长时间算法都还没有结束。因此，算法的步长必须反复运算后才能得出一个最优的数值。

B. 算法参数的初始值选择。初始值不同，得到的最小值也就有可能不同，因此梯度下降求得的只是局部最小值，当然如果损失函数是凸函数则一定是最优解。由于有局部最优解的风险，需要多次用不同初始值运行算法，关键是选择损失函数最小的初值。

C. 归一化。由于样本不同特征的取值范围不一样，可能导致迭代很慢，为了减少特征取值的影响，可以对特征数据归一化，也就是对于每个特征 x，求出它的期望和标准差，然后转化为 $\frac{x-\overline{x}}{std\ (x)}$，这样特征的新期望为 0，新方差为 1，迭代速度可以大大加快。

⑥梯度提升决策树回归算法的原理。梯度提升决策树（Gradient Boosting Decision Tree，GBDT）回归算法是迭代，使用了前向分布算法，但是弱学习器限定了只能使用分类与回归树（Classification and Regession Trees，CART）模型，而且 GBDT 在模型训

练的时候，是要求模型预测的样本损失尽可能小。

首先，GBDT 使用的决策树就是 CART，无论是处理回归问题还是二分类以及多分类，GBDT 使用的决策树从始自终都是 CART。这是因为 GBDT 每次迭代要拟合的是梯度值，也是连续值，所以要用回归树。

其次，对于回归树算法来说最重要的是寻找最佳的划分点，那么回归树中的可划分点包含了所有特征的所有可取的值。在分类树中最佳划分点的判别标准是熵或者基尼系数，都是用纯度来衡量的，但是在回归树中的样本标签是连续数值，所以再使用熵之类的指标不再合适，取而代之的是平方误差，它能很好地评判拟合程度。

最后，GBDT 回归算法通过不断令均方差最小来找到最靠谱的分枝依据（按特征分开后每部分损失最小）。回归树会不断分枝，直到所有叶子节点都唯一，或者达到预定的叶子上限；若最后叶子节点不唯一，则选取该节点所有的平均节点作为预测值。

⑦梯度提升决策树回归算法的损失函数。梯度提升决策树回归算法的损失函数常见的有以下四种：

一是均方差，这是最常见的回归损失函数：

$$L(y, f(x))=[y-f(x)]^2 \tag{3-146}$$

二是绝对损失：

$$L(y, f(x))=|y-f(x)| \tag{3-147}$$

其对应负梯度误差为：

$$sign(y_i-f(x_i)) \tag{3-148}$$

三是 Huber 损失，它是均方差和绝对损失的折中产物，对于远离中心的异常点，采用绝对损失，而对于中心附近的点采用均方差。这个界限一般用分位数点度量。其损失函数如下：

$$L(y, f(x))=\begin{cases}\frac{1}{2}[y-f(x)]^2 & |y-f(x)|\leqslant\delta \\ \delta\left(|y-f(x)|-\frac{\delta}{2}\right) & |y-f(x)|>\delta\end{cases} \tag{3-149}$$

其对应负梯度误差为：

$$r(y_i, f(x_i))=\begin{cases}y_i-f(x_i) & |y_i-f(x_i)|\leqslant\delta \\ \delta sign(y_i-f(x_i)) & |y_i-f(x_i)|>\delta\end{cases} \tag{3-150}$$

四是分位数损失，它对应的是分位数回归的损失函数，表达式为：

$$L(y, f(x)) = \sum_{y\geqslant f(x)}\theta|y-f(x)|+\sum_{y<f(x)}(1-\theta)|y-f(x)| \tag{3-151}$$

其中，θ 为分位数，需要我们在回归前指定。其对应的负梯度误差为：

$$r(y_i, f(x_i))=\begin{cases}\theta & y_i\geqslant(x_i) \\ \theta-1 & y_i\geqslant(x_i)\end{cases} \tag{3-152}$$

对于 Huber 损失和分位数损失，主要用于健壮回归，即减少异常点对损失函数的影响。

⑧梯度提升决策树回归算法。梯度提升决策树回归算法的输入是训练样本集 $T=\{(x_1, y_1), (x_2, y_2), \cdots, (x_m, y_m)\}$，最大迭代次数 T，损失函数 L。梯度提升决策树回归算法的输出是强学习器 $f(x)$，是一颗回归树。

初始化弱学习器可表示如下：

$$f_0(x) = \underset{c}{\operatorname{argmin}} \sum_{i=1}^{m} L(y_i, c) \tag{3-153}$$

估计使损失函数极小化的常数值，它是只有一个根节点的树，一般平方损失函数为节点的均值，而绝对损失函数为节点样本的中位数。

迭代轮数 $t=1, 2, \cdots, T$，即生成的弱学习器个数：

步骤 1：对样本 $i=1, 2, \cdots, m$ 计算负梯度，损失函数的负梯度在当前模型的值将它作为残差的估计，对于平方损失函数为，它就是通常所说的残差；而对于一般损失函数，它就是残差的近似值（伪残差）：

$$r_{ti} = -\left[\frac{\partial L(y_i, f(x_i))}{\partial f(x_i)}\right]_{f(x)=f_{t-1}(x)} \tag{3-154}$$

步骤 2：利用 $(x_i, r_{ti})(i=1, 2, \cdots, m)$，即 $\{(x_1, r_{t1}), \cdots, (x_i, r_{ti})\}$，拟合一棵 CART，得到第 t 棵回归树。其对应的叶子节点区域为 R_{tj}，$j=1, 2, \cdots, J$。其中，J 为回归树 t 的叶子节点的个数。

步骤 3：对叶子区域 $j=1, 2, \cdots, J$，计算最佳拟合值：

$$c_{tj} = \underset{c}{\operatorname{argmin}} \sum_{x_i \in R_{tj}} L(y_i, f_{t-1}(x) + c) \tag{3-155}$$

步骤 4：更新强学习器：

$$f_t(x) = f_{t-1}(x) + \sum_{j=1}^{J} c_{tj} I(x \in R_{tj}) \tag{3-156}$$

得到最终回归树，即强学习器 $f(x)$ 的表达式：

$$f(x) = f_T(x) = f_0(x) + \sum_{t=1}^{T} \sum_{j=1}^{J} c_{tj} I(x \in R_{tj}) \tag{3-157}$$

3.1.3 回归算法的评估指标

（1）决定系数。

决定系数是一种用于衡量模型对数据的拟合程度的指标，通常用 R^2 表示。R^2 的取值范围为 0~1，表示模型能够解释数据方差的比例，即 R^2 越接近 1，模型对数据的拟合程度越好。

R^2 的计算方法如下：

$$R^2 = 1 - \frac{SSE}{SST} \tag{3-158}$$

其中，SSE 表示残差平方和，表示模型预测值与真实值之间的差异程度；SST 表示总离差平方和，表示真实值与平均值之间的差异程度。

首先，计算模型拟合数据的实际误差，即实际数据与模型预测数据之间的残差平方和误差（SSE）。其次，计算基准误差，即实际数据与实际均值之间的总离差平方和（SST）。最后，将实际误差除以基准误差，用 1 减去该比值，即得到决定系数（R^2）。

需要注意的是，R^2 值并不是越大越好。当模型过拟合时，R^2 值可能会很高，但是模型的泛化能力较差，无法对新数据进行准确预测。因此，在使用 R^2 值评估模型时，需要结合其他指标进行综合评估。另外，R^2 值也有一些局限性。例如，当模型中包含的特征较多时，R^2 值可能会比较高，但是这并不一定说明模型的预测效果更好。因此，在使用 R^2 值评估模型时，需要考虑模型的复杂度和特征选择等因素。

（2）均方误差。

均方误差（Mean Squared Error，MSE）是一种用来衡量模型预测结果与实际观测值之间差异的指标。它是通过计算预测值与实际观测值之间差异的平方的平均值得到的。在统计学和机器学习中，MSE 通常用作回归模型的损失函数，用来评估模型的性能。

MSE 的计算公式如下：

$$MSE = \frac{1}{n}\sum_{i=1}^{n}(y_i - \hat{y}_i)^2 \tag{3-159}$$

其中，n 是样本数量，y_i 是第 i 个观测值的真实值，$\hat{y}_i$ 是模型对第 i 个观测值的预测值。

首先，对于每个样本，计算其预测值与实际观测值之间的差异（残差），对每个差异进行平方操作，将所有平方差异相加，得到总的平方误差。其次，将总的平方误差除以样本数量，得到均方误差。

如果 MSE 等于 0，表示模型的预测完全与实际观测值一致，即模型完美拟合数据。如果 MSE 大于 0，表示模型的预测与实际观测值存在差异，差异的平方在整体上的平均值为 MSE。MSE 越大，说明预测误差越大，模型的性能越差。

（3）预测误差分析。

预测误差分析是一种常用的模型评估方法，可以帮助我们分析模型预测结果的误差分布情况，进一步优化模型。预测误差分析包括以下内容：

1）残差分析（Residual Analysis）。残差是指模型实际观测值与预测值之间的差，残差分析是一种常用的预测误差分析方法。我们可以对模型的预测结果进行残差分析，以了解模型预测误差的分布情况。通常，我们可以绘制残差图来观察残差的分布情况，如果残差的分布呈正态分布，则说明模型预测效果较好。

2）离群值分析（Outlier Analysis）。离群值是指与其他样本明显不同的样本，离群值分析是一种常用的预测误差分析方法。我们可以对模型的预测结果进行离群值分析，以了解模型在处理离群值时的表现。通常，我们可以绘制箱线图来观察离群值的分布情况，如果离群值较多，则说明模型对离群值的处理效果较差。

3）预测误差分布（Prediction Error Distribution）。预测误差分布是指模型预测误差的分布情况，可以帮助我们了解模型的预测精度和稳定性。我们可以对模型的预测结果进行预测误差分布分析，以了解模型预测误差的分布情况。通常，我们可以绘制误差直方图或误差密度图来观察预测误差的分布情况，如果预测误差呈正态分布，则说明模型预测效果较好。

4）预测误差变化（Prediction Error Variation）。预测误差变化是指模型预测误差随着预测值的变化而变化的情况，可以帮助我们了解模型的预测精度和稳定性。我们可以对模型的预测结果进行预测误差变化分析，以了解模型预测误差随着预测值的变化而变化的情况。通常，我们可以绘制误差散点图或误差箱线图来观察预测误差的变化情况，如果预测误差随着预测值的变化而变化较大，则说明模型的预测精度和稳定性较差。

在回归模型评估中，可以通过以下步骤来实施预测误差分析：

步骤 1：将数据集分为训练集和测试集，训练集用于模型训练，测试集用于模型评估。

步骤 2：使用随机森林回归模型对测试集进行预测，得到模型预测结果。

步骤 3：计算模型预测误差，如均方误差（MSE）或决定系数（R^2）。

步骤 4：进行残差分析，绘制残差图、Q-Q 图等图形，分析残差的分布情况。

步骤 5：进行误差分布分析，绘制直方图、核密度估计等图形，分析误差的分布情况。

步骤 6：进行异常值分析，绘制箱线图、散点图等图形，分析异常值的分布情况。

步骤 7：进行误差来源分析，使用特征重要性分析、变量相关性分析等方法，找出模型预测误差的主要原因。

步骤 8：根据误差分析的结果，对模型进行优化和改进，如增加特征、调整模型参数等。

在进行预测误差分析时，需要进行多次重复实验，以避免结果的随机性。同时，需要结合其他模型评估指标，如均方误差（MSE）或决定系数（R^2），进行综合评估，以选择最优的模型和参数。总之，预测误差分析是一种重要的模型评估方法，可以帮助我们深入了解模型预测误差的分布情况和来源，进而优化和改进模型，提高模型的预测准确性和泛化能力。

3.2 线性回归实验

3.2.1 实验目的

随着经济的发展，人们对二手车的消费观念在不断转变，对二手车的接受度也越来越高。一些发达国家的汽车市场较为完善，新车市场的利润在整个汽车行业中约占20%，零部件利润约占20%，售后服务领域的利润约占60%，其中包含了二手车的更换和维修保养业务等。同中国的二手车市场相比较，发达国家的二手车市场发展较为成熟，特别是美国的二手车交易市场，仅二手车的利润占整个汽车行业总利润的45%，但是这也与整体大环境有关系，如二手车经营主体的多元化、交易方式的多样化、整个交易系统的完善，以及发达国家汽车保有量较大等。使二手车市场发展成熟对促进经济发展有重要作用。如何让车辆在所有市场中能够快速地流通、增加车辆在交易市场的成交量、尽可能减少车辆无谓的价值损耗这三个问题是二手车市场发展成熟的关键。二手车保值率是衡量二手车价值的关键指标，在二手车交易中，保值率日渐成为消费者购车的决策因素之一。

请添加合适的节点，构建一个完整的线性回归模型建模流程，根据二手车的一些数据，预测二手车的保值率，总结它能给消费者在购买二手车时带来怎样的价值。

3.2.2 实验要求

（1）对数据进行描述性统计分析，了解各属性的数据特征，以及是否存在缺失值。

（2）生成新的属性保值率以可视化各属性对二手车保值率的影响。

（3）拆分数据，在训练集上构建线性回归模型，根据训练集和测试集的 R^2 和误差等标准评估线性回归模型的准确性。

（4）思考分析模型对消费者在购买二手车时有哪些作用。

3.2.3 实验数据

本案例使用的数据集来源于某二手车网站，数据截至 2016 年 6 月底。数据集共 64326 个样本，包括原价、报价、上牌时间、里程、变速类型、汽车排放、轴距、排量、引力、厂商、车身结构、基本内外部配置和故障排查等 21 个变量信息（见表 3-5）。

表 3-5　二手车数据汇总

字段名称	数据样例	数据类型	字段描述
上牌时间	13	数值型（INT）	与 2016 年 7 月之间的时间差（单位：月）
里程	2.2	数值型（DOUBLE）	累计里程数（单位：万千米）
变速	0	字符型	自动（0）；手动（1）
轴距	2.64	数值型（DOUBLE）	前轴与后轴中心之间的距离（单位：米）
排量	2	数值型（DOUBLE）	发动机单位时间内释放的能量（单位：升）
最大马力	105	数值型（INT）	最大动力输出

续表

字段名称	数据样例	数据类型	字段描述
电动天窗	1	字符型	无电动天窗（0）；有电动天窗（1）
全景天窗	0	字符型	无全景天窗（0）；有全景天窗（1）
真皮座椅	1	字符型	无真皮座椅（0）；有真皮座椅（1）
倒车影像系统	1	字符型	无倒车影像（0）；有倒车影像（1）
倒车雷达	1	字符型	无倒车雷达（0）；有倒车雷达（1）
GPS 导航	1	字符型	无 GPS 导航（0）；有 GPS 导航（1）
排除重大碰撞	0	字符型	排除重大碰撞（0）；存在重大碰撞（1）
外观修复检查	0	字符型	排除外观修复（0）；存在外观修复（1）
外观缺陷检查	0	字符型	排除外观缺陷（0）；存在外观缺陷（1）
内饰缺陷检查	0	字符型	排除内饰缺陷（0）；存在内饰缺陷（1）
原价	21.36	数值型（DOUBLE）	汽车原价
报价	13.6	数值型（DOUBLE）	汽车报价
排放标准	国四	字符型	三个分类——国三及以下、国四、国五及以上，由两个虚拟变量表示，基准水平为国三及以下
厂商	一汽大众	字符型	11 个分类，由 10 个虚拟变量表示（排名前 10 的厂商）基准水平默认为排名前 10 以外的其他水平
车身结构	三厢	字符型	四个分类——SUV、两厢、三厢、MPV，由三个虚拟变量表示，妻基准水平为 MPV

3.2.4 实验步骤

（1）模型整体架构。

线性回归模型整体架构如图 3-11 所示。

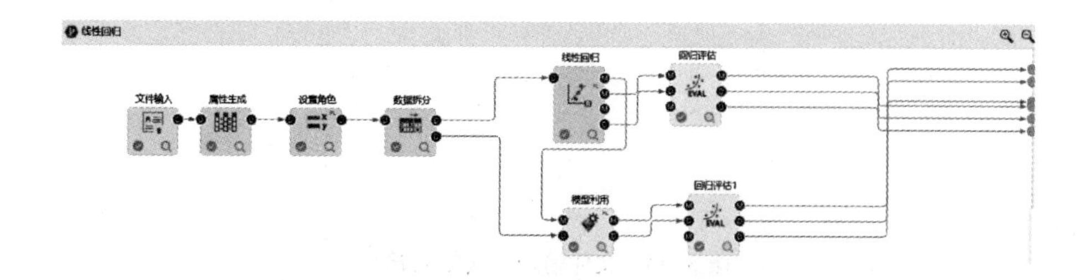

图 3-11　线性回归模型整体架构

(2) 导入数据。

下载数据：二手车数据.xlsx[①]。

在“数据管理”中找到“文件输入”，该节点支持上传本地 csv、txt、xlsx、xls 类型的数据文件（见图 3-12）。

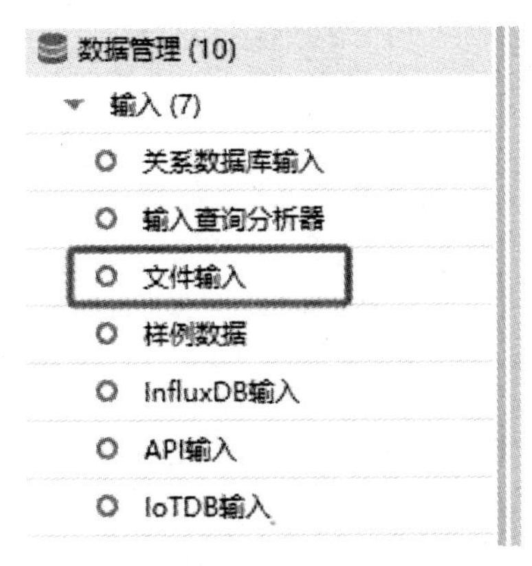

图 3-12　数据管理（线性回归）

(3) 回归预测。

第一，在数据挖掘界面左侧“文件输入”节点，单击“文件上传”并上传数据（见图 3-13）。

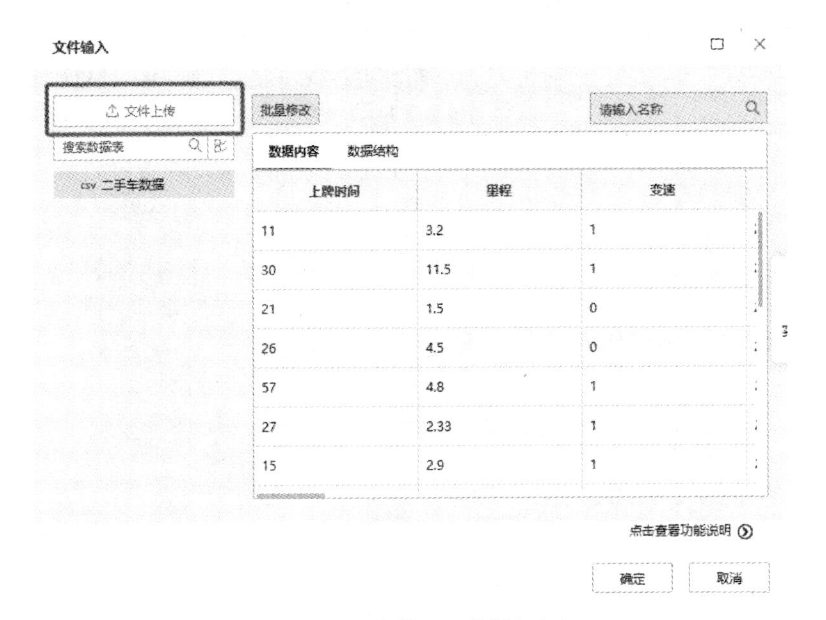

图 3-13　文件输入（线性回归）

① http：//edu. asktempo. cn/file-system/system/course/1ebbca144de9489b8a6e42cb9fd4d45e/file/e511b797e6b040d683bf8f559e949dd4. csv.

第二，利用“属性生成”节点，用原价和报价字段生成保值率字段，公式为保值比率=log［报价/（原价-报价）］（见图3-14）。然后，在“设置角色”节点，此节点支持用户选择需要分析的属性/列，并对属性/列进行变量的角色定义（见图3-15）。基于业务的理解，此回归预测中，除了原价和报价字段不包含在模型内，保值比率为因变量，其余都为预测因变量的自变量。

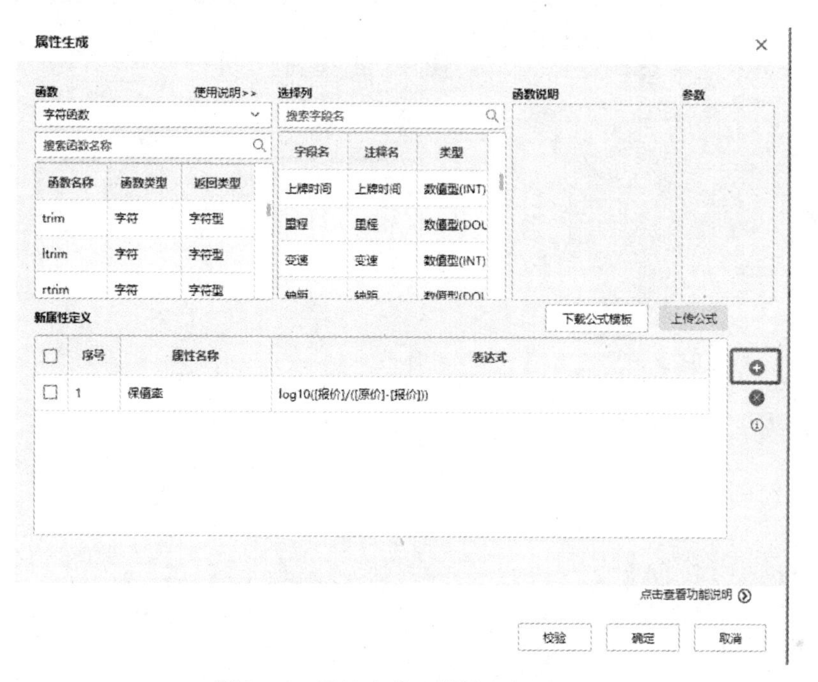

图3-14　属性生成（线性回归实验）

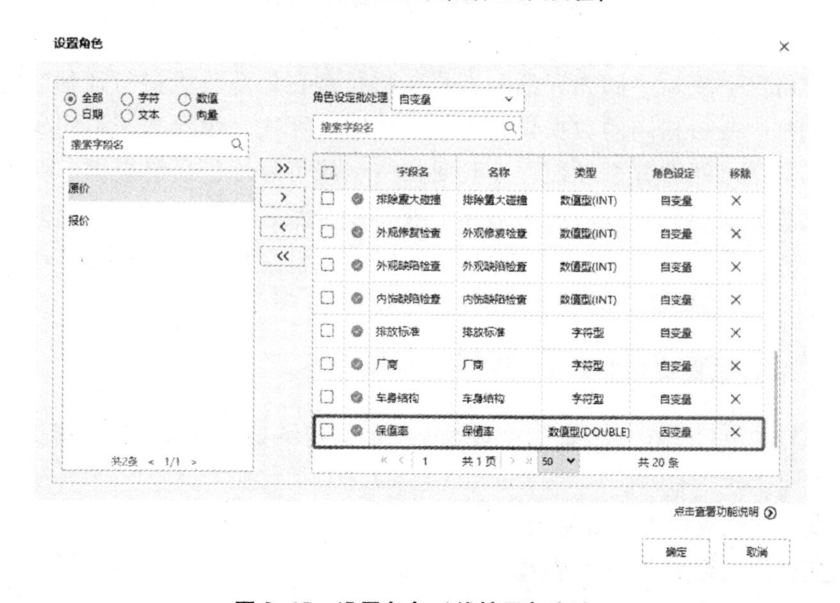

图3-15　设置角色（线性回归实验）

第三，利用“数据拆分”节点将数据按 60∶40 的比例拆分成训练集和测试集（见图 3-16），接入“线性回归”节点，数据标准化的方式选择“数据标准化”，其余参数为默认值。勾选是否显示变量重要性。

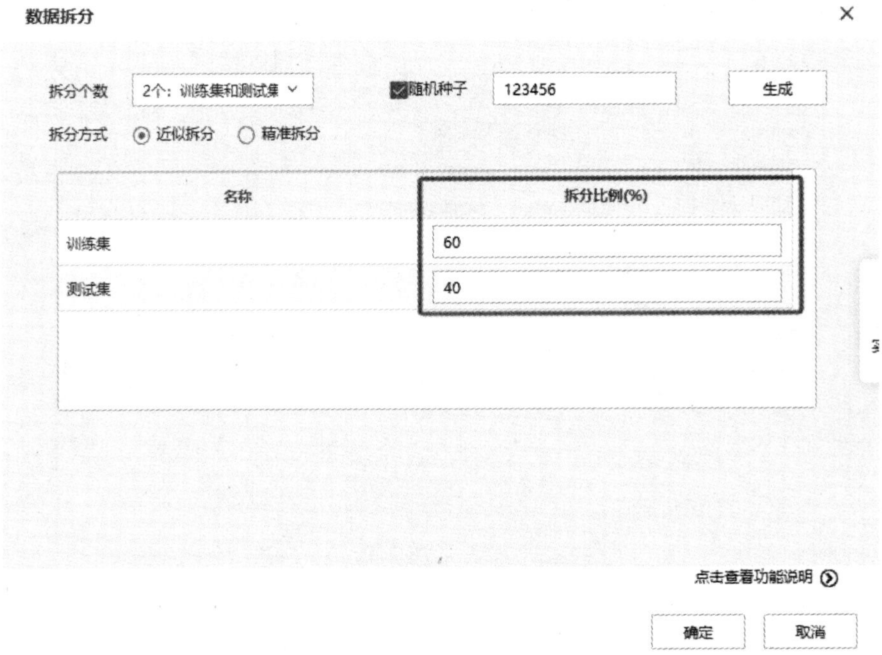

图 3-16　数据拆分（线性回归）

第四，将算法接入“回归评估”节点，将模型在训练集上进行评估。此节点对自变量相同和因变量相同的数据集，比较一种回归算法一组参数、不同参数组合或者多种回归算法之间的分析性能，检验回归模型的可靠性；最终根据一些评价的指标（如相对误差等指标）或者图表展示，获得质量最佳的回归模型。同时将算法按顺序接入“模型利用”和另一个“回归评估”节点，在测试集上同时对模型进行评估。

3.2.5　实验结果与分析

流程执行结束后，在“洞察”中查看流程的运行结果，单击“回归评估”查看模型的评估结果。

训练集评估结果如表 3-6 所示。

测试集评估结果如表 3-7 所示。

表 3-6　训练集评估结果（线性回归）

信息准则		统计量	
AIC	-4.0973	R^2	0.7615
BIC	-4.0898	调整后的 R^2	0.7613
HQ	-4.0970	D-W 检验	1.8935

表 3-7　测试集评估结果（线性回归）

信息准则		统计量	
AIC	-4.0882	R^2	0.7574
BIC	-4.0774	调整后的 R^2	0.7570
HQ	-4.0877	D-W 检验	1.9052

由于二手车相对于新车而言，更经济实惠，性价比更高，因此越来越多的人倾向于购买二手车，这也表明我国人民的消费观念在逐渐转变。二手车市场的蓬勃发展，也让我们对这个方面进行了关注。但是在购买二手车时仍旧存在各种各样的问题，如何去挑选性价比更高的二手车，也是所有消费者关注的问题。本案例分析影响二手车保值率的因素，根据建立的线性回归模型评估二手车的保值率，为消费者在购车时提供科学合理的参考意见。

3.3　随机森林回归实验

3.3.1　实验目的

请添加合适的节点，构建一个完整的随机森林回归模型建模流程，根据二手车的一些数据，预测二手车的保值率，总结它能给消费者在购买二手车时带来怎样的价值。

3.3.2　实验要求

（1）对数据进行描述性统计分析，了解各属性的数据特征，以及是否存在缺失值。

（2）生成新的属性保值率以可视化各属性对二手车保值率的影响。

（3）拆分数据，在训练集上构建线性回归模型，根据训练集和测试集的 R^2 和误差等标准评估随机森林回归模型的准确性。

（4）思考分析模型对消费者在购买二手车时有哪些作用。

3.3.3 实验数据

本案例使用的数据集来源于某二手车网站，数据截止日期为 2016 年 6 月底。数据集共 64326 个样本，包括原价、报价、上牌时间、里程、变速类型、汽车排放、轴距、排量、引力、厂商、车身结构、基本内外部配置和故障排查等 21 个变量信息（见表 3-8）。

表 3-8 二手车数据汇总

字段名称	数据样例	数据类型	字段描述
上牌时间	13	数值型（INT）	与 2016 年 7 月之间的时间差（单位：月）
里程	2.2	数值型（DOUBLE）	累计里程数（单位：万千米）
变速	0	字符型	自动（0）；手动（1）
轴距	2.64	数值型（DOUBLE）	前轴与后轴中心之间的距离（单位：米）
排量	2	数值型（DOUBLE）	发动机单位时间内释放的能量（单位：升）
最大马力	105	数值型（INT）	最大动力输出
电动天窗	1	字符型	无电动天窗（0）；有电动天窗（1）
全景天窗	0	字符型	无全景天窗（0）；有全景天窗（1）
真皮座椅	1	字符型	无真皮座椅（0）；有真皮座椅（1）
倒车影像系统	1	字符型	无倒车影像（0）；有倒车影像（1）
倒车雷达	1	字符型	无倒车雷达（0）；有倒车雷达（1）
GPS 导航	1	字符型	无 GPS 导航（0）；有 GPS 导航（1）
排除重大碰撞	0	字符型	排除重大碰撞（0）；存在重大碰撞（1）
外观修复检查	0	字符型	排除外观修复（0）；存在外观修复（1）
外观缺陷检查	0	字符型	排除外观缺陷（0）；存在外观缺陷（1）
内饰缺陷检查	0	字符型	排除内饰缺陷（0）；存在内饰缺陷（1）
原价	21.36	数值型（DOUBLE）	汽车原价
报价	13.6	数值型（DOUBLE）	汽车报价
排放标准	国四	字符型	三个分类——国三及以下、国四、国五及以上，由两个虚拟变量表示，基准水平为国三及以下
厂商	一汽大众	字符型	11 个分类，由 10 个虚拟变量表示（排名前 10 的厂商）基准水平默认为排名前 10 以外的其他水平
车身结构	三厢	字符型	四个分类——SUV、两厢、三厢、MPV，由三个虚拟变量表示，妻基准水平为 MPV

3.3.4 实验步骤

（1）模型整体架构。

随机森林回归模型整体架构如图 3-17 所示。

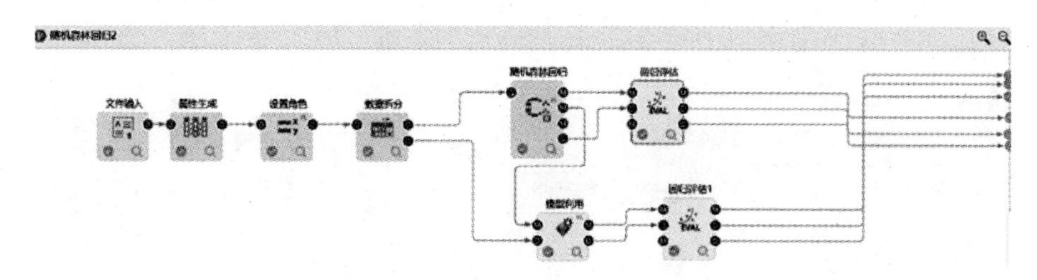

图 3-17 随机森林回归模型整体架构

(2) 导入数据。

下载数据：二手车数据 . xlsx[①]

在“数据管理”中找到“文件输入”，该节点支持上传本地 csv、txt、xlsx、xls 类型的数据文件（见图 3-18）。

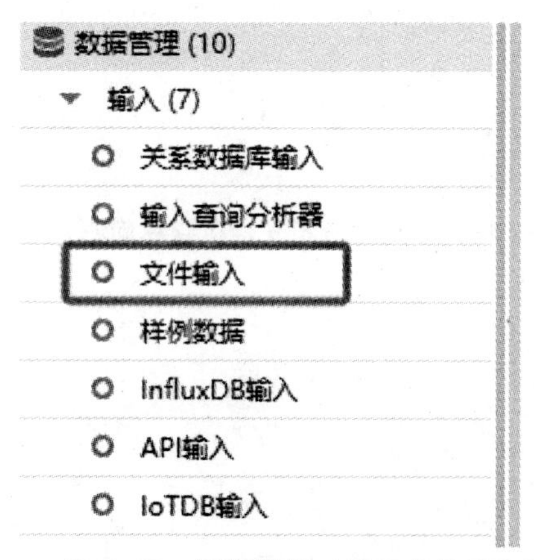

图 3-18 数据管理（随机森林回归）

(3) 回归预测。

第一，在数据挖掘界面左侧“文件输入”节点，单击“文件上传”并上传数据（见图 3-19）。

第二，利用“属性生成”节点，用原价和报价字段生成保值率字段，公式为保值比率=log［报价/（原价-报价）］（见图 3-20）。然后，在“设置角色”节点，此节点支持用户选择需要分析的属性/列，并对属性/列进行变量的角色定义（见图 3-21）。基于业务的理解，此回归预测中，除了原价和报价字段不包含在模型内，保值比率为因变量，其余都为预测因变量的自变量。

---

① http：//edu. asktempo. cn/file-system/system/course/1ebbca144de9489b8a6e42cb9fd4d45e/file/e511b797e6b040d683bf8f559e949dd4. csv.

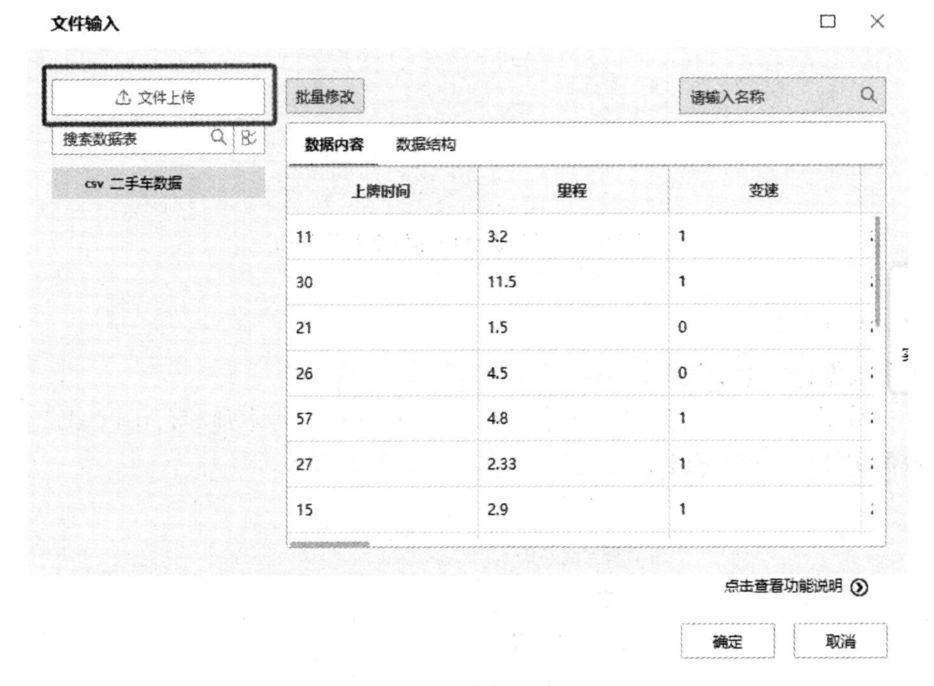

图 3-19　文件输入（随机森林回归）

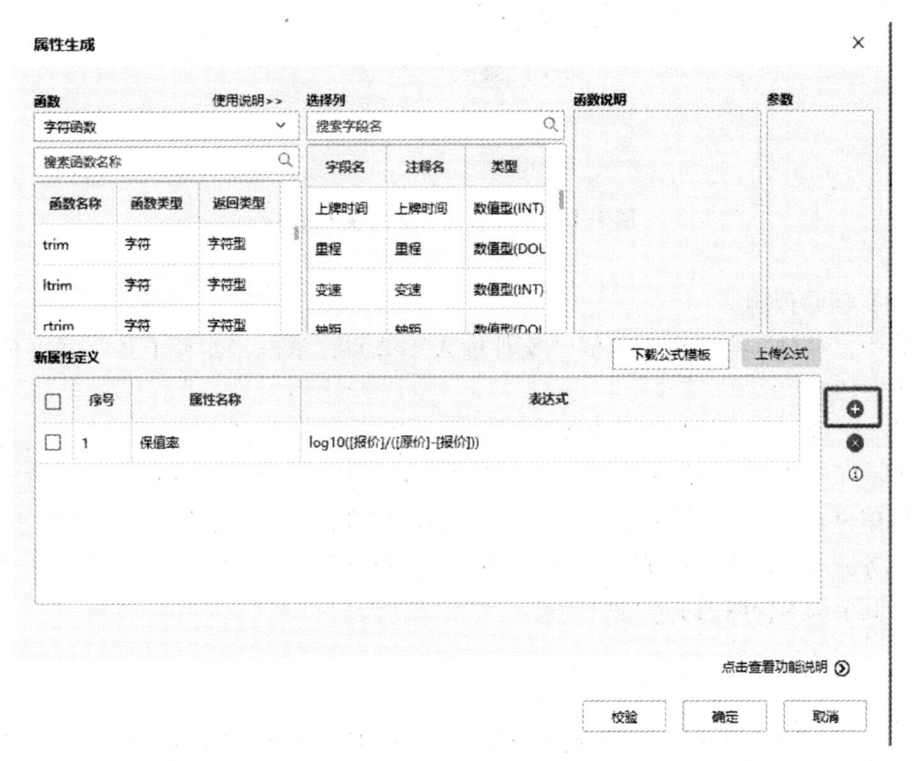

图 3-20　属性生成（随机森林回归）

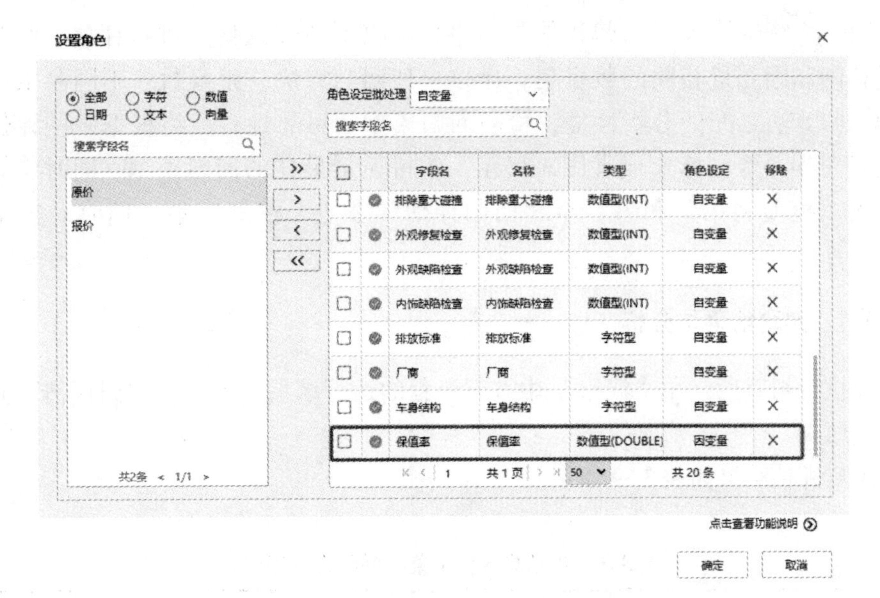

图 3-21　设置角色（随机森林回归）

第三，利用“数据拆分”节点将数据按 60∶40 的比例拆分成训练集和测试集（见图 3-22），接入“随机森林回归”节点，数据标准化的方式选择“数据标准化”，其余参数为默认值。勾选是否显示变量重要性。

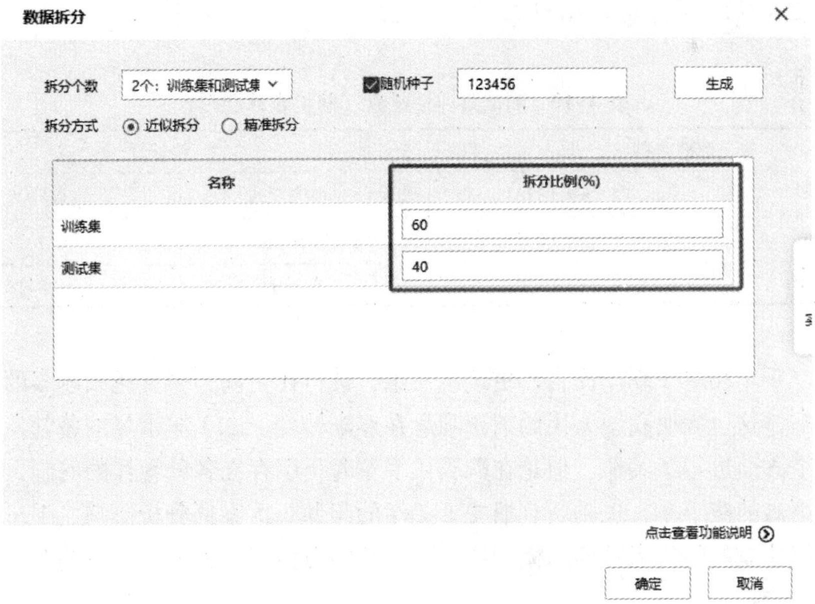

图 3-22　数据拆分（随机森林回归）

第四，将算法接入“回归评估”节点，将模型在训练集上进行评估。此节点对自变量相同和因变量相同的数据集，比较一种回归算法一组参数、不同参数组合或者多种回归算法之间的分析性能，检验回归模型的可靠性；最终根据一些评价的指标（如相对误差等指标）或者图表展示，获得质量最佳的回归模型。同时将算法按顺序接入“模型利用”和另一个“回归评估”节点，在测试集上同时对模型进行评估。

3.3.5 实验结果与分析

流程执行结束后，在“洞察”中查看流程的运行结果，单击“回归评估”查看模型的评估结果。

训练集评估结果如表 3-9 所示。

表 3-9 训练集评估结果（随机森林回归）

信息准则		统计量	
AIC	-4.0258	R^2	0.7090
BIC	-4.0215	调整后的 R^2	0.7089
HQ	-4.0256	D-W 检验	1.8440

测试集评估结果如表 3-10 所示。

表 3-10 测试集评估结果（随机森林回归）

信息准则		统计量	
AIC	-4.0113	R^2	0.7029
BIC	-4.0052	调整后的 R^2	0.7027
HQ	-4.0110	D-W 检验	1.8428

由于二手车相对于新车而言，更经济实惠，性价比更高，因此越来越多的人倾向于购买二手车，这也表明我国人民的消费观念在逐渐转变。二手车市场的蓬勃发展，也让我们对这个方面进行了关注。但是在购买二手车时仍旧存在各种各样的问题，如何去挑选性价比更高的二手车，也是所有消费者关注的问题。本案例分析影响二手车保值率的因素，根据建立的随机森林回归模型评估二手车的保值率，为消费者在购车时提供科学合理的参考意见。

3.4 SVM 回归实验

3.4.1 实验目的

请添加合适的节点，构建一个完整的 SVM 回归模型建模流程，根据二手车的一些数据，预测二手车的保值率，总结它能给消费者在购买二手车时带来怎样的价值。

3.4.2 实验要求

（1）对数据进行描述性统计分析，了解各属性的数据特征，以及是否存在缺失值。

（2）生成新的属性保值率以可视化各属性对二手车保值率的影响。

（3）拆分数据，在训练集上构建线性回归模型，根据训练集和测试集的 R^2 和误差等标准评估 SVM 回归模型的准确性。

（4）思考分析模型对消费者在购买二手车时有哪些作用。

3.4.3 实验数据

本案例使用的数据集来源于某二手车网站，数据截止日期为 2016 年 6 月底。数据集共 64326 个样本，包括原价、报价、上牌时间、里程、变速类型、汽车排放、轴距、排量、引力、厂商、车身结构、基本内外部配置和故障排查等 21 个变量信息（见表 3-11）。

表 3-11 二手车数据汇总

字段名称	数据样例	数据类型	字段描述
上牌时间	13	数值型（INT）	与 2016 年 7 月之间的时间差（单位：月）
里程	2.2	数值型（DOUBLE）	累计里程数（单位：万千米）
变速	0	字符型	自动（0）；手动（1）
轴距	2.64	数值型（DOUBLE）	前轴与后轴中心之间的距离（单位：米）
排量	2	数值型（DOUBLE）	发动机单位时间内释放的能量（单位：升）
最大马力	105	数值型（INT）	最大动力输出
电动天窗	1	字符型	无电动天窗（0）；有电动天窗（1）
全景天窗	0	字符型	无全景天窗（0）；有全景天窗（1）
真皮座椅	1	字符型	无真皮座椅（0）；有真皮座椅（1）
倒车影像系统	1	字符型	无倒车影像（0）；有倒车影像（1）

续表

字段名称	数据样例	数据类型	字段描述
倒车雷达	1	字符型	无倒车雷达（0）；有倒车雷达（1）
GPS 导航	1	字符型	无 GPS 导航（0）；有 GPS 导航（1）
排除重大碰撞	0	字符型	排除重大碰撞（0）；存在重大碰撞（1）
外观修复检查	0	字符型	排除外观修复（0）；存在外观修复（1）
外观缺陷检查	0	字符型	排除外观缺陷（0）；存在外观缺陷（1）
内饰缺陷检查	0	字符型	排除内饰缺陷（0）；存在内饰缺陷（1）
原价	21.36	数值型（DOUBLE）	汽车原价
报价	13.6	数值型（DOUBLE）	汽车报价
排放标准	国四	字符型	三个分类——国三及以下、国四、国五及以上，由两个虚拟变量表示，基准水平为国三及以下
厂商	一汽大众	字符型	11 个分类，由 10 个虚拟变量表示（排名前 10 的厂商）基准水平默认为排名前 10 以外的其他水平
车身结构	三厢	字符型	四个分类——SUV、两厢、三厢、MPV，由三个虚拟变量表示，妻基准水平为 MPV

3.4.4 实验步骤

（1）模型整体架构。

SVM 回归模型整体架构如图 3-23 所示。

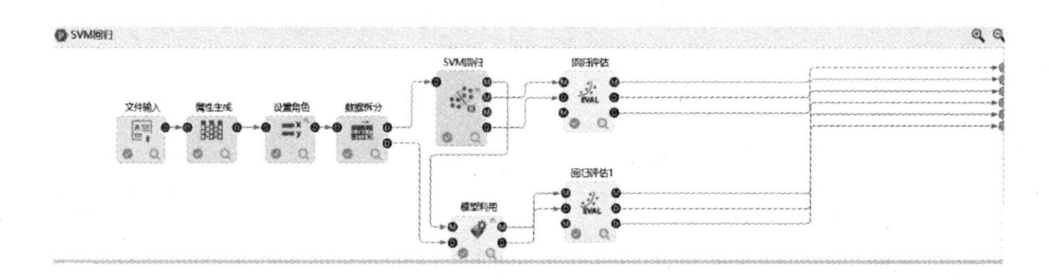

图 3-23 SVM 回归模型架构

（2）导入数据。

下载数据：二手车数据 . xlsx①。

在“数据管理”中找到“文件输入”，该节点支持上传本地 csv、txt、xlsx、xls 类型的数据文件（见图 3-24）。

---

① http：//edu. asktempo. cn/file-system/system/course/1ebbca144de9489b8a6e42cb9fd4d45e/file/e511b797e6b040d683bf8f559e949dd4. csv.

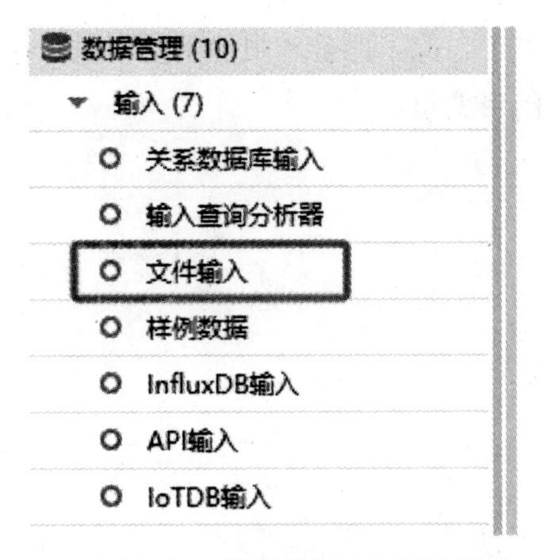

图 3-24 数据管理（SVM 回归）

（3）回归预测。

第一，在数据挖掘界面左侧“文件输入”节点，单击“文件上传”并上传数据（见图 3-25）。

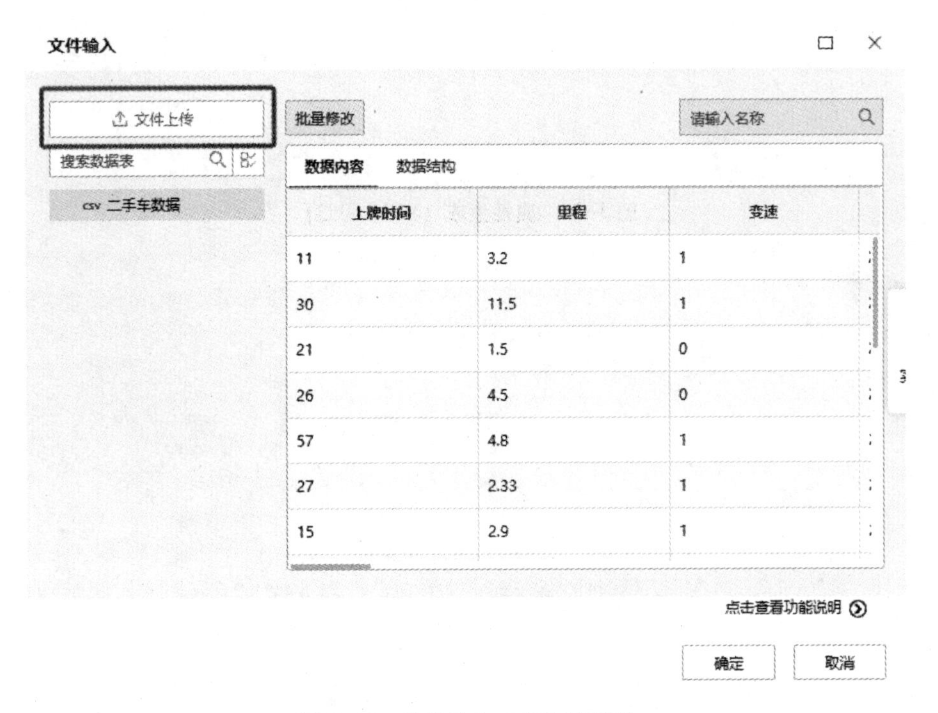

图 3-25 文件输入（SVM 回归）

第二，利用“属性生成”节点，用原价和报价字段生成保值率字段，公式为保值比率=log［报价/（原价-报价）］（见图 3-26）。然后，在“设置角色”节点，此节点支持用户选择需要分析的属性/列，并对属性/列进行变量的角色定义（见图 3-27）。

基于业务的理解，此回归预测中，除了原价和报价字段不包含在模型内，保值比率为因变量，其余都为预测因变量的自变量。

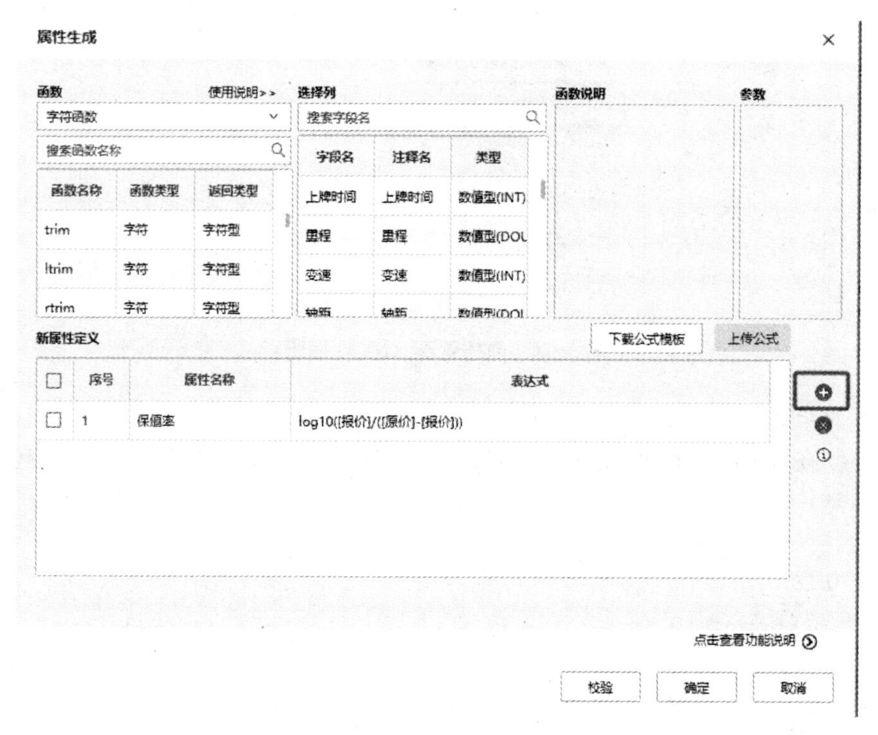

图 3-26　属性生成（SVM 回归）

设置角色

全部　字符　数值　日期　文本　向量

搜索字段名

原价
报价

共2条 < 1/1 >

角色设定批处理　自变量

搜索字段名

字段名	名称	类型	角色设定	移除
排除重大碰撞	排除重大碰撞	数值型(INT)	自变量	×
外观修复检查	外观修复检查	数值型(INT)	自变量	×
外观缺陷检查	外观缺陷检查	数值型(INT)	自变量	×
内饰缺陷检查	内饰缺陷检查	数值型(INT)	自变量	×
排放标准	排放标准	字符型	自变量	×
厂商	厂商	字符型	自变量	×
车身结构	车身结构	字符型	自变量	×
保值率	保值率	数值型(DOUBLE)	因变量	×

1　共 1 页　50　共 20 条

点击查看功能说明

确定　取消

图 3-27　设置角色（SVM 回归）

第三，利用“数据拆分”节点将数据按60：40的比例拆分成训练集和测试集（见图3-28），接入“SVM回归”节点，数据标准化的方式选择“数据标准化”，其余参数为默认值。勾选是否显示变量重要性。

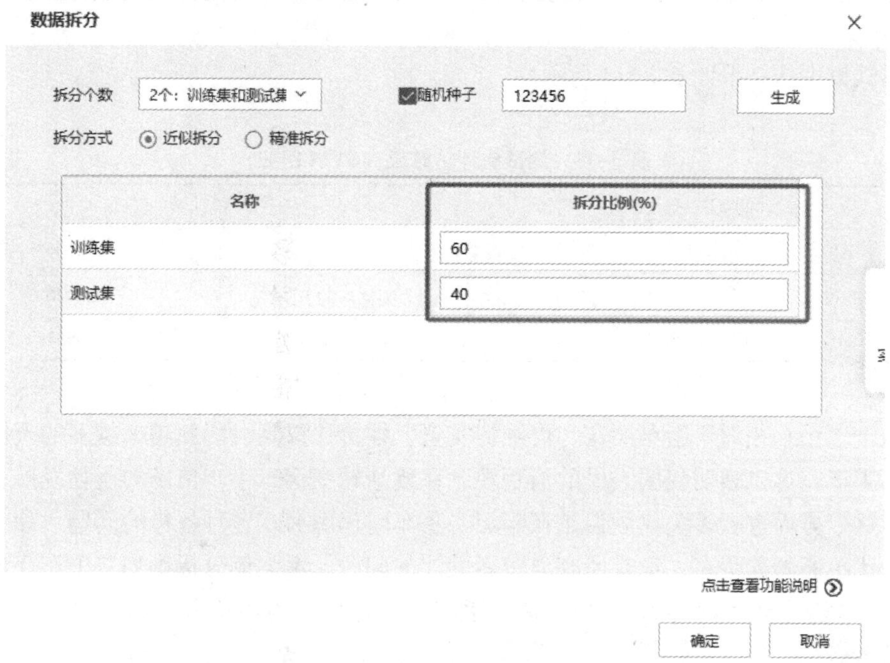

图3-28 数据拆分（SVM回归）

第四，将算法接入“回归评估”节点，将模型在训练集上进行评估。此节点对自变量相同和因变量相同的数据集，比较一种回归算法一组参数、不同参数组合或者多种回归算法之间的分析性能，检验回归模型的可靠性；最终根据一些评价的指标（如相对误差等指标）或者图表展示，获得质量最佳的回归模型。同时将算法按顺序接入“模型利用”和另一个“回归评估”节点，在测试集上同时对模型进行评估。

3.4.5 实验结果与分析

流程执行结束后，在“洞察”中查看流程的运行结果，单击“回归评估”查看模型的评估结果。

训练集评估结果如表3-12所示。

表3-12 训练集评估结果（SVM回归）

信息准则		统计量	
AIC	-3.3069	R^2	0.2963

续表

信息准则		统计量	
BIC	-3.2994	调整后的 R^2	0.2957
HQ	-3.3066	D-W 检验	1.0528

测试集评估结果如表 3-13 所示。

表 3-13 测试集评估结果（SVM 回归）

信息准则		统计量	
AIC	-3.3093	R^2	0.2956
BIC	-3.2985	调整后的 R^2	0.2946
HQ	-3.3089	D-W 检验	1.0611

由于二手车相对于新车而言，更经济实惠，性价比更高，因此越来越多的人倾向于购买二手车，这也表明我国人民的消费观念在逐渐转变。二手车市场的蓬勃发展，也让我们对这个方面进行了关注。但是在购买二手车时仍旧存在各种各样的问题，如何去挑选性价比更高的二手车，也是所有消费者关注的问题。本案例分析影响二手车保值率的因素，根据建立的 SVM 回归模型评估二手车的保值率，为消费者在购车时提供科学合理的参考意见。

3.5 梯度提升决策树回归实验

3.5.1 实验目的

请添加合适的节点，构建一个完整的梯度提升树建模流程，根据二手车的一些数据，预测二手车的保值率，总结它能给消费者在购买二手车时带来怎样的价值。

3.5.2 实验要求

（1）对数据进行描述性统计分析，了解各属性的数据特征，以及是否存在缺失值。

（2）生成新的属性保值率来可视化各属性对二手车保值率的影响。

（3）拆分数据，在训练集上构建线性回归模型，根据训练集和测试集的 R^2 和误差等标准评估梯度提升决策树回归模型的准确性。

（4）思考分析模型对消费者在购买二手车时有哪些作用。

3.5.3 实验数据

本案例使用的数据集来源于某二手车网站，数据截止日期为2016年6月底。数据集共64326个样本，包括原价、报价、上牌时间、里程、变速类型、汽车排放、轴距、排量、引力、厂商、车身结构、基本内外部配置和故障排查等21个变量信息（见表3-14）。

表3-14 二手车数据汇总

字段名称	数据样例	数据类型	字段描述
上牌时间	13	数值型（INT）	与2016年7月之间的时间差（单位：月）
里程	2.2	数值型（DOUBLE）	累计里程数（单位：万千米）
变速	0	字符型	自动（0）；手动（1）
轴距	2.64	数值型（DOUBLE）	前轴与后轴中心之间的距离（单位：米）
排量	2	数值型（DOUBLE）	发动机单位时间内释放的能量（单位：升）
最大马力	105	数值型（INT）	最大动力输出
电动天窗	1	字符型	无电动天窗（0）；有电动天窗（1）
全景天窗	0	字符型	无全景天窗（0）；有全景天窗（1）
真皮座椅	1	字符型	无真皮座椅（0）；有真皮座椅（1）
倒车影像系统	1	字符型	无倒车影像（0）；有倒车影像（1）
倒车雷达	1	字符型	无倒车雷达（0）；有倒车雷达（1）
GPS导航	1	字符型	无GPS导航（0）；有GPS导航（1）
排除重大碰撞	0	字符型	排除重大碰撞（0）；存在重大碰撞（1）
外观修复检查	0	字符型	排除外观修复（0）；存在外观修复（1）
外观缺陷检查	0	字符型	排除外观缺陷（0）；存在外观缺陷（1）
内饰缺陷检查	0	字符型	排除内饰缺陷（0）；存在内饰缺陷（1）
原价	21.36	数值型（DOUBLE）	汽车原价
报价	13.6	数值型（DOUBLE）	汽车报价
排放标准	国四	字符型	三个分类——国三及以下、国四、国五及以上，由两个虚拟变量表示，基准水平为国三及以下
厂商	一汽大众	字符型	11个分类，由10个虚拟变量表示（排名前10的厂商）基准水平默认为排名前10以外的其他水平
车身结构	三厢	字符型	四个分类——SUV、两厢、三厢、MPV，由三个虚拟变量表示，妻基准水平为MPV

3.5.4 实验步骤

（1）模型整体架构。

梯度提升决策树模型整体架构如图3-29所示。

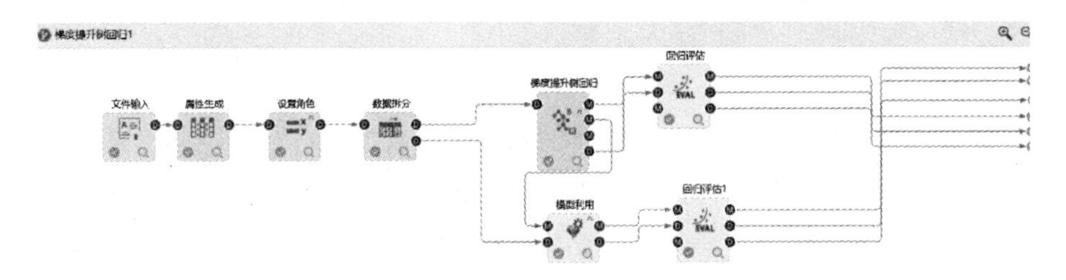

图 3-29　梯度提升决策树模型整体架构

（2）导入数据。

下载数据：二手车数据 . xlsx①。

在“数据管理”中找到“文件输入”，该节点支持上传本地 csv、txt、xlsx、xls 类型的数据文件（见图 3-30）。

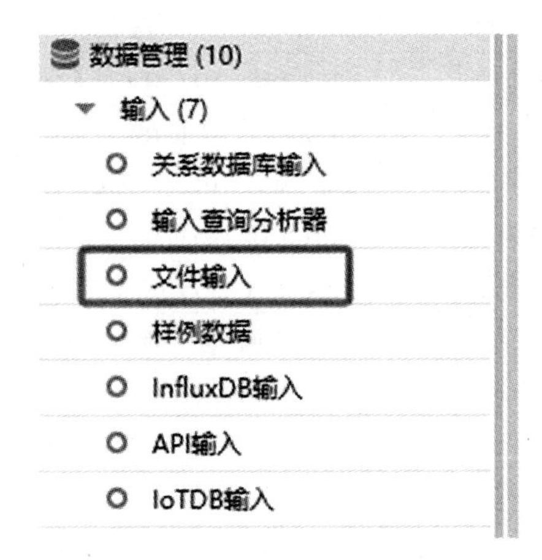

图 3-30　数据管理（梯度提升决策树）

（3）回归预测。

第一，在数据挖掘界面左侧“文件输入”节点，单击“文件上传”并上传数据（见图 3-31）。

第二，利用“属性生成”节点，用原价和报价字段生成保值率字段，公式为保值比率=log［报价/（原价-报价）］（见图 3-32）。然后，在“设置角色”节点，此节点支持用户选择需要分析的属性/列，并对属性/列进行变量的角色定义（见图 3-33）。基于业务的理解，此回归预测中，除了原价和报价字段不包含在模型内，保值比率为因

① http：//edu. asktempo. cn/file-system/system/course/1ebbca144de9489b8a6e42cb9fd4d45e/file/e511b797e6b040d683bf8f559e949dd4. csv.

变量，其余都为预测因变量的自变量。

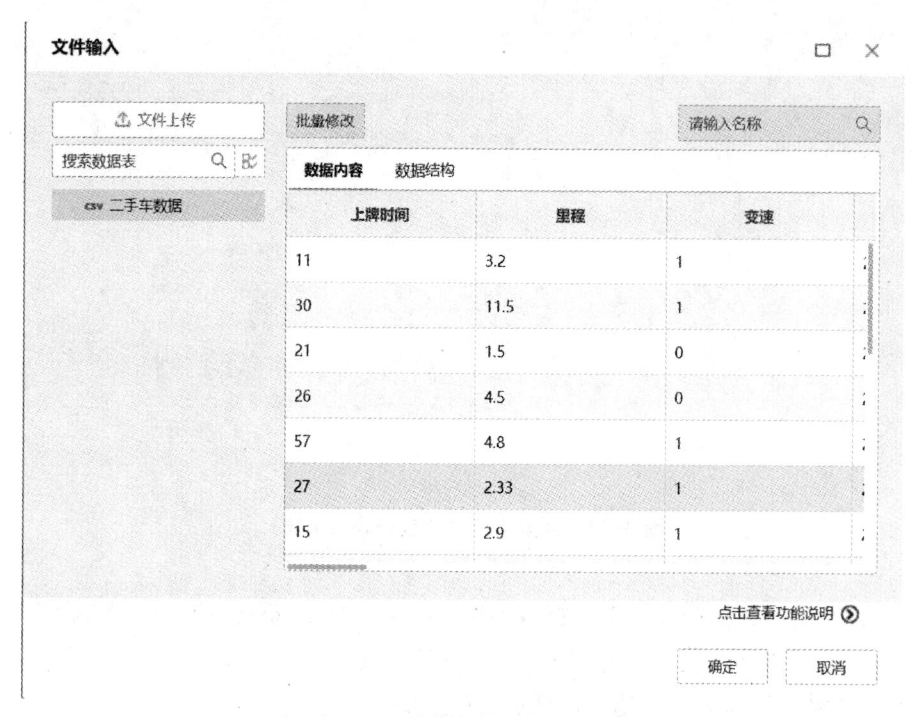

图 3-31　文件输入（梯度提升决策树）

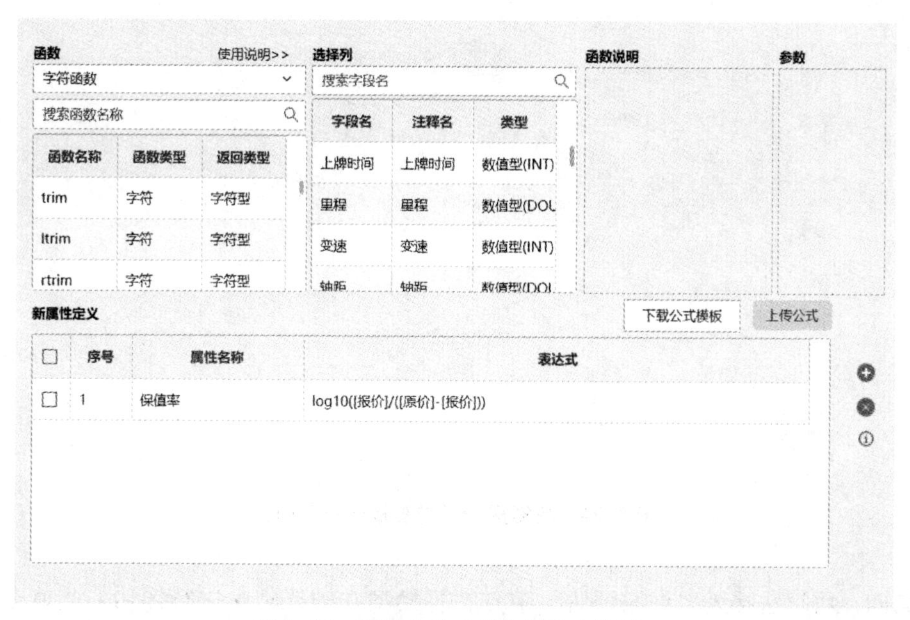

图 3-32　属性生成（梯度提升决策树）

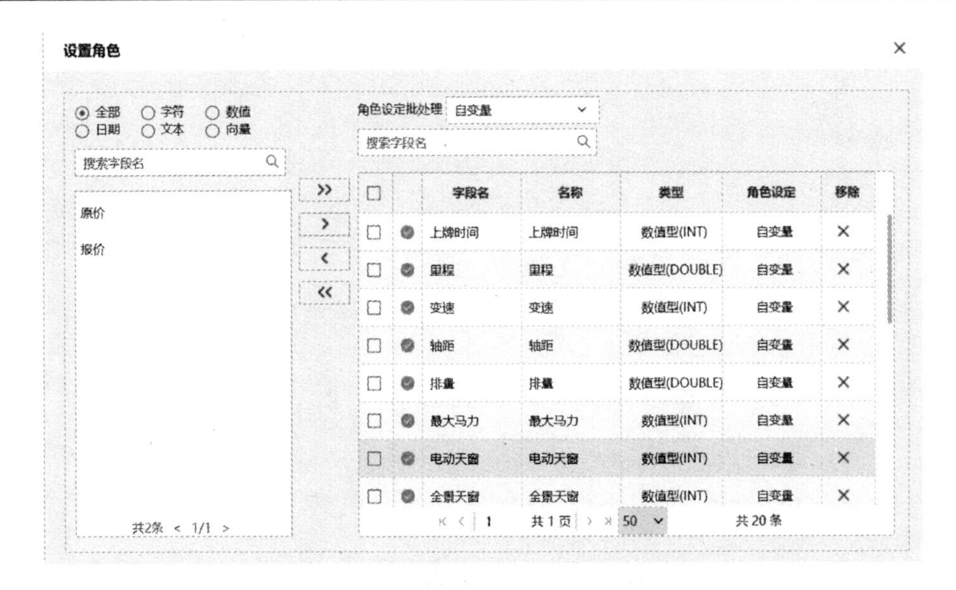

图 3-33 设置角色（梯度提升决策树）

第三，利用“数据拆分”节点将数据按 60∶40 的比例拆分成训练集和测试集（见图 3-34），接入“梯度提升决策树回归”节点，数据标准化的方式选择“数据标准化”，其余参数为默认值。勾选是否显示变量重要性。

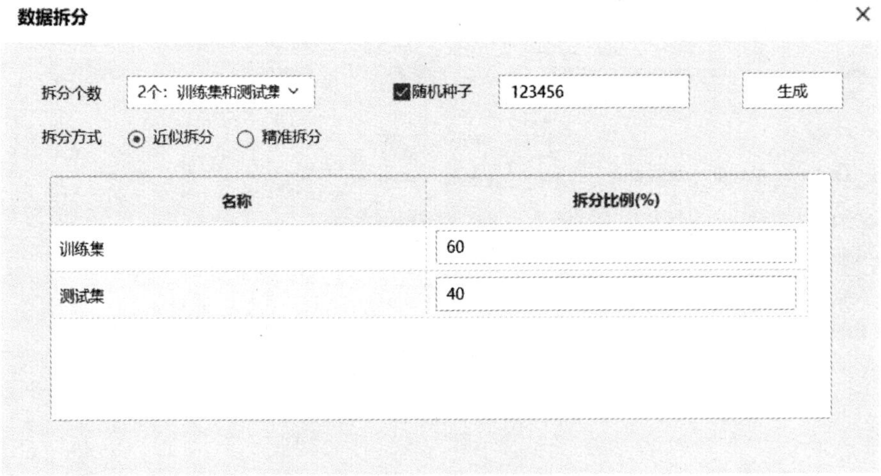

数据拆分

拆分个数 2个：训练集和测试集 随机种子 123456 生成

拆分方式 近似拆分 精准拆分

名称	拆分比例(%)
训练集	60
测试集	40

图 3-34 数据拆分（梯度提升决策树）

第四，将算法接入“回归评估”节点，将模型在训练集上进行评估。此节点对自变量相同和因变量相同的数据集，比较一种回归算法一组参数、不同参数组合或者多种回归算法之间的分析性能，检验回归模型的可靠性；最终根据一些评价的指标（如相对误差等指标）或者图表展示，获得质量最佳的回归模型。同时将算法按顺序接入“模型利用”和另一个“回归评估”节点，在测试集上同时对模型进行评估。

3.5.5 实验结果与分析

流程执行结束后，在“洞察”中查看流程的运行结果，单击“回归评估”查看模型的评估结果。

训练集评估结果如表 3-15 所示。

表 3-15 训练集评估结果（梯度提升决策树）

信息准则		统计量	
AIC	-4.1474	R^2	0.7834
BIC	-4.1432	调整后的 R^2	0.7833
HQ	-4.1472	D-W 检验	1.9089

测试集评估结果如表 3-16 所示。

表 3-16 测试集评估结果（梯度提升决策树）

信息准则		统计量	
AIC	-4.1207	R^2	0.7756
BIC	-4.1147	调整后的 R^2	0.7755
HQ	-4.1205	D-W 检验	1.9081

由于二手车相对于新车而言，更经济实惠，性价比更高，因此越来越多的人倾向于购买二手车，这也表明我国人民的消费观念在逐渐转变。二手车市场的蓬勃发展，也让我们对这个方面进行了关注。但是在购买二手车时仍旧存在各种各样的问题，如何去挑选性价比更高的二手车，也是所有消费者关注的问题。本案例分析影响二手车保值率的因素，根据建立的梯度提升决策树回归模型评估二手车的保值率，为消费者在购车时提供科学合理的参考意见。

本章小结

随着数字化社会的到来，大数据分析已然成为当今的重要问题，其不但具备了科学的理论探索价值，同时也具备了应用的实践发展意义。除此之外，大数据分析的战略化意义也不仅局限于提供丰富的数字信息资源，还着重于对其有价值的信息资源进行科学化、准确化的分类整理，并利用各种方法以进行社会信息的增值利用。不过大数据分析也具有两面性，因为其在推动社会科技进展的同时，也带来了很多不可忽视的问题。为了减少其信息化所带来的影响，科学合理地利用数据挖掘与统计分析是当务之急。本章介绍了数据挖掘中常用的几种回归方法，可针对不同类型的数据进行分析，发现数据中的规律，为解决大数据分析带来的问题提供方向。

参考文献

[1] Fahrmeir L, Kneib T, et al. Regression: Models, Methods and Applications [M]. Berlin: Springer-Verlag, 2013.

[2] Graham M H. Confronting Multicollinearity in Ecological Multiple Regression [J]. Ecology, 2003, 84 (11): 2809-2815.

[3] Hoerl A E, Kennard R W. Ridge Regression: Biase Estimation for Nonorthogonal Problem [J]. Technometrics, 1970, 12 (1): 55-67.

[4] Kleinbaum D G, Kupper L, Muller K E, et al. Applied Regression Anahgsis and Other Multivariable Methods (3rd ed.) [M]. California: Duxbury Press, 1998.

[5] Kundu P, Chatterjee N. Logistic Regression Analysis of Two-phase Studies Using Generalized Method of Moments [J]. Biometrics, 2023, 79 (1): 241-252.

[6] Nelder J A, Wedderburn R W M. Generalized Linear Models [J]. Journal of the Royal Statistical Society: Series A (General), 1972, 135 (3): 370-384.

[7] Sen A K. Regression Analysis: Theory, Methods and Applications [M]. Berlin: Springer-Verlag, 1990.

[8] Zou Y. A First-Order Approximated Jackknifed Liu Estimator in Binary Logistic Regression Model [J]. Advances in Applied Mathematics, 2021, 10 (3): 790-800.

[9] Chatterjee S, Hadi A S. 例解回归分析（第五版）[M]. 郑忠国，许静，译. 北京：机械工业出版社，2013.

[10] 陈颖. SAS 数据分析系统教程 [M]. 上海：复旦大学出版社，2008.

[11] 方杰，温忠麟，梁东梅，等. 基于多元回归的调节效应分析 [J]. 心理科学，2015，38（3）：715-720.

[12] 胡宏昌，崔恒建，秦永松，等. 近代线性回归分析方法 [M]. 北京：科学出版社，2013.

［13］拉罗斯. 数据挖掘方法与模型［M］. 刘燕权，胡赛全，冯新平，等译. 北京：高等教育出版社，2011.

［14］李欣海. 随机森林模型在分类与回归分析中的应用［J］. 应用昆虫学报，2013，50（4）：1190-1197.

［15］潘正军，赵莲芬，王红勤. 逻辑回归算法在电商大数据推荐系统中的应用研究［J］. 电脑知识与技术，2019，15（15）：291-294.

［16］唐年胜，李会琼. 应用回归分析［M］. 北京：科学出版社，2014.

［17］王汉生，商务数据分析与应用［M］. 北京：中国人民大学出版社，2011.

［18］王静龙，梁小筠，王黎明. 数据、模型与决策简明教程［M］. 上海：复旦大学出版社，2012.

［19］韦斯伯格，Srinastava M. 应用线性回归（第二版）［M］. 王静龙，梁小筠，李宝慧，译. 北京：中国统计出版社，1998.

［20］谢瑜，谢熠. 大数据时代技术治理的情感缺位与回归［J］. 自然辩证法研究，2022，38（1）：124-128.

4 分类分析实验

4.1 分类分析概述

4.1.1 分类分析的定义

分类分析是一种统计学和机器学习中的方法，旨在根据一组特征或变量预测数据点所属的类别或组别。这种分析通过对已知类别的训练数据进行建模，学习不同类别之间的差异，从而能够对新的、未知的数据进行准确的类别预测。

4.1.2 分类分析的算法

（1）决策树。

决策树是一个预测模型，它代表的是对象属性与对象值之间的一种映射关系。树中每个节点表示某个对象，每个分叉路径代表某个可能的属性值，而每个叶节点则对应从根节点到该叶节点所经历的路径所表示的对象的值。

决策树是一个树形结构（可以是二叉树或者非二叉树），如图 4-1 所示，能够给我们带来决策依据。它也可能作为一个判断依据，一般采用每个非叶子节点为一个分类节点，各个分支都有不同的特征种类，一个叶子节点就存储了一种类型。通过决策树方法进行判断的流程也从树根节点出发，按照具体要求，选用适当的方法（ID3、C4.5、CART 等）来检测数据中相应的特征性质，然后根据相关计算方法对特征进行排序，排序中最靠前的特征类型就是树根节点，再通过分类节点的输出分支，到最后的树叶节点，就可以通过决策树方法实现对数据的特征排序，把树叶节点存储的特征类型视为判断结果。

决策树的向下分裂采用的是 if-then 结构，简单来说，就是当条件满足分裂节点的某一种情况时就朝着满足条件的那个方向向下生长，直到到达叶子节点，也就是类别。

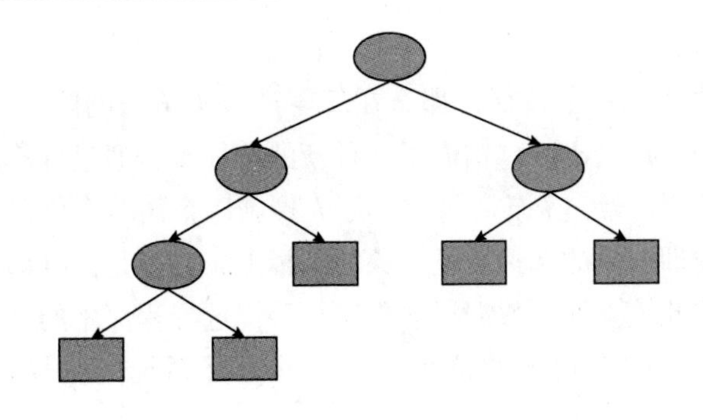

图 4-1 决策树的结构

剪枝是决策树停止分枝的主要方式之一，剪枝分预先剪枝和后剪枝两种。

预先剪枝是在树的生长过程中设定一个指标，当达到这个指标时就停止生长，但这样做容易产生“视界局限”，也就是说一旦停止分枝，使得节点 N 变为叶节点，就断绝了其后继节点发生“好”的分枝操作的任何可能性。不格地说，这些已停止的分枝会误导学习算法，致使产生的树不纯度降差较大的地方过分靠近根节点。

后剪枝中树首先要充分生长，直至叶节点都有最小的不纯度值为止，因而可以克服“视界局限”。其次所有相邻的成对叶节点考虑是否消去它们，如果消去能引起令人满意的不纯度增长，那么执行消去，并令它们的公共父节点成为新的叶节点。这种“合并”叶节点的做法和节点分枝的过程恰好相反，经过剪枝后叶节点常常分布在很宽的层次上，树也变得非平衡。

（2）随机森林算法。

随机森林是一种利用多棵树对样本进行训练并预测的一种分类器。首先，它采用随机的方式建立一个由多棵决策树组成的森林，此随机森林中的每棵决策树之间都是无关联的。当随机森林生成之后，如果有新的输入样本需要进入随机森林，则让森林中的每棵决策树分别进行判断（投票）此样本应该属于哪一类（对于分类算法），然后依据得票多少，预测此样本为得票多的那一类。

随机森林的具体原理如下所示：

1）样本集的选择。

从原始的数据集中采取有放回的抽样，构造子数据集，就数据量而言，子数据集和原始数据集是相同的。无论是不同子数据集还是同一子数据集，它们的元素都是可以重复的。例如，通过 Bootstraping（有放回抽样）的方式，每轮从原始样本集中抽取 N 个样本，得到一个大小为 N 的训练集。假设进行 k 轮的抽取，那么每轮抽取的训练集分别为 T_1，T_2，…，T_k。在原始样本集的抽取过程中，既可能有被重复抽取的样本，也可能有一次都没有被抽到的样本。随机抽样的目的是得到不同的训练集，从而训练出不同的决策树。

2）决策树的生成。

假定特征空间中共有 D 个特征，那么在每轮产生决策树的阶段中，在 D 个特征中随机选择其中的 d 个特点（$d<D$）构成了一种新的特征集，通过计算产生出新的特征集就得到了一种新决策树。经过 k 轮，即得到了 k 棵新决策树。在创建这 k 棵决策树的整个过程中，无论是在训练集的选择或是对象的选择上，它都是高度随意的，因此这 k 棵决策树相互之间是彼此独立的。数据提取程序与特征选择程序中的高度随机性，使随机森林很容易地被拟合，并有很大的抗噪性，能够提升系统的多样性，从而提升分类性能。

3）模型的组合。

由于所生成的 k 棵决策树之间都是彼此独立的，且每个决策树的重要性都相当，因此将其组合后，就不必考虑其中的权值。对于分类问题，最后的分类结果由全部的决策树选票所确定，以得票数最高的那颗决策树为预测结果；对于回归问题，则采用全部选择后得出的平均数作为最终的输出结果。

4）模型的验证。

模型的验证需要验证集，但在这里并不需要专门的额外方法获取验证集，只需在原始数据集中选取还未被使用过的样本即可。

在从原始样本中选择训练集时，存在部分样本一次都没被选择过，因此在进行特征选择训练时，可能会出现部分特征未被采用的情形，可以把这部分特征未被采用的数据拿来验证最终的训练模型。

（3）朴素贝叶斯算法。

朴素贝叶斯算法是在贝叶斯算法的基础上进行了相应的简化，即假定给定目标值时属性之间相互条件独立。也就是说，没有哪个属性变量对于决策结果来说占有着较大的比重，也没有哪个属性变量对于决策结果占有着较小的比重。虽然这个简化方式在一定程度上降低了贝叶斯分类算法的分类效果，但是在实际的应用场景中，极大地简化了贝叶斯方法的复杂性。

表 4-1 中的训练数据学习一个朴素贝叶斯分类器，并确定 $x=(2, S)T$ 的 w 类标记 y，表中 $X(1)$、$X(2)$ 为特征，取值的集合分别为 $A=(1, 2, 3)$，$A2=(S, M, L)$，Y 为标记，$Y\in C=(-1, 1)$。

表 4-1 学习朴素贝叶斯分类器数据

	1	2	3	4	5	6	7	8	9	10	11	12	13	14	15
$X(1)$	1	1	1	1	1	2	2	2	2	2	3	3	3	3	3
$X(2)$	S	M	M	S	S	S	M	M	L	L	L	M	M	L	L
Y	−1	−1	1	1	−1	−1	−1	1	1	1	1	1	1	1	−1

此时，我们对于给定的 $x=(2, S)T$ 可以进行如下计算：

$$P(Y=1)P(X(1)=2 \mid Y=1)P(X(2)=S \mid Y=1)=\frac{9}{15}\times\frac{3}{9}\times\frac{1}{9}=\frac{1}{45}$$

$$P(Y=-1)P(X(1)=2 \mid Y=-1)P(X(2)=S \mid Y=-1)=\frac{6}{15}\times\frac{2}{6}\times\frac{3}{6}=\frac{1}{15}$$

可见，当 P（$Y=-1$）时，其后验概率更大一些，因此，$y=-1$。

通过以上的实例，可以发现朴素贝叶斯算法其实只是一个常规做法。拉普拉斯也曾说过，“概率论就是将人们的知识使用数学公式表达出来”。下面，我们来看看最完整的关于朴素贝叶斯分类算法的数学表达式。

朴素贝叶斯法中的“朴素”，指的是对条件概率分配进行的条件独立性的假定。朴素贝叶斯法实际上学习到生成数据的机制，因此属于生成模型。条件独立性假设等于说用于分类的特征在类确定的条件下都是条件独立性的。

输入：训练数 $T=\{(x_1, y_1), (x_2, y_2), \cdots, (x_N, y_N)\}$，其 $x_i=(x_{i(1)}, x_{i(2)}, \cdots, x_{i(n)})T$，$x_{i(j)}$是第 i 个样本的第 j 个特征，$x_{i(j)}\in\{\alpha_{j1}, \alpha_{j2}, \cdots, \alpha_{jsj}\}$，$\alpha_{jl}$ 是第 j 个特征可能取的第 1 个值，$j=1, 2, \cdots, S_j$，$y\in\{c_1, c_2, \cdots, c_x\}$，测试实例 x。

输出：测试实例 x 的分类。

1）计算先验概率及条件概率：

$$P(Y=C_k)=\frac{\sum_{i=1}^{n} I(y_i=C_k)}{N},\ k=1, 2, \cdots, Kp(X^{(j)}=aj_{jl}|Y=c_k)$$

$$=\frac{\sum_{i=1}^{n} I(X^{(j)}=a_{jl}, y_i=c_k)}{\sum_{i=1}^{n} I(y_i=c_k)},\ j=1, 2, \cdots, n;\ l=1, 2, \cdots, s;$$

$$k=1, 2, \cdots, k \qquad (4-1)$$

2）对于给定的实例 $x=(x(1), x(2), \cdots, x(n))T$，计算：

$$P(Y=c_k)\prod_{j=1}^{n} P(X_j=X_{(j)}|Y=c_k),\ k=1, 2, \cdots, K \qquad (4-2)$$

3）确定实例 x 的类：

$$y=\underset{ck}{\operatorname{argmax}}\prod_{j=1}^{n} P(X_j=X_{(j)}|Y=c_k) \qquad (4-3)$$

（4）KNN 算法。

KNN 算法是一种监督学习算法，通过计算新数据和训练数据特征值之间的距离，然后选取 k（$k\geqslant1$）个距离最近的邻居进行分类判（投票法）或者回归。若 $k=1$，新数据被简单分配给其近邻类。KNN 方法目前的重要应用领域有文本分析、聚类分析、预测数据分析、模型辨识、图形信息处理等。

训练数据中的各个数据均具有标记（分类信息），在进入新样本后，可以把新样本的每个特征和样本集数据对应的特性加以对比，从而计算提取样本集特征中最接近数据的分类信息。通常，我们只选取样本集数据中与前 k 个最接近的数据。最后，选取前 k 个最接近数据中出现频次最高的分类。

KNN 算法的实现过程具体如下：第一，选择一种距离计算方式，通过数据所有的特征计算新数据与已知类别数据集中的数据点的距离。第二，将距离按照递增的顺序排序，选取与当前距离最小的 k 个点。第三，对于离散分类，返回 k 个点出现频率最多的类别作预测分类；对于回归则返回 k 个点的加权值作为预测值。

KNN 算法的优点：一是理论成熟，思路简洁，既可以用来做分类又可以做回归。二是可用于非线性分类。三是训练时间复杂度比支持向量机之类的算法低。四是与朴素贝叶斯之类的算法相比，对数据没有假设，准确度高，对异常点不敏感。五是由于 KNN 方法主要靠周围有限的临近的样本，而并非用判别类域的方法来确定所属类域的交叉或重叠较多的待划分类样本集来说，KNN 方法比其他方法更加适合。六是该算法比较适用于样本容量比较大的类域的自动分类，而那些样本容量比较小的类域采用这种算法比较容易产生误分类的情况。

KNN 算法的缺点主要有：一是计算量大，尤其是特征数非常多的时候。二是当样本不平衡的时候，对稀有类别的预测准确率低。三是对于 KD 树、球树之类的模型建立需要大量的内存。四是庸懒散学习方法，基本上不学习，导致预测时速度比逻辑回归文类的算法慢。五是相比决策树模型，KNN 模型的可解释性不强。

（5）神经网络算法。

1943 年，美国心理学家 McCulloch 和数学家 Pitts 参考了生物神经元的结构，发表了抽象的神经元模型 MP。在下文中，我们将具体介绍神经元模型。

人工神经网络（Artificial Neural Network，ANN）简称神经网络（Neural Network，NN），是一种模仿生物神经网络的结构和功能的数学/计算模型。神经网络由大量的人工神经元联结进行计算。大多数情况下人工神经网络能在外界信息的基础上改变内部结构，是一种自适应系统。现代神经网络是一种非线性统计性数据建模工具，常用来对输入和输出间复杂的关系进行建模，或用来探索数据的模式。

神经网络是一种运算模型，由大量的节点（或称“神经元”）之间相互连接构成。每个节点代表一种特定的输出函数，称为激励函数（Activation Function）。每两个节点间的连接都代表一个对于通过该连接信号的加权值，称为权重，这相当于人工神经网络的记忆。网络的输出则依网络的连接方式、权重值和激励函数的不同而不同。而网络自身通常都是对自然界某种算法或者函数的逼近，也可能是对一种逻辑策略的表达。

人工神经网络的构筑理念是受到生物（人或其他动物）神经网络功能的运作启发而产生的。人脑神经网络如图 4-2 所示人工神经网络通常是通过一个基于数学、统计学类型的学习方法得以优化，所以人工神经网络也是数学统计学方法的一种实际应用，通过统计学的标准数学方法我们能够得到大量的可以用函数表达的局部结构空间。在人工智能学的人工感知领域，我们通过数学、统计学的应用可以来做人工感知方面的决定问题（也就是说，通过统计学的方法，人工神经网络能够类似人一样具有简单的决定能力和简单的判断能力），这种方法比起正式的逻辑学推理演算更具有优势。

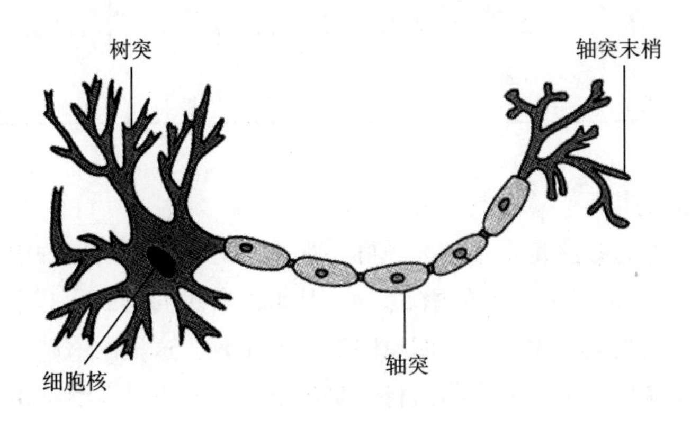

图 4-2 人脑神经网络

4.1.3 分类算法的评估指标

（1）混淆矩阵。

混淆矩阵（Confusion Matrix）是评价模型结果的指标，属于模型评估的一部分。另外，混淆矩阵多用于判断分类器（Classifier）的优劣，适用于分类型的数据模型，如分类树（Classification Tree）、逻辑回归（Logistic Regression）、线性判别分析（Linear Discriminant Analysis）等方法。混淆矩阵，实质上只是一种矩阵，也可以理解成一张表格。以分类模型中最基本的二分类为例，对于这种问题，我们的模型最终需要判断样本的结果是 0 还是 1，或者说是 positive 还是 negative。

我们通过样本的采集，就能够知道在真实情况下，哪些数据结果是 positive，哪些结果是 negative。另外，我们通过样本数据刨出分类模型的结果，也可以知道模型认为这些数据哪些是 positive，哪些是 negative。

因此，我们就能得到这样四个基础指标，称它们为一级指标（最底层的）：一是真实值是 positive，模型认为是 positive 的数量（True Positive = TP）。二是真实值是 positive，模型认为是 negative 的数量（False Negative = FN）：这就是统计学上的第二类错误（Type Ⅱ Error）。三是真实值是 negative，模型认为是 positive 的数量（False Positive = FP）；这就是统计学上的第一类错误（Type Ⅰ Error）。四是真实值是 negative，模型认为是 negative 的数量（True Negative = TN）。

将这四个指标一起呈现在表格中，就可以得如表 4-2 所示的一个矩阵，我们称其为混淆矩阵。

表 4-2 混淆矩阵

混淆矩阵		真实值	
		positive	negative
预测值	positive	TP	FP（Type Ⅰ Error）
	negative	FN（Type Ⅱ Error）	TN

（2）混淆矩阵的指标。

预测性分类模型，必然是希望越准越好。那么，对应到混淆矩阵中，那肯定是希望TP与TN的数量大，而FP与FN的数量小。因此，当我们得到了模型的混淆矩阵后，就需要去看有多少观测值在第二、第四象限对应的位置，这里的值越多越好；反之，在第一、第三象限对应位置出现的观测值肯定是越少越好。不过，混淆矩阵里面统计的是个数，有时面对大量的数据，只凭计算个数，很难衡量模型的优劣。因此，混淆矩阵在基本的统计结果上又延伸以下四个指标，称其为二级指标：准确率（Accuracy）；精确率（Precision）；灵敏度（Sensitivity），也即召回率（Recall）；特异度（Specificity）。

表4-3为这四个指标的具体内容。

表 4-3 分类评价指标

指标	公式	意义
准确率（ACC）	$Accuracy=\frac{TP+TN}{TP+TN+FP+FN}$	分类模型所有判断正确的结果占总观测值的比重
精确率（PPV）	$Precision=\frac{TP}{TP+FP}$	在模型预测是 Positive 的所有结果中，模型预测对的比重
灵敏度（TPR）	$Sensitivity=Recall=\frac{TP}{TP+FN}$	在真实值是 Positive 的所有结果中，模型预测对的比重
特异度（TNR）	$Specificity=\frac{TN}{TN+FP}$	在真实值是 Negative 的所有结果中，模型预测对的比重

通过上述的四个二级指标，可以将混淆矩阵中数量结果转化为0~1的比率，以便进行标准化的衡量。

在这四个指标的基础上再进行拓展，会产令另外一个三级指标F1 Score，其计算公式如下：

$$F1Score=\frac{2PR}{P+R} \tag{4-4}$$

其中，P代表Precision，R代表Recall。

人们当然希望检索结果 Precision 越高越好，同时 Recall 也越高越好，但实际上这两者在某些情况下是有矛盾的。比如极端情形下，我们只搜索出了一个结果，且是准确的，那么 Precision 就是 100%，但是 Recall 就很低；而如果我们把所有结果都返回（所有的结论都被分类为正实例），那么 Recall 就是 100%，但 Precision 就会很低。因此，在不同的情形中，需要自己判断希望 Precision 比较高或是 Recall 会比较高。

（3）PR 曲线。

分类模型的最后输出往往是一个概率值，我们一般需要将概率值转化为具体的类别，对于二类型而言，我们设置一个阈值（Threshold），将大于此阈值的判定为正类，反之为负类。上述评价指标（Accuracy、Precision、Recall 等）都是针对某个特定阈值而言的，那么当不同模型取不同阈值时，如何全面地评价不同模型？因此这里需要引入 PR 曲线，即 Precision-Recall 曲线来进行评估。PR 曲线如图 4-3 所示。

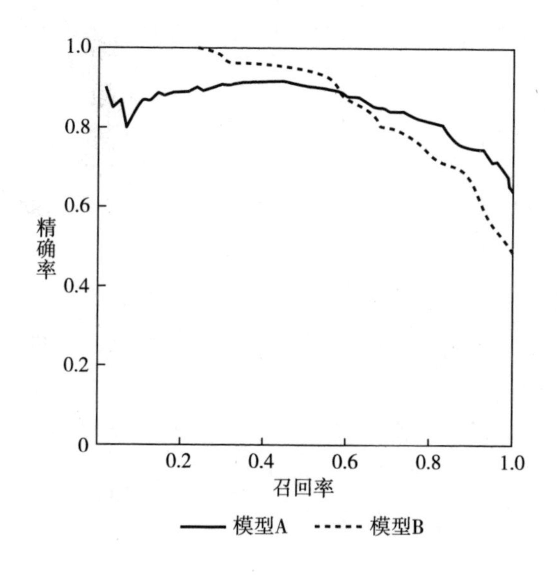

图 4-3　PR 曲线

如图 4-3 所示，PR 曲线的横坐标是召回率，纵坐标是精确率。对于一个模型来说，其 PR 曲线上的一个点代表着，在某一阈值下，模型将大于该阈值的结果判定为正样本，小于该阈值的结果判定为负样本，此时返回结果对应一对召回率和精确率，作为 PR 坐标系上的一个坐标。整条 PR 曲线是通过将阈值从高到低移动而生成的。图 4-3 是两个模型的 PR 曲线，很明显，PR 曲线越接近图右上角（1，1）代表模型越好。在现实场景，需要根据不同决策要求综合判断不同模型的好坏。

（4）ROC 曲线。

在介绍 ROC 曲线之前，我们先来了解以下几个基本概念：

第一，真阳性率（True Positive Rate，TPR），又称灵敏度（sensitivity），刻画的是

被区分器中实际划分的全部正例子与全部正实例的比例比率。

$$TPR=\frac{TP}{TP+FN} \tag{4-5}$$

第二，假阳性率（False Positive Rate，FPR），FPR 等于 1-Specificity（特异度），刻画的是被区分器误认为正类的负例子与所有负例子之间的比率。

$$FDR=\frac{FP}{FP+TN} \tag{4-6}$$

第三，真阳性率（True Negative Rate，TNR），也称为特异度（Specificity），刻画的是被分类器正确分类的负实例占所有负实例的比例。

$$TNR=1-FPR=\frac{TN}{FP+TN} \tag{4-7}$$

ROC 曲线的全称是 Receiver Operating Characteristic Curve（受试者特征曲线），其主要分析工具是一个可以画在二维平面上的曲线。平面的横坐标是 False Positive Rate（FPR），纵坐标是 True Positive Rate（TPR）（见图 4-4）。对于某个分类器来说，我们可以根据其在测试样本上的表现得到一个 TPR 和 FPR 点对。这样，该分类器就可以映射成 ROC 平面上的一个点。调整这个分类器分类时使用的阈值，我们便能够得到一条经过（0，0）和（1，1）曲线，这便是该分类器的 ROC 曲线。通常情况下，这些曲线都必须位于（0，0）和（1，1）连线的上方。因为（0，0）和（1，1）连线形成的 ROC 曲线事实上代表的是一个随机分类器。如果很不幸，你得到了一个处在此直线下方的分类器，一个直观的补救办法便是将全部预测结果反向，即分类器输出结果为正类，则最终分类结果为负类；反之，则为正类。虽然，用 ROC 曲线来表示分类器的性能很直观好用。但是，我们始终希望能有一个数值来标志分类器的好坏。于是，AUC（Area Under ROC Curve）就出现了。顾名思义，AUC 的值就是处于 ROC 曲线下方的那部分面积的大小。通常，AUC 的值介于 0.5～1.0，较大的 AUC 代表了较好的性能。

如图 4-4 所示，A、B、C 三个模型对应的 ROC 曲线之间交点，且 AUC 值是不相等的，此时明显更靠近（0，1）（0，1）（0，1）点的 A 模型的分类性能会更好。

（5）AUC 值。

AUC 值，即 ROC 曲线所覆盖的区域面积，显然，AUC 值越大，分类器分类效果就越好。当 AUC=1 时，是完美分类器，采用这个预测模型时，至少存在一个阈值能得出完美预测。绝大多数预测的场合，不存在完美分类器。当 0.5<AUC<1 时，优于随机猜测。如果这个分类器（模型）能妥善设置阈值，就有预测价值。当 AUC=0.5 时，与随机猜测值相似，模型没有预测价值。当 AUC<0.5 时，比随机猜测还差；但如果总是反预测而行，就优于随机猜测。

三种 AUC 值示例如图 4-5 所示。

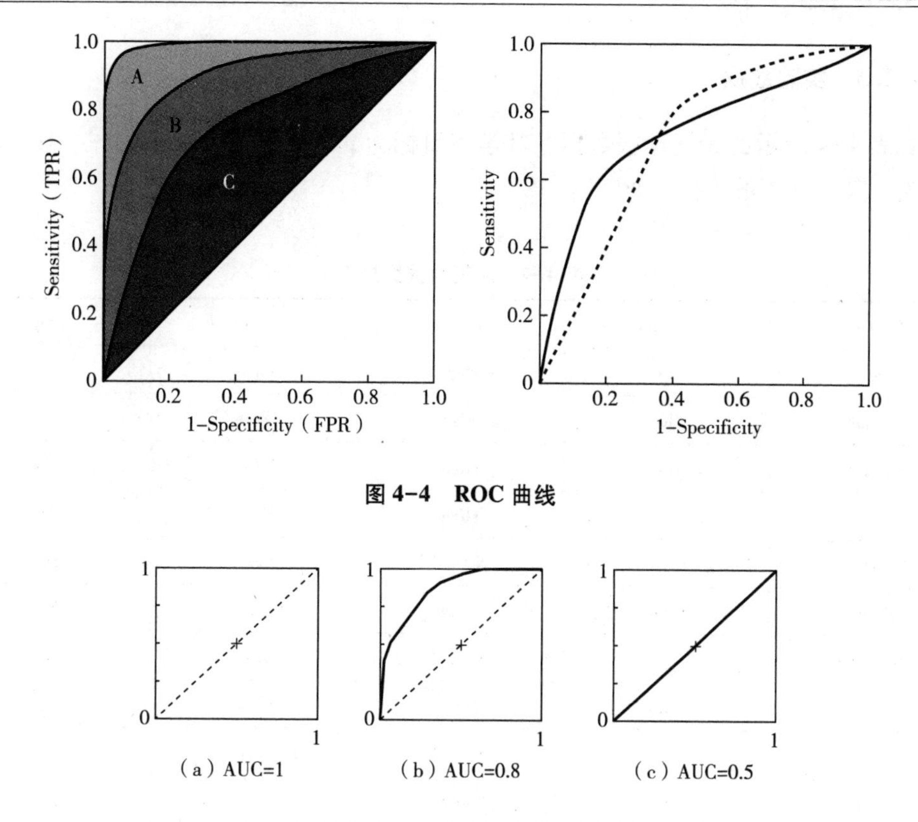

图 4-4 ROC 曲线

图 4-5 不同 AUC 值的 ROC 曲线

假设分类器的输出是样本属于正类的置信度（socre），则 AUC 的物理意义为，任取一对（正、负）样本，正样本的置信度大于负样本的置信度的概率。

4.2 决策树算法实验

4.2.1 实验目的

（1）理解决策树算法原理，掌握决策树算法框架。
（2）能根据不同的数据类型，选择不同的决策树算法。
（3）针对特定应用场景及数据，能应用决策树算法解决实际问题。
（4）掌握 Tempo AI 大数据分析实验平台的操作。

4.2.2 实验要求

请添加合适的节点，选择合适的算法，构建一个完整的决策树建模流程。

4.2.3 实验数据

如表 4-4 所示的天气预报数据，其学习目标为 play 或 not play。表 4-4 中共有 14 个样例，其中 9 个正例和 5 个负例。

表 4-4 天气预报数据集

Outlook	Temperature	Humidity	Windy	Play
Sunny	Hot	High	False	No
Sunny	Hot	High	True	No
Overcast	Hot	High	False	Yes
Rain	Mild	High	False	Yes
Rain	Cool	Normal	False	Yes
Rain	Cool	Normal	True	No
Overcast	Cool	Normal	True	Yes
Sunny	Mild	High	False	No
Sunny	Cool	Normal	False	Yes
Rain	Mild	Normal	False	Yes
Sunny	Mild	Normal	True	Yes
Overcast	Mild	High	True	Yes
Overcast	Hot	Normal	False	Yes
Rain	Mild	High	True	No

4.2.4 实验步骤

（1）ID3 算法实验。

ID3 算法实验最终流程如图 4-6 所示。

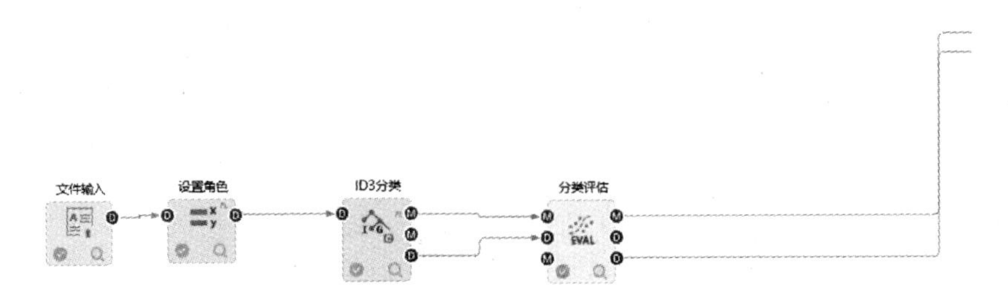

图 4-6 ID3 算法实验流程

1）导入数据。

将如表 4-4 所示数据编辑至 Excel 表格并命名为“天气预报数据集”。在左侧要素工具栏“数据管理”的“输入”模块中找到“文件输入”，拖动该模块至流程中（见图 4-7）。

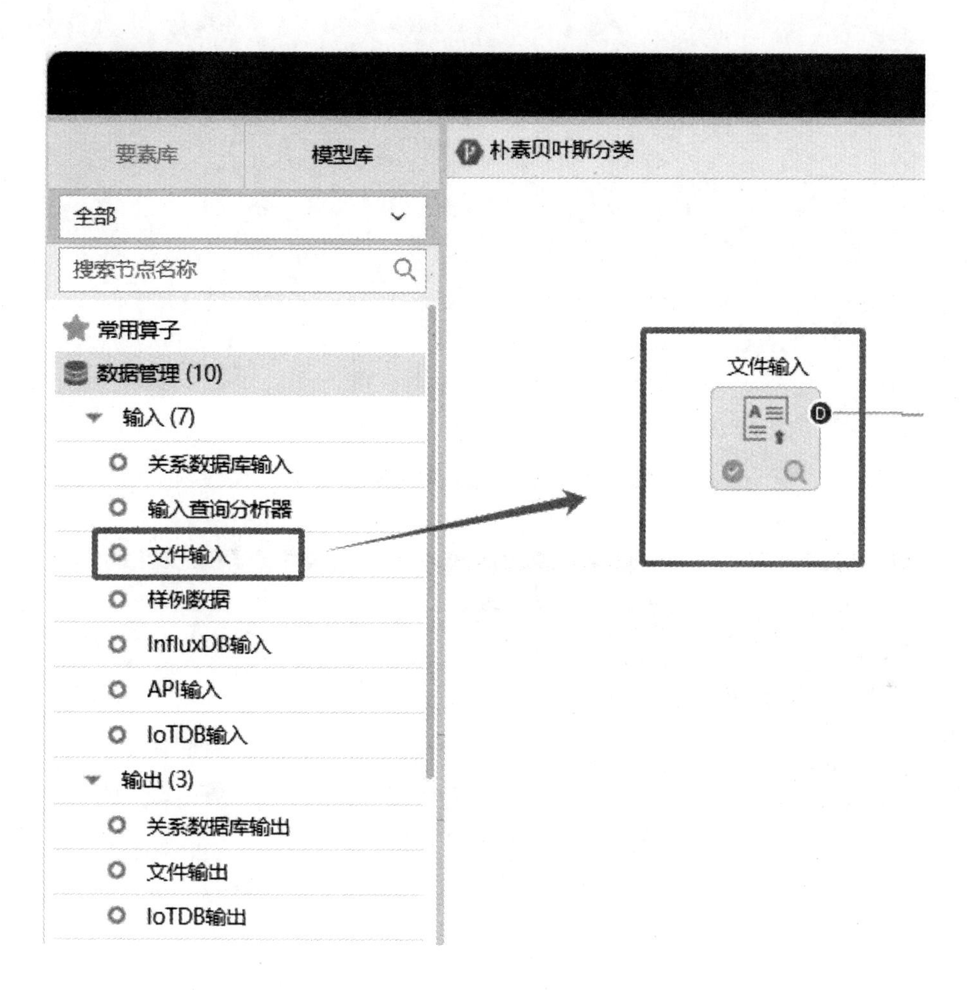

图 4-7 加入文件输入节点（ID3 算法）

上传天气预报数据集 . xlsx（见图 4-8）。该节点支持 csv、txt、xlsx、xls 类型的数据文件。

2）定义变量。

在左侧要素库工具栏“数据处理”模块的“列”模块中找到“设置角色”功能，将该模块拖入流程，与“文件输入”进行数据链接（见图 4-9）。

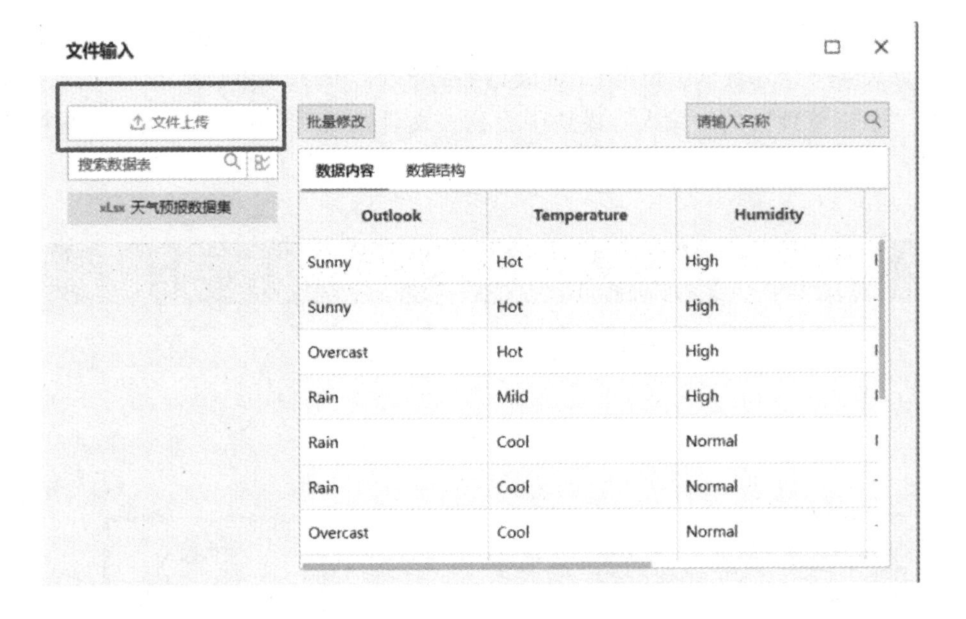

图 4-8　文件上传（ID3 算法）

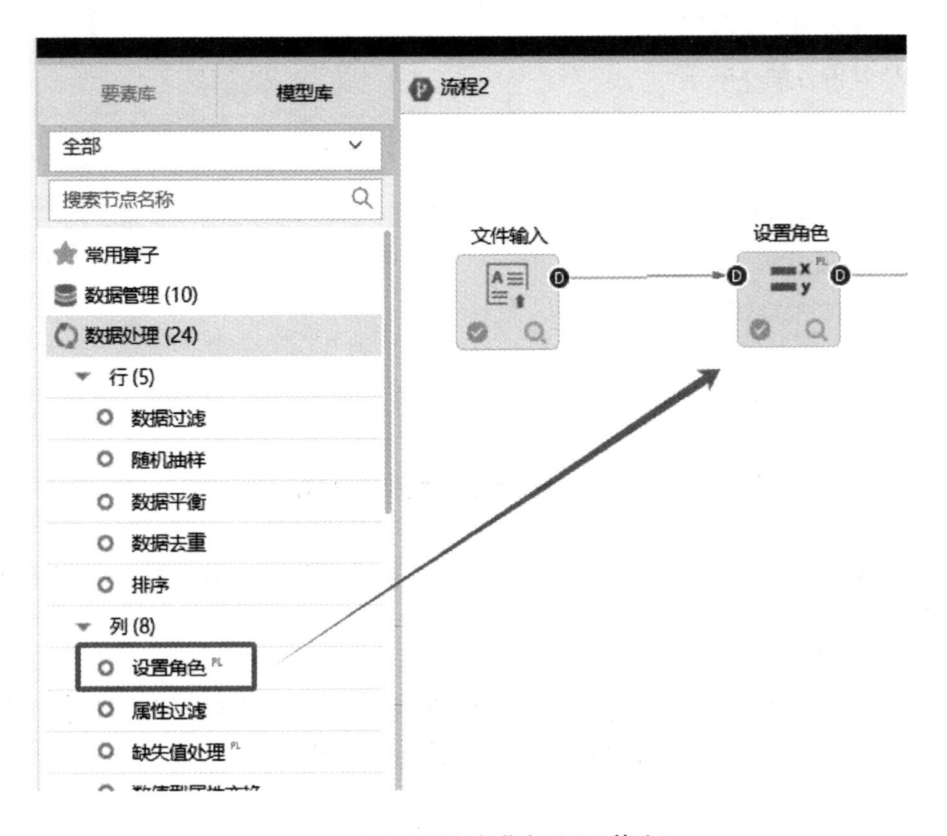

图 4-9　加入设置角色节点（ID3 算法）

双击定义数据集中的变量，该实验中“Play”变量为因变量，其余变量均为自变量。在角色设定中选择“Play”列为因变量（见图 4-10）。

图 4-10　定义变量（ID3 算法）

3）选择算法。

本实验以 ID3 算法为例进行求解，在左侧要素工具栏“机器学习”的“分类”中，将“ID3 分类”拖入流程中。与“设置角色”进行数据连接，双击查看基本选型并勾选是否显示变量重要性，以此来洞察变量的影响程度（见图 4-11）。

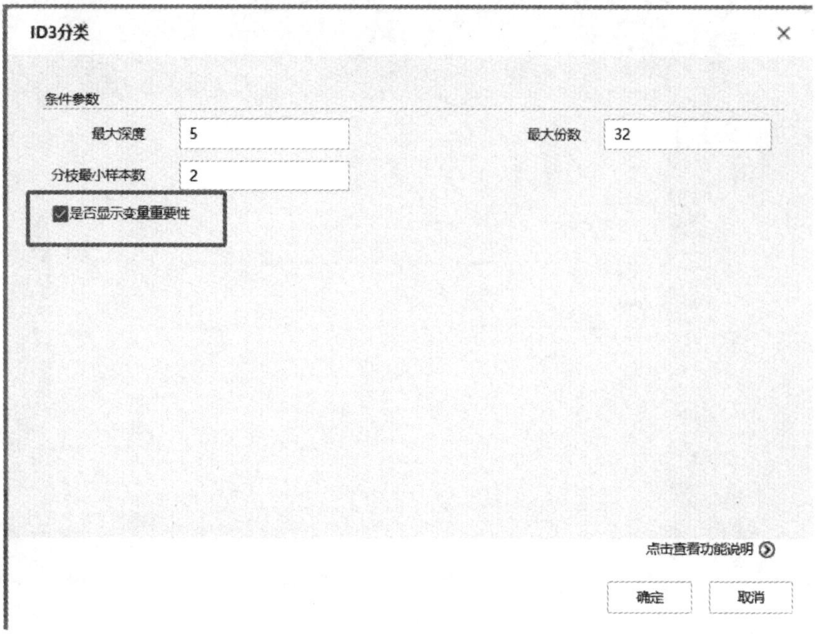

图 4-11　选择算法（ID3 算法）

4）模型评估。

为了检验模型的准确性和可靠性，观察模型的指标和性能度量，如准确度、召回率、精确度、F1 值等，在左侧要素工具栏“模型管理”中找到“分类评估”，将其拖入流程，与“ID3 分类”进行数据连接和模型链接。最后，将“分类评估”的模型和数据连至 END 并单击执行，实验开始。执行结束后双击“分类评估”可选择查看 ROC 曲线、PR 曲线、Gains 曲线等指标。具体如图 4-12 和图 4-13 所示。

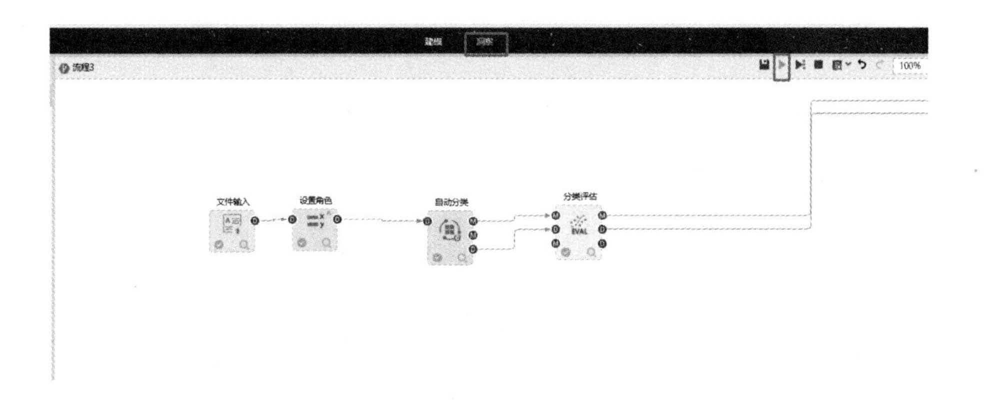

图 4-12　ID3 算法模型评估

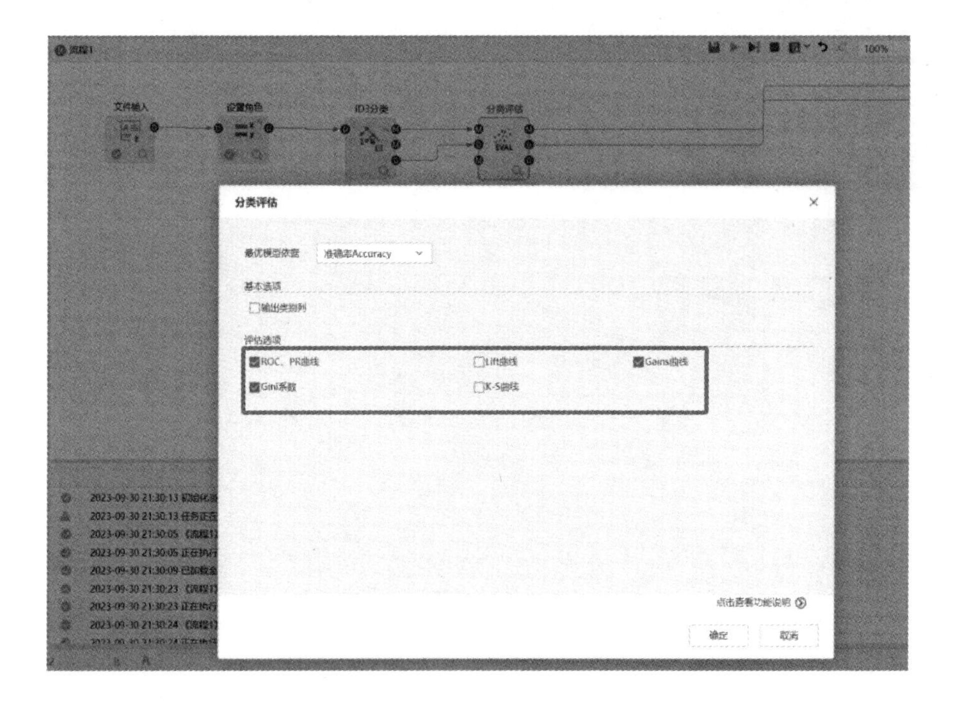

图 4-13　ID3 算法模型分类评估

（2）C4. 5 算法实验。

C4. 5 算法实验最终流程如图 4-14 所示。

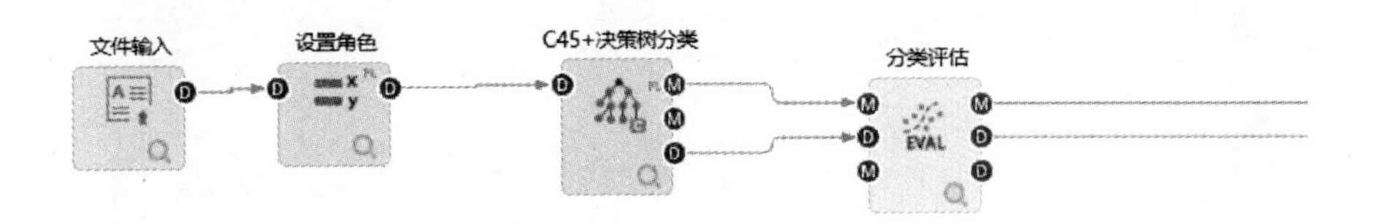

图 4-14　C4. 5 算法实验最终流程

1）导入数据。

将表 4-4 数据编辑至 Excel 表格并命名为“天气预报数据集”。在左侧要素库工具栏“数据管理”模块中找到“文件输入”节点，拖入流程中。上传天气预报数据集 . xlsx。所有数据类型皆为字符型。该节点支持 csv、txt、xlsx、xls 类型的数据文件。具体如图 4-15 所示。

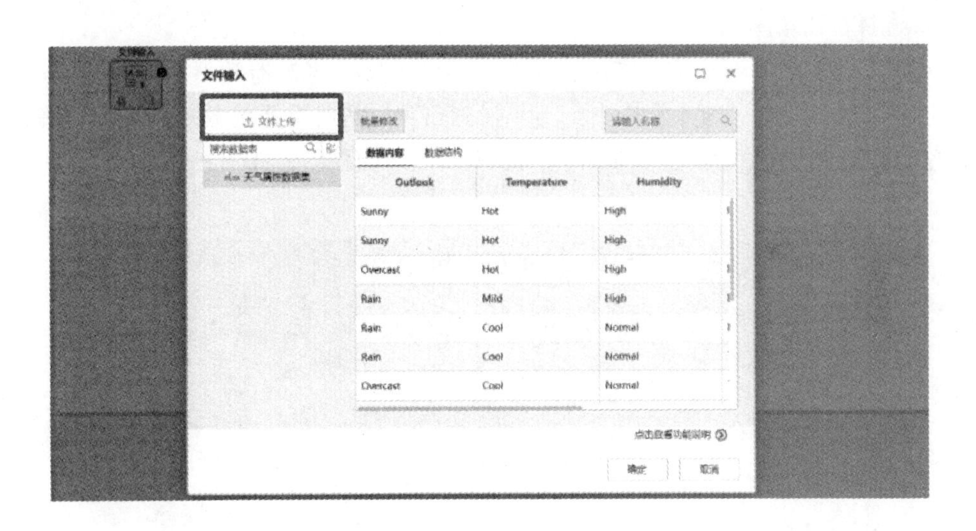

图 4-15　文件上传（C4. 5 算法）

2）定义变量。

在左侧要素工具栏“数据处理”中找到“设置角色”功能，将该模块拖入流程，与“文件输入”进行数据链接，再双击定义数据集中的变量，该实验中“Palg”变量为因变量，其余变量均为自变量，如图 4-16 所示。

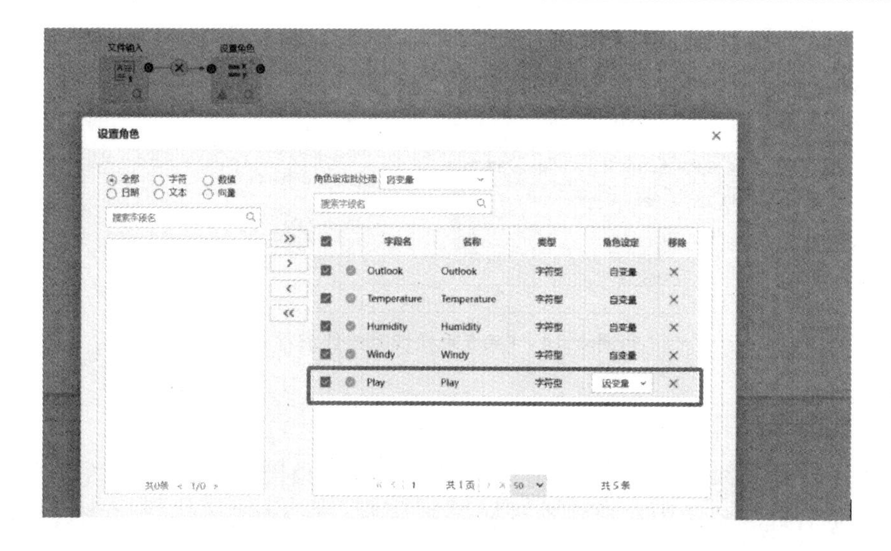

图 4-16　定义变量（C4.5 算法）

3）选择算法。

本实验采用 C4.5 算法进行求解，在左侧要素工具栏“机器学习”的“分类”中，将“C45+决策树分类”拖入流程中。与“设置角色”进行数据连接，双击查看基本选型并勾选是否显示变量重要性，以此来洞察变量的影响程度，如图 4-17 所示。

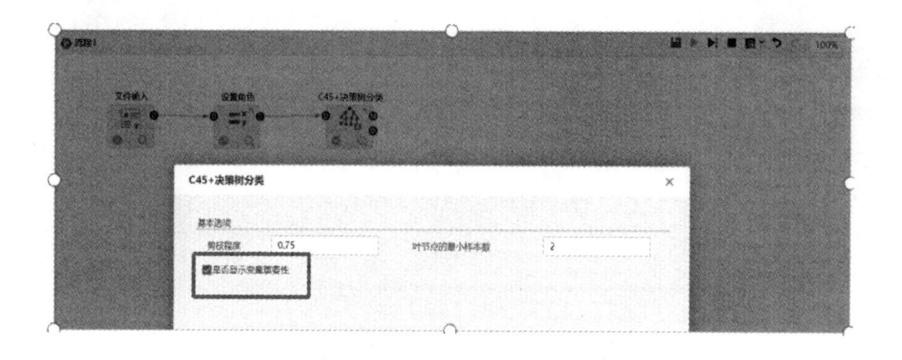

图 4-17　选择算法（C4.5 算法）

4）模型评估。

为了检验模型的准确性和可靠性，观察模型的指标和性能度量，如准确度、召回率、精确度、F1 值等，在左侧要素工具栏“模型管理”中找到“分类评估”，将其拖入流程，与“C45+决策树分类”进行数据连接和模型链接。最后，将“分类评估”的模型和数据连至 END 并单击执行，实验开始。实验结束后，双击“分类评估”可选择 ROC 曲线、PR 曲线、Gains 曲线等指标。具体如图 4-18 和图 4-19 所示。

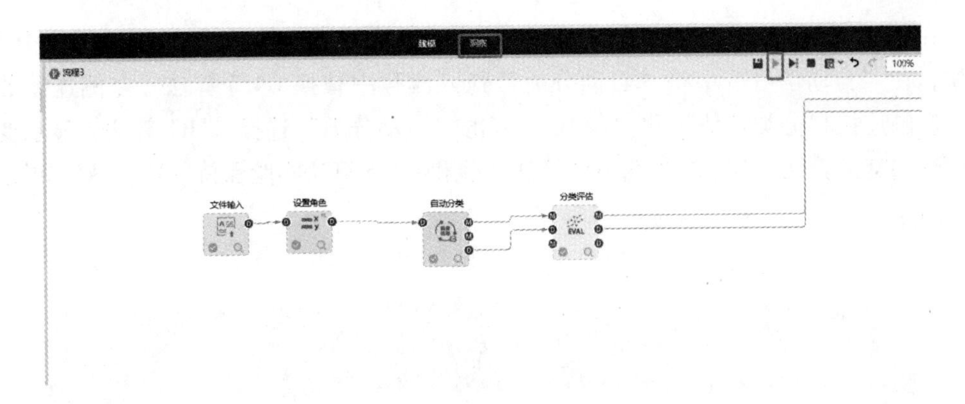

图 4-18 C4.5 算法模型评估

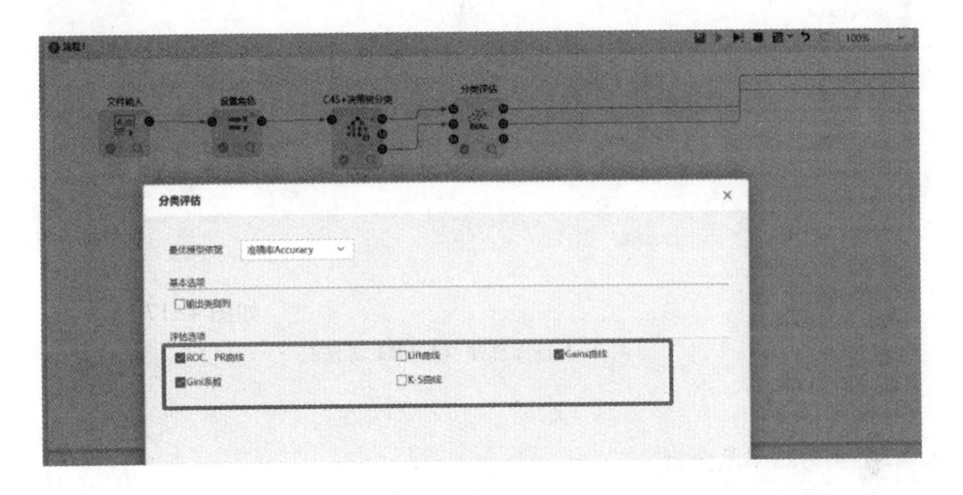

图 4-19 C4.5 算法模型分类评估

（3）CART 算法实验。

CART 算法实验最终流程如图 4-20 所示。

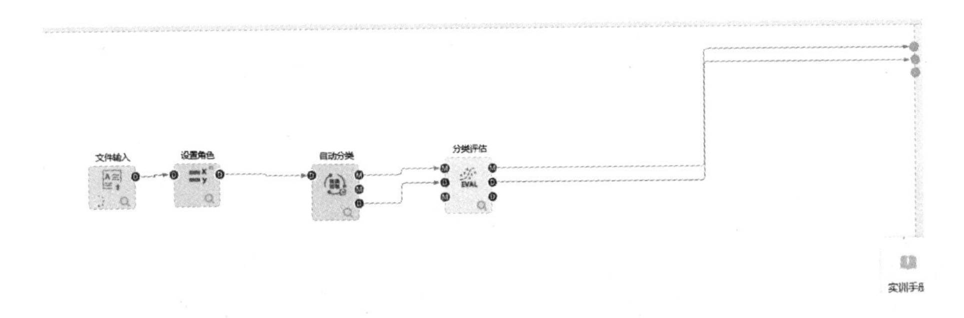

图 4-20 CART 算法实验最终流程

在 C4.5 算法实验“选择算法”的流程中，单击右键，删除“C45+决策树分类”模块，在“自动学习”中将“自动分类”拖入流程中替换 C4.5 算法，左侧连接数据集，右侧连接“分类评估”和“END”。双击“自动分类”选择 CART 算法，显示变量重要性和交叉验证。其余操作与 ID3 算法实验和 C4.5 算法实验保持一致。具体如图 4-21 所示。

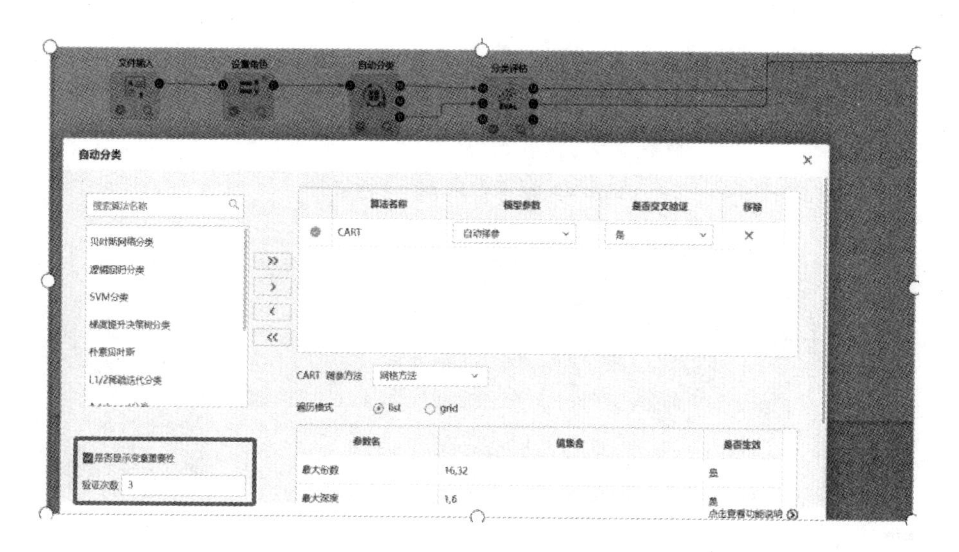

图 4-21　选择算法（CART 算法）

4.2.5　实验结果及分析

（1）ID3 算法实验结果。

模型建立完成后，单击“执行”，平台即可运行该流程，运行结束后在洞察页面单击“ID3+决策树分类”和“分类评估”，观察预测结果和模型准确性，具体如图 4-22 至图 4-24 所示。

输出数据

Outlook	Temperature	Humidity	Windy	Play	prediction	probability	prob_Yes	prob_No
Sunny	Hot	High	false	No	No	[0,1]	0	1
Sunny	Hot	High	true	No	No	[0,1]	0	1
Overcast	Hot	High	false	Yes	Yes	[1,0]	1	0
Rain	Mild	High	false	Yes	Yes	[0.5,0.5]	0.5	0.5
Rain	Cool	Normal	false	Yes	Yes	[1,0]	1	0
Rain	Cool	Normal	true	No	Yes	[0.5,0.5]	0.5	0.5
Overcast	Cool	Normal	true	Yes	Yes	[1,0]	1	0
Sunny	Mild	High	false	No	No	[0,1]	0	1
Sunny	Cool	Normal	false	Yes	Yes	[1,0]	1	0
Rain	Mild	Normal	false	Yes	Yes	[1,0]	1	0
Sunny	Mild	Normal	true	Yes	Yes	[0.5,0.5]	0.5	0.5
Overcast	Mild	High	true	Yes	Yes	[1,0]	1	0
Overcast	Hot	Normal	false	Yes	Yes	[1,0]	1	0
Rain	Mild	High	true	No	Yes	[0.5,0.5]	0.5	0.5

图 4-22　输出数据（ID3 算法）

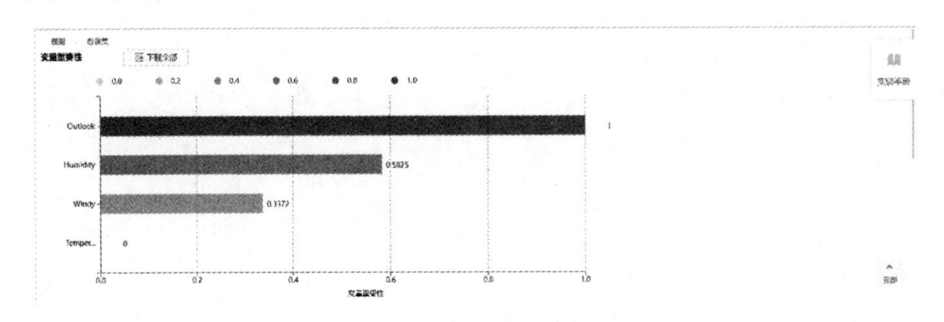

图 4-23 变量重要性（ID3 算法）

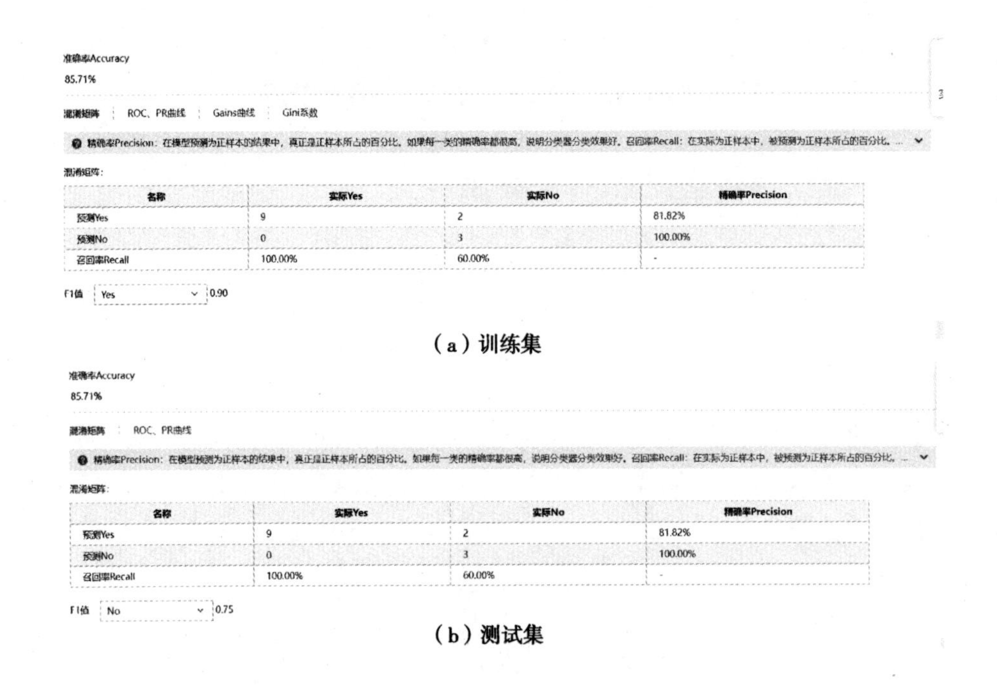

准确率Accuracy
85.71%

混淆矩阵 | ROC、PR曲线 | Gains曲线 | Gini系数

混淆矩阵：

名称	实际Yes	实际No	精确率Precision
预测Yes	9	2	81.82%
预测No	0	3	100.00%
召回率Recall	100.00%	60.00%	-

F1值 Yes 0.90

（a）训练集

准确率Accuracy
85.71%

混淆矩阵 | ROC、PR曲线

混淆矩阵：

名称	实际Yes	实际No	精确率Precision
预测Yes	9	2	81.82%
预测No	0	3	100.00%
召回率Recall	100.00%	60.00%	-

F1值 No 0.75

（b）测试集

图 4-24 混淆矩阵（ID3 算法）

由实验结果可知，整体准确率为 85.71%，单个类别识别精确率中“No”有 100%，召回率为 60%，识别“Yes”的精确率为 81.82%，召回率为 100%。“No”的 F1 值为 0.75，“Yes”的 F1 值为 0.90。其中，对“No”的召回率较低的原因可能是数据集中“No”的情况较少，约为“Yes”情况的 1/2，平衡数据后或能取得更高的召回率。从 ID3 分类中得出的变量重要性依次为 Outlook、Humidity、Windy、Temperature。

（2）C4.5 算法实验结果。

模型建立完成后，单击“执行”，平台即可运行该流程，运行结束后在洞察页面单击“C45+决策树分类”和“分类评估”，观察预测结果和模型准确性，具体如图 4-25 至图 4-27 所示。

输出数据

Outlook	Temperature	Humidity	Windy	Play	prediction	probability	prob_Yes	prob_No
Sunny	Hot	High	false	No	No	[0.0179,0.9821]	0.0179	0.9821
Sunny	Hot	High	true	No	No	[0.0179,0.9821]	0.0179	0.9821
Overcast	Hot	High	false	Yes	Yes	[0.6643,0.3357]	0.6643	0.3357
Rain	Mild	High	false	Yes	Yes	[0.6643,0.3357]	0.6643	0.3357
Rain	Cool	Normal	false	Yes	Yes	[0.7902,0.2098]	0.7902	0.2098
Rain	Cool	Normal	true	No	Yes	[0.7902,0.2098]	0.7902	0.2098
Overcast	Cool	Normal	true	Yes	Yes	[0.7902,0.2098]	0.7902	0.2098
Sunny	Mild	High	false	No	No	[0.0179,0.9821]	0.0179	0.9821
Sunny	Cool	Normal	false	Yes	Yes	[0.7902,0.2098]	0.7902	0.2098
Rain	Mild	Normal	false	Yes	Yes	[0.7902,0.2098]	0.7902	0.2098
Sunny	Mild	Normal	true	Yes	Yes	[0.7902,0.2098]	0.7902	0.2098
Overcast	Mild	High	true	Yes	Yes	[0.6643,0.3357]	0.6643	0.3357
Overcast	Hot	Normal	false	Yes	Yes	[0.7902,0.2098]	0.7902	0.2098
Rain	Mild	High	true	No	Yes	[0.6643,0.3357]	0.6643	0.3357

图 4-25 输出数据（C4.5 算法）

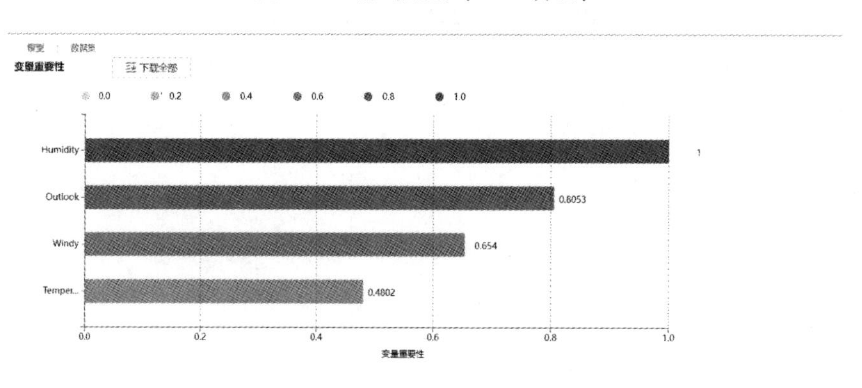

图 4-26 变量重要性（C4.5 算法）

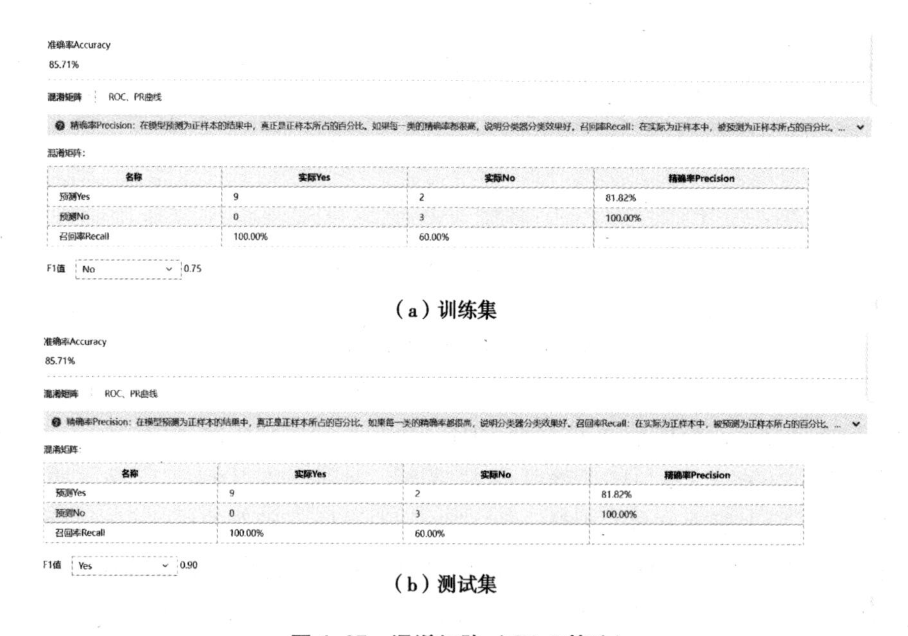

准确率Accuracy

85.71%

混淆矩阵 ROC、PR曲线

混淆矩阵：

名称	实际Yes	实际No	精确率Precision
预测Yes	9	2	81.82%
预测No	0	3	100.00%
召回率Recall	100.00%	60.00%	-

F1值 No 0.75

（a）训练集

准确率Accuracy

85.71%

混淆矩阵 ROC、PR曲线

混淆矩阵：

名称	实际Yes	实际No	精确率Precision
预测Yes	9	2	81.82%
预测No	0	3	100.00%
召回率Recall	100.00%	60.00%	-

F1值 Yes 0.90

（b）测试集

图 4-27 混淆矩阵（C4.5 算法）

由实验结果可知，C4.5 算法得出的混淆矩阵中的各项指标与 ID3 算法得出的并无差别，但在变量重要性中，影响程度从大到小依次为 Humidity、Outlook、Windy、Temperature。湿度超越了天气的影响程度，且温度不再呈现为零影响。

（3）CART 算法实验结果。

由图 4-28 至图 4-30 可知，CART 算法的运行结果与 ID3 算法相同，增添输入数据量或能使两种算法输出不同的结果，体现出算法差异。

输出数据

Outlook	Temperature	Humidity	Windy	Play	prediction	probability	prob_Yes	prob_No
Sunny	Hot	High	false	No	No	[0,1]	0	1
Sunny	Hot	High	true	No	No	[0,1]	0	1
Overcast	Hot	High	false	Yes	Yes	[1,0]	1	0
Rain	Mild	High	false	Yes	Yes	[0.5,0.5]	0.5	0.5
Rain	Cool	Normal	false	Yes	Yes	[1,0]	1	0
Rain	Cool	Normal	true	No	Yes	[0.5,0.5]	0.5	0.5
Overcast	Cool	Normal	true	Yes	Yes	[1,0]	1	0
Sunny	Mild	High	false	No	No	[0,1]	0	1
Sunny	Cool	Normal	false	Yes	Yes	[1,0]	1	0
Rain	Mild	Normal	false	Yes	Yes	[1,0]	1	0
Sunny	Mild	Normal	true	Yes	Yes	[0.5,0.5]	0.5	0.5
Overcast	Mild	High	true	Yes	Yes	[1,0]	1	0
Overcast	Hot	Normal	false	Yes	Yes	[1,0]	1	0
Rain	Mild	High	true	No	Yes	[0.5,0.5]	0.5	0.5

图 4-28　输出数据（CART 算法）

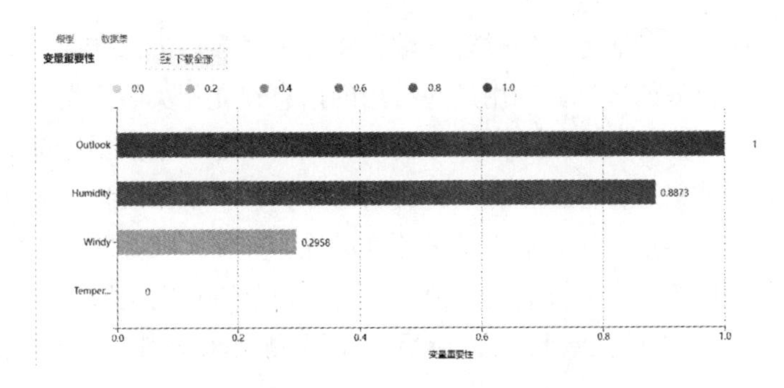

图 4-29　变量重要性（CART 算法）

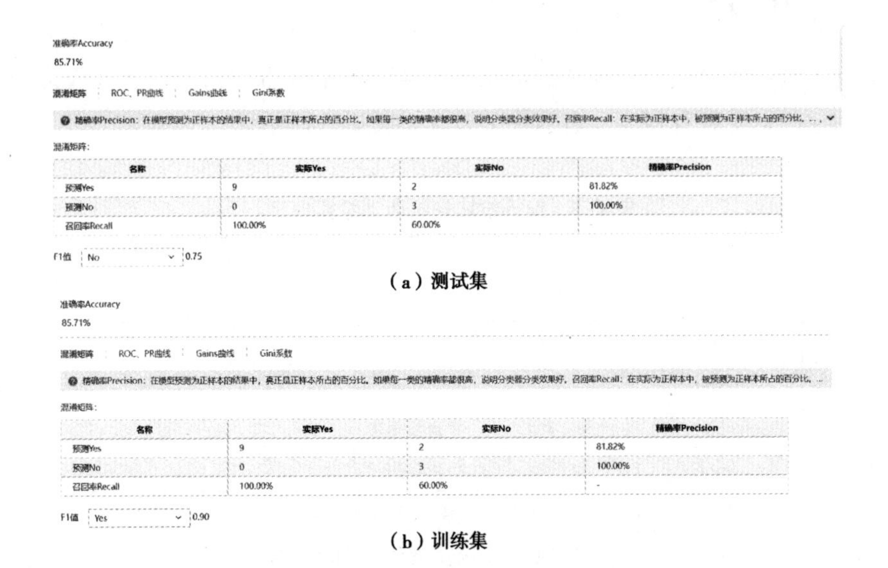

准确率Accuracy

85.71%

混淆矩阵　ROC、PR曲线　Gains曲线　Gini系数

精确率Precision：在模型预测为正样本的结果中，真正是正样本所占的百分比。如果每一类的精确率都很高，说明分类器分类效果好。召回率Recall：在实际为正样本中，被预测为正样本所占的百分比。...

混淆矩阵：

名称	实际Yes	实际No	精确率Precision
预测Yes	9	2	81.82%
预测No	0	3	100.00%
召回率Recall	100.00%	60.00%	-

F1值　No　0.75

（a）测试集

准确率Accuracy

85.71%

混淆矩阵　ROC、PR曲线　Gains曲线　Gini系数

精确率Precision：在模型预测为正样本的结果中，真正是正样本所占的百分比。如果每一类的精确率都很高，说明分类器分类效果好。召回率Recall：在实际为正样本中，被预测为正样本所占的百分比。...

混淆矩阵：

名称	实际Yes	实际No	精确率Precision
预测Yes	9	2	81.82%
预测No	0	3	100.00%
召回率Recall	100.00%	60.00%	-

F1值　Yes　0.90

（b）训练集

图 4-30　混淆矩阵（CART 算法）

4.3 随机森林算法实验

4.3.1 实验目的

（1）理解随机森林算法原理，掌握随机森林算法框架。

（2）针对特定应用场景及数据，能应用随机森林算法解决实际问题。

（3）掌握 Tempo AI 大数据分析实验平台的操作。

4.3.2 实验要求

某银行针对一项定期存款的业务，通过客户端向 4 万多名客户进行推送，得到他们的基本信息以及关于此项业务的选择。利用这些有用的信息建立相关的分类树，判断哪类客户有此项业务的真实需求。由于数据的不平衡性，我们通过调整数据比例来改善数据结构，然后对初始的测试集进行检验，从而得到新的分类树。根据改善的数据建立的决策树也要进行不断地调整参数，使其输出结果达到最优，并提出相关的检验措施。

请添加合适的节点，构建一个完整的建模流程，对客户是否订购定期存款的业务做出预测，并找出影响营销结果的主要因素，最后总结预测结果对其他银行业发展的启示。

4.3.3 实验数据

本案例的数据集描述银行客户的信息，共 45211 个样本，每条信息拥有多个属性，包括用户的年龄、受教育程度、婚姻状况等，如表 4-5 所示。

表 4-5 银行市场营销活动数据说明

字段名称	数据样例	数据类型	解释说明
age	41	字符型	年龄
job	admin	字符型	工作
marital	divorced	字符型	婚姻状况
education	secondary	字符型	受教育程度
default1	no	字符型	是否有违约记录
balance	270	数值型（INT）	每年账户的平均余额
housing	yes	字符型	是否有住房贷款
loan	no	字符型	是否有个人贷款

续表

字段名称	数据样例	数据类型	解释说明
contact	unknown	字符型	与客户联系的沟通方式
day	5	字符型	最后一次联系的时间（日期）
month	may	字符型	最后一次联系的时间（月份）
duration	222	数值型（INT）	最后一次联系的交流时长
campaign	1	数值型（INT）	在本次活动中，与该客户交流过的次数
pdays	-1	数值型（INT）	距离上次活动最后一次联系该客户，过去了多久（999 表示没有联系过）
previous	0	数值型（INT）	在本次活动之前，与该客户交流过的次数
poutcome	unknown	字符型	上一次活动的结果
Y	no	字符型	预测客户是否会订购定期存款业务

4.3.4 实验步骤

为了解各属性的数据特征，观察数据集有无异常分布，以及对各属性的重要性做初步了解，首先，对数据进行描述性统计分析。其次，将数据集拆分成训练集和测试集。由于数据中“yes”和“no”样本分布不平衡，对训练集数据进行平衡处理，然后利用训练集建立随机森林分类模型，使用测试集进行验证，根据混淆矩阵评估分类模型的准确性。最后，分析得到的分类结果，识别出对客户是否订购定存业务影响较大的因素，并总结其现实意义。具体实验步骤如图 4-31 所示。

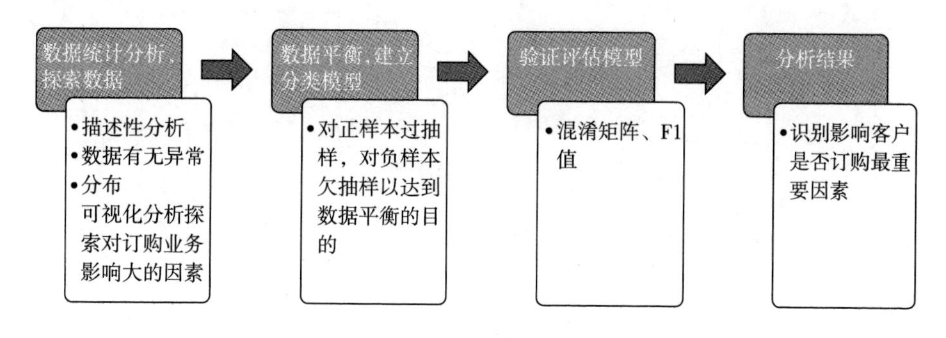

图 4-31 随机森林算法实验具体步骤

（1）数据下载。

数据下载：银行市场营销活动数据 . csv[①]。

① http：//edu. asktempo. cn/file - system/system/course/49caa19879634c9b83dc1061fe3c5296/file/50621a796e054343ad643ae0ba4c9e5d. csv.

（2）分类预测。

随机森林算法实验的最终建模流程如图 4-32 所示。

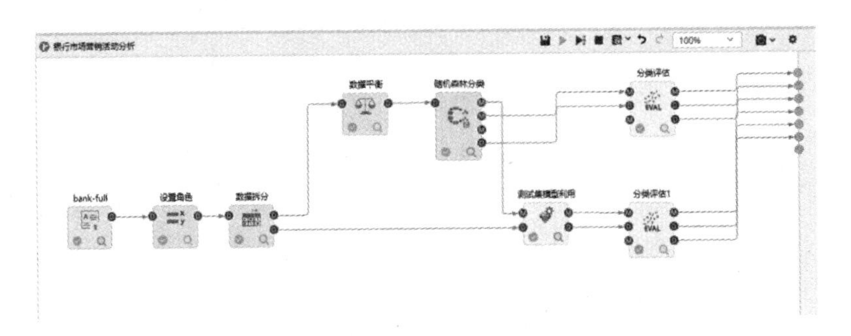

图 4-32　随机森林算法实验最终建模流程

第一，在数据挖掘界面的左侧要素库工具栏中，将“数据管理”模块中的“文件输入”节点拖入流程，双击“文件输入”节点并上传银行市场营销活动数据，如图 4-33 所示。

图 4-33　加入文件输入节点（随机森林算法）

第二，在数据挖掘界面左侧的要素工具栏中，选择“数据处理”中的“设置角色”节点，此节点支持用户选择需要分析的属性/列，并对属性/列进行变量的角色定义。此分类预测中，除是否订购定存业务（Y）为因变量外，其余都为预测因变量的自变量，具体如图 4-34 所示。

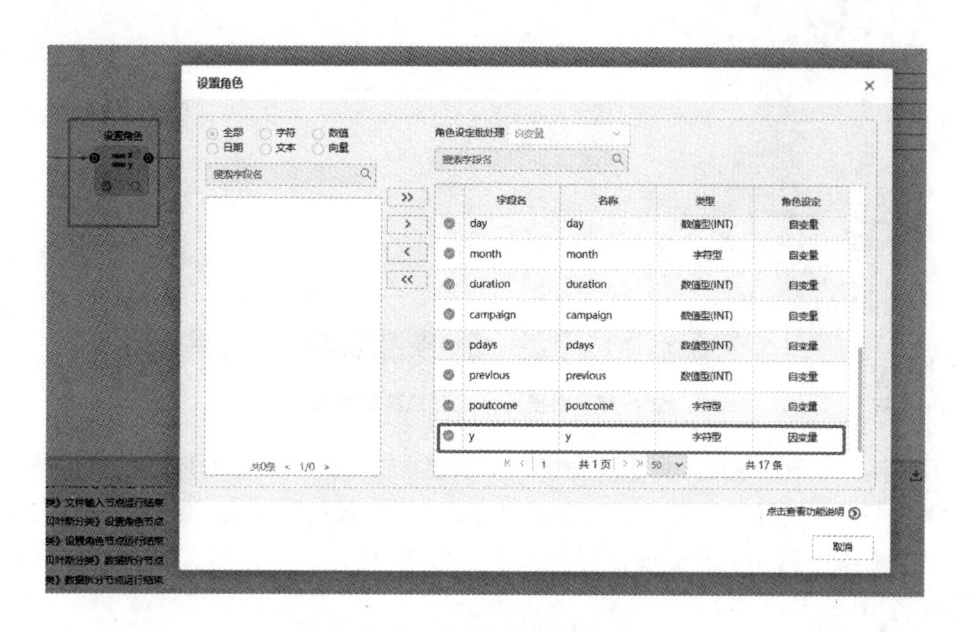

图 4-34　设置角色（随机森林算法）

第三，利用数据挖掘界面的左侧要素工具栏“数据融合”的“数据拆分”节点将数据集分成训练集和测试集，数据拆分是将原始样本集按照 2 个（训练集和测试集）或者 3 个（训练集、测试集和验证集）的方式，拆分为 2 个或 3 个子集。数据拆分经常作为回归或者分类算法节点的前置节点。对于此数据我们将拆分比例定为训练集 70%，测试集 30%。经过数据拆分之后，训练集 yes 样本数为 3716，no 样本数为 27932，yes 样本数与 no 样本数的比例 1∶8，数据存在不平衡具体如图 4-35 所示。

为了保证模型的泛化性能，要对训练集数据进行平衡处理。从数据层面解决类别不平衡问题有两种方法：一种是过抽样方法，另一种是欠抽样方法。前者是利用某种算法人为地增加较少样例的数目，如 SMOTE 算法；后者是人为地减少数目较多样例的数目。两种方法各有优缺点，前者的优点在于能够在总样本量较少的情况下既保证类别平衡，又保证训练集的规模，缺点在于实现起来较为复杂；后者的优点是简单，只需要简单地删除数据集中类别较多的数据直到类别平衡为止，缺点是在数据集规模较小的情况下这种方法可能导致数据集数目变得更小，从而出现模型欠拟合现象。在本实验中，较小类别的数据集规模也在 3000 以上，因此从实现简单的角度出发，对正样本过抽样、对负样本欠抽样以达到数据平衡的目的。

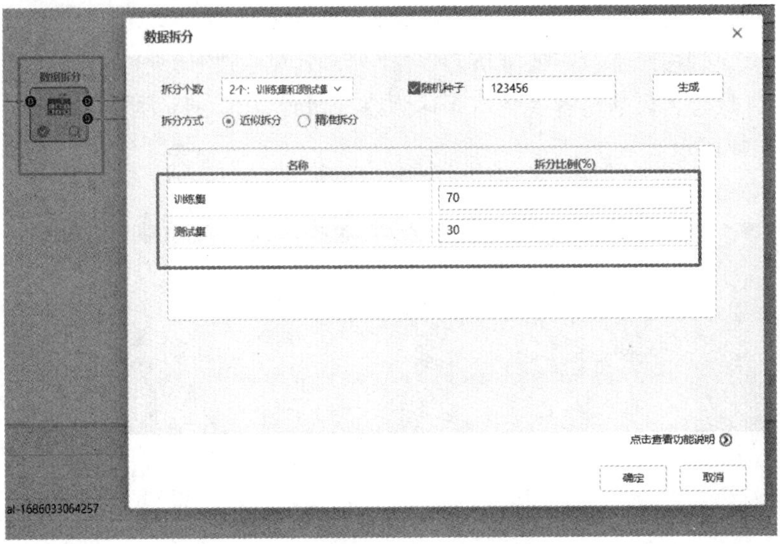

图 4-35　数据拆分（随机森林算法）

具体操作如下：在接入算法前先接入左侧要素工具栏“数据处理”模块中的“数据平衡”节点，设置“平衡方法”为 random，“平衡数量”为绝对数量，生成随机种子，对训练集中的 yes 进行过抽样，抽样数为 7000，对 no 进行欠抽样，抽样数为 20000，如图 4-36 所示。

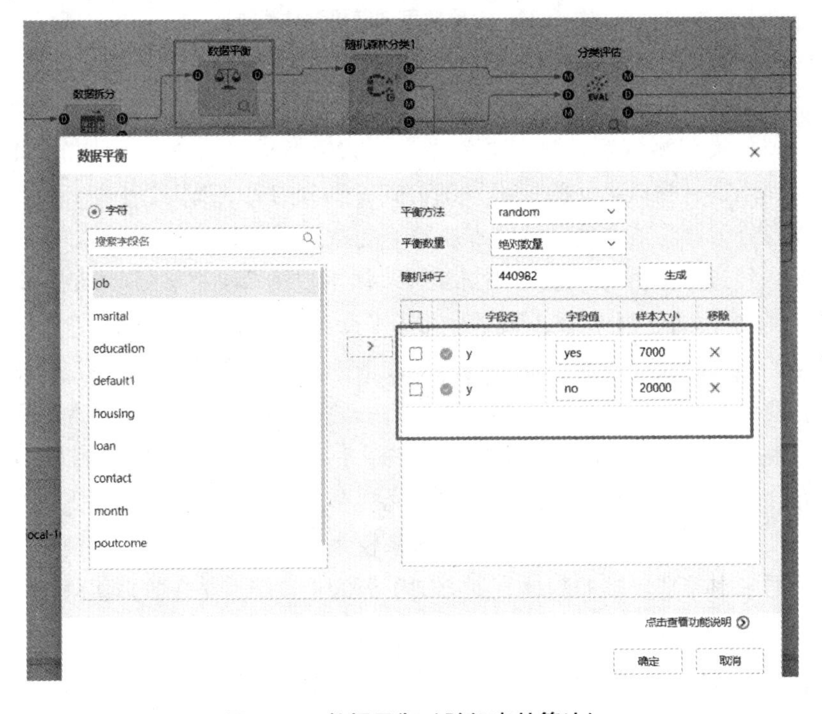

图 4-36　数据平衡（随机森林算法）

接入左侧要素工具栏“机器学习”中的“分类模块”的“随机森林分类”节点，再将算法接入“模型管理”中的“分类评估”节点和“模型利用”节点。“分类评估”被用于自变量和因变量相同类数据集，比较一种分类算法一组参数，不同参数组合或者多种分类算法之间的分析性能，检验分类模型的准确性和可靠性。最终根据一些评价指标或者图表展示，获得最佳分类模型，具体如图 4-37 所示。

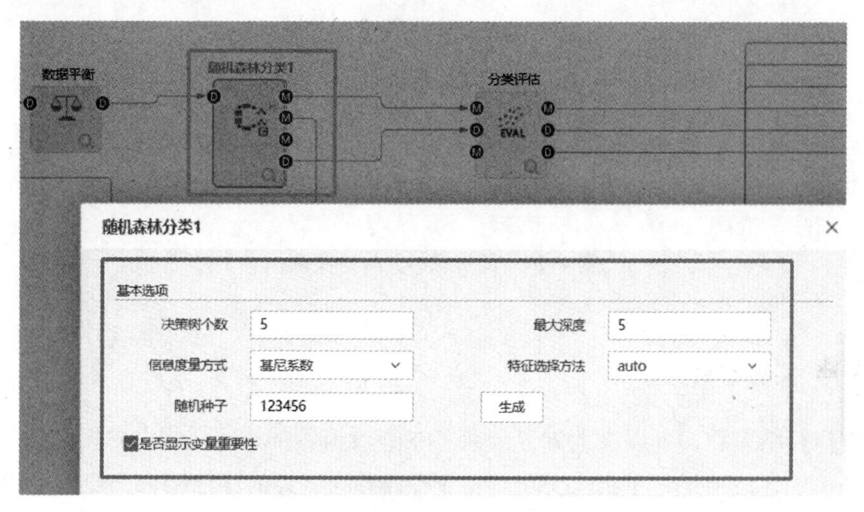

图 4-37　模型接入（随机森林算法）

将左侧要素工具栏“模型管理”模块中的“模型利用”节点接入另一个“分类评估”，两个分类评估将分别评估训练集和测试集的准确率，如图 4-38 所示。

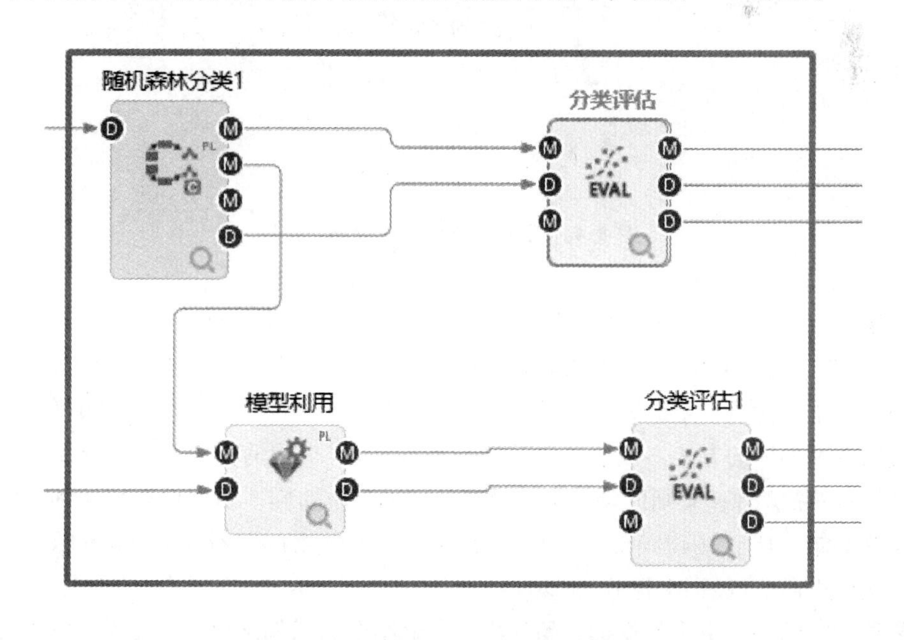

图 4-38　分类评估（随机森林算法）

流程的最后一个节点连接到右侧 END 端点上，单击“执行”，在下方日志区可查看执行日志，具体如图 4-39 所示。

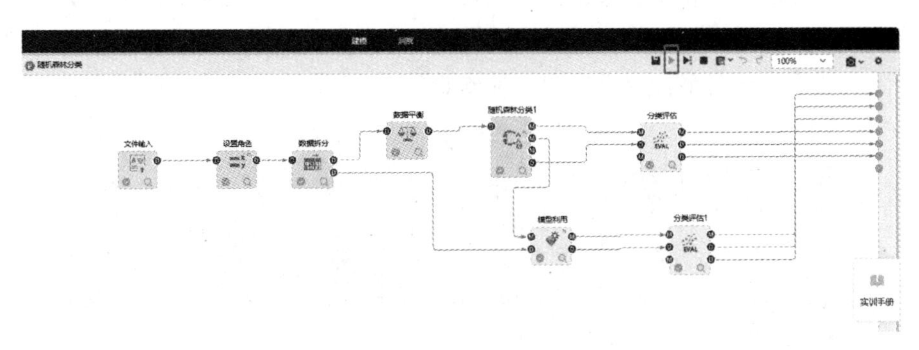

图 4-39　随机森林分类建模流程

4.3.5　实验结果及分析

流程执行结束后，可以在上方“洞察”中查看流程的运行结果，单击“分类评估”查看训练集的评估结果，单击“分类评估 1”查看测试集的评估结果，如图 4-40 所示。

名称	实际no	实际yes	精确率Precision
预测no	19352	4694	80.48%
预测yes	648	2306	78.06%
召回率Recall	96.76%	32.94%	-

（a）训练集

名称	实际no	实际yes	精确率Precision
预测no	11537	1094	91.34%
预测yes	395	500	55.87%
召回率Recall	96.69%	31.37%	-

（b）测试集

图 4-40　混淆矩阵（随机森林算法）

从单个类别来看，模型对测试集中“no”识别较好，识别准确率为 91.34%，召回率为 96.69%，对“yes”识别相对较差识别准确率为 55.87%，召回率为 31.37%，这可能与数据不平衡有一定的关系。虽然在建模中使用了平衡节点平衡了正负样本，但是平衡使用的是抽样的方法，该方法并没有产生新的 yes 类别的样本，只是复制了原来的样本，导致算法对 yes 类别的学习不是很充分，很多新的样本情况没有覆盖到。但相对来说这样的结果比直接建模的效果好很多。直接建模测试集对 yes 类别的 F1 得分为 0.45，使用平衡节点后 F1 得分为 0.6。

需要注意的是，由于数据拆分的随机性，该结果为示例结果，只要保障结果大致在示例结果附近，均为正确结果。

在“洞察”中，单击“随机森林”查看变量重要性，如图 4-41 所示。

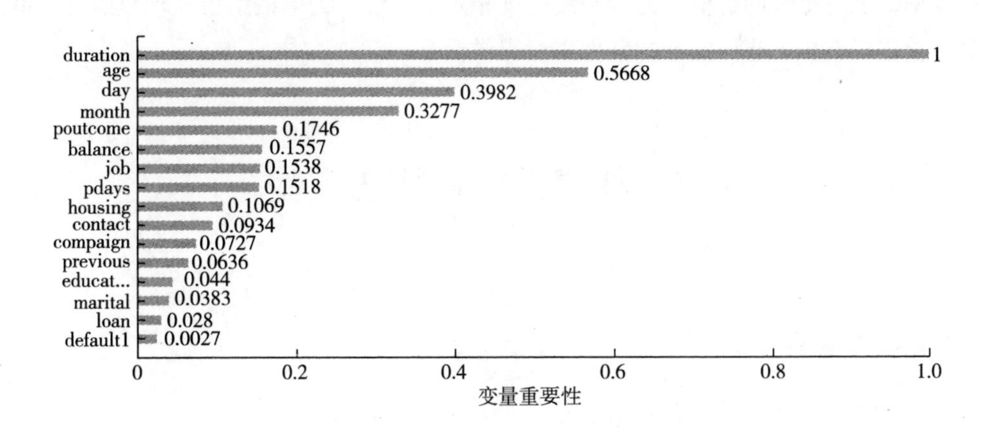

图 4-41　变量重要性（随机森林算法）

从图 4-42 可知，对该营销活动影响比较大的因素有最后一次联系时间、最后一次联系交流时长、客户年龄等，前面与顾客交流时间的结果分析中得出，最后一次联系交流时长（duration）越长，成功率能大幅提升，对谈时间超过 1000 秒，成功率能超过五成。

综上所述，在本次银行市场营销活动所涉及的所有客户中，由之前的描述性分析可知，仅有 11. 7%的客户选择订购银行的定期存款，剩余的 88. 3%的客户则选择不订购存款，由此可见，此次银行市场营销活动的成功率并不高。在选择不订购定期存款的客户中，以 30~40 岁的客户为主，而在选择订购定期存款的客户中，以 60 岁以上的客户为主。从打电话的次数来看，打给客户推销的次数越多，销售的效果越差，与客户有适当的谈话时间（大于 1000 秒）将会影响到电话营销的结果，从重复联系的顾客着手，成功率会最明显提升。

银行在进行电话营销的时候，可以对客户进行分类总结归纳，以提高电话营销的成功率，减少工作量。银行对有可能订购产品的客户要有良好的服务态度和耐心的解答，设计吸引客户的话题，增加与客户的谈话时间。因此，可以先利用分类模型预测出一部分人，在这部分客户中着重选择如大于 60 岁或从事某些职业（学生、退休、主管等）的客户，并将设定为优先考虑。

近年来，我国各家商业银行在各项银行业务，尤其是在争取存款、抢占优质客户等方面都展开了激烈的竞争。营销是深挖产品的内涵，切合准消费者的需求，从而让消费者深刻了解该产品进而购买的过程。随着金融全球化和自由化，银行业面临着全方位和多层次的市场竞争，技术驱动的网络时代的迅速发展，将传统的被动的客户服务变为主动的客户关怀，在营销领域，传统的粗放式的客户营销策略转向精细化的客户营销策略，展开以客户为中心的营销活动已是大势所趋。

在未来，可以改变银行客户选择策略，选择最有可能的客户，减少客户联系成本，提高效率，创造更多的价值，充分利用高度相关的属性，为电话销售经理提供有价值的信息，希望以上相关建议能够为其他银行提供借鉴。

4.4 朴素贝叶斯算法实验

4.4.1 实验目的

（1）理解朴素贝叶斯算法原理，掌握朴素贝叶斯算法框架。

（2）针对特定应用场景及数据，能应用朴素贝叶斯算法解决实际问题。

（3）掌握 Tempo AI 大数据分析实验平台的操作。

4.4.2 实验要求

乙型病毒性肝炎（以下简称“乙肝”）是由乙肝病毒（HBV）引起的以肝脏病变为主的感染性疾病。不同个体对乙型肝炎病毒的易感性差异较大，病毒感染过程复杂。乙肝，尤其是慢性乙肝，临床表现多种多样。根据世界卫生组织官方发布的一项数据，截至 2022 年，我国大约有 7000 万慢性乙肝患者，其中有 2800 万人需要治疗。大多数肝病患者没有任何症状，少数的患者会出现以下症状：容易疲劳，排毒不畅；面色偏黄，眼白混浊等慢性肝病症状；身体乏力，无精打采；发烧、体虚、恶心、呕吐、肌肉痛、头昏、头痛、腹痛，而且通常有黄疸。慢性肝病症状类似感冒，部分慢性肝病症状患者有肝脏轻度肿大，厌油，腹胀持续且明显，常有齿龈出血及鼻出血。

请添加合适的节点，构建一个完整的建模流程，对样本是否患有乙肝进行预测，并找出对患病影响最大的因素。

4.4.3 实验数据

本案例的数据来自 200 多份问卷调查数据，调查对象包含乙肝患者和非乙肝患者，并涉及患者的饮食习惯和过往病史，包含 10 个属性，请利用该数据分析乙肝患者的症状表现和乙肝患者的病因，并对患者的症状表现预测患者是否患有乙肝，如表 4-6 所示。

表 4-6　乙肝样本预测数据说明

字段名称	数据样例	数据类型
ID	7	字符型

续表

字段名称	数据样例	数据类型
劳累	1	字符型
食欲	不厌油	字符型
抽烟	无	字符型
喝酒	是	字符型
小三阳	是	字符型
大三阳	否	字符型
转氨酶	正常	字符型
体力	正常	字符型
乙肝	是	字符型

4.4.4 实验步骤

(1) 数据下载。

数据下载：乙肝数据.csv①。

(2) 分类预测。

朴素贝叶斯算法实验最终建模流程如图 4-42 所示。

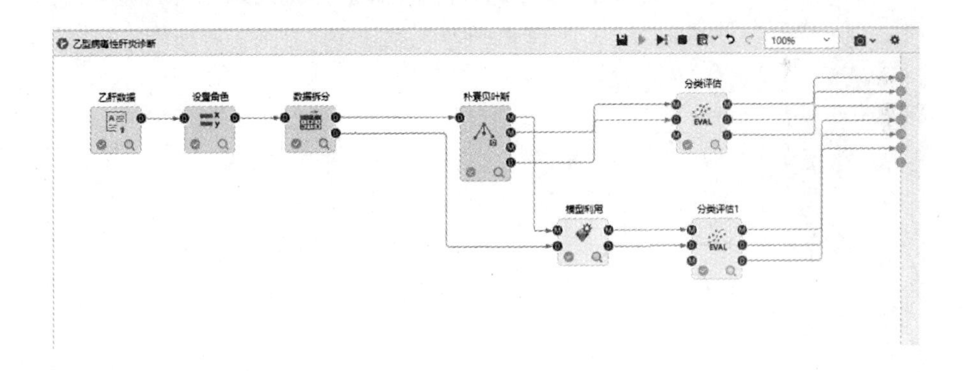

图 4-42 朴素贝叶斯算法实验最终建模流程

第一，在数据挖掘界面左侧的要素库工具栏中，将“数据管理”模块中的“文件输入”节点拖入流程，双击“文件输入”节点并上传乙肝数据，如图 4-43 所示。

① 参见 http：//edu.asktempo.cn/file－system/system/course/86e1f051b83549b8899a0563f26365c9/file/93c7425d506c419fac497bf1a3c213ad.csv。

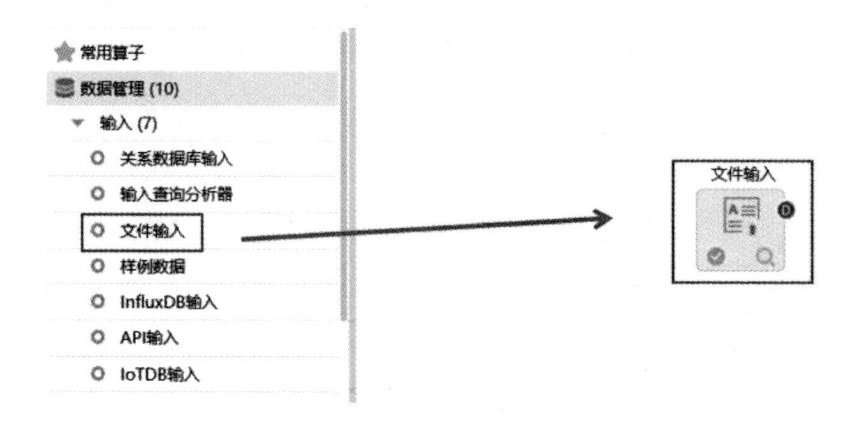

图 4-43　加入文件输入节点（朴素贝叶斯算法）

第二，在数据挖掘界面左侧要素工具栏“数据处理”模块中，将“设置角色”节点拖入流程并与“文件输入”节点连接，双击“设置角色”节点进行相关设置。此节点支持用户选择需要分析的属性/列，并对属性/列进行变量的角色定义，此分类预测中，ID、大三阳、转氨酶不被包括在内，剩下的属性除是否患乙肝为因变量外，其余都为预测因变量的自变量。具体设置如图 4-44 所示。

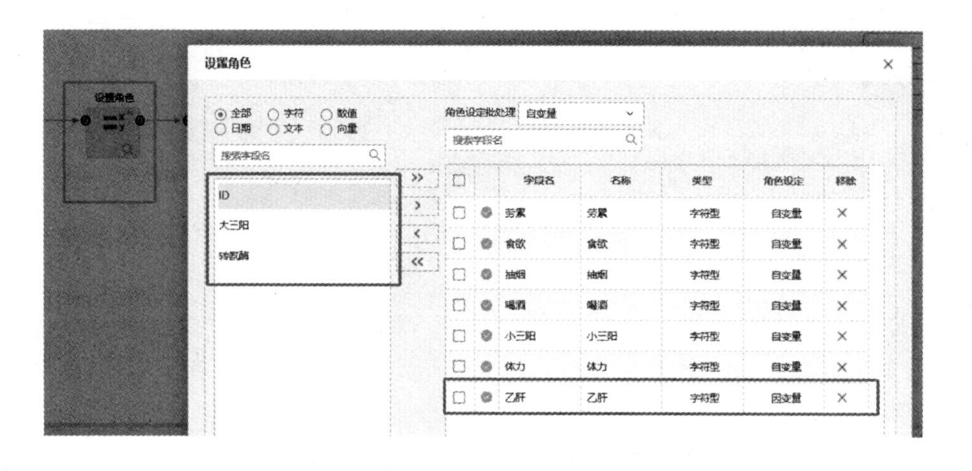

图 4-44　设置角色（朴素贝叶斯算法）

第三，将数据挖掘界面左侧要素工具栏“数据融合”的“数据拆分”节点拖入流程并与连接“设置角色”节点，双击进行相关设置。将数据集分成训练集和测试集，数据拆分是将原始样本集按照 2 个（训练集和测试集）或者 3 个（训练集、测试集和验证集）方式，被拆分为 2 个或 3 个子集。数据拆分经常作为回归或者分类算法节点的前置节点。对于此数据我们将拆分比例定为各 50%，具体如图

4-45 所示。

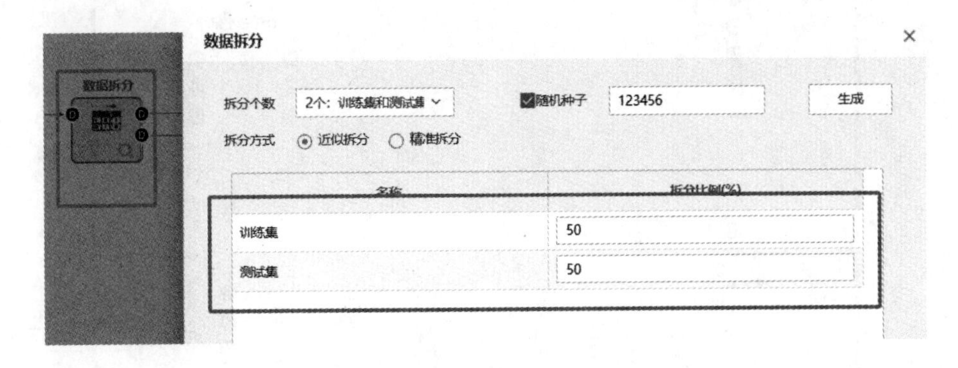

图 4-45 数据拆分（朴素贝叶斯算法）

第四，将数据挖掘界面左侧要素工具栏“机器学习”模块的“朴素贝叶斯”分类模型节点拖入流程并与“数据拆分”进行连接。双击对模型中的各参数进行设置，这里我们选择默认参数。勾选是否显示变量中重要性，方便后续在“洞察”中查看各属性对是否患乙肝的影响程度，具体如图 4-46 所示。

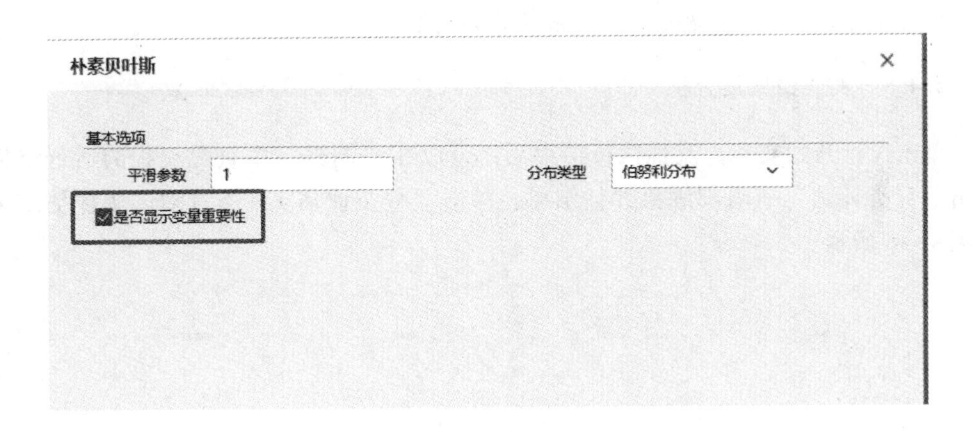

图 4-46 模型接入（朴素贝叶斯算法）

第五，将算法接入数据挖掘界面左侧要素工具栏“模型管理”模块的“模型利用”和“分类评估”节点，训练集的数据经过算法训练学习并评估后，测试集的数据要利用已经学习训练的模型，因此将新数据和已经学习好的模型连接入“模型利用”节点，就可以将模型的规律快速高效地应用在新的数据中，从而生成对新数据的预测结果。需要注意的是，这里的“分类评估”用的是训练集的数据。

第六，将“模型利用”接入一个新的“分类评估 1”，“分类评估 1”用的是测试集的数据。具体连接方式如图 4-47 所示。

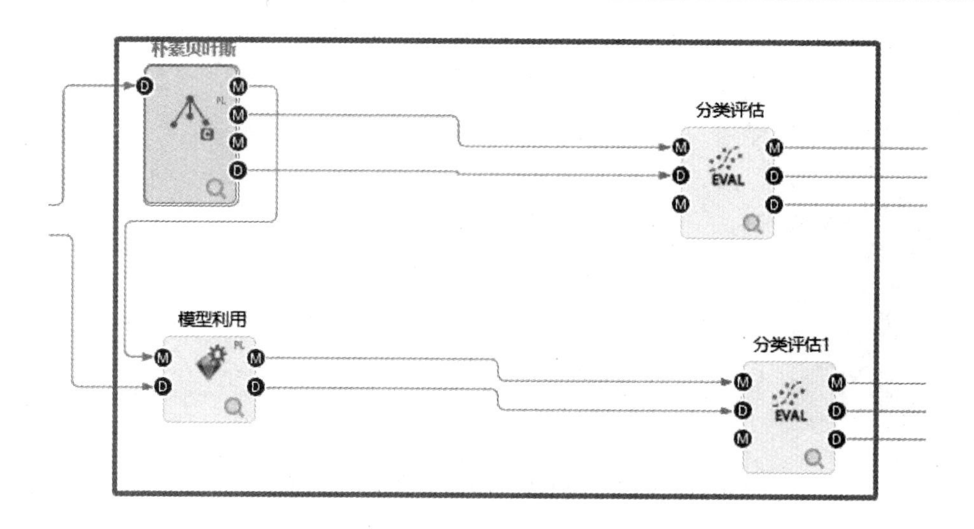

图 4-47　模型利用（朴素贝叶斯算法）

分类评估被用于自变量和因变量相同类数据集，比较一种分类算法一组参数，不同参数组合或者多种分类算法之间的分析性能，检验分类模型的准确性和可靠性。最终根据一些评价指标或者图表展示，获得最佳分类模型。

4.4.5　实验结果及分析

单击执行开始实验，流程执行结束后，可以在“洞察”中查看流程的运行结果，单击“分类评估”查看训练集评估结果。单击“分类评估 1”查看测试集评估结果，如图 4-48 所示。

名称	实际否	实际是	精确率Precision
预测否	97	2	97.98%
预测是	2	15	88.24%
召回率Recall	97.98%	88.24%	-

（a）训练集

名称	实际否	实际是	精确率Precision
预测否	72	7	91.14%
预测是	3	22	88.00%
召回率Recall	96.00%	75.86%	-

（b）测试集

图 4-48　混淆矩阵（朴素贝叶斯算法）

F1 值是用来衡量二分类模型精确度的一种指标，它可以看作模型精确率和召回率的一种调和平均，取值范围是［0，1］。训练集的平均正确率为 96.55%，F1 得分

为0.93；测试集的平均正确率为90.38%，F1得分为0.875，可见模型的识别度非常好。

需要注意的是，由于数据拆分的随机性，该结果为示例结果，只要保障结果大致在示例结果附近，均为正确结果。

在“洞察”中，单击“朴素贝叶斯”查看变量重要性，如图4-49所示。

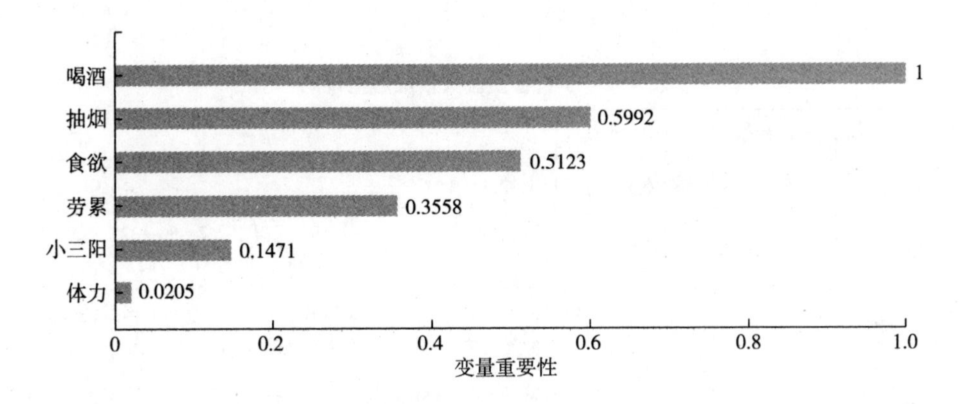

图4-49 变量重要性（朴素贝叶斯算法）

从变量重要性可以看出，喝酒、抽烟等习惯与乙肝患病率关系密切，经常喝酒抽烟的人更容易患有乙肝。

肝脏是人体进行生命活动的重要器官，对人体健康至关重要。由本案例可知，经常喝酒抽烟的人更容易患有乙肝。因此，乙肝患者在日常饮食时要特别注意忌烟酒等。

4.5 KNN算法实验

4.5.1 实验目的

（1）理解KNN算法原理，掌握KNN算法框架。

（2）针对特定应用场景及数据，能应用KNN算法解决实际问题。

（3）掌握Tempo AI大数据分析实验平台的操作。

4.5.2 实验要求

请添加合适的节点，选择合适的算法，构建一个完整的KNN算法建模流程，输出正确的结果。通过最后分析所得的分类结果，识别出对客户流失率影响较大的因素，并总结其带给运营商的现实意义。

4.5.3 实验数据

本案例使用的数据集来自某运营商的真实数据，该数据集描述了顾客的手机号码使用信息，包括套餐金额、额外通话时长、流失用户等，共 4975 个样本，如表 4-7 所示。

表 4-7 手机客户流失情况数据说明

字段名称	数据样例	数据类型	字段描述
ID	7	数值型	客户编号
套餐金额	1	字符型	用户购买的月套餐金额，1=96 元以下，2=96~225 元，3=225 元以上
额外通话时长	196.33	数值型	每月额外通话时长=实际通话时长-套餐包含的通话时长这部分需要用户额外交费。数值是每月的额外通话时长的平均值（单位：分钟）
额外流量	221.29	数值型	每月额外流量=使用实际流量-套餐内包含的流量，需要用户额外交费。数值是每月额外流量平均值（单位：兆）
改变行为	0	字符型	是否曾经改变过套餐金额，1=是，0=否
服务合约	1	字符型	用户是否与运营商签订过服务合约，1=是，0=否
关联购买	0	字符型	用户使用运营商移动服务过程中是否还同时办理其他业务（主要是固定电话和宽带业务），1=同时办理一项其他业务，2=同时办理两项其他业务，0=没有办理其他业务
集团用户	1	字符型	用户办理的是不是集团业务，相比个人业务，集体办理的号码在集团内拨打有一定优惠；1=是，0=否
流失用户	0	字符型	在 25 个月观测期内，用户是否已经流失；1=是，0=否

4.5.4 实验步骤

（1）数据下载。

数据下载：手机客户流失数据.xlsx①。

（2）分类预测。

通过以上数据分析，建立手机客户流失预测模型。KNN 算法实验最终建模流程如图 4-50 所示。

① 参见 http：//edu.asktempo.cn/file-system/system/course/8c6be2d702ff450796ad00d67330dd81/file/84c0c927f377411d95a6d8c50ee3ccc3.xlsx。

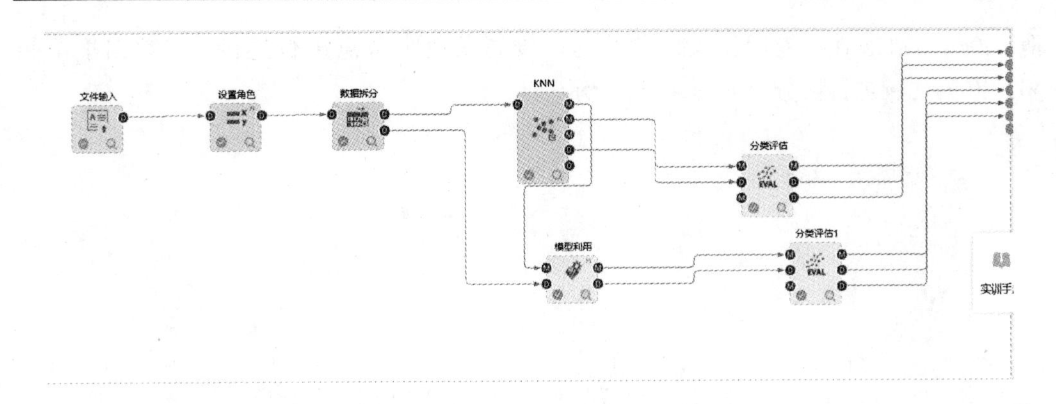

图 4-50 KNN 算法实验最终建模流程

第一，将数据挖掘界面左侧的要素工具栏“数据管理”模块的“文件输入”节点拖入流程，双击上传手机客户流失数据。在“数据结构”中将“流失用户”转换为字符型属性，如图 4-51 所示。

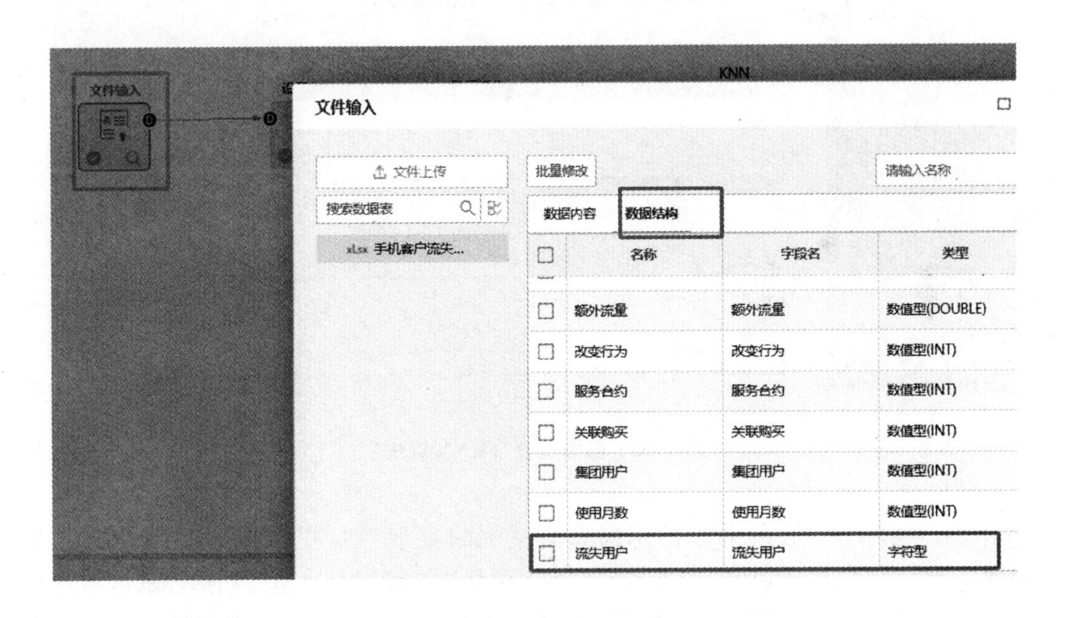

图 4-51 文件输入（KNN 算法）

第二，数据挖掘界面左侧的要素工具栏“数据处理”模块的“设置角色”节点拖入流程，双击进行设置并与“文件输入”节点进行连接。设置角色支持用户选择需要分析的属性/列，并对属性/列进行变量的角色定义，此分类预测中，除是否流失客户为因变量外，其余都为预测因变量的自变量，具体如图 4-52 所示。

第三，将数据挖掘界面左侧的要素工具栏“数据融合”模块的“数据拆分”节点拖入流程，双击节点进行相关设置并与“设置角色”节点进行连接。对数据集按照60：40的比例进行拆分，如图4-53所示。

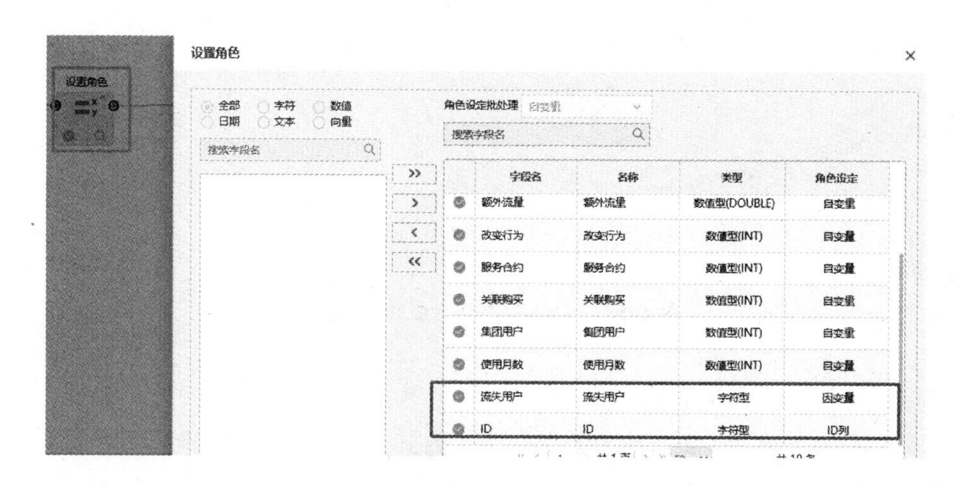

图4-52　设置角色（KNN算法）

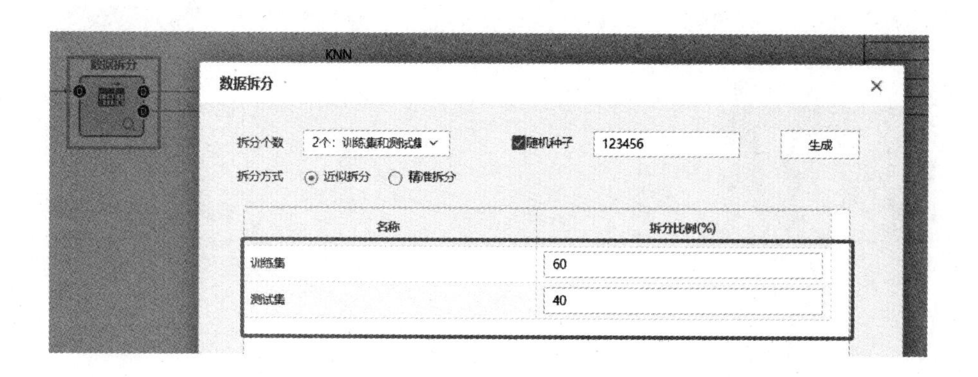

图4-53　数据拆分（KNN算法）

第四，在训练集上利用数据挖掘界面左侧的要素工具栏“机器学习”模块的“KNN分类”节点进行建模，双击节点，可对参数进行配置。这里我们选择默认参数即可。勾选是否显示变量重要性，在后续的“洞察”界面，可以查看各属性对因变量的影响程度，如图4-54所示。

第五，接入数据挖掘界面左侧的要素工具栏“模型管理”模块中的“模型利用”和“分类评估”节点，双击节点进行设置并按照流程图进行连接。在训练集和测试集上同时检验分类模型的准确性和可靠性。具体如图4-55所示。

第六，最后流程的最后一个节点连接到右侧END端点上，单击“执行”，在下方日志区可查看执行日志。

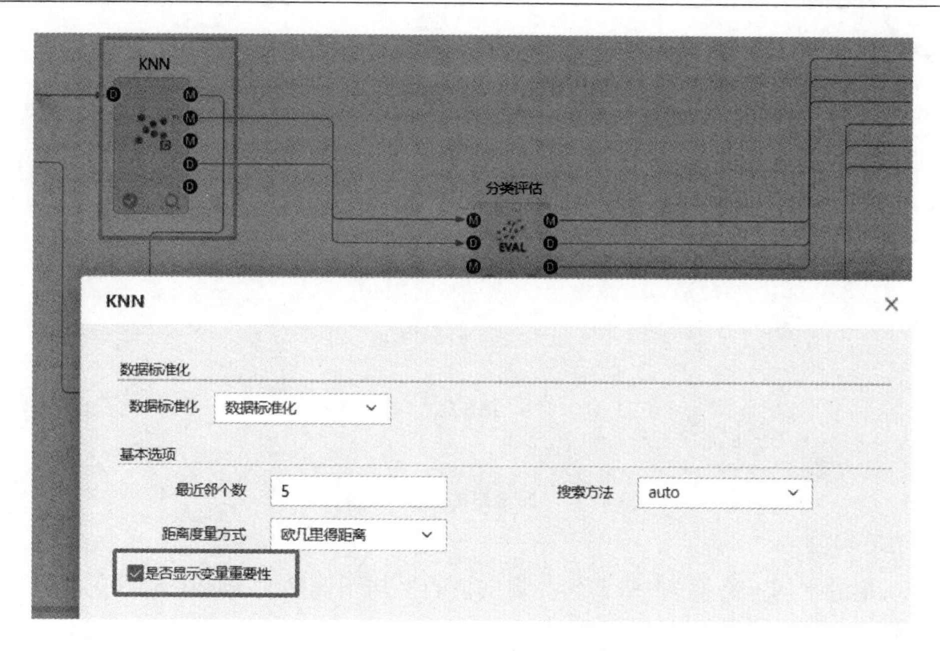

图 4-54　模型接入（KNN 算法）

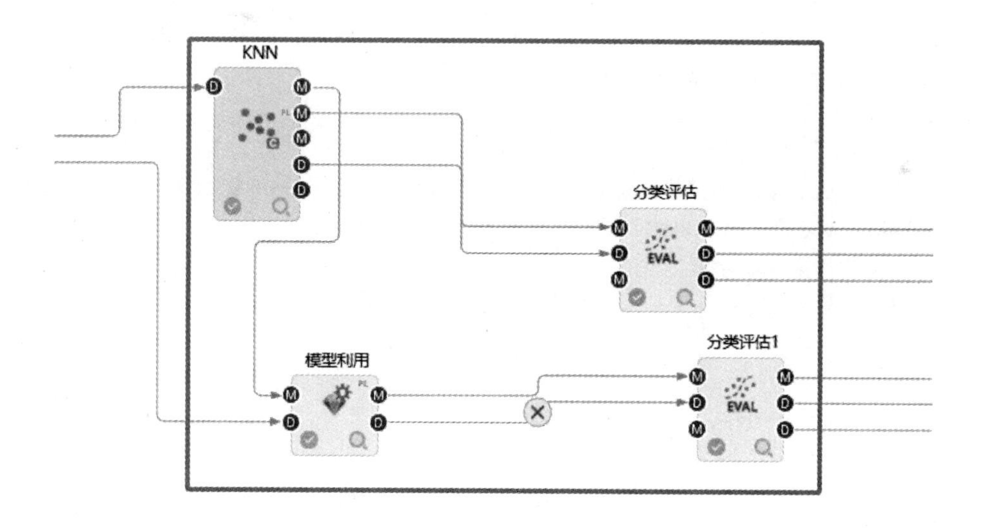

图 4-55　模型利用（KNN 算法）

4.5.5　实验结果及分析

流程执行结束后，可以在“洞察”中查看流程的运行结果，单击“分类评估”查看训练集和测试集的评估结果，如图 4-56 所示。

混淆矩阵：

名称	实际1	实际0	精确率Precision
预测1	2311	16	99.31%
预测0	17	651	97.46%
召回率Recall	99.27%	97.60%	-

F1值 1 0.99

（a）训练集

混淆矩阵：

名称	实际1	实际0	精确率Precision
预测1	1547	17	98.91%
预测0	19	397	95.43%
召回率Recall	98.79%	95.89%	-

F1值 1 0.99

（b）测试集

图 4-56 混淆矩阵（KNN 算法）

训练集的平均正确率为 99.31%，测试集的平均正确率为 98.91%，可见模型的识别度很好。

需要注意的是，由于数据拆分的随机性，该结果为示例结果，只要保障结果大致在示例结果附近，均为正确结果。

从变量重要性可以看出，使用月数、集团用户、额外通话时长、额外流量对客户是否流失的影响程度较大，如图 4-57 所示。

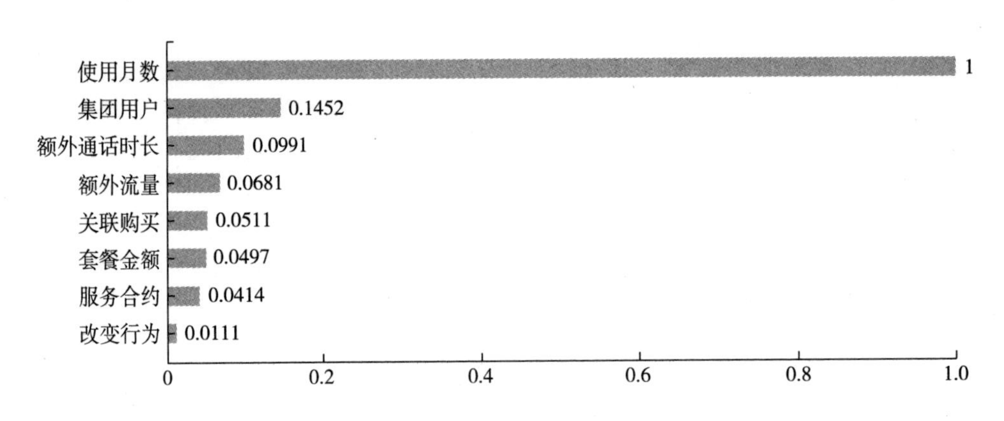

图 4-57 变量重要性（KNN 算法）

随着通信行业的发展与改革，运营商之间的竞争日趋激烈。在互联网高速发展的同时，越来越多的新应用被开发，传统的语音通话、短信、彩信等业务渐渐被微信、QQ 等 App 替代，通信市场被挤压，竞争更显激烈。“保存量、激增量”已成为各个运营商的重要经营理念。在营销手段日益成熟的今天，客户仍然是一个很不稳定的群体，因为他们的市场利益驱动杠杆还是偏向于人、情、理。如何提高客户的忠诚度是现代企业营销一直在研讨的问题。本案例通过分析影响客户流失的因素，帮助通信行业从相关因素入手，留住高价值客户。

4.6 神经网络算法实验

4.6.1 实验目的

（1）理解神经网络算法原理，掌握神经网络算法框架。
（2）针对特定应用场景及数据，能应用神经网络算法解决实际问题。
（3）掌握 TempoAI 大数据分析实验平台的操作。

4.6.2 实验要求

当前，员工离职在当今竞争日益激烈的社会中已经成为较为普遍的现象。对企业而言，适当的人员流动以及新老员工的交替，可以给企业带来新的生命力，但是，过高的员工流失率，就会影响到企业的稳定性和健康发展。员工流动频繁，新员工熟悉工作岗位和企业环境，需要一定的适应周期，如此势必会浪费一定的时间成本和人力成本；同时，还可能会导致产品质量和生产效率的较大波动。因此，企业希望能够提前知晓员工的离职情况，以便采取挽留措施。

请添加合适的节点，构建一个完整的建模流程，对员工是否离职做出预测，并找出对离职影响最大的因素。

4.6.3 实验数据

本案例的数据来自某公司的 1100 名员工信息，共 31 个属性，包含员工的个人信息、受教育程度、工作信息以及是否离职等，如表 4-8 所示。

表 4-8 员工信息数据说明

字段名称	数据样例	数据类型	字段描述
Age	2	数值型（INT）	年龄
BusinessTravel	30	字符型	商务差旅频率
Department	2	字符型	员工所在部门
DistanceFromHome	1	数值型（INT）	公司距家距离
Education	1	数值型（INT）	受教育程度

续表

字段名称	数据样例	数据类型	字段描述
EducationField	2	数值型（INT）	员工所学习的专业领域
EmployeeNumber	1	数值型（INT）	员工号码
EnvironmentSatisfaction	1	数值型（INT）	环境满意度
Gender	1	字符型	员工性别
JobInvolvement	0	数值型（INT）	员工工作投入度
JobLevel	2	数值型（INT）	职业级别
JobRole	Manufacturing Director	字符型	工作角色
JobSatisfaction	3	数值型（INT）	工作满意度
MaritalStatus	Divorced	字符型	员工婚姻状况
MonthlyIncome	5993	数值型（INT）	月收入
NumCompaniesWorked	1	数值型（INT）	曾经工作过的公司数
Over18	Y	字符型	年龄是否超过 18 岁
OverTime	No	字符型	是否加班
PereentSalaryHike	18	数值型（INT）	工资提高的百分比
PerformanceRating	3	数值型（INT）	绩效评估
RelationshipSatisfaction	1	数值型（INT）	关系满意度
StandardHours	80	数值型（INT）	标准工时
StockOptionLevel	1	数值型（INT）	股票期权水平
TotalWorkingYears	7	数值型（INT）	总工龄
TrainingTimesLastYear	2	数值型（INT）	上一年的培训时长
WorkLifeBalance	4	数值型（INT）	工作与生活平衡程度
YearsAtCompany	7	数值型（INT）	在目前公司工作年数
YearslnCurrentRole	5	数值型（INT）	在目前工作职责的工作年数
YearsSinceLastPromotion	0	数值型（INT）	距离上次升职时长
YearsWithCurrManager	7	数值型（INT）	跟目前的管理者共事年数
Attrition	1	字符型	是否离职（1=离职，0=未离职）

4.6.4 实验步骤

（1）下载数据。

数据下载：pfm_ train. csv、pfm_ test. csv①。

① http：//edu. asktempo. cn/file - system/system/project - handbook/3f2882bc7a846e1c017a846e9b93000d/pfm _ test. csv.

（2）分类预测。

神经网络算法实验最终建模流程如图 4-58 所示。

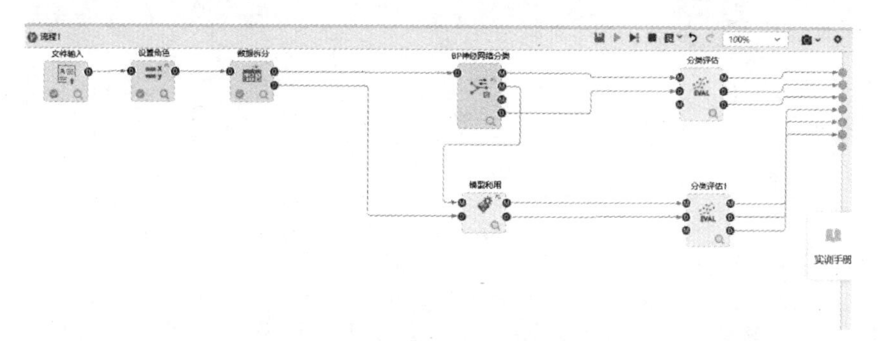

图 4-58　神经网络算法实验最终建模流程

第一，在数据挖掘界面左侧要素工具栏的“数据管理”节点将“文件输入”节点拖入流程，上传 pfm_train. csv 训练集，上传时注意将是否离职（Attrition）数据类型修改为字符型，具体如图 4-59 所示。

图 4-59　数据输入（神经网络算法）

第二，在数据挖掘界面左侧要素工具栏的“数据处理”中的“设置角色”节点拖入流程，进行相应设置并按照流程图连线。此节点支持用户选择需要分析的属性/列，并对属性/列进行变量的角色定义，此分类预测中，除是否离职（Attrition）为因变量外，其余都为预测因变量的自变量。具体如图 4-60 所示。

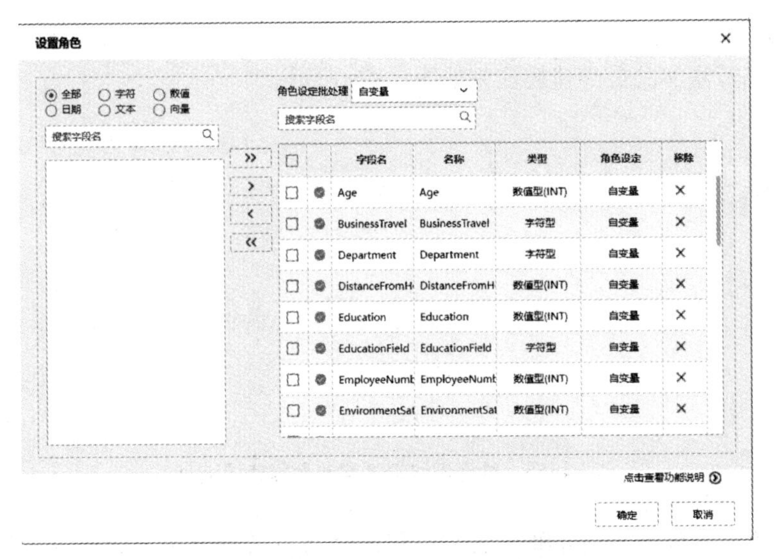

图 4-60　设置角色（神经网络算法）

第三，利用数据挖掘界面左侧要素工具栏的“数据融合”中的“数据拆分”节点加入流程，进行相应设置并按照流程图连线。“数据拆分”可以将数据集分成训练集和测试集，数据拆分是将原始样本集按照 2 个（训练集和测试集）或者 3 个（训练集、测试集和验证集）的方式，拆分为 2 个或 3 个子集。数据拆分经常作为回归或者分类算法节点的前置节点。对于此数据我们将拆分比例定为训练集 90%、测试集 10%（可通过随机种子记录本次的数据集拆分，便于下次训练时使用，可取消勾选不设置随机种子），具体如图 4-61 所示。

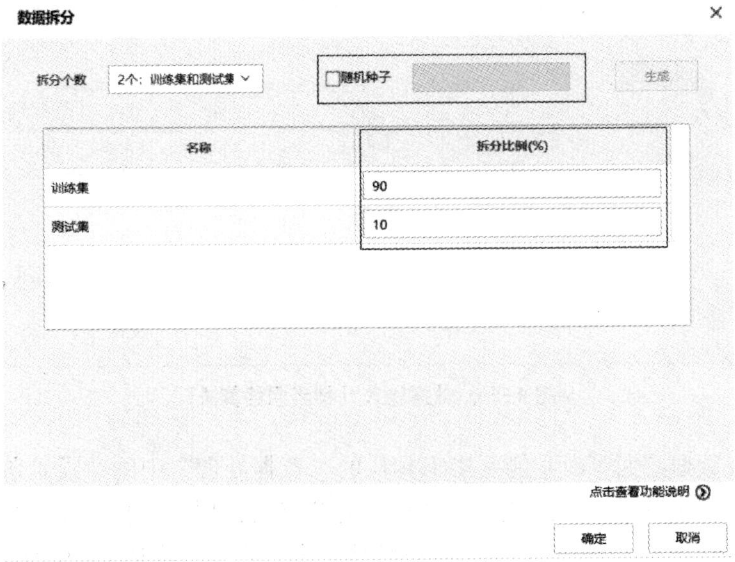

图 4-61　数据拆分（神经网络算法）

第四，将数据挖掘界面左侧要素工具栏的“机器学习”模块中的“BP 神经网络分类”节点接入网络并进行设置，具体如图 4-62 所示。

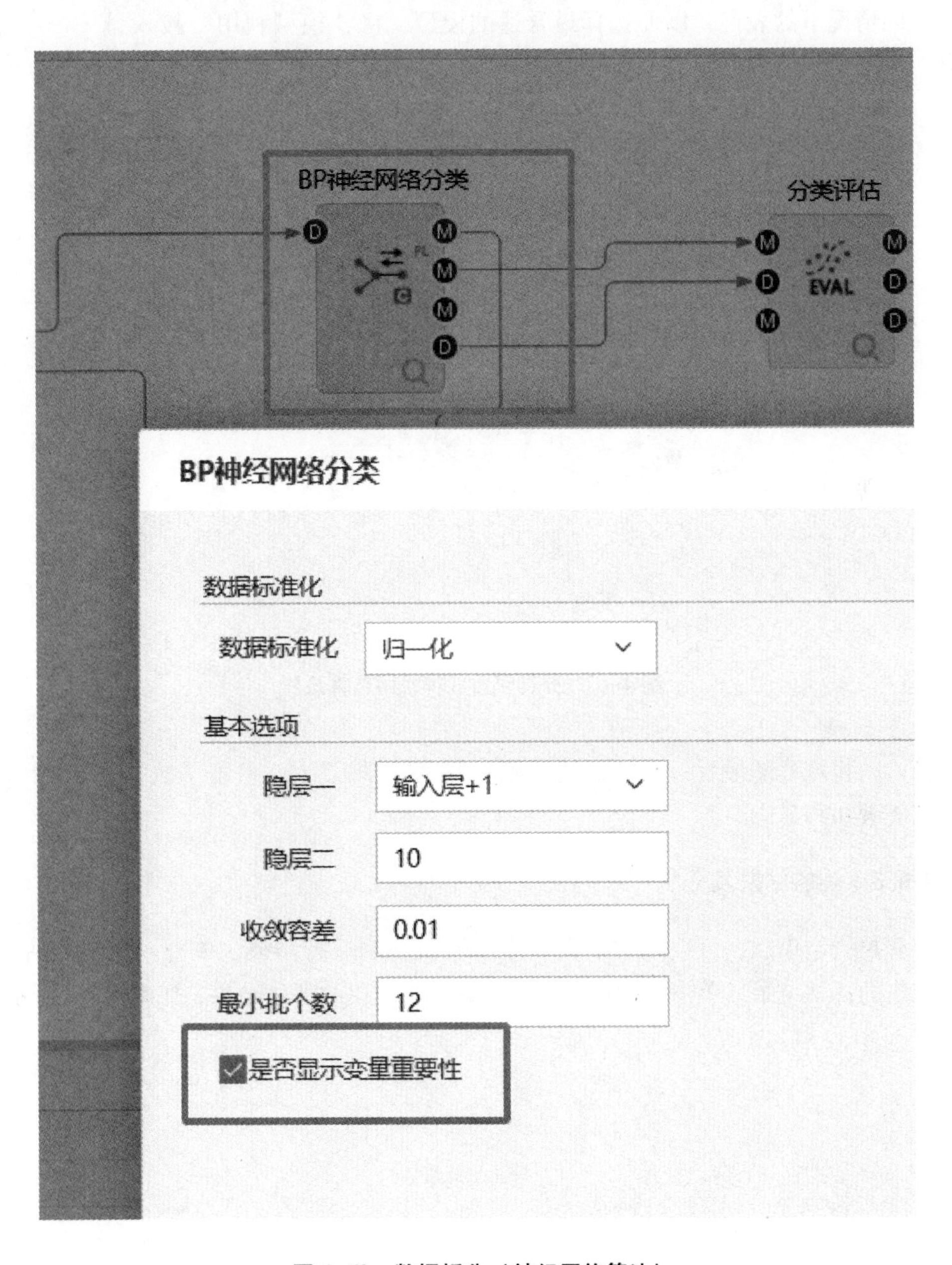

图 4-62　数据拆分（神经网络算法）

第五，将数据挖掘界面左侧要素工具栏的“模型管理”中的“分类评估”和“模型利用”节点接入流程，进行相应的设置并连线。分类评估是一个用于分析自变量和因变量相同类别的数据集的方法，用于比较不同参数组合下的单一分类算法，或者不同分类算法之间的性能，旨在评估分类模型的准确性和可靠性，并最终确定最佳的分类模型。模型评估是一个重要的步骤，通过一系列评价指标或可视化图表，帮助我们了解模型在不同情况下的表现，以便选择最合适的模型。将“模型利用”接入另一个“分类评估”，两个分类评估将分别评估训练集和测试集的准确率。具体如图 4-63 所示。

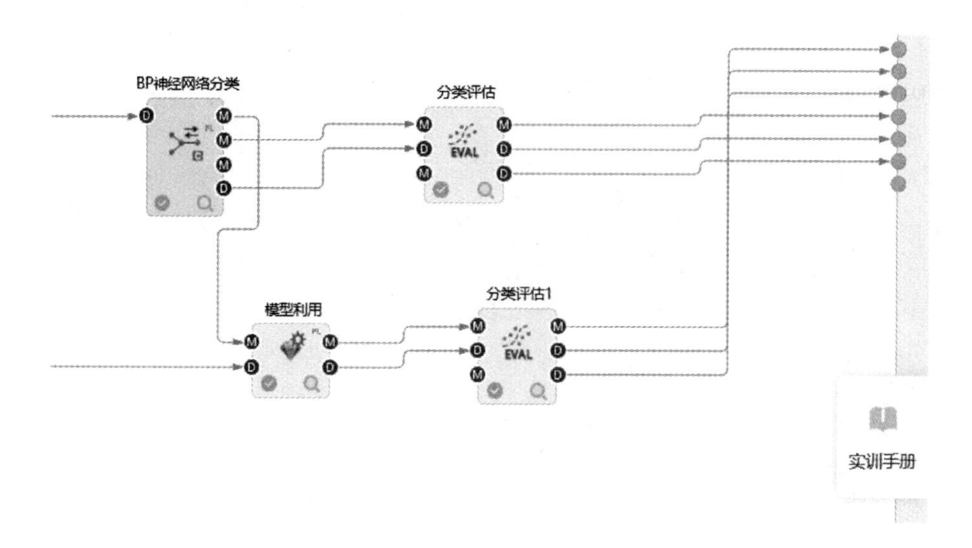

图 4-63　分类评估（神经网络算法）

第六，将流程的最后一个节点连接到右侧 END 端点上，单击“执行”，在下方日志区可查看执行日志。

4.6.5　实验结果及分析

流程执行结束后，可以在“洞察”中查看流程的运行结果，单击“分类评估”查看训练集的评估结果，单击“分类评估 1”查看测试集的评估结果，如图 4-64 所示。

名称	实际0	实际1	精确率Precision
预测0	828	168	83.13%
预测1	0	0	0.00%
召回率Recall	100.00%	0.00%	-

（a）训练集

名称	实际0	实际1	精确率Precision
预测0	94	10	90.38%
预测1	0	0	0.00%
召回率Recall	100.00%	0.00%	-

（b）测试集

图 4-64　混淆矩阵（神经网络算法）

由图 4-64 可知，利用逻辑对测试集的准确率为 83.13%，测试集中对 0 样本的分类准确率为 90.38%，对 0 样本的召回率为 100%，召回率中实际是 0，预测也是 0 的概率为 100%；证明该分类器的划分能力较强。因此，该模型可以较为准确地预测员工是否离职。

需要注意的是，由于数据拆分的随机性，该结果为示例结果，只要保障结果大致在示例结果附近，均为正确结果。

离职或者说员工流失一直都是企业发展中的一个重要问题，尤其是员工频繁跳槽，使企业对员工的管理变得更加困难。如果企业不能为员工营造满意的工作环境，员工离职的可能性就会大大增加。本案例为企业的人力资源管理部门提供科学依据，以制定员工管理的合理化措施，从而降低离职率，增加员工稳定性。

本章小结

本章主要介绍了分类分析在实际场景中的应用，主要介绍了 7 种常用的分类算法，并在介绍其基本概念及原理的基础上，分别利用天气预报数据、银行定期存款业务数据、乙型病毒性肝炎数据、顾客的手机号码使用信息数据和员工离职数据等数据集对每个算法进行实验。通过本章的学习，我们可以更好地熟悉聚类分析的相关概念和算法，掌握分类算法的原理和实现方法，了解决策树算法、随机森林算法、KNN 算法、朴素贝叶斯算法、神经网络算法等分类算法的概念和应用。

参考文献

[1] 高阳，廖家平，吴伟. 基于决策树的 ID3 算法与 C4.5 算法 [J]. 湖北工业大学学报，2011，26 (2) 54-56.

[2] 韩敏，李秋锐. 基于 KNN 算法的垃圾邮件过滤方法分析 [J]. 计算机光盘软件与应用，2012 (7)：179-180.

[3] 焦李成. 神经网络系统理论 [M]. 西安：西安电子科技大学出版社，1990.

[4] 李建民，张钹，林福宗. 支持向量机的训练算法 [J]. 清华大学学报 (自然科学版)，2003，43 (1)：120-124.

[5] 李强. 创建决策树算法的比较研究——ID3，C4.5，C5.0 算法的比较 [J]. 甘肃科学学报，2006，18 (4)：84-87.

［6］李晓黎，刘继敏，史忠植. 基于支持向量机与无监督聚类相结合的中文网页分类器［J］. 计算机学报，2001，24（1）：62-68.

［7］刘慧. 决策树 ID3 算法的应用［J］. 科技信息（学术研究），2008（32）：182.

［8］慕春棣，戴剑彬，叶俊. 用于数据挖掘的贝叶斯网络［J］. 软件学报，2000，11（5）：660-666.

［9］王春峰，万海晖，张维. 基于神经网络技术的商业银行信用风险评估［J］. 系统工程理论与实践，1999，19（9）：24-32.

［10］王煜，张明，王正欧，等. 用于文本分类的改进 KNN 算法［J］. 计算机工程与应用，2007，43（13）：159-162+166.

［11］杨帆，林琛，周绮凤，等. 基于随机森林的潜在 k 近邻算法及其在基因表达数据分类中的应用［J］. 系统工程理论与实践，2012，32（4）：815-825.

［12］姚登举，杨静，詹晓娟. 基于随机森林的特征选择算法［J］. 吉林大学学报（工学版），2014，44（1）：137-141.

［13］于晓虹，楼文高. 基于随机森林的 P2P 网贷信用风险评价、预警与实证研究［J］. 金融理论与实践，2016（2）：53-58.

［14］于营，杨婷婷，杨博雄. 混淆矩阵分类性能评价及 Python 实现［J］. 现代计算机，2021（20）：70-73+79.

［15］庄镇泉，王东生. 神经网络与神经计算机：第二讲 神经网络的学习算法［J］. 电子技术应用，1990（5）：38-41.

5　聚类分析实验

5.1　聚类分析概述

5.1.1　聚类分析的定义

聚类原本是统计学上的概念，现在属于机器学习中无监督学习的范畴，大多被应用在数据挖掘、数据分析等领域，简单来说可以用一个词概括——物以类聚。如果将人与其他动物放到一起对比，就能够比较容易地发现一些判断特征，如肢体、嘴、眼睛、皮毛等，并根据判断指标之间的差距大小区分出哪一类为人、哪一类为狗、哪一类为鱼等，这就是聚类。

从定义上来说，把所有物理类型或抽象对象的集合体都分为由类似的对象所构成的，多个类或簇的过程就是聚类。由聚类而形成的簇是一个数据对象的集合体，这些对象与同一簇中的对象相似度较高，与其他簇中的对象相似度则较低。

相似性一般是通过描述事物的属性值来测量的，距离是最常使用的度量方法。分析物体聚类的过程叫作聚类分析，简称群分析，也是分析物体（样本或目标）分类过程中的一个统计分析手段。

簇（Clust）的原意是“一群”“一组”，即一组扇区（一个磁道可以分割成若干个大小相等的圆弧，叫扇区）的意思。因为扇区的单位太小，所以把它捆在一起，组成一个更大的单位更便于进行灵活管理。簇的大小通常是可以变化的，是由操作系统在所谓“（高级）格式化”时规定的，所以管理也更加灵活。通俗来讲，文件就好像是在一座楼房中，所有数据都是人，也就是所有成员，而簇就是一系列的单元套房，基站扇区，也就是说构成这个单元套房的一个个规模相当的房间；单个家庭只能居住在一套或多套的单元套房内，而单元套房无法同时住进两个家庭的成员。

聚类可以视为一种分类，它用类标号创建对象的标记，然而只能从数据导出这些标号。相比之下，分类又称监督分类（Supervised Classification），即使用有类标号已知的对象开发的模型，对新的、无标志的对象赋予类标号。因此，有时称聚类分析为非监督分类（Unsupervised Classification）。

5.1.2 聚类分析的算法

对聚类问题的研究已有很长的发展历程。目前，为解决各应用领域的聚类分析法应用问题，已给出的聚类算法有将近百种。按照聚类分析法基本原理，可把聚类算法细分成如下几类：基于划分的聚类、基于层次的聚类方法、基于密度的聚类方法、基于网格的聚类方法，以及基于模型的聚类方法。虽然聚类的方法很多，但实践应用中比较多的还是 K-means 算法（基于距离）、EM 算法（基于密度）、模糊 C 均值这几种常用的方法。

（1）K-means 算法。

1）基础知识。

K-means 算法是一种迭代求解的聚类分析算法。划分方法的基本思想是：给定一个有 N 个元组和记录的数据集，分裂法就构成了 K 个分组，而每一种分组就表示了一个聚类，K<N。并且，这 K 个分类必须符合以下要求：第一，每一分组都包括一条数据信息。第二，每一条数据信息记录具有并且只包括单个分组；针对给定的 K 值，算法先提供了一种最初始的分类方式，之后采用重复迭代的方式修改分类方法，使每一次修改之后的分类方法均比前一次好。而其所谓最好的准则是：距离相同小组中的记载越近越佳（经过收敛，重复迭代至组内数据结果基本无差别），而距离各个小组中的记载则越远越佳。

2）原理及步骤。

K-means 算法的基本思想是：在数据集中根据一定策略选择 K 个点作为每个簇的初始中心，将数据划分到距离这 K 个点最近的簇中，共分成 K 个类。也就是说，将数据划分成 K 个簇完成一次划分，但形成的新簇并不一定是最好的划分，因此生成的新簇中，重新计算每个簇的中心点，然后再重新进行划分，直到每次划分的结果保持不变。K-means 算法的另一大优点就是在每次迭代中，都要检查对各个样品的分类结果是不是准确。一旦不准确，就必须调整，当所有样品调整完之后，再重新改变聚类中心，接着开始下一次迭代。这个步骤将持续重复直至符合某个终止条件，终止条件可能是下列的任何一项：没有对象，可以重新分配到不同的聚类；聚类中心不再发生变化；误差平方和局部最小。

在实际应用中，往往经过很多次迭代仍然达不到每次划分结果保持不变，甚至由于数据的关系，根本就达不到这个终止条件，因此在实际应用中往往采用变通的方法设置一个最大迭代次数，当达到最大迭代次数时，终止计算。

K-means 算法的基本原理是：给定样本集 $D=\{x_1, x_2, \cdots, x_m\}$，K-means 算法针

对聚类所得簇划分 $C=\{C_1, C_2, \cdots, C_k\}$ 最小化平方误差：

$$E = \sum_{i=1}^{k} \sum_{x \in C_i} \| x - \mu_i \|_2^2 \tag{5-1}$$

其中，$\mu_i = \frac{1}{|C_i|}\sum_{x \in C_i} x$ 是簇 C_i 的均值向量。直观来看，式（5-1）在一定程度上刻画了簇内样本围绕簇均值向量的紧密程度，E 值越小簇内样本相似度越高。最小化式（5-1）并不容易，找到它的最优解需考察样本集 D 中所有可能的簇划分。因此，K-means 算法采用了贪心策略，通过迭代优化来近似求解式（5-1）。

K-means 算法步骤如表 5-1 所示。

表 5-1 K-means 算法步骤

输入：样本集 $D=\{x_1, x_2, \cdots, x_m\}$；

聚类簇数 k

处理流程：

（1）从 D 中随机选择 k 个样本作为初始均值向量 $\{\mu_1, \mu_2, \cdots, \mu_k\}$

（2）repeat

（3）令 $C_i=\varnothing(1\leqslant i\leqslant k)$

（4）for j=1，2，…，m do

（5）计算样本 x_j 与各均值向量 $\mu_i(1\leqslant i\leqslant k)$ 的距离：$d_{ji}=\|x_j-\mu_i\|_2$；

（6）根据距离最近的均值向量确定 x_j 的簇的标记：$\lambda_j=\mathrm{argmin}_{i\in\{1,2,\cdots,k\}} d_{ji}$；

（7）将样本 x_j 划入相应的簇：$C_{\lambda_j}=C_{\lambda_j}\cup\{x_j\}$；

（8）end for

（9）for$i$=1，2，…，k do

（10）计算新均值向量 $\mu'_i = \frac{1}{|C_i|}\sum_{x\in C_i} x$；

（11）if $\mu'_i \neq \mu_i$ then

（12）将当前均值向量 μ_i 更新为 μ'_i

（13）else

（14）保持当前均值向量不变

（15）end if

（16）end for

（17）util 当前均值向量均为更新

输出：簇划分 $C=\{C_1, C_2, \cdots, C_k\}$

其中，表 5-1 第（1）行对均值向量进行初始化，在第（4）～（8）行与第（9）～（16）行依次对当前簇划分及均值向量迭代更新，若迭代更新后均值结果保持不变，则在第（18）行将当前簇划分结果返回。

3）K-means 算法的特点。

第一，由于在 K-means 算法中 K 是事先给定的，因此这个 K 值的选定是非常难以估计的。第二，在 K-means 算法中，我们必须通过初始聚类中心来定义一个原始分类，进而对原始分类加以调整。第三，K-means 算法必须持续完成数据分类处理，并持续计算调整出的新聚类中心，因此在信息量特别大时，计算十分耗时。第四，K-means 算法对一些离散点和初始 K 值敏感，不同的距离初始值对同样的数据样本可能得到不同的结果。

（2）EM 算法。

1）基础知识。

EM 算法是一种迭代优化策略，由于它的计算方法中每一次迭代都分两步，其中一个为期望步（E 步），另一个为极大步（M 步），因此算法被称为 EM 算法（Expectation Maximization Algorithm，即期望最大化算法）。EM 算法受到缺失思想的影响，最初是为了解决数据缺失情况下的参数估计问题。其基本思路为：首先根据已经给出的观测数据，估算出模型参数的值；其次根据上一步估计出的参数值估计缺失数据的值，再根据估计出的缺失数据和已经观测到的数据再重新对基本参值进行估计，之后反复迭代，直至最后收敛，迭代结束。

2）原理及步骤。

EM 算法推导流程如下：对于 n 个样本观察数据 $x=\{x_1, x_2, \cdots, x_n\}$，找出样本的模型参数 θ，极大化模型分布的对数似然函数，具体如下：

$$\hat{\theta} = \arg\max \sum_{i=1}^{n} \log p(x_i; \theta) \tag{5-2}$$

如果我们得到的观察数据有未观察到的隐含数据 $z=\{z_1, z_2, \cdots, z_n\}$，即每个样本属于哪个分布是未知的，此时我们极大化模型分布的对数似然函数，具体如下：

$$\hat{\theta} = \arg\max \sum_{i=1}^{n} \log p(x_i; \theta) = \arg\max \sum_{i=1}^{n} \log \sum_{z_i} p(x_i, z_i; \theta) \tag{5-3}$$

式（5-3）是根据 x_i 的边缘概率计算得来，没有办法直接求出 θ。因此需要一些特殊的技巧，使用 Jensen 不等式对这个式子进行缩放，具体如下：

$$\begin{aligned} \sum_{i=1}^{n} \log \sum_{z_i} p(x_i, z_i; \theta) &= \sum_{i=1}^{n} \log \sum_{z_i} Q_i(z_i) \frac{p(x_i, z_i; \theta)}{Q_i(z_i)} \quad (1) \\ &\geqslant \sum_{i=1}^{n} \sum_{z_i} Q_i(z_i) \log \frac{p(x_i, z_i; \theta)}{Q_i(z_i)} \quad (2) \end{aligned} \tag{5-4}$$

上述过程可以看作对 $\log l(\theta)$ 求了下界 $l\theta = \sum_{i=1}^{n} \log p(x_i; \theta)$。假设 θ 已经给定，那么 $\log l(\theta)$ 的值取决于 $Q_i(z_i)$ 和 $p(x_i, z_i)$。我们可以通过调整这两个概率使式(5-4)(2)下界不断上升，来逼近 $\log l(\theta)$ 的真实值。当不等式变成等式时，说明我们调整后的概率能够等价于 $\log l(\theta)$ 了。

如果要满足 Jensen 不等式的等号，则有：

$$\frac{p(x_i, z_i; \theta)}{Q_i(z_i)} = c, \ c \text{ 为常数} \tag{5-5}$$

由于 $Q_i(z_i)$ 是一个分布，因此满足：

$$\sum_z Q_i(z_i) = 1 \tag{5-6}$$

则：

$$\sum_z Q_i(z_i) \frac{p(x_i, z_i; \theta)}{Q_i(z_i)} = \sum_z p(x_i, z_i; \theta) = c \tag{5-7}$$

由式（5-6）、式（5-7）我们可以得到：

$$Q_i(z_i) = \frac{p(x_i, z_i; \theta)}{\sum_z p(x_i, z_i; \theta)} = \frac{p(x_i, z_i; \theta)}{p(x_i; \theta)} = p(z_i \mid x_i; \theta) \tag{5-8}$$

如果 $Q_i(z_i)=p(x_i, z_i; \theta)$，则式（5-4）（2）是我们的包含隐藏数据的对数似然的一个下界。若我们能极大化这个下界，则也在尝试极大化我们的对数似然，即我们需要最大化下式：

$$\text{argmax} \sum_{i=1}^{n} \sum_{z_i} Q_i(z_i) \log \frac{p(x_i, z_i; \theta)}{Q_i(z_i)} \tag{5-9}$$

式（5-9）也就是 EM 算法中的 M 步，解决了 $Q_i(z_i)$ 如何选择的问题，这一步就是 E 步，该步建立了 $l(\theta)$ 的下界。

EM 算法步骤如表 5-2 所示。

表 5-2 EM 算法步骤

输入：观察到的数据 $x=\{x_1, x_2, \cdots, x_n\}$，联合分布 $p(x, z; \theta)$，条件分布 $p(z \mid x; \theta)$，最大迭代次数 J。
处理流程：
（1）随机初始化模型参数 θ 的初值 θ_0
（2）$j=1, 2, \cdots, J$ 开始 *EM* 算法迭代
（3）*E* 步：计算联合分布的条件概率期望：
$Q_i(z_i) = p(z_i \mid x_i, \theta_j)$
$l(\theta, \theta_j) = \sum_{i=1}^{n} \sum_{z_i} Q_i(z_i) \log \frac{p(x_i, z_i; \theta)}{Q_i(z_i)}$
（4）M 步：极大化 $l(\theta, \theta_j)$，得到 θ_{j+1}：
$\theta_{j+1} = \text{argmax}\, l(\theta, \theta_j)$
如果 θ_{j+1} 已经收敛，则算法结束，否则继续进行 *E* 步和 *M* 步进行迭代
输出：模型参数 θ

3）EM 算法的特点。

EM 算法是迭代求解最大值的算法，同时算法在每一步迭代时分为两步 E 步和 M 步，一轮轮迭代更新隐含数据和模型分布参数，直到收敛，即得到我们需要的模型参数。

一个最直接理解 EM 算法思想的方法就是 K-means 算法。当 K-means 聚类时，各个聚类群的质心为隐含信息。我们将会通过 K 个初始化工作执行，即 EM 算法的 E 步，并且统计地获得距离各个样本最近的质心，并将样本聚类到最近的这些质心上，即 EM 算法的 M 步。接着再重复这些 E 步和 M 步，直至置质心不再改变即可，这就实现了 K-means 聚类。当然，K-means 算法是比较简单的，高斯混合模型（GMM）也是 EM 算法的一个应用。

（3）模糊 C 均值算法。

1）基础知识。

模糊 C 均值（Fuzzy-C Means，FCM）算法是一种基于划分的聚类算法，它的思想就是使得被划分到同一簇的对象之间相似度最大，而不同簇之间的相似性最小。模糊 C 均值算法是普通 C 均值算法的改进，普通 C 均值算法对于数据的划分是硬性的，而模糊 C 均值则是一种柔性的模糊划分，是软聚类方法的一种。

硬聚类算法在分类时有一个硬性标准，根据该标准进行划分，分类结果非此即彼。软聚类算法更看重隶属度，隶属度为［0，1］，每个对象都有属于每个类的隶属度，并且所有隶属度之和为 1，即更接近于哪一方，隶属度越高，其相似度越高。

2）原理及步骤。

模糊 C 均值聚类是引入了模糊理论的一种聚类算法，通过隶属度来表示样本属于某一类的概率，原因在于在很多情况下多个类别之间的界限并不是绝对明确。显然，相比于 K-means 的硬聚类，模糊 C 均值聚类得到的聚类结果更灵活。

模糊 C 均值聚类通过最小化目标函数来得到聚类中心：

$$J_m = \sum_{i=1}^{N} \sum_{j=1}^{C} u_{ij}^m \| x_i - c_j \|^2, \ 1 \leqslant m \leqslant \infty \tag{5-10}$$

其中，$m>1$ 为模糊系数（Fuzzy Coefficient），N 为样本数，C 为聚类中心数，c_j 表示第 j 个聚类中心，与样本特征维数相同，x_i 表示第 i 个样本，u_{ij} 表示样本 x_i 对聚类中心 c_j 的隶属度（通俗地说就是 x_i 属于 c_j 概率），显然满足：

$$\sum_{j=1}^{C} u_{ij} = 1 \tag{5-11}$$

$\| * \|$可以是任意度量数据相似性（距离）的范数，最常见的就是欧几里得范数（又称欧式范数、L2 范数、欧式距离）：

$$d = \| x \|_2 = \sqrt{\sum_i x_i^2} \tag{5-12}$$

模糊 C 均值聚类通过更新 u_{ij} 和 c_j 来迭代优化目标函数 E_q：

$$u_{ij} = \frac{1}{\sum_{k=1}^{C} \left(\frac{\| x_i - c_j \|}{\| x_i - c_k \|} \right)^{\frac{2}{m-1}}} \tag{5-13}$$

$$c_j = \frac{\sum_{i=1}^{N} u_{ij}^m x_i}{\sum_{i=1}^{N} u_{ij}^m} \tag{5-14}$$

迭代的终止条件为 $\max_{ij}\{|u_{ij}^{(t+1)}-u_{ij}^{(t)}|\}<\varepsilon$，其中 t 是迭代步数，ε 是一个很小的常数表示误差阈值。也就是说，迭代更新 u_{ij} 和 c_j 直到前后两次隶属度最大变化值不超过误差阈值。这个过程最终收敛于 J_m 的局部极小值点或鞍点。

模糊 C 均值算法步骤如表 5-3 所示。

表 5-3 模糊 C 均值算法步骤

输入：聚类数 C，初始聚类中心 $X=\{x_1, x_2, \cdots, x_n\}$，模糊指标 m，终止误差
输出：聚类中心 $[v_1, v_2, \cdots, v_c]$，隶属度矩阵 u_{ij}
处理流程：
（1）初始化参数值 c、m 和迭代允许的误差 ε；
（2）初始化迭代次数 $l=0$ 和隶属矩阵 $U(0)$；
（3）根据上一步的公式分别计算或更新隶属度矩阵和新的聚类中心；
（4）比较 J^l 和 $J^{(l-1)}$；若 $\|J^l-J^{(l-1)}\|\leqslant\varepsilon$，则满足迭代停止条件，迭代停止；否则置 $l=l+1$，返回上步继续迭代

3）算法特点。

模糊 C 均值算法的核心步骤就是通过不断地迭代，更新聚类簇中心，达到簇内距离最小。算法的时间复杂度很低，因此该算法得到了广泛应用，但是该算法也存在着许多不足，主要不足如下：第一，模糊 C 均值聚类的簇数目需要用户指定。模糊 C 均值算法首先需要用户指定簇的数目 K 值，K 值的确定直接影响聚类的结果，通常情况下，K 值需要用户依据自己的经验和对数据集的理解指定，因此指定的数值未必理想，聚类的结果也就无从保证。第二，模糊 C 均值算法的初始中心点选取上采用的是随机的方法。模糊 C 均值算法极为依赖初始中心点的选取，一旦错误地选取了初始中心点，对于后续的聚类过程影响极大，很可能得不到最理想的聚类结果，同时聚类迭代的次数也可能会增加。而随机选取的初始中心点具有很大的不确定性，也直接影响着聚类的效果。第三，模糊 C 均值算法采用欧氏距离进行相似性度量，在非凸形数据集中难以达到良好的聚类效果。

5.1.3 聚类算法的评估指标

（1）调整兰德指数。

兰德指数（Rand Index）需要给定实际类别 C，假设 k 是聚类结果，a 表示在 C 与 k 中都是同类别的元素对数，b 表示在 C 与 k 中都是不同类别的元素对数，则兰德指数为：

$$RI=\frac{a+b}{C_2^{n_{samples}}} \tag{5-15}$$

其中，a 表示实际类别中属于同一类，预测类别中也属于同一类的样本数。b 表示实际类别中不属于同一类，预测类别中也不属于同一类的样本数。$C_2^{n_{samples}}$ 表示数据集中可以组成的总元素对数。*RI* 的取值范围为［0，1］，值越大意味着聚类效果与真实情况越吻合。

（2）互信息评分。

互信息（Mutual Information，MI）可以被用来衡量两个数据分布的吻合程度。假设U与V是对N个样本标签的分配情况，则这两种分布的熵分别为：

$$H(U)=\sum_{i=1}^{|u|}P(i)\log(P(i)) \tag{5-16}$$

$$H(V)=\sum_{j=1}^{|v|}P'(j)\log(P'(j)) \tag{5-17}$$

其中，U 为样本实际类别的分配情况，V 为样本聚类之后的标签预测情况。$P(i)=\frac{|U_i|}{N}$，用类别 i 在训练集中的占比来估计。$P'(j)=\frac{|V_j|}{N}$，即簇 j 在训练集中所占的比例。U 与 V 之间的互信息定义为：

$$MI(U,V)=\sum_{i=1}^{|u|}\sum_{j=1}^{|v|}P(i,j)\log\left(\frac{P(i,j)}{P(i)P'(j)}\right) \tag{5-18}$$

其中，$P(i,j)=\frac{|U_i\cap V_j|}{N}$，即来自类别 i 被分配到簇 j 在训练集中所占的比例。标准化后的互信息（Normalized Mutual Information，NMI）为：

$$NMI(U,V)=\frac{MI(U,V)}{\sqrt{H(U)H(V)}} \tag{5-19}$$

调整互信息（Adjusted Mutual Information，AMI）定义为：

$$AMI=\frac{MI(U,V)}{\max(H(U),H(V))-E|MI|} \tag{5-20}$$

使用互信息可以来衡量实际类别与预测类别之间的吻合程度，*NMI* 是对 *MI* 进行的标准化，*AMI* 的处理则与 *ARI* 相同，以使随机聚类的评分接近0。*NMI* 的取值范围是［0，1］，*AMI* 的取值范围是［-1，1］，值越大意味着聚类的结果与真实情况越吻合。

（3）同质性、完整性以及调和平均。

同质性（Homogeneity），即每个结果簇中只包含单个类别（实际类别）成员。完整性（Completeness），即给定类的所有成员都分配给同一个群集。

同质性和完整性分数基于以下公式得出：

$$h=1-\frac{H(C|K)}{H(C)} \tag{5-21}$$

$$c=1-\frac{H(K|C)}{H(K)} \tag{5-22}$$

其中，$H(C|K)$ 是给定簇赋值的类条件熵，由以下公式求得：

$$H(C \mid K) = -\sum_{C=1}^{|C|}\sum_{K=1}^{|K|}\frac{n_{c,k}}{n}\times\log\left(\frac{n_{c,k}}{n_k}\right) \tag{5-23}$$

$H(C)$是类熵，公式为：

$$H(C) = -\sum_{C=1}^{|C|}\frac{n_c}{n}\times\log\left(\frac{n_c}{n}\right) \tag{5-24}$$

其中，n 是样本总数，n_c 和 n_k 是类别 C 和类别 K 包含的样本数目，$n_{c,k}$ 是来自类别 C 却被分配到类别 K 的样本的数目。

V-measure 是同质性和完整性的调和平均数，公式为：

$$V=z\frac{hc}{h+c} \tag{5-25}$$

（4）Fowlkes-Mallows 指数。

Fowlkes-Mallows 指数是针对训练集和验证数据之间求得的查全率和查准率的几何平均值，其公式为：

$$FMI=\frac{TP}{\sqrt{(TP+FP)(TP+FN)}} \tag{5-26}$$

其中，TP 指在实际类别中属于同一类，在预测类别中也属于同一类的样本数；FP 指在实际类别中属于同一类，在预测类别中不属于同一类的样本数；FN 指在实际类别中不属于同一类，在预测类别中属于同一类的样本数。

（5）轮廓系数。

轮廓系数（Silhauette Coefficient）适用于实际类别信息未知的情况。对于单个样本，设 a 是与它同类别中其他样本的平均距离，b 是与它距离最近样本的平均距离，其轮廓系数为：

$$S=\frac{b-a}{\max(a,\ b)} \tag{5-27}$$

对整个数据集合体来说，它的轮廓系数必须等于整个样本轮廓系数的水平。轮廓系数的取值范围为[-1，1]，同类别样本数相距越近，不同类别样本距离越远，分数就越高。

5.2 K-means 算法和 EM 算法实验

5.2.1 实验目的

(1)掌握 K-means 算法和 EM 算法的原理和应用。

(2)学习如何构建完整的建模流程。

5.2.2 实验要求

利用 K-means 算法和 EM 算法，添加合适的节点，构建一个完整的建模流程，通过电信客户的消费行为对他们进行合理分类，并帮助运营商识别各类客户的特点和价值。

5.2.3 实验数据

本实验数据是反映电话客户使用情况的一个数据集，包含 7 个变量，共 3395 条记录，具体数据说明如表 5-4 所示。

表 5-4 电话客户使用情况数据集

字段名称	数据样例	数据类型	字段描述
Customer_lDe	K100050	字符型	客户编号
Peak_minse	40.608	数值型(DOUBLE)	工作日上班时间通话时长
OffPeak minse	18.824	数值型(DOUBLE)	工作日下班时间通话时长
Weekend_minse	1.234	数值型(DOUBLE)	周末通话时长
International minse	4.474	数值型(DOUBLE)	国际通话时长
Total_minse	60.666	数值型(DOUBLE)	总通话时长
Average_minse	1.291	数值型(DOUBLE)	平均每次通话时长

注：下载数据：移动客户脱敏数据 . cvs[①]。

5.2.4 实验步骤

（1）导入数据。

在平台页面左侧“数据管理”中找到“文件输入”，并将其拖入到建模流程中，如图 5-1 所示，将所下载的数据集上传至该节点，该节点支持上传本地 csv、txt、xlsx、xls 类型的数据文件。

双击“文件输入”节点，进入文件输入页面，单击文件上传，将所下载的数据集上传至该节点，如图 5-2 所示。

① http：//edu. asktempo. cn/file-system/system/course/4115e446a35f4b2d9f64494521227098/file/c51a7f2536504542a2602a22a5fa7132. csv.

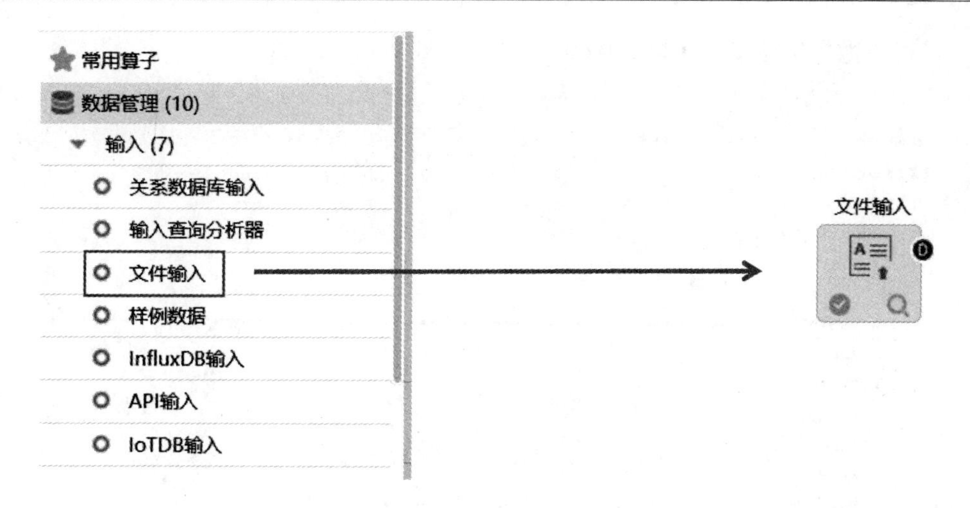

图 5-1　加入文件输入节点（K-means 算法和 EM 算法）

图 5-2　文件输入（K-means 算法和 EM 算法）

（2）描述性分析。

为找出数据的内在规律，对数据进行初步的整理和归纳，我们利用“统计分析”的“描述数据特征”节点，将其拖入建模流程中，并将“文件输入”和“描述数据特征”节点的数据集端口相连接（D-D），如图 5-3 所示。

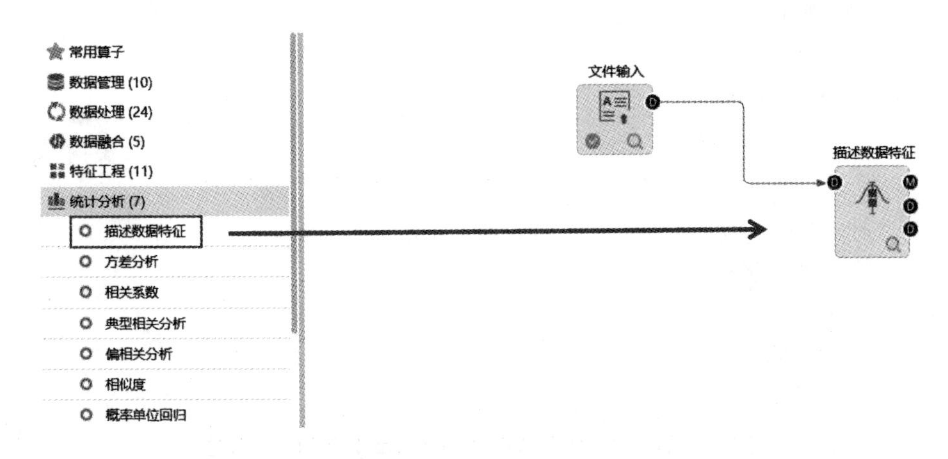

图 5-3　加入描述数据特征节点（K-means 算法和 EM 算法）

双击“描述数据特征”节点，进入文件输入页面，对数据进行描述性统计分析，在配置中选择全部参数进行描述性分析，如图 5-4 所示。

图 5-4　描述数据特征页面（K-means 算法和 EM 算法）

将“描述数据特征”节点的数据集端口和模型端口与执行端口相连接，然后单击右上方的“从头执行”按钮执行流程，如图 5-5 所示。

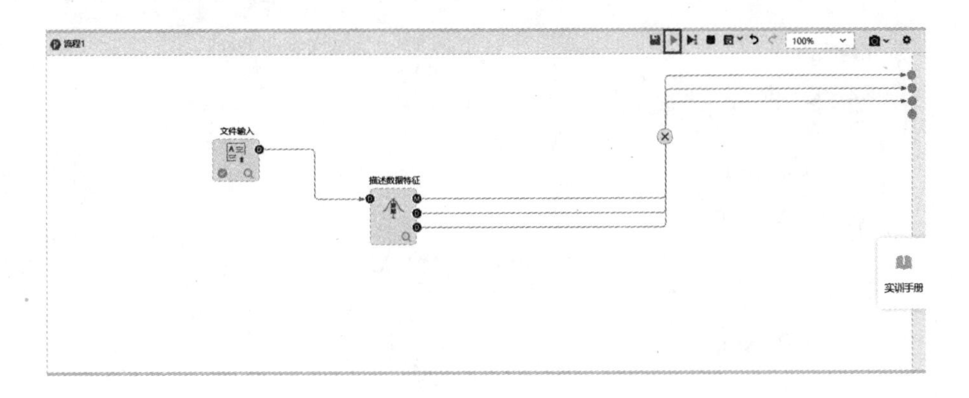

图 5-5 执行描述性分析流程（K-means 算法和 EM 算法）

等待流程执行完成后，在洞察页面中选中“描述数据特征”节点，查看描述统计结果，如图 5-6 所示。

数值型变量统计信息

字段名	完整个数	缺失个数	最大值	最小值	极差	众数	标准差	平均值	中位数	偏度	峰度	无效值个数	缺失值占比	变异系数
Peak_mins	3395	0	2846.4	5.77	2840.63	(71.4,8)	515.1821	708.3469	600.6	0.8555	0.3385	0	0	0.7273
OffPeak_mins	3395	0	1058.4	3.2	1055.2	(238.2,7)	195.3028	301.8049	269.4	0.6483	-0.0916	0	0	0.6471
Weekend_mins	3395	0	205	0.66	204.34	(33.0,34)	35.2559	54.165	45.6	0.8406	0.2931	0	0	0.6509
International_mins	3395	0	1014.82	0.01	1014.81	(13.7,3)	146.6618	172.3498	129.81	1.2619	1.6529	0	0	0.851
Total_mins	3395	0	3423.3	54.81	3368.49	(1076.4,5)	560.7187	1064.3168	991.2	0.6727	0.2781	0	0	0.5268
average_mins	3395	0	53.58	0.63	52.95	(2.07,22)	3.8034	4.1272	2.93	4.8975	36.2319	0	0	0.9216

图 5-6 数值型变量统计信息（K-means 算法和 EM 算法）

由图 5-6 可知，尽管数据量纲相同，也都用于反映通话时长，但是数据取值仍然具有很大的差异，平均数为 4. 1272 ~ 1064. 3168，标准差为 3. 804 ~ 560. 719，分布差异较大。如果直接用指标原始值进行分析，数值较高的指标（Total_ mins）在综合分析中的作用就会被放大，相对地，会削弱数值水平较低的指标（Average_ mins）的作用。

为了消除这种差异的影响，我们需要使不同的特征具有相同的尺度，因此在后面的步骤中要考虑对数据进行标准化处理。

（3）聚类分析。

为提高分类的准确率，这里我们选择了“KMeans”和“EM 聚类”两个算法同时进行分析，“KMeans”由于其比较简单而成为最常出现的模型选择，其优点是相对高效，K-means 算法是 EM 算法的简化版本，但 EM 算法允许对两个或多个聚类的点进行分类，更适用于理论问题。

其具体操作是，第一，在平台页面左侧“数据管理”中找到“文件输入”，并将其拖入到建模流程中，如图 5-7 所示。

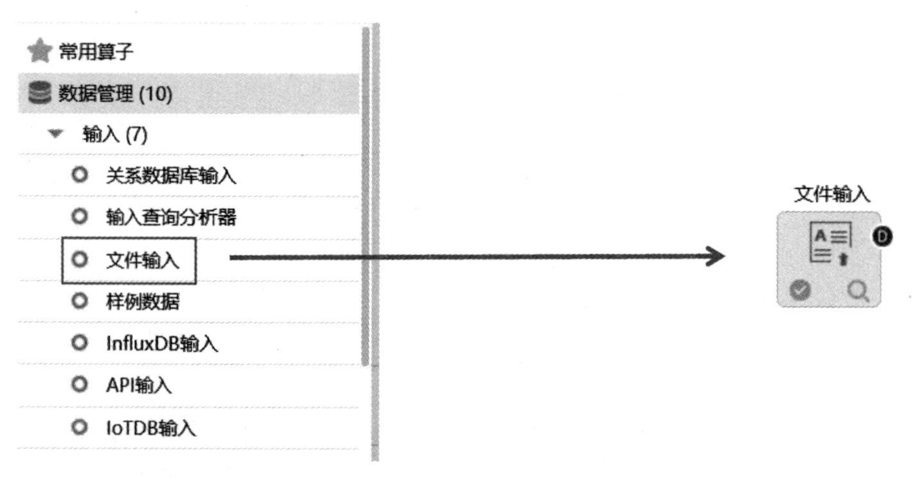

图 5-7　加入文件输入节点（K-means 算法和 EM 算法聚类分析）

双击“文件输入”节点，进入文件输入页面，单击文件上传，将所下载的数据集上传至该节点，如图 5-8 所示。

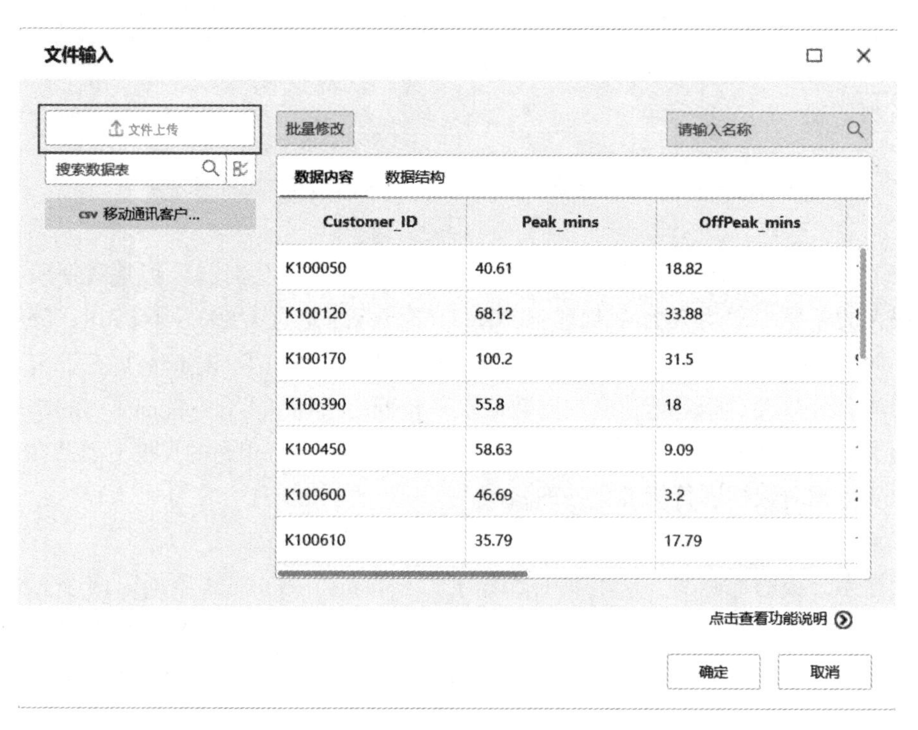

图 5-8　文件上传（K-means 算法和 EM 算法聚类分析）

第二，在“数据管理”中找到“设置角色”，将其拖入建模流程中，并将“文件输入”和“设置角色”节点的数据集端口相连接（D-D），如图 5-9 所示。双击“设置角色”节点，此节点支持用户选择需要分析的属性/列，并对属性/列进行变量的角色定义，聚类分析中除 Customer_ ID（客户编号）外，其余字段均为自变量，如图 5-10 所示。

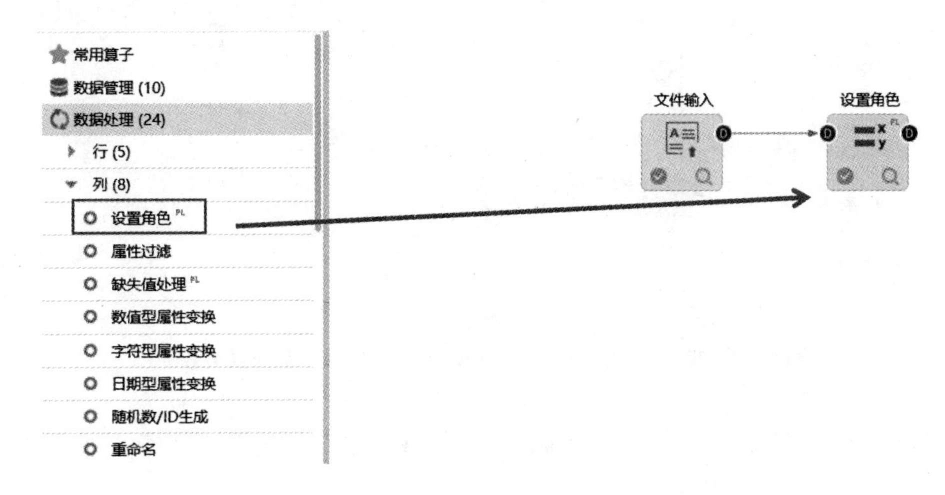

图 5-9　加入设置角色节点（K-means 算法和 EM 算法聚类分析）

图 5-10　设置角色（K-means 算法和 EM 算法聚类分析）

第三，将“流程控制”接入“多分支”，能够帮助用户实现一个输入多个分支渠道不同的用途，并将“设置角色”和“多分支”节点的数据集端口相连接（D-D），如图5-11所示。

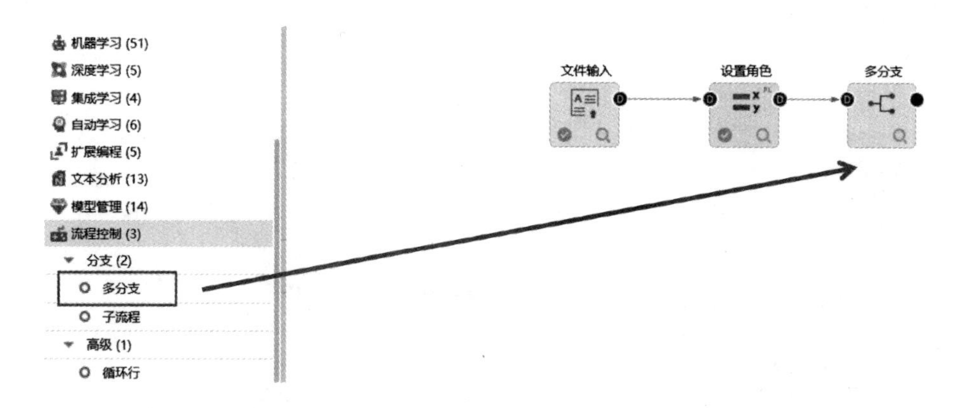

图 5-11　加入多分支节点（K-means 算法和 EM 算法聚类分析）

第四，将“多分支”接入“KMeans”和“EM 聚类”，如图 5-12 所示。

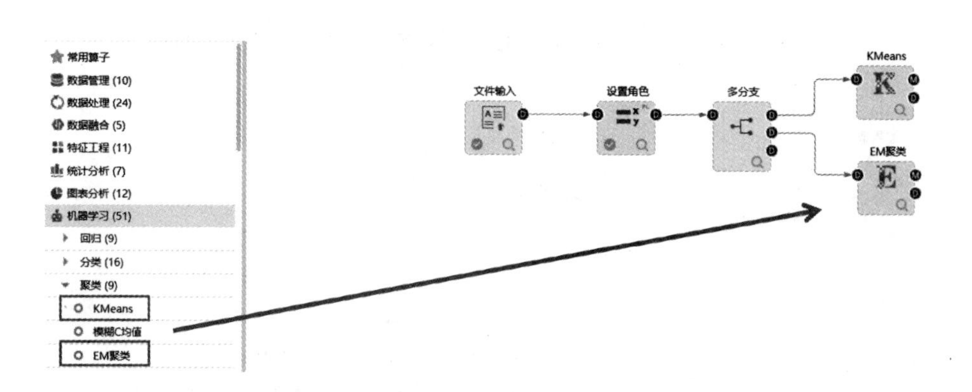

图 5-12　加入 KMeans 和 EM 聚类节点

已知用户应被分为5个群体，且从上一步的描述性分析中得知数据应经过标准化处理，因此在两种算法中均修改“聚类个数”为5，并选择“数据标准化”。标准化的目的是给各类通话数据去除单位限制，将其转化为无量纲的纯数值，让各类通话数据有均等的权重，分别双击“KMeans”节点和“EM 聚类”节点对其进行参数设置。

“KMeans”节点参数设置如图 5-13 所示。

“EM 聚类”节点参数设置如图 5-14 所示。

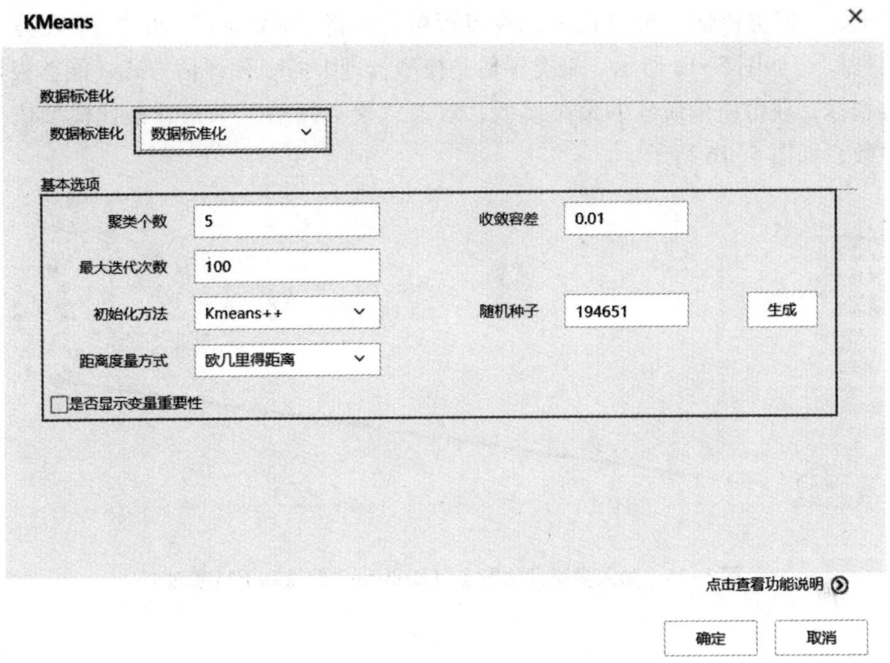

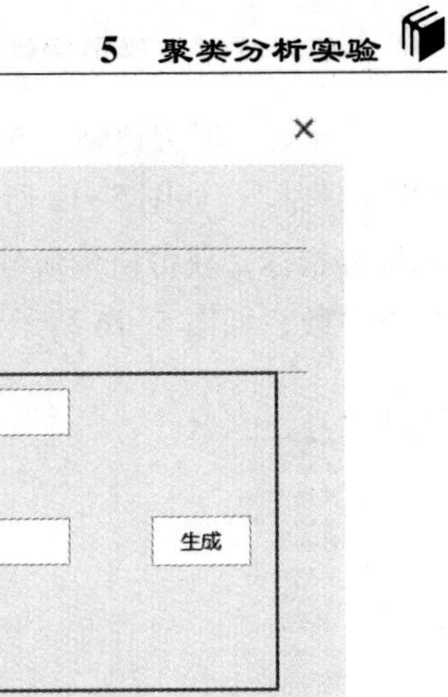

图 5-13　KMeans 节点参数设置

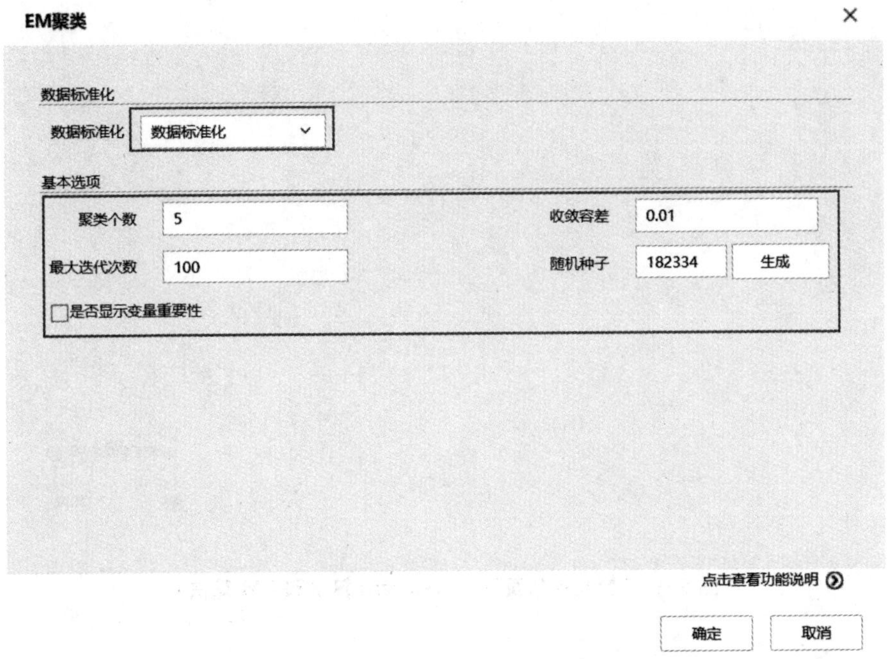

图 5-14　EM 聚类节点参数设置

第五，“聚类评估”节点拖入建模流程中，并将“KMeans”和“EM 聚类”接入“聚类评估”，如图 5-15 所示。聚类评估是模型管理中的一种评估方式，能够根据轮廓系数等指标，获得质量最佳的聚类模型，双击“聚类评估”节点，最优模型依据选择轮廓系数，如图 5-16 所示。

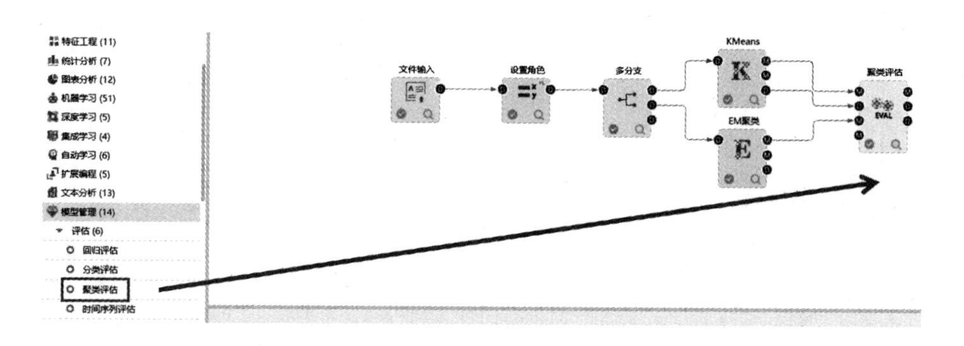

图 5-15　加入聚类评估节点（K-means 算法和 EM 算法）

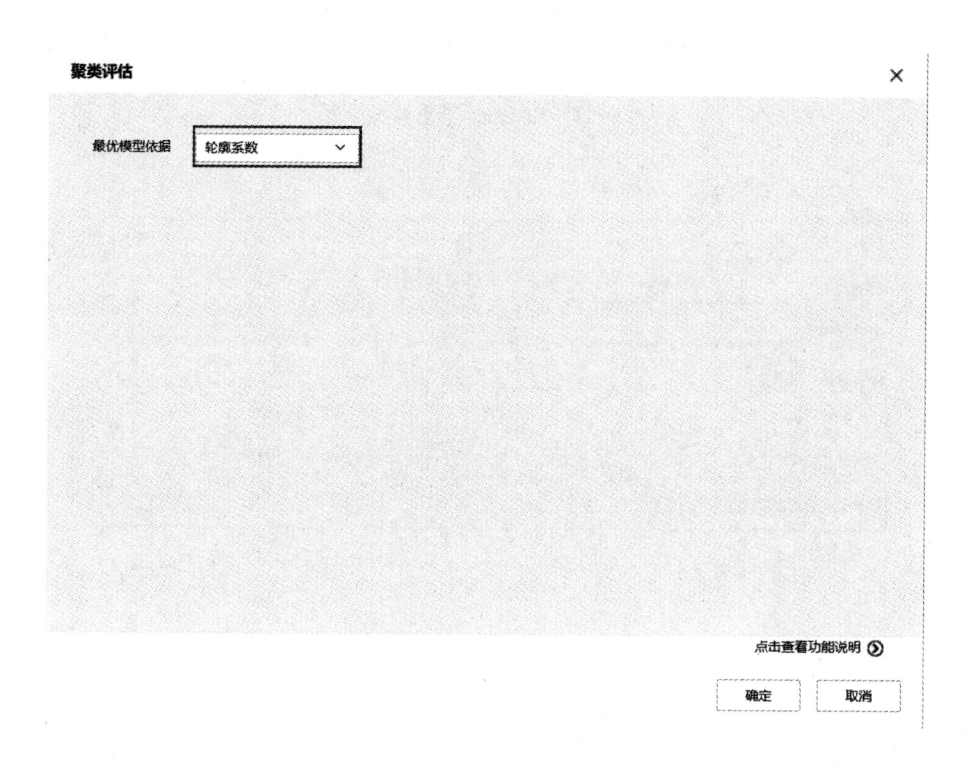

图 5-16　聚类评估页面（K-means 算法和 EM 算法）

第六，将“聚类评估”节点的数据集端口和模型端口与执行端口相连接，然后单击右上方“从头执行”按钮执行流程，如图 5-17 所示。

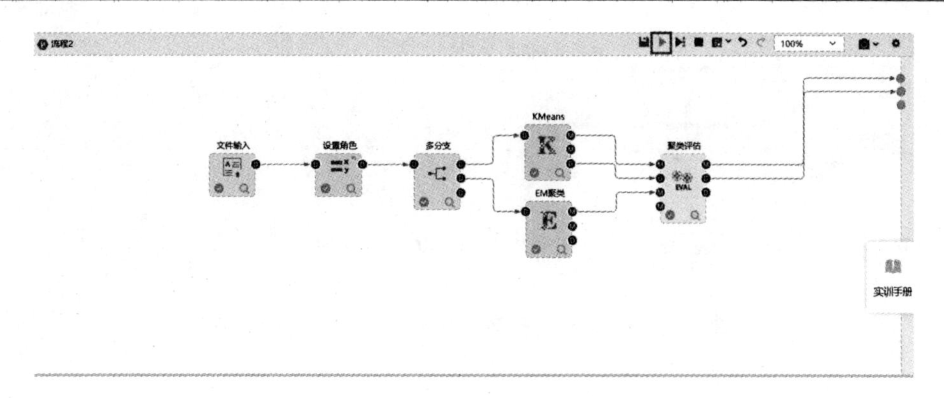

图 5-17 K-means 算法和 EM 算法建模流程

5.2.5 实验结果及分析

（1）实验结果。

流程执行结束后，可以在“洞察”中查看流程的运行结果，单击“聚类评估”查看模型的评估结果，如图 5-18 至图 5-20 所示。

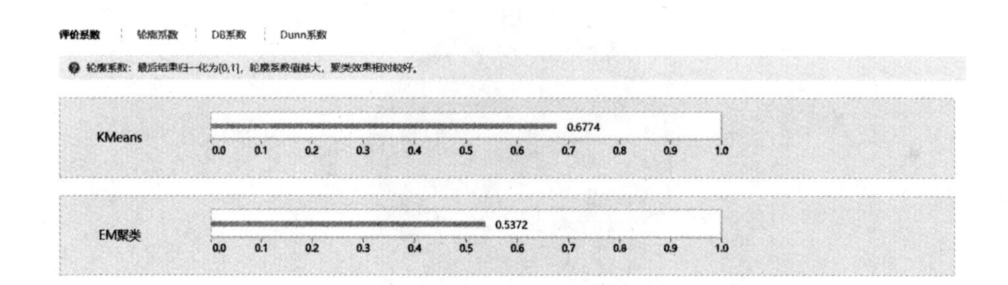

图 5-18 K-means 算法和 EM 算法评估结果（轮廓系数）

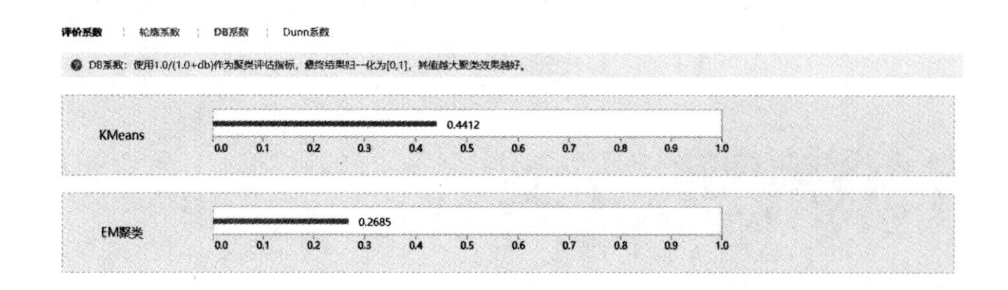

图 5-19 K-means 算法和 EM 算法评估结果（DB 系数）

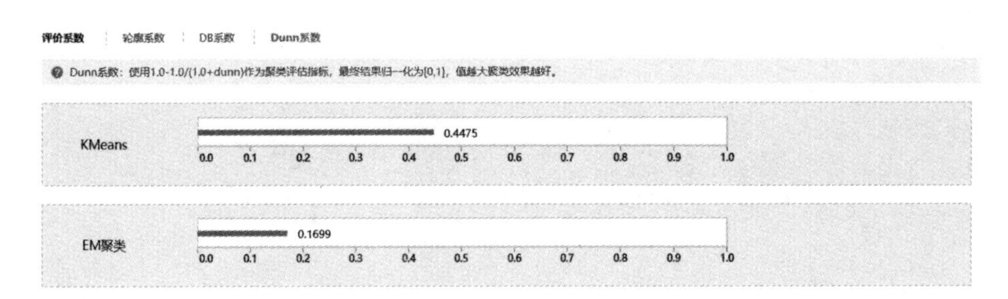

图 5-20　K-means 算法和 EM 算法评估结果（Dunn 系数）

轮廓系数取值范围为［-1，1］，取值越接近 1，说明聚类性能越好；相反，取值越接近-1，说明聚类性能越差。从轮廓系数来看，KMeans 和 EM 聚类效果都达到尚好，说明本次聚类结果具有一定的有效性。我们选择轮廓系数比较大的 K-means 作为最终的聚类结果。

（2）结果分析。

在“洞察”中，单击“KMeans”节点查看分类结果，在聚类图中可以看到各类别用户的样本数，如图 5-21 和图 5-22 所示。

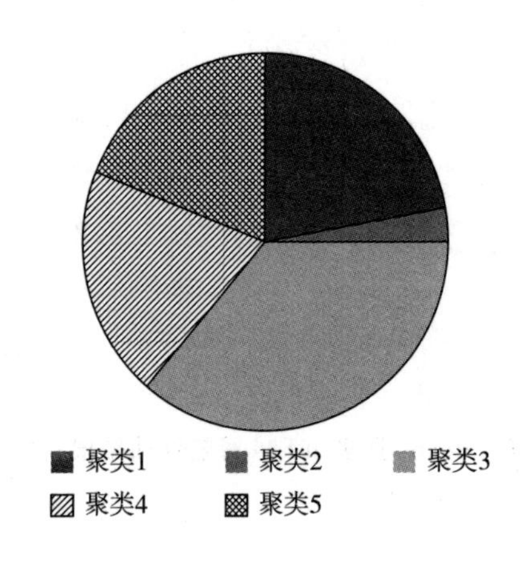

图 5-21　聚类结果 1（“KMeans”）

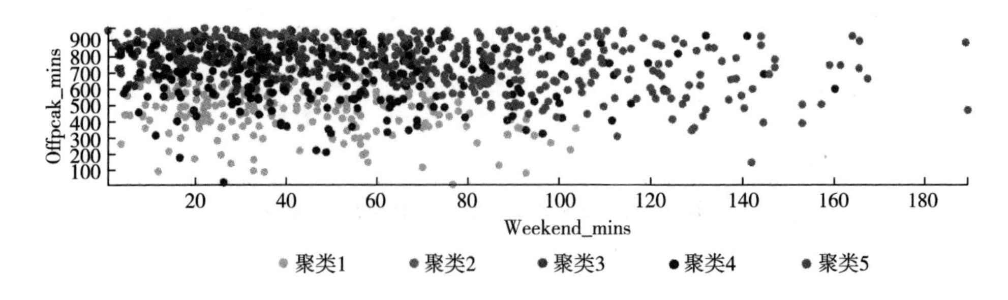

图 5-22　聚类结果 2（“KMeans”）

总的来看，人数最多的为聚类3，最少的是聚类2，各类人数有高有低，大体上符合真实的业务人群分布。

然后查看聚类中心数据，可以得到每类客户的消费特征，如表5-5所示。

表5-5 聚类中心数据（“KMeans”）

字段	Peak_mins	OffPeak_mins	Weekend_mins	International_mins	Total_mins	average_mins	聚类个数
聚类1中心	579.1203	525.5056	42.1335	177.4366	1146.7594	3.659	753
聚类2中心	924.7385	240.6808	39.3321	162.786	1204.7513	22.406	78
聚类3中心	390.4097	174.5088	38.918	86.2713	603.8365	3.5597	1242
聚类4中心	1461.45	319.2266	48.9842	348.5408	1829.6608	3.9692	676
聚类5中心	656.0396	274.9407	104.7155	148.6966	1035.6958	3.7222	646

结合聚类结果和聚类中心数据，我们对这5类客户群体进行分析得出以下结论：

第一类：总通话时长居中，工作日下班时间通话比例高用户。此类用户为753人。该类客户工作日下班时间通话比例高（工作日下班通话平均时长占全部通话平均时长的45.83%），远高于其他类别同一比例，可以叫作“日常客户”。

第二类：每次通话时间较长的客户，工作日上班时间通话比例高用户。该类用户数量为78人，此类用户数量较少。该类用户的总通话平均时间是各类用户中最高的，并且工作日上班时间通话占总通话比例很高（工作日上班通话平均时长占全部通话平均时长的76.76%）。

第三类：该类客户的总通话平均时间是几类用户中最低的，并且在各个时段通话时间普遍较短。该类用户数量为1242人。

第四类：总通话时间最长，工作日上班时间通话比例高用户。此类用户数量为676人。该类客户的工作日上班时间通话占总通话比例很高（工作日上班通话平均时长占全部通话平均时长的79.86%），另外，该类客户国际通话时间也是各类中最高的。

第五类：总通话时间居中，工作日上班时间通话比例高用户。此类用户数量646人。最大的特征就是每次通话时间居中，而其他方面无明显特征。

5.3 模糊C均值算法实验

5.3.1 实验目的

（1）掌握模糊C均值算法的原理和应用。

（2）学习如何构建完整的建模流程。

5.3.2 实验要求

通过模糊 C 均值算法归纳经过基站覆盖范围的人口特征，识别出不同类别的基站范围，即可等同地识别出不同类别的商圈，从而寻找出高价值的商圈。

5.3.3 实验数据

工作日上班时间人均停留时间是所有用户在工作日上班时间处在该基站范围内的平均时间，居民的上班时间一般是在 9：00~18：00，所以工作日上班时间人均停留时间是计算所有用户在工作日 9：00~18：00 处在该基站范围内的平均时间。

凌晨人均停留时间是指所有用户在 00：00~7：00 处在该基站范围内的平均时间，居民在 00：00~7：00 一般都在住处休息，利用这个指标则可以表征出住宅区基站的人流特征。

周末人均停留时间是指所有用户周末处在该基站范围内的平均时间，高价值商圈在周末的逛街人数和时间都会大幅增加，利用这个指标则可以表征出高价值商圈的人流特征。

日均人流量指平均每天曾经在该基站范围内的人数，日均人流量大说明经过该基站区域的人数多，利用这个指标则可以表征出高价值商圈的人流特征，数据说明如表 5-6 所示。

表 5-6 基于基站定位数据的商圈分析的数据说明

字段名称	数据样例	数据类型
基站编号	36902	字符型
工作日上班时间人均停留时间	78	数值型（DOUBLE）
凌晨人均停留时间	521	数值型（DOUBLE）
周末人均停留时间	602	数值型（DOUBLE）
日均人流量	2863	数值型（DOUBLE）

注：下载数据：基于基站定位数据的商圈分析数据集 . xls[①]。

5.3.4 实验步骤

（1）导入数据。

在平台页面左侧“数据管理”中找到“文件输入”，并将其拖入建模流程中，如图

① http：//edu. asktempo. cn/file - system/system/course/77ce72419e0a422d9afc08ab9f6271e1/file/90b2dfd653f547318134f8096641edbb. xls.

5-23 所示，将所下载的数据集上传至该节点，该节点支持上传本地 csv、txt、xlsx、xls 类型的数据文件。

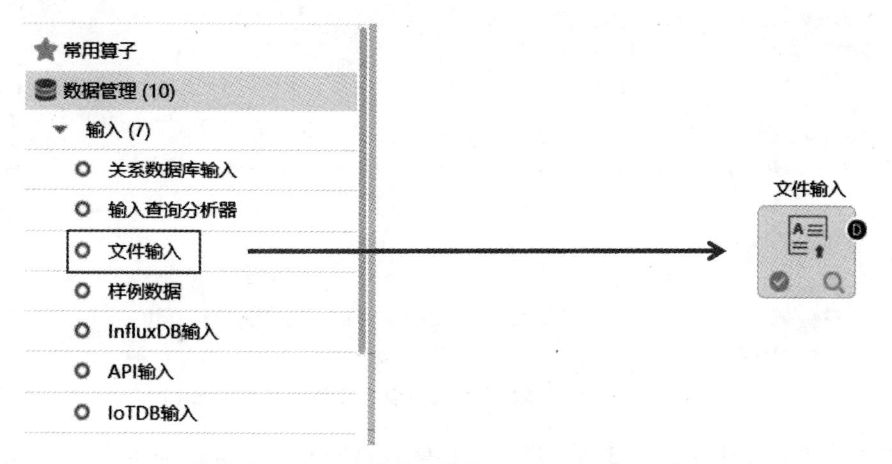

图 5-23　加入文件输入节点（模糊 C 均值算法）

双击“文件输入”节点，进入文件输入页面，单击文件上传，将所下载的数据集上传至该节点，如图 5-24 所示。

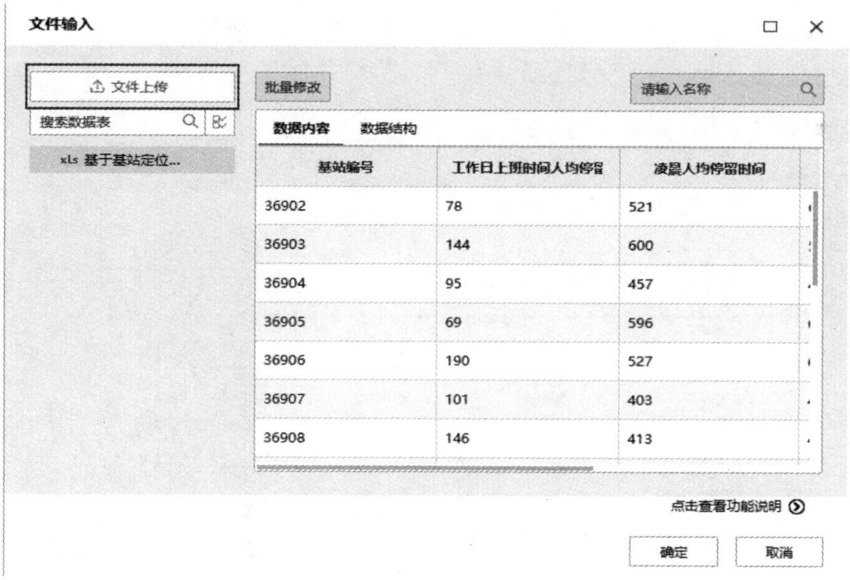

文件输入

文件上传　搜索数据表　xls 基于基站定位...

批量修改　请输入名称

数据内容　数据结构

基站编号	工作日上班时间人均停留	凌晨人均停留时间
36902	78	521
36903	144	600
36904	95	457
36905	69	596
36906	190	527
36907	101	403
36908	146	413

点击查看功能说明

确定　取消

图 5-24　文件上传（模糊 C 均值算法）

（2）描述性分析。

为找出数据的内在规律，对数据进行初步的整理和归纳，我们利用“统计分析”的“描述数据特征”节点，将其拖入建模流程中，并将“文件输入”和“描述数据特征”节点的数据集端口相连接（D-D），如图 5-25 所示。

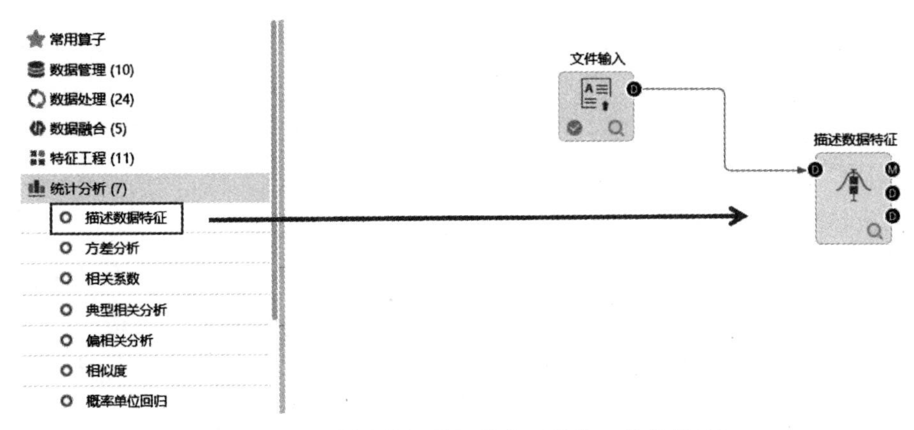

图 5-25　加入描述数据特征节点（模糊 C 均值算法）

双击“描述数据特征”节点，进入文件输入页面对数据进行描述性统计分析，在配置中选择全部参数进行描述性分析，如图 5-26 所示。

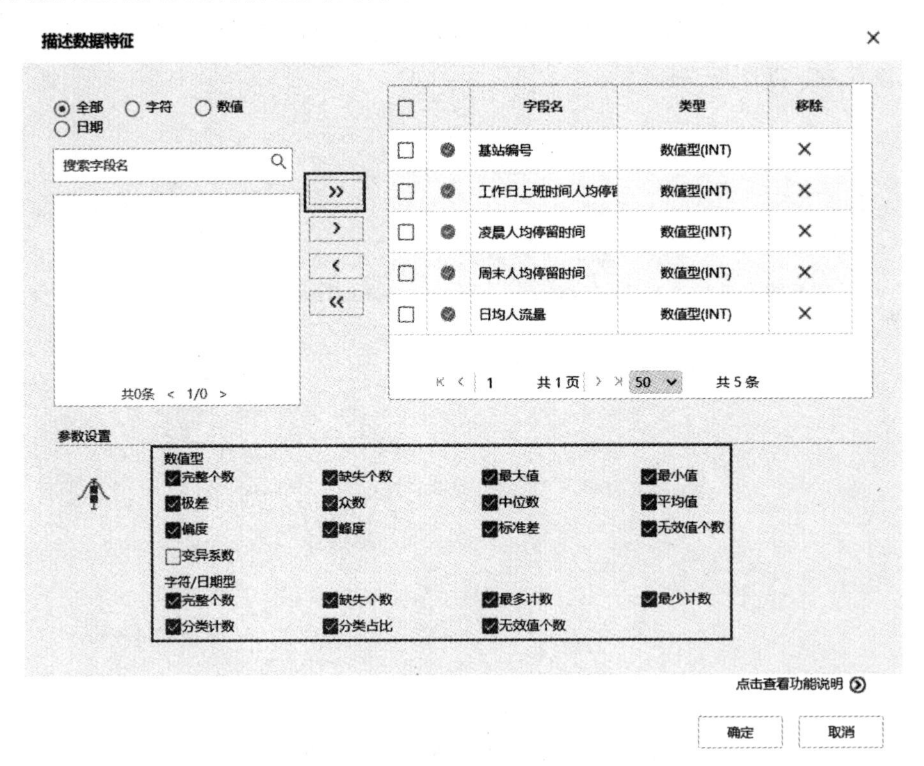

图 5-26　描述数据特征页面（模糊 C 均值算法）

将“描述数据特征”节点的数据集端口和模型端口与执行端口相连接，然后单击右上方的“从头执行”执行流程，如图 5-27 所示。

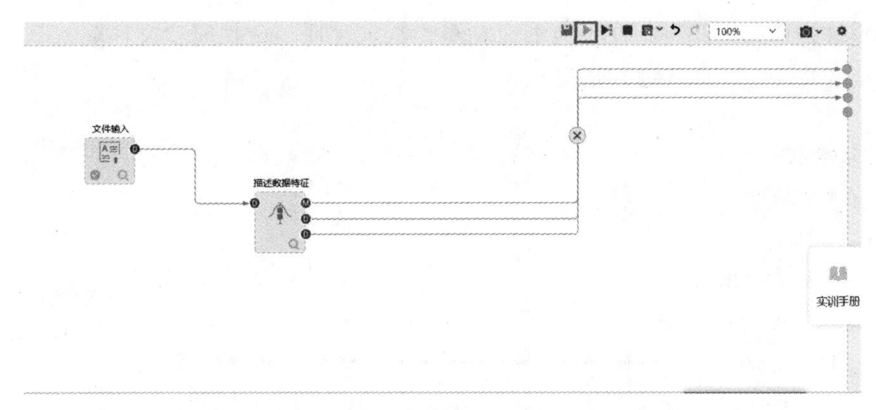

图 5-27 执行描述性分析流程（模糊 C 均值算法）

等待流程执行完成后，在洞察页面中选中“描述数据特征”节点，查看描述统计结果，如图 5-28 所示。

综述 | 描述数据特征 ✕

数据集 | 结果数据集

输出数据

字段名	完整个数	缺失个数	最大值	最小值
基站编号	431	0	38999	35038
工作日上班时间人均停留时间	431	0	449	35
凌晨人均停留时间	431	0	600	50
周末人均停留时间	431	0	699	50
日均人流量	431	0	12942	811

图 5-28 变量统计信息（模糊 C 均值算法）

从图 5-28 中可以看出，尽管数据量纲相同，也都用于反映通话时长，但是数据取值仍然具有很大的差异，平均数为 194. 109～5375. 4339，标准差为 139. 9139～3419. 1693，分布差异较大。如果直接用指标原始值进行分析，数值较高的指标（日均人流量）在综合分析中的作用就会被放大，相对地，会削弱数值水平较低的指标的作用（工作日上班时间人均停留时间）。

为了消除这种差异的影响，我们需要使不同的特征具有相同的尺度，因此在后面的步骤中要考虑对数据进行标准化处理。

（3）聚类分析。

为提高分类的准确率，这里我们选择了“模糊 C 均值”算法进行分析。

其具体操作是，第一，在平台页面左侧“数据管理”中找到“文件输入”，并将其拖入建模流程中，如图 5-29 所示。

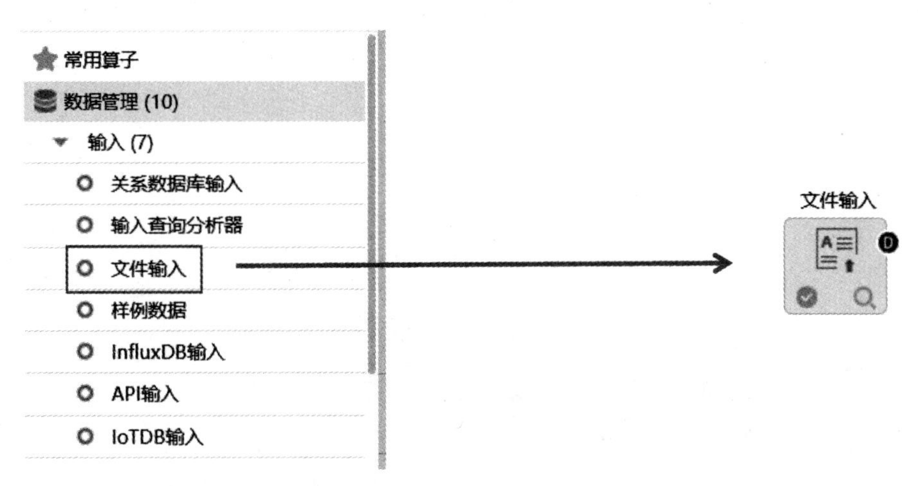

图 5-29　加入文件输入节点（模糊 C 均值算法聚类分析）

双击“文件输入”节点，进入文件输入页面，单击文件上传，将所下载的数据集上传至该节点，如图 5-30 所示。

文件输入
文件上传
批量修改
请输入名称
搜索数据表
xls 基于基站定位...
数据内容　数据结构

基站编号	工作日上班时间人均停留	凌晨人均停留时间
36902	78	521
36903	144	600
36904	95	457
36905	69	596
36906	190	527
36907	101	403
36908	146	413

点击查看功能说明
确定　取消

图 5-30　文件上传（模糊 C 均值算法聚类分析）

第二，在“数据管理”中找到“设置角色”，将其拖入建模流程中，并将“文件输入”和“设置角色”节点的数据集端口相连接（D-D），如图5-31所示。双击“设置角色”节点，此节点支持用户选择需要分析的属性/列，并对属性/列进行变量的角色定义，聚类分析中除基站编号外，其余字段均为自变量，如图5-32所示。

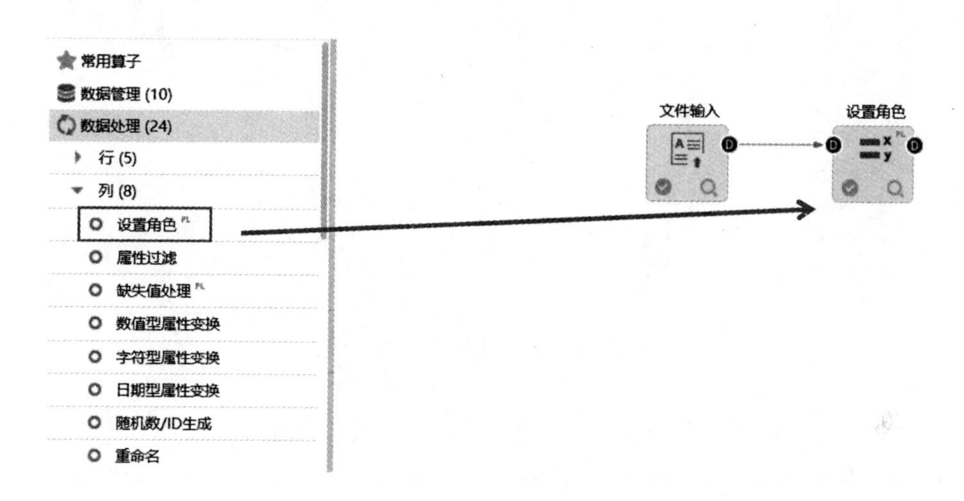

图5-31　加入设置角色节点（模糊C均值算法聚类分析）

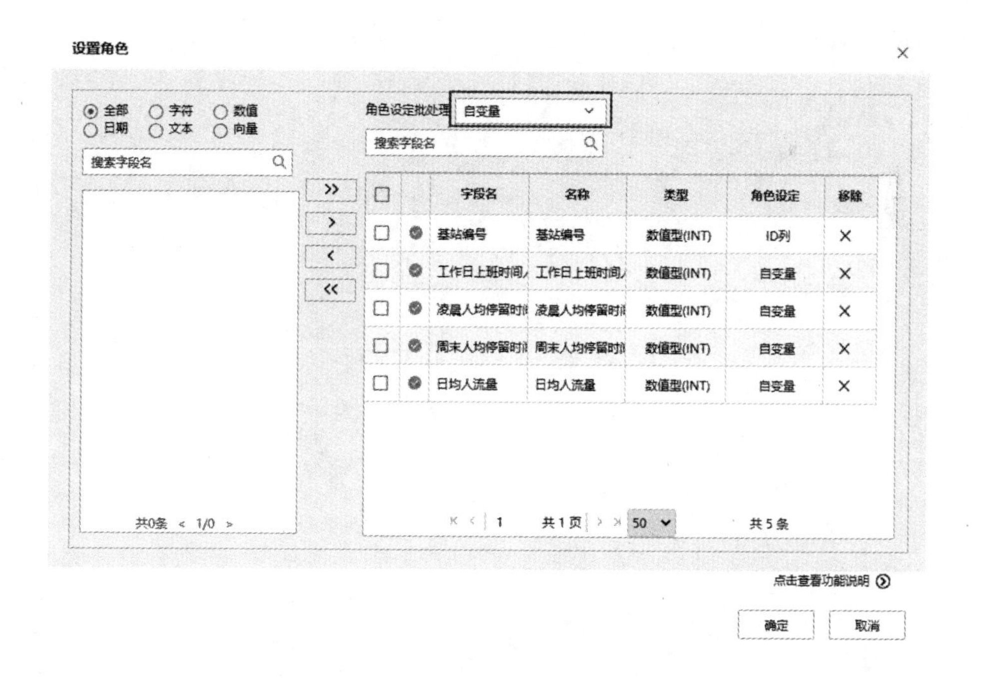

图5-32　设置角色页面（模糊C均值算法聚类分析）

第三，将“模糊C均值”节点拖入建模流程中，并将“设置角色”和“模糊C均值”节点的数据集端口相连接（D-D），如图5-33所示。

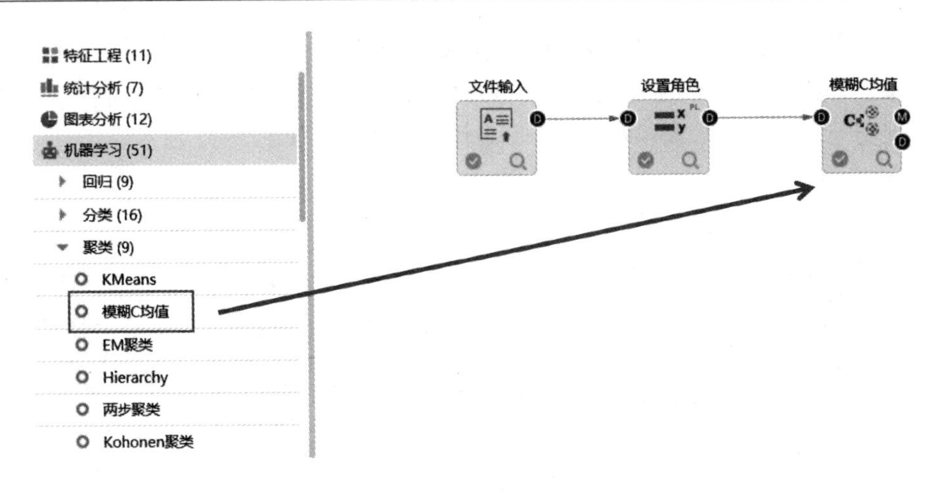

图 5-33　加入模糊 C 均值节点

从描述性分析可知数据应经过标准化处理，在算法中均修改“聚类个数”为 3，并在模糊 C 均值中选择“数据标准化”，双击“模糊 C 均值”节点，对其进行参数设置，如图 5-34 所示。

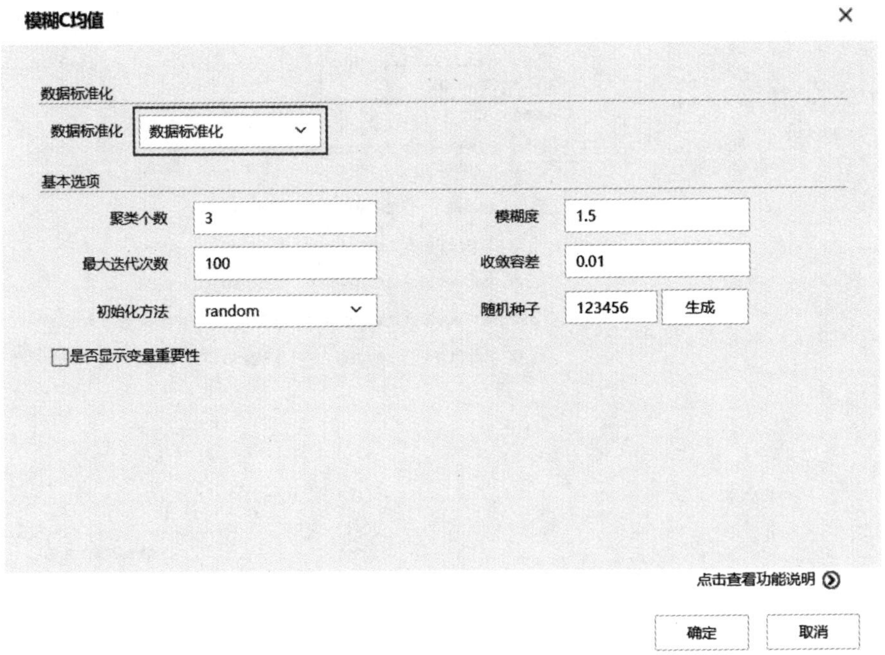

模糊C均值

数据标准化

数据标准化　数据标准化

基本选项

聚类个数　3　　模糊度　1.5

最大迭代次数　100　　收敛容差　0.01

初始化方法　random　　随机种子　123456　生成

是否显示变量重要性

点击查看功能说明

确定　取消

图 5-34　模糊 C 均值节点参数设置

第四，将“聚类评估”节点拖入建模流程中，并将“模糊 C 均值”节点接入“聚

类评估”，如图 5-35 所示。聚类评估是模型管理中的一种评估方式，能够根据轮廓系数等指标，获得质量最佳的聚类模型，双击“聚类评估”节点，最优模型依据选择“轮廓系数”，如图 5-36 所示。

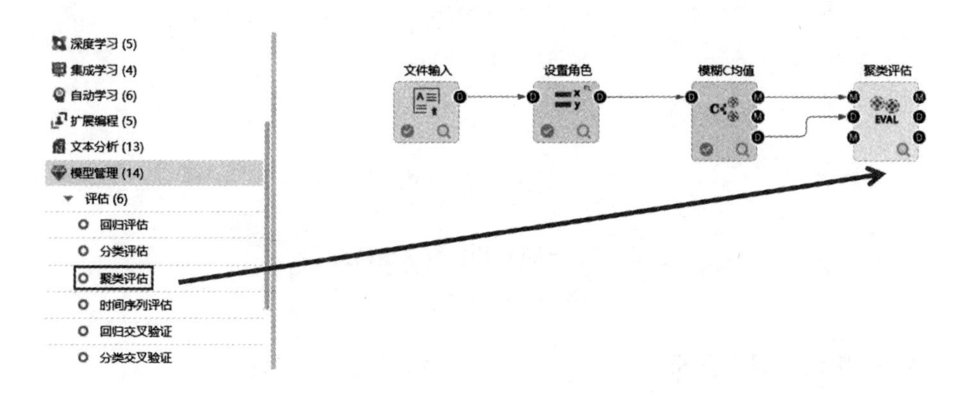

图 5-35　加入聚类评估节点（模糊 C 均值算法）

图 5-36　聚类评估页面（模糊 C 均值算法）

第五，将“聚类评估”节点的数据集端口和模型端口与执行端口相连接，然后单击右上方的“从头执行”执行流程，如图 5-37 所示。

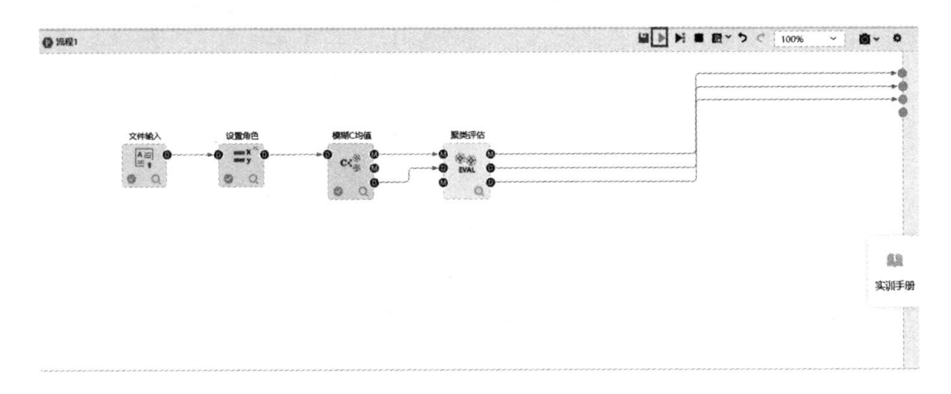

图 5-37　模糊 C 均值算法建模流程

5.3.5　实验结果及分析

（1）实验结果。

流程执行结束后，可以在“洞察”中查看流程的运行结果，单击“聚类评估”查看模型的评估结果。

模糊 C 均值聚类评估结果如图 5-38 所示。

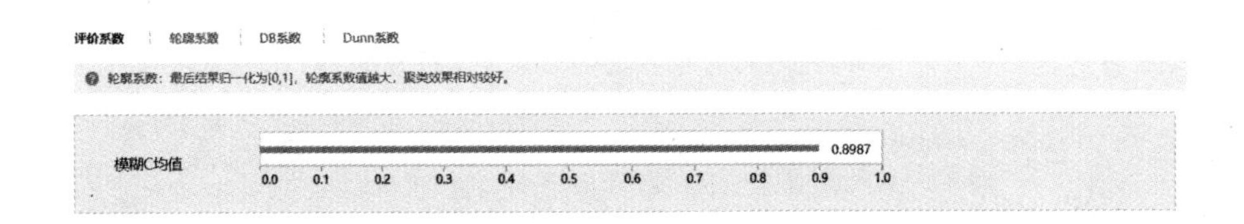

图 5-38　模糊 C 均值聚类评估结果（轮廓系数）

轮廓系数取值范围为［-1，1］，取值越接近 1，说明聚类性能越好；相反，取值越接近-1，说明聚类性能越差。从轮廓系数来看，模糊 C 均值聚类结果较好，说明本次聚类结果具有一定的有效性。

（2）结果分析。

在“洞察”中，单击“模糊 C 均值”查看分类结果，在聚类图中可以看到各类别用户的样本数，如图 5-39 所示。

从聚类结果可以看出，3 个类别的样本数大体相当。然后，查看聚类中心数据，得到各个聚类类别的特征描述，如表 5-7 所示。

结合聚类结果和聚类中心数据，我们对这 3 类商圈分析得出以下结论：

对于商圈类别 1，凌晨人均停留时间和周末人均停留时间相对较长，工作日上班时间人均停留时间较短，日均人流量较少，该类别基站覆盖的区域类似于住宅区。

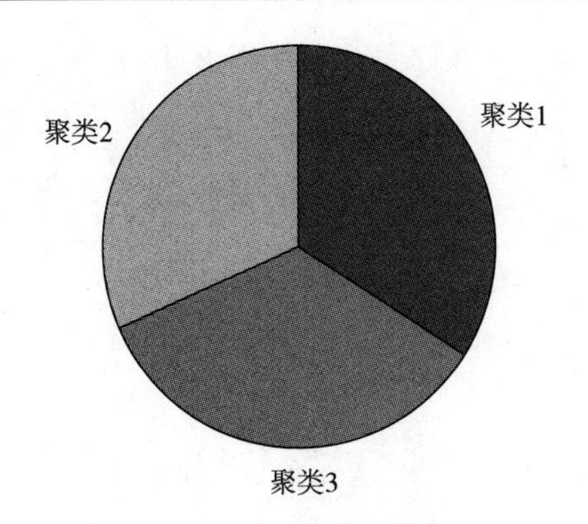

图 5-39 聚类结果

表 5-7 聚类中心数据（模糊 C 均值）

字段	工作日上班时间人均停留时间	凌晨人均停留时间	周末人均停留时间	日均人流量	聚类个数
聚类 1 中心	307. 1898	709. 4132	834. 1266	7289. 9159	148
聚类 2 中心	586. 9101	294. 6493	417. 7061	10174. 8822	137
聚类 3 中心	283. 8701	292. 8993	468. 4663	14800. 4232	146

对于商圈类别 2，这部分基站覆盖范围的工作日上班时间人均停留时间较长，同时凌晨人均停留时间、周末人均停留时间相对较短，该类别基站覆盖的区域类似于工作区域。

对于商圈类别 3，日均人流量较大，同时工作日上班时间人均停留时间、凌晨人均停留时间和周末人均停留时间相对较短，该类别基站覆盖的区域类似于商业区。

商圈类别 1 的人流量较少，商圈类别 2 的人流量一般，而且工作区域的人员流动一般集中在上、下班时间和午饭时间，这两类商圈均不利于运营商的促销活动的开展，商圈类别 3 的人流量大，在这样的商业区有利于进行运营商的促销活动。

本章小结

本章主要介绍了聚类分析在实际场景中的应用。首先，我们介绍了聚类分析的相关理论知识，并针对 K-means 算法和 EM 算法进行了实验，通过对电信客户的消费行为进行合理分类，帮助运营商识别各类客户的特点和价值。其次，我们针对模糊 C 均值算法进行了实验，通过提取出工作日上班时间人均停留时间、凌晨人均停留时间、周末人均停留时间和日均人流量等人流特征，识别出不同类别的商圈，找到高价值的商圈。

通过本章的学习，我们可以更好地熟悉聚类分析的相关概念和算法，掌握 K-means 算法和 EM 算法的原理和实现方法，了解模糊 C 均值的概念和应用。

参考文献

[1] Cohen-Shapira N, Rokach L. Automatic Selection of Clustering Algorithms Using Supervised Graph Embedding [J]. Information Sciences, 2021, 577: 824-851.

[2] Klutchnikoff N, Poterie A, Rouvière L. Statistical Analysis of a Hierarchical Clustering Algorithm with Outliers [J]. Journal of Multivariate Analysis, 2022, 192: 105075.

[3] 曹凯迪，徐挺玉，刘云，等. 聚类分析综述 [J]. 智慧健康，2016，2 (10)：50-53.

[4] 陈克寒，韩盼盼，吴健. 基于用户聚类的异构社交网络推荐算法 [J]. 计算机学报，2013，36 (2)：349-359.

[5] 董文静. K-means 算法综述 [J]. 信息与电脑，2021，33 (11)：76-78.

[6] Han J, Kamber M, Pei J. 数据挖掘：概念与技术 [M]. 范明，孟小峰，译. 北京：机械工业出版社，2012.

[7] 韩建彬. 大数据分析与数理统计的比较 [J]. 信息与电脑，2018 (5)：134-137.

[8] 韩秋明，李微，李华锋. 数据挖掘技术应用实例 [M]. 北京：机械工业出版社，2009.

[9] 胡媛媛，徐东胜. 极大似然参数估计法文献综述 [J]. 管理观察，2017 (6)：123-127.

[10] 焦李成，刘芳，侯水平，等. 智能数据挖掘与知识发现 [M]. 西安：西安电子科技大学出版社，2006.

[11] 李涛，王建东，叶飞跃，等. 一种基于用户聚类的协同过滤推荐算法 [J]. 系统工程与电子技术，2007，29 (7)：1178-1182.

[12] Tan P-T, Steinbach M, Kumarv. 数据挖掘导论 [M]. 范明，范宏建，译. 北京：人民邮电出版社，2010.

6　关联分析实验

6.1　关联规则概述

6.1.1　关联规则的定义

数据关联是从数据库系统中产生的一类重要的可被研究的知识点。若两个或多个变量的取值之间存在某种规律性，就称为关联。关联可分为简单关联、时序关联、因果关联。关联分析的目的是找出在数据库中隐藏的关联网。我们有时候并不知道数据库中数据的关系函数，即使知道也是不确定的，因此关联分析生成的规则更具可信度。

关联规则挖掘能够发现大量数据中项集之间最有趣的关联或相关联系。它在数据挖掘中是一项很重要的课题，最近几年已被业界所广泛研究。关联规则挖掘的一个典型例子是购物篮分析。关联规则研究有助于发现交易数据库中不同商品（项）之间的联系，找出顾客购买行为模式，如购买了某一商品对购买其他商品的影响。分析结果可以应用于商品货架布局、货存安排，以及根据购买模式对用户进行分类。

关联规则是一个蕴含式 $X \Rightarrow Y$，即由项集 X 可以推导出项集 Y。其中 X、Y 都是项集，且 $X \cap Y \neq \varnothing$。$X$ 称为规则的条件，也称为前项，Y 称为规则结果，也称为后项。关联规则表示在一次交易中，如果出现项集 X，则项集 Y 也会按照一定概率出现。

6.1.2　关联规则的基本概念

（1）项集。

数据库中不可分割的最小的单位信息，称为项目，用符号 i 表示。项的集合体称为项集。设集合 $I=\{i_1, i_2, \cdots, i_k\}$ 是项集，则 I 中项目的个数为 k，则集合 I 称为 k-项集。

（2）项集的支持度。

对于项集 X，用 $count(x)$ 表示交易集合 T 中包含项集 X 的交易的数量，用 N 表示总的交易记录数，则项集 X 的支持度的计算公式是：

$$support(X)=\frac{count(x)}{N} \tag{6-1}$$

其中，T 是所有项目的集合例。项集的支持度是一个或几个商品出现的次数和交易总数之间的比例，支持度可以理解为物品当前流行程度。

（3）项集的最小支持度与频繁项集。

发现关联规则要求项集必须满足最小阈值，最小阈值称之为项集的最小支持度，记为 Sup_{min}。从统计学意义上讲，它表示用户关心的关联规则必须满足的最低出现概率。最小支持度用于衡量规则需要满足的最低重要性，需要人为指定。

支持度大于或等于 Sup_{min} 的项集称为频繁项集（Frequent Itemset）。如果 k-项集满足 Sup_{min}，称为 k-频繁项集，记作 $L[k]$。频繁项集就是支持度大于等于最小支持度的项集，就是频繁一起出现的物品的集合。所以小于最小支持度的项目就是非频繁项集，而大于等于最小支持度的项集就是频繁项集。

（4）关联规则的支持度。

对于关联规则 $X\Rightarrow Y$，规则 R 的支持度是交易中同时包含 X 和 Y 的交易与所有交易之比，记为 $support(X\Rightarrow Y)$，其计算公式是：

$$Support(X\Rightarrow Y)=\frac{count(X\cup Y)}{N} \tag{6-2}$$

关联规则的支持度反映了 X 和 Y 中所含的商品在全部交易中同时出现的频率。因为关联规则必须由频繁集产生，所以规则的支持度其实就是频繁集的支持度，即：

$$Support(X\Rightarrow Y)=Support(X\cup Y)=\frac{count(X\cup Y)}{N} \tag{6-3}$$

（5）关联规则的置信度。

对于关联规则 $X\Rightarrow Y$ 的置信度是指同时包含 X 和 Y 的交易与包含 X 的交易之比，记为 $confidence(X\Rightarrow Y)$，其计算公式是：

$$Confidence(X\Rightarrow Y)=\frac{Support(X\cup Y)}{Support(X)} \tag{6-4}$$

关联规则的置信度反映了当交易中包含项集 X 时，项集 Y 同时出现的概率。关联规则的支持度和置信度分别反映了当前规则在整个数据库中的统计重要性和可靠程度。关联规则置信度指的就是当你购买了商品 A，会有多大的概率购买商品 B。置信度是个条件概率，就是说在 A 发生的情况下，B 发生的概率是多少。

（6）关联规则的提升度。

关联规则的提升度用公式表示如下：

$$lift(X \Rightarrow Y)=\frac{confidence(X \Rightarrow Y)}{support(Y)} \tag{6-5}$$

提升度 $lift(X \Rightarrow Y)$ 是用来衡量 A 出现的情况下，是否会对 B 出现的概率有所提升。因此，提升度有三种可能：提升度 $lift>1$ 代表有提升；提升度 $lift=1$ 代表有没有提升，也没有下降；提升度 $lift<1$ 代表有下降。

（7）关联规则的最小支持度和最小置信度。

关联规则的最小支持度记为 Sup_{min}，它用于衡量规则需要满足的最低重要性，需要人为指定。关联规则的最小置信度记为 $conf_{min}$，它表示关联规则需要满足的最低可靠性，需要人为指定。

6.1.3 关联规则的算法

（1）Apriori 算法。

1）基本思想。Apriori 算法是挖掘关联规则的频繁项集算法，其实就是查找频繁项集的过程。Apriori 算法有一条重要性质：一个频繁项集的所有非空子集也是频繁项集。其逆否命题是：如果某个项集不是频繁项集，那么它的扩集也不是频繁项集。或者说，如果一个项集的子集不是频繁项集，则该项集也不是频繁项集。

因为假设 $support$（X）小于最小支持度阈值，当有元素 A 添加到 I 中时，结果项集（$X \cup Y$）不可能比 X 出现次数更多，即 $support(X \cup Y)$ 也小于最小支持度阈值。因此（$X \cup Y$）也不是频繁的。例如，如果 2-项集 $\{A, B\}$ 的支持度小于阈值，则它的扩集 3-项集 $\{A, B, C\}$ 的支持度也会小于阈值。

Apriori 算法使用频繁项集的先验知识，使用一种称作逐层搜索的迭代方法，k 项集用于探索（k+1）项集。首先，通过扫描交易记录，找出全部的频繁 1-项集，该集合记为 L1。其次，利用 L1 找频繁 2-项集的集合 L2，再利用 L2 找 L3，以此类推，直到不能再找到任何频繁 k-项集。最后，在所有的频繁集中找出强关联规则，即产生用户感兴趣的关联规则。

Apriori 算法分为连接步和过滤步。

①连接步。若有两个 k-1 项集，每个项集按照“属性-值”（一般按值）的字母顺序进行排序。如果两个 k-1 项集的前 k-2 个项相同，而最后一个项不同，则说明它们是可连接的，即可连接生成 k 项集。例如，有两个 3 项集：$\{A, B, C\}$ 和 $\{A, B, D\}$，这两个 3 项集就是可连接的，它们可以连接生成 4 项集 $\{A, B, C, D\}$。又如，两个 3 项集 $\{A, B, C\}$ 和 $\{A, D, E\}$，这两个 3 项集是不能连接生成 4 项集的。

②过滤步。如果一个项集的子集并非频繁项集，则该项集也不是频繁项集。因此，若存在一个项集的子集不是频繁项集，那么该项集就应该被舍弃。

2）算法步骤。

第一步：令 k=1，计算单个项目的支持度，筛选出频繁 1 项集。

第二步：（从 $k=2$ 开始）根据 $k-1$ 项的频繁项目集生成候选 k 项集，并进行预剪枝。

第三步：由候选 k 项目集生成频繁 k 项集（筛选出满足最小支持度的 k 项集），重复第二步和第三步，直到无法筛选出满足最小支持度的集合（第一阶段结束）。

第四步：将获得的最终的频繁 k 项集依次取出。同时计算该次取出的这个 k 项集的所有真子集，然后以排列组合的方式形成关联规则，并且计算规则的置信度以及提升度，将符合要求的关联规则生成提出（算法结束）。

（2）FP-Growth 算法。

1）基本思想。Apriori 算法是发现频繁项集的一种方法，不过每次增加频繁项集的大小，Apriori 算法都会重新扫描整个数据集，当数据很大的时候，会降低频繁项集的发现速度，这是 Apriori 算法的最大缺陷。而 FP-Growth 算法则实际上是在 Apriori 算法的基础上采用了优化的结果计算。

FP-Growth 算法比 Apriori 算法效率更高，在整个算法实施过程中，仅需扫描交易表 2 次，便可以实现频繁模式识别。FP-Growth 算法生成频繁项集的大致流程包括：一是构建 FP 树；二是从 FP 树中挖掘频繁项集。

FP-Growth 算法只需要对数据库进行两次扫描，而 Apriori 算法对于每个潜在的频繁项集都会扫描数据集判断模式是否频繁，因此 FP-Growth 算法比 Apriori 算法快。在小型数据集上这并没有任何问题，不过在处理大型数据集时，结果就会有较大的差异。

关于 FP-Growth 算法需要注意的两点是：一是该算法采用了与 Apriori 算法完全不同的方法来发现频繁项集；二是该算法虽然能更高效的发现频繁项集，但是无法用于发现关联规则。

2）一般流程。

第一步：先扫描一遍原始数据集，获得频繁项为 1 的项目集，定义最小支持度（项目出现最少次数），删除那些小于最小支持度的项目，然后将原始数据集中的条目按项目集中降序进行排列。

第二步：第二次扫描，创建项头表（从上往下降序），以及 FP 树。

第三步：对于每个项目（可以按照从下往上的顺序）找到其条件模式基（Conditional Patten Base，CPB），递归调用树结构，删除小于最小支持度的项。如果最终呈现单一路径的树结构，则直接列举所有组合；非单一路径的则继续调用树结构，直到形成单一路径即可。

6.2 Apriori 算法实验

6.2.1 实验目的

（1）掌握 Apriori 算法的原理和应用。
（2）学习如何构建完整的建模流程。

6.2.2 实验要求

请利用 Apriori 算法添加合适的节点，构建一个完整的建模流程，分析蔬菜价格之间的关联性。

6.2.3 实验数据

本案例的数据来自市场调查数据，以某市的 2008 年 9 月至 2010 年 1 月的数据为分析对象，共 473 行数据，11 个属性。本数据的涨跌是与前一天价格的比较，数据说明如表 6-1 所示。

表 6-1 蔬菜价格数据说明

字段名称	数据样例	数据类型
日期	2010. 1. 24	日期型
大白菜	上涨	字符型
精猪肚	下跌	字符型
青萝卜	不变	字符型
猪口条	上涨	字符型
胡萝卜	下跌	字符型
水萝卜	不变	字符型
葱	上涨	字符型
生姜	下跌	字符型
大蒜	不变	字符型
菠菜	上涨	字符型
韭菜	下跌	字符型
大头菜	不变	字符型
芸豆	上涨	字符型

续表

字段名称	数据样例	数据类型
茄子	下跌	字符型

注：下载数据：蔬菜价格数据 . xls①。

6.2.4 实验步骤

（1）导入数据。

在平台页面左侧“数据管理”中找到“文件输入”，并将其拖入建模流程中，如图 6-1 所示。将所下载的数据集上传至该节点，该节点支持上传本地 csv、txt、xlsx、xls 类型的数据文件。

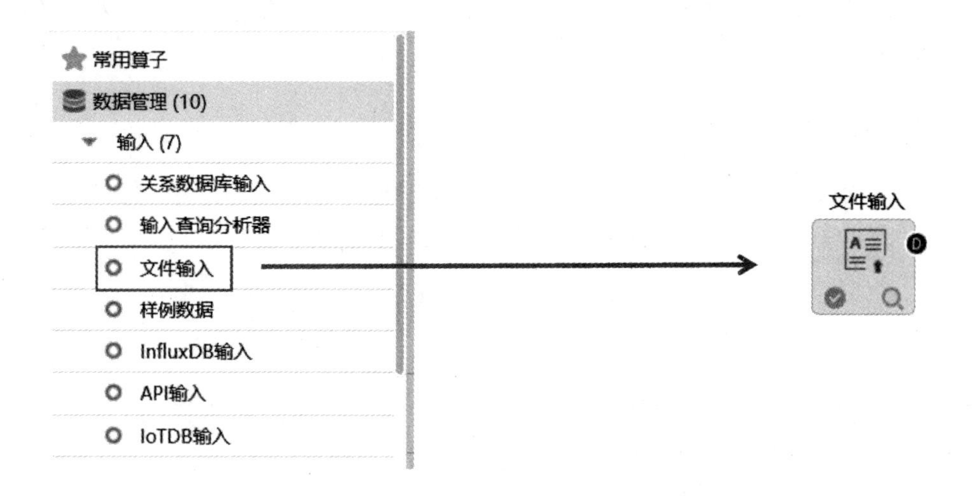

图 6-1 加入文件输入节点（Apriori 算法）

双击“文件输入”节点，进入文件输入页面，单击文件上传，将所下载的数据集上传至该节点，如图 6-2 所示。

（2）描述性分析。

为找出数据的内在规律，对数据进行初步的整理和归纳，我们利用“统计分析”的“描述数据特征”节点，将其拖入建模流程中，并将“文件输入”和“描述数据特征”节点的数据集端口相连接（D-D），如图 6-3 所示。

---

① http：//edu. asktempo. cn/file-system/system/course/e368fbf8935a47458bd901713cc58757/file/4db343a8b03a4a289835ae7f1523e68c. xls.

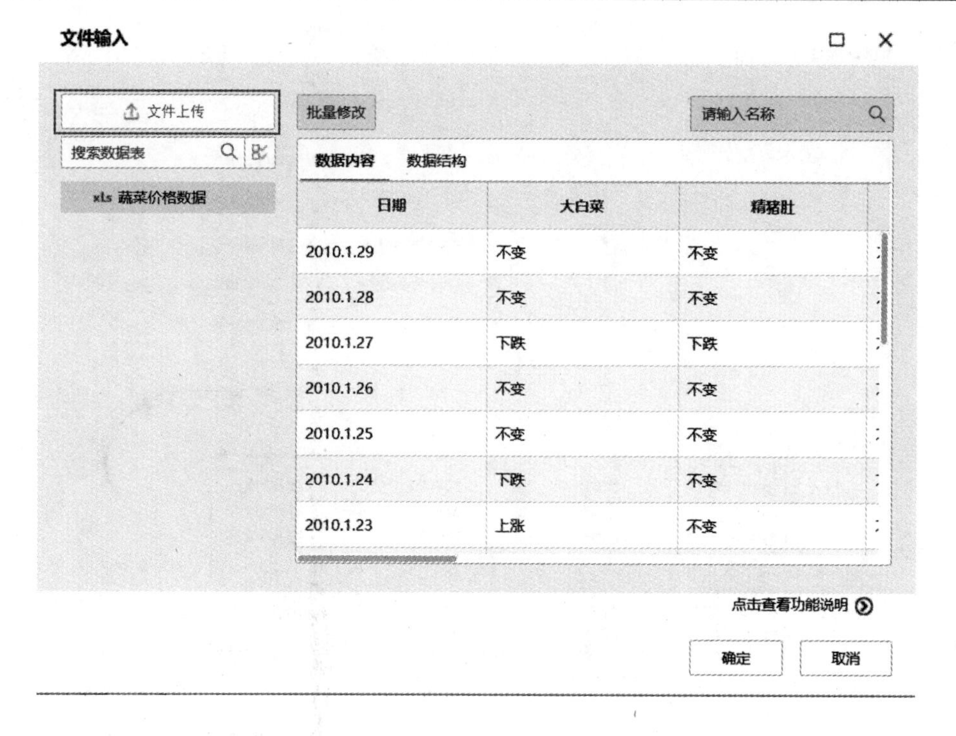

图 6-2 文件输入页面（Apriori 算法）

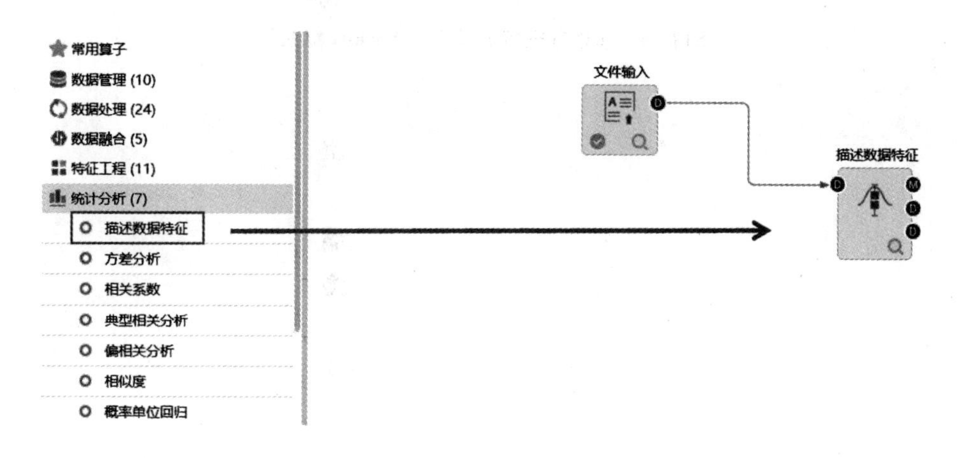

图 6-3 加入描述数据特征节点（Apriori 算法）

双击“描述数据特征”节点，进入文件输入页面对数据进行描述性统计分析，在配置中选择全部参数进行描述性分析，如图 6-4 所示。

将“描述数据特征”节点的数据集端口和模型端口与执行端口相连接，然后单击右上方的“从头执行”执行流程，如图 6-5 所示。

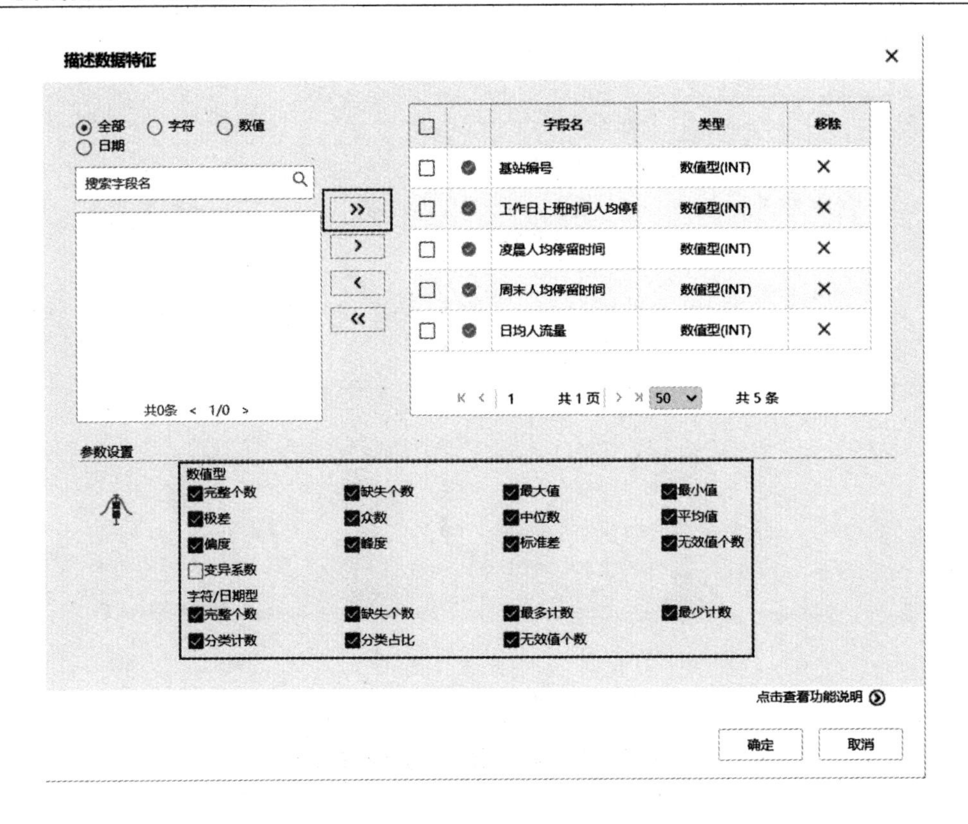

图 6-4　描述数据特征页面（Apriori 算法）

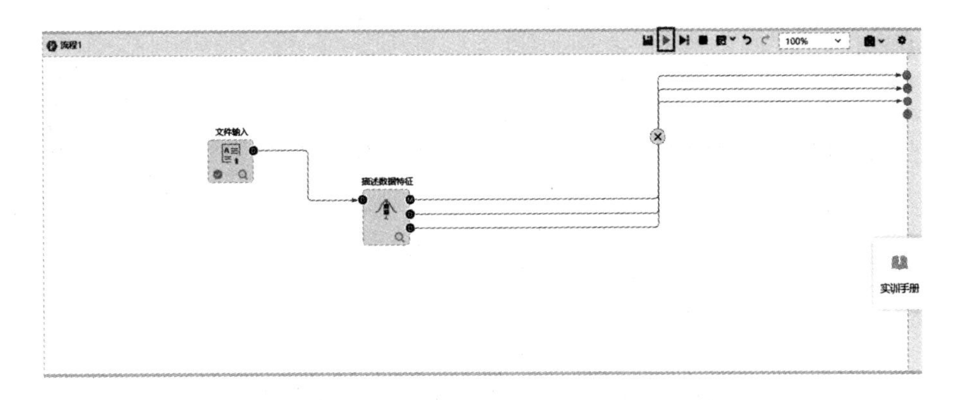

图 6-5　描述性分析（Apriori 算法）

等待流程执行完成后，在洞察页面中选中“描述数据特征”节点，查看描述统计结果，如图 6-6 所示。

从图 6-6 中可以看出，数据的完整个数、缺失个数、最多计数、最少计数等统计信息。

字符或日期型变量统计信息										
字段名	完整个数	缺失个数	最多计数	最少计数	分类计数	分类占比	无效值个数	缺失值占比	近似类别个数	近似类别个数/总样本
日期	473	0	(2009.7.9, 1,0.0021)	(2009.3.16 ,1,0.0021)	{(2009.7.9 ,1),(2009. 3....	{(2009.7.9 ,0.0021),(20...	0	0.0000	473	1.0000
大白菜	473	0	(不变,265,0. 5603)	(下跌,104,0. 2199)	{(上涨,104), (下跌,104),(不变...	{(上涨,0.219 9),(下跌,0.2 19...	0	0.0000	3	0.0063
精猪肚	473	0	(不变,464,0. 981)	(下跌,4,0.00 85)	{(不变,464), (上涨,5),(下跌 ,4...	{(不变,0.981),(上涨,0.01 06...	0	0.0000	3	0.0063
青萝卜	473	0	(不变,408,0. 8626)	(上涨,30,0.0 634)	{(下跌,35),(不变,408),(上 涨,...	{(下跌,0.074),(不变,0.86 26...	0	0.0000	3	0.0063
猪口条	473	0	(不变,467,0. 9873)	(上涨,3,0.00 63)	{(下跌,3),(上 涨,3),(不变,4 67...	{(下跌,0.006 3),(上涨,0.0 06...	0	0.0000	3	0.0063
水萝卜	473	0	(不变,445,0. 9408)	(上涨,18,0.0 381)	{(下跌,10),(不变,445),(上 涨,...	{(下跌,0.021 1),(不变,0.9 40...	0	0.0000	3	0.0063
葱	473	0	(不变,317,0. 6702)	(下跌,74,0.1 564)	{(上涨,82),(下跌,74),(不变 ,3...	{(上涨,0.173 4),(下跌,0.1 56...	0	0.0000	3	0.0063
菠菜	473	0	(不变,267,0. 5645)	(下跌,100,0. 2114)	{(上涨,106), (不变,267),(下跌...	{(上涨,0.224 1),(不变,0.5 64...	0	0.0000	3	0.0063
韭菜	473	0	(不变,309,0. 6533)	(上涨,73,0.1 543)	{(下跌,91),(不变,309),(上 涨,...	{(下跌,0.192 4),(不变,0.6 53...	0	0.0000	3	0.0063
大头菜	473	0	(不变,294,0. 6216)	(上涨,89,0.1 882)	{(下跌,90),(上涨,89),(不变 ,2...	{(下跌,0.190 3),(上涨,0.1 88...	0	0.0000	3	0.0063

图 6-6 字符或日期型变量统计信息（Apriori 算法）

（3）关联规则挖掘。

为提高分类的准确率，这里我们选择了“Apriori”算法进行分析。

其具体操作是：第一，在平台页面左侧“数据管理”中找到“文件输入”，并将其拖入建模流程中，如图 6-7 所示。

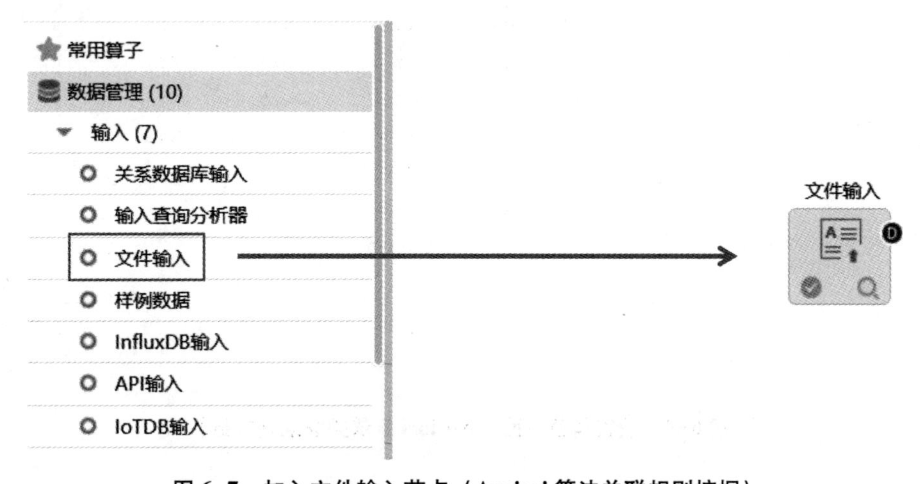

图 6-7 加入文件输入节点（Apriori 算法关联规则挖掘）

第二，在“数据管理”中找到“设置角色”，将其拖入建模流程中，并将“文件输入”和“设置角色”节点的数据集端口相连接（D-D），如图 6-8 所示。双击“设置角色”节点，此节点支持用户选择需要分析的属性/列，并对属性/列进行变量的角色定义，聚类分析中除客户编号外，所有字段都为自变量，如图 6-9 所示。

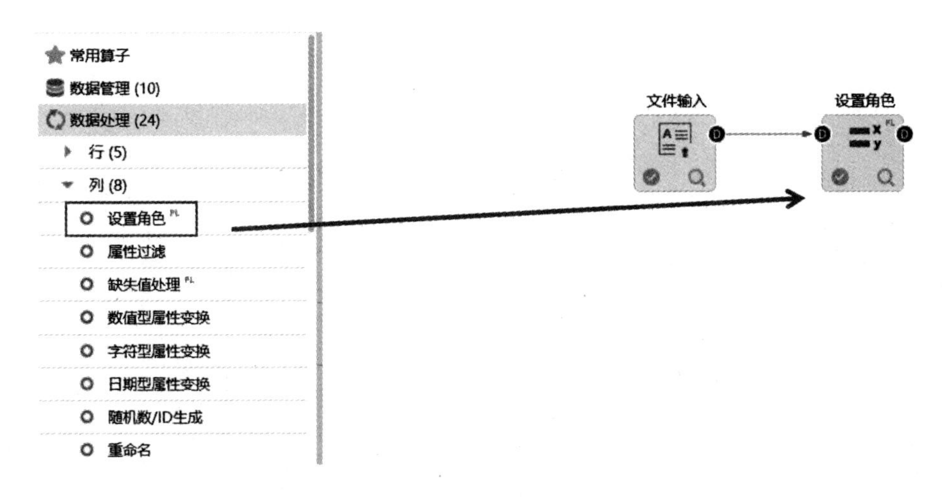

图 6-8　加入设置角色节点（Apriori 算法关联规则挖掘）

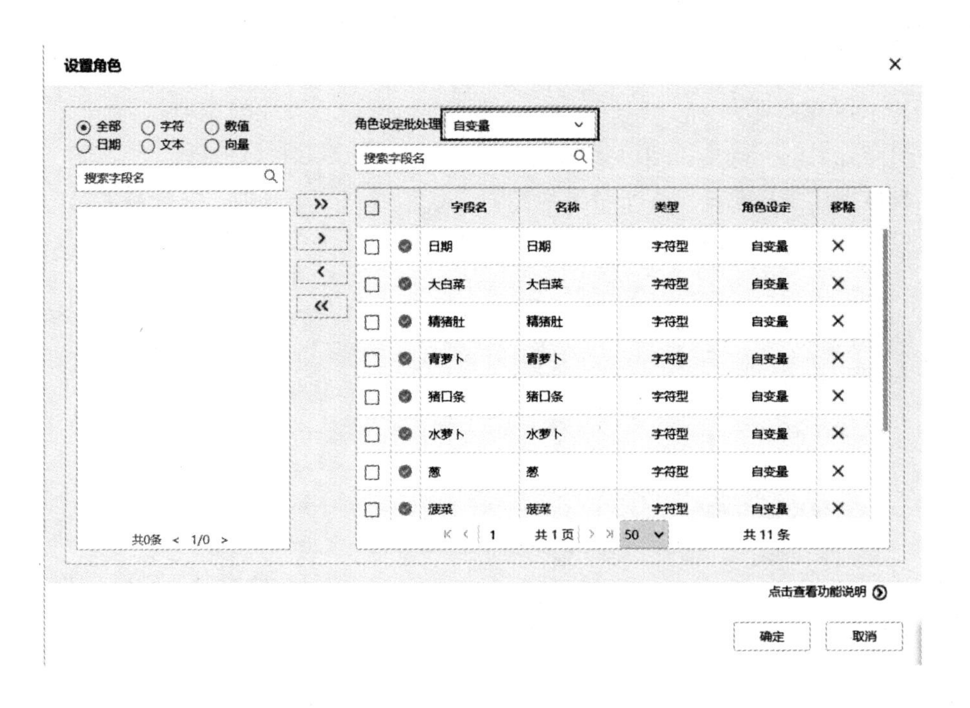

图 6-9　设置角色页面（Apriori 算法关联规则挖掘）

第三，将“Apriori”节点拖入建模流程中，并将“设置角色”和“Apriori”节点的数据集端口相连接（D–D），如图 6–10 所示。

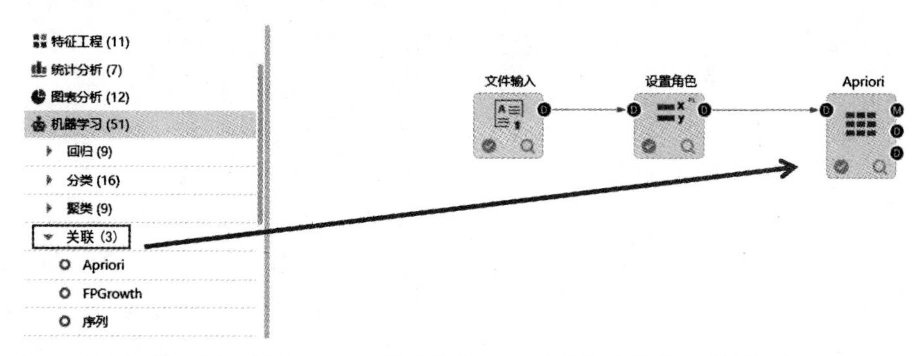

图 6–10　加入 Apriori 算法节点（Apriori 算法关联规则挖掘）

受限于平台系统算力，将最小置信度设置为 0.00000001，将最小提升度设置为 0.000000001，最小支持度设置为 0.01，规则集按支持度排序，最大频繁项集项数为 100，规则最大项数为 3，不勾选“定制规则前项/后项”和“输出频繁项集”（请注意各参数小数点后位数不一致），双击“Apriori”节点，对其进行参数设置，如图 6–11 所示。

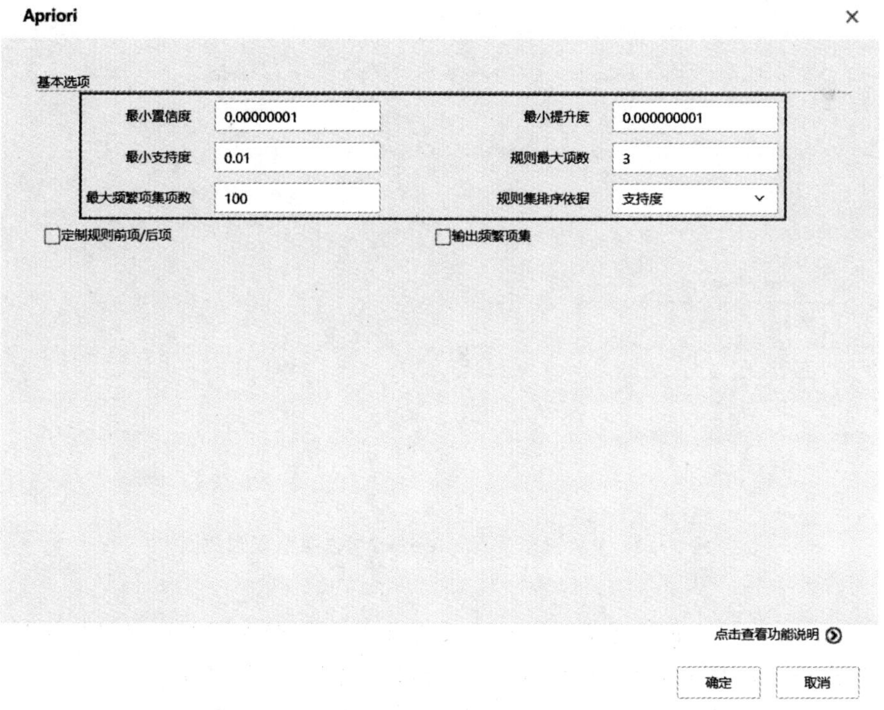

Apriori ×

基本选项

最小置信度	0.00000001	最小提升度	0.000000001
最小支持度	0.01	规则最大项数	3
最大频繁项集项数	100	规则集排序依据	支持度

☐定制规则前项/后项　☐输出频繁项集

点击查看功能说明

确定　取消

图 6–11　Apriori 算法设置

第四，将“文件输出”节点拖入建模流程中，并将“Apriori”和“文件输出”节点的数据集端口相连接（D-D），如图 6-12 所示。

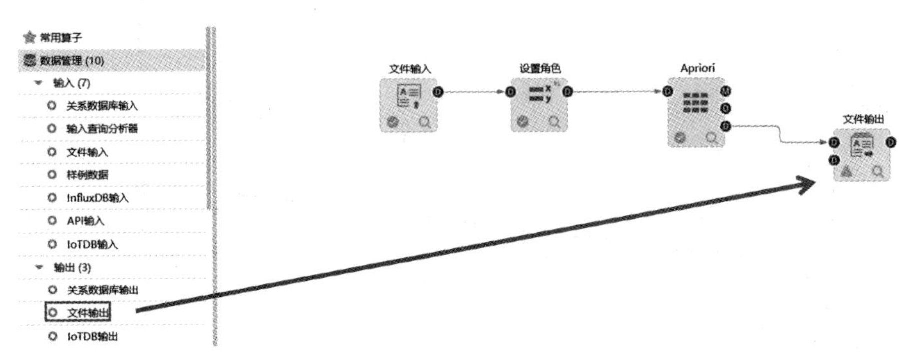

图 6-12　加入文件输出节点（Apriori 算法关联规则挖掘）

双击“文件输出”节点，对“文件输出”节点进行设置，文件名称命名为“蔬菜输出”，文件类型设置为 txt，如图 6-13 所示。

文件输出

数据集1　　文件列表

批量修改

□	字段名	重命名	原类型	描述	输出类型	输出
□	preltems	preltems	字符型	preltems	字符型	☑
□	floltems	floltems	字符型	floltems	字符型	☑
□	confidence	confidence	数值型(DOUBLE)	confidence	数值型(DOUBLE)	☑
□	support	support	数值型(DOUBLE)	support	数值型(DOUBLE)	☑

抽样设置　全部
文件名称　蔬菜输出
文件类型　txt　　分隔符　逗号
输出字段方式　仅输出已选列

请点击“文件列表”下载文件。（注：数据文件保留7天）　　点击查看功能说明

确定　取消

图 6-13　文件输出页面（Apriori 算法关联规则挖掘）

将“Apriori”节点的模型端口以及“文件输出”节点的数据集端口与执行端口相连接，然后单击右上方的“从头执行”执行流程，如图 6-14 所示。

流程执行结束后，可以在“洞察”中查看流程的运行结果，单击“Apriori”查看模型的评估结果，部分结果如图 6-15 所示。

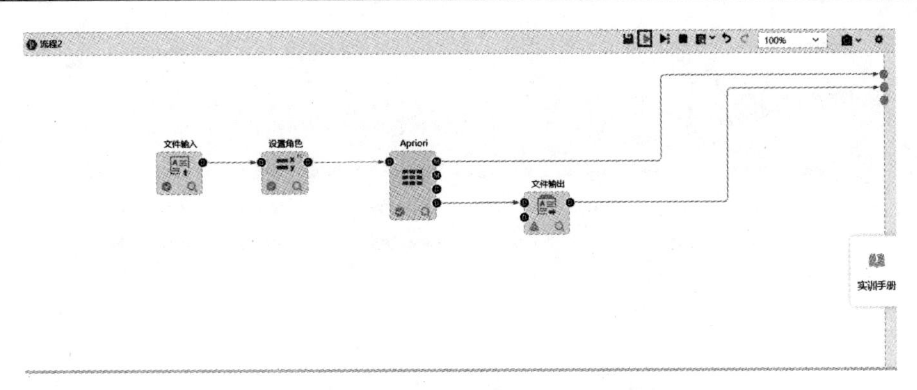

图 6-14 Apriori 算法关联规则挖掘建模流程

数据集1

输出数据

preItems	floItems	confidence	support	lift	leverage
螺丝椒=不变	猪口条=不变	0.9978	0.9789	1.0107	0.0103
猪口条=不变	螺丝椒=不变	0.9914	0.9789	1.0107	0.0103
水萝卜=不变	猪口条=不变	0.9865	0.9281	0.9992	-0.0008
猪口条=不变	水萝卜=不变	0.94	0.9281	0.9992	-0.0008
水萝卜=不变	螺丝椒=不变	0.9798	0.9218	0.9988	-0.0011
螺丝椒=不变	水萝卜=不变	0.9397	0.9218	0.9988	-0.0011
水萝卜=不变	猪口条=不变,螺丝椒=不变	0.9775	0.9197	0.9986	-0.0013
猪口条=不变,水萝卜=不变	螺丝椒=不变	0.9909	0.9197	1.0101	0.0092
水萝卜=不变,螺丝椒=不变	猪口条=不变	0.9977	0.9197	1.0105	0.0096
猪口条=不变,螺丝椒=不变	水萝卜=不变	0.9395	0.9197	0.9986	-0.0013

图 6-15 Apriori 算法评估结果

图 6-15 为利用 Apriori 算法得出的满足支持度和置信度条件的频繁项集。该结果集的含义为前项发生时≥后项发生，前后项均为蔬菜的价格波动情况，由于蔬菜价格不变的样例较多，需要新建流程，使用“数据过滤”节点过滤掉价格=不变的样例。

数据过滤流程如下：切换到“建模”窗口，双击“文件输出”节点，如图 6-16 所示。在“文件列表”中下载正确的执行结果数据并保存，如图 6-17 所示。

文件输出

数据集1 　　文件列表

批量修改

	字段名	重命名	原类型	描述	输出类型	输出
☐	preItems	preItems	字符型	preItems	字符型	☑
☐	floItems	floItems	字符型	floItems	字符型	☑
☐	confidence	confidence	数值型(DOUBLE)	confidence	数值型(DOUBLE)	☑
☐	support	support	数值型(DOUBLE)	support	数值型(DOUBLE)	☑

抽样设置：全部

文件名称：蔬菜输出

文件类型：txt 　　分隔符：逗号

输出字段方式：仅输出已选列

请点击“文件列表”下载文件。(注：数据文件保留7天) 　　点击查看功能说明

确定 　　取消

图 6-16 文件输出页面（Apriori 算法数据过滤）

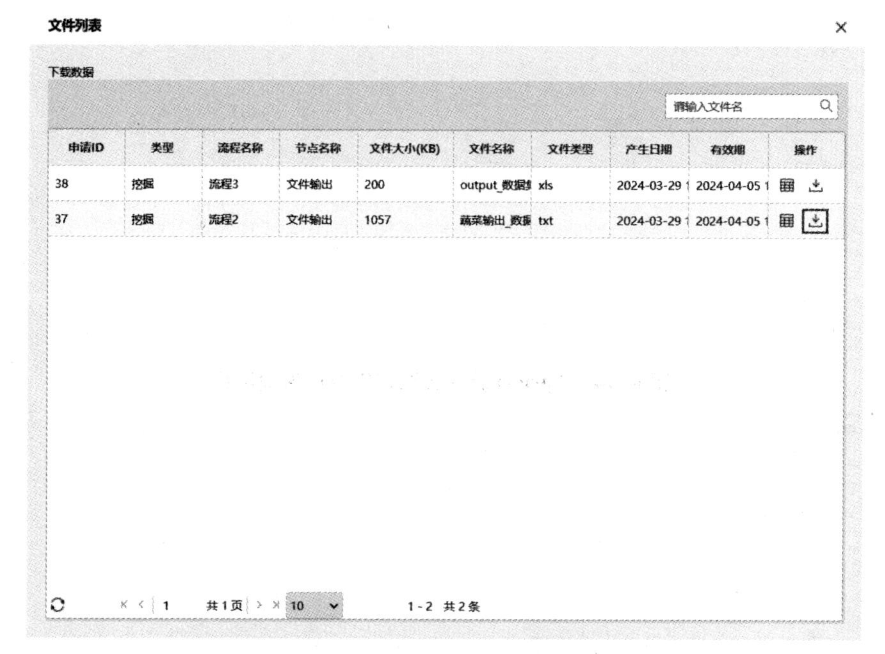

图 6-17　数据下载页面（Apriori 算法数据过滤）

单击页面下方“添加流程”添加一个新流程，如图 6-18 所示。

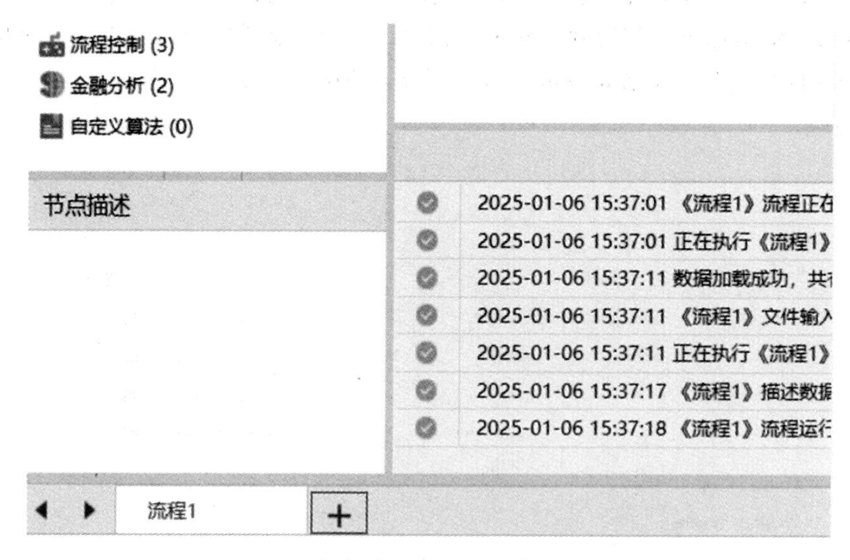

图 6-18　添加新流程（Apriori 算法数据过滤）

拖入“文件输入”节点，导入之前“蔬菜价格之间的关联分析”流程执行完成后“文件输出”节点中下载的文件，如图 6-19 所示。

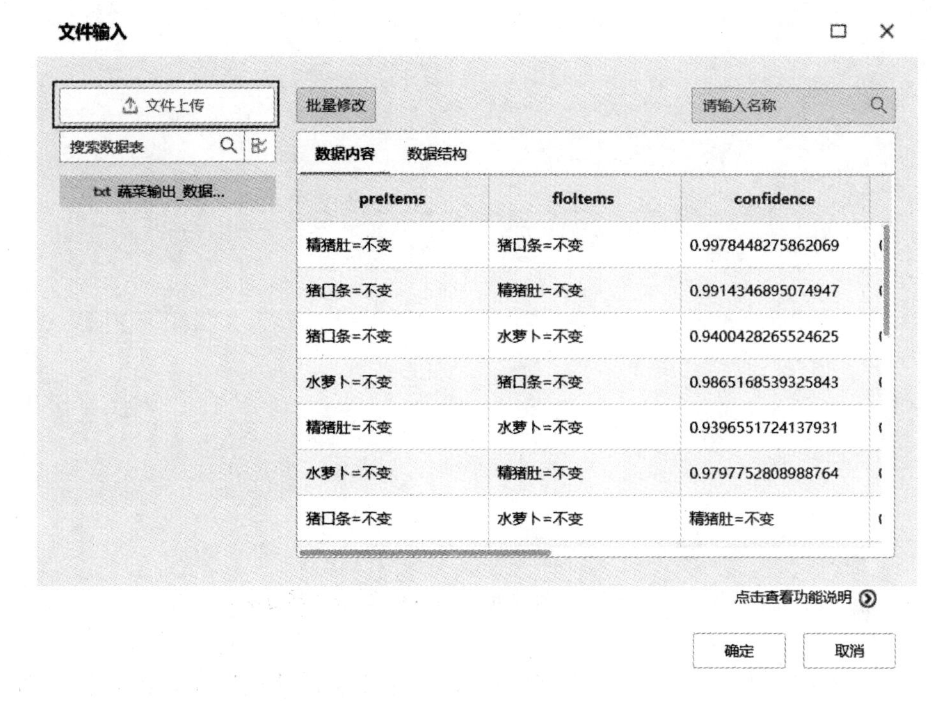

preItems	floItems	confidence
精猪肚=不变	猪口条=不变	0.9978448275862069
猪口条=不变	精猪肚=不变	0.9914346895074947
猪口条=不变	水萝卜=不变	0.9400428265524625
水萝卜=不变	猪口条=不变	0.9865168539325843
精猪肚=不变	水萝卜=不变	0.9396551724137931
水萝卜=不变	精猪肚=不变	0.9797752808988764
猪口条=不变	水萝卜=不变	精猪肚=不变

图 6-19 文件输入页面（Apriori 算法数据过滤）

拖入“数据过滤”节点，并将“文件输入”和“数据过滤”节点的数据集端口相连接（D-D），如图 6-20 所示。

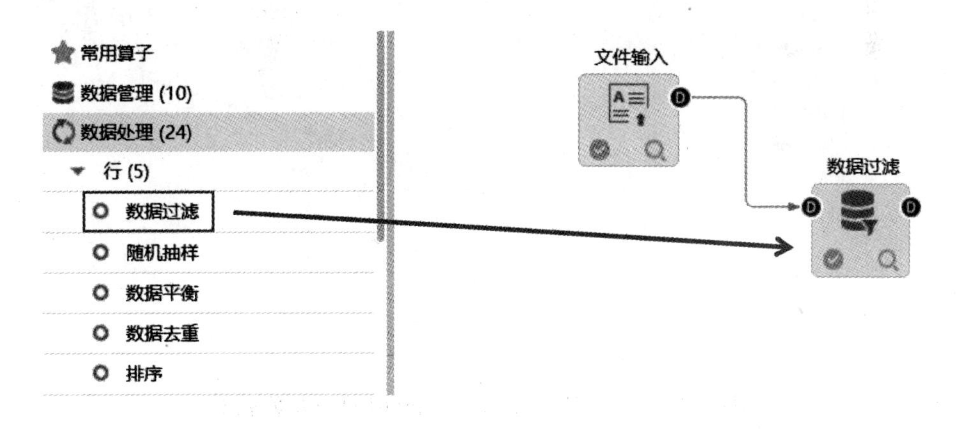

图 6-20 加入数据过滤节点（Apriori 算法数据过滤）

双击打开“数据过滤”节点，进行数据过滤（过滤掉价格=不变的样例），选择选中左侧“preitems”“floitems”两个字段，单击“>”按钮将字段置入右边选中栏，更改“过滤条件”为“不包含”，输入值为“不变”，如图 6-21 所示。

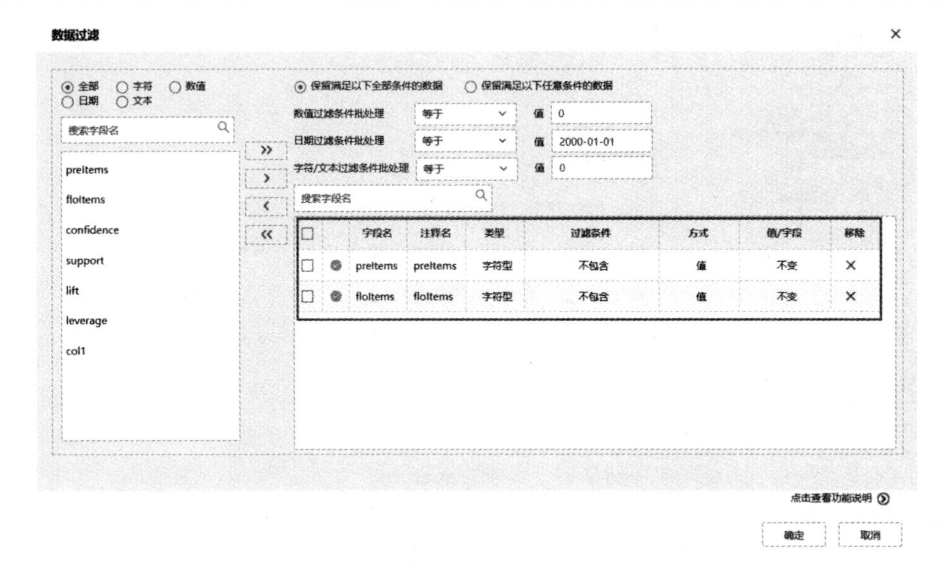

图 6-21　数据过滤页面（Apriori 算法数据过滤）

拖入“文件输出”节点，并将“数据过滤”和“文件输出”节点的数据集端口相连接（D-D），如图 6-22 所示。

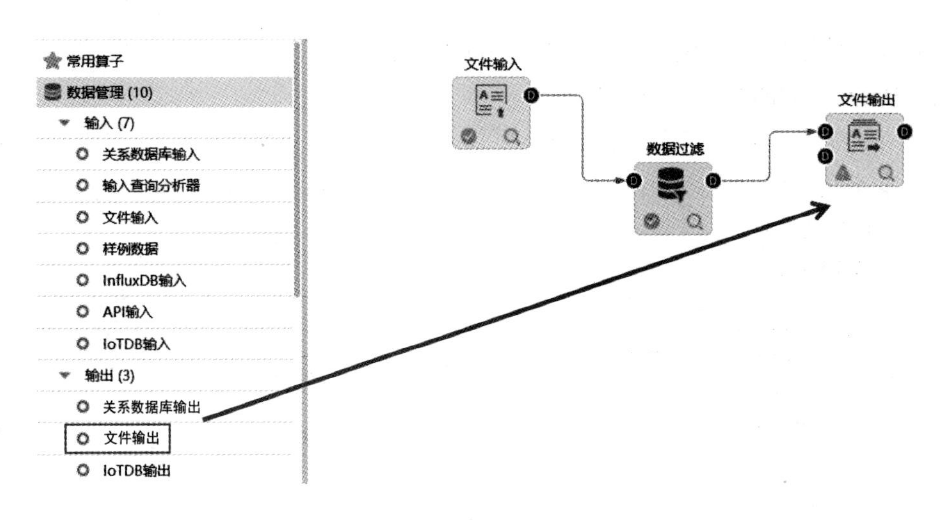

图 6-22　加入文件输出节点（Apriori 算法数据过滤）

双击“文件输出”节点，对其进行设置，建议将文件类型设置为“xls”，文件名称可自行设置，如图 6-23 所示。

将“文件输出”节点的数据集端口与执行端口相连接，然后单击右上方的“从头执行”执行流程，如图 6-24 所示。

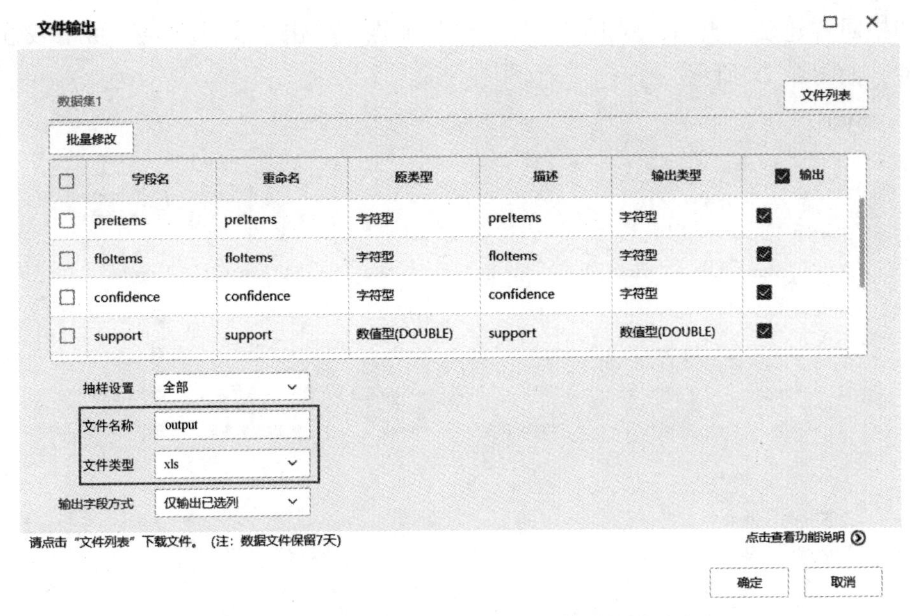

图 6-23　文件输出页面（Apriori 算法数据过滤）

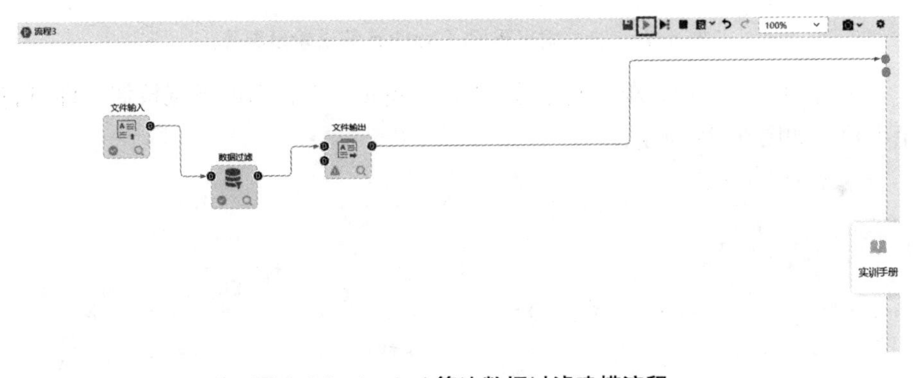

图 6-24　Apriori 算法数据过滤建模流程

6.2.5　实验结果及分析

在“洞察”中，单击“文件输出”节点，查看到过滤后的结果，如图 6-25 所示。

数据集1

输出数据

preItems	floItems	confidence	support	lift	leverage	col1
大头菜=上涨	大白菜=上涨	0.48314606741573035	0.0909	2.1974	0.0495	
大头菜=上涨	大白菜=上涨	精猪肚=不变	1	0.0909	1.0194	0.0017
大白菜=上涨	大头菜=上涨	0.41346153846153844	0.0909	2.1974	0.0495	
大头菜=上涨	大白菜=上涨	猪口条=不变	0.9767	0.0888	0.9893	-0.001
大头菜=上涨	大白菜=上涨	水萝卜=不变	0.9535	0.0867	1.0135	0.0012
大白菜=下跌	大头菜=下跌	0.38461538461538464	0.0846	2.0214	0.0427	
大头菜=下跌	大白菜=下跌	0.4444444444444444	0.0846	2.0214	0.0427	
大白菜=下跌	大头菜=下跌	水萝卜=不变	0.975	0.0825	1.0363	0.0029
大白菜=下跌	大头菜=下跌	精猪肚=不变	0.95	0.0803	0.9684	-0.0026
[illegible]=下跌	[illegible]=下跌	0.36538461538461536	0.0803	1.7283	0.0339	

图 6-25　Apriori 算法过滤后结果

切换回“建模”页面，双击“文件输出”节点，单击“文件列表”可下载输出结果文件，如图 6-26 所示。

图 6-26　文件输出界面（Apriori 算法输出结果）

在“文件列表”页面，单击刚才输出的“output”文件后的下载按钮，即可将文件下载至本地，如图 6-27 所示。

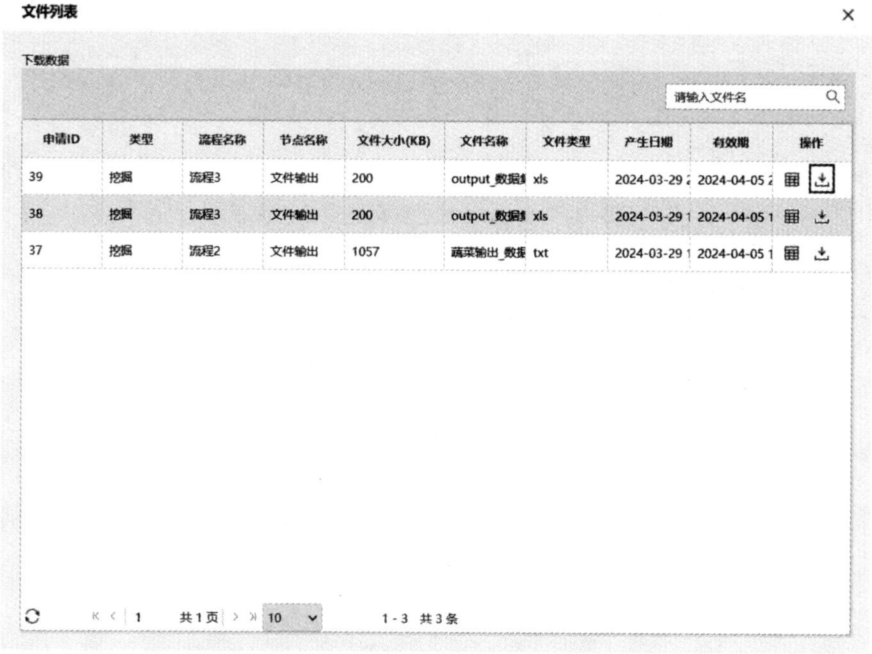

文件列表

下载数据

请输入文件名

申请ID	类型	流程名称	节点名称	文件大小(KB)	文件名称	文件类型	产生日期	有效期	操作
39	挖掘	流程3	文件输出	200	output_数据	xls	2024-03-29	2024-04-05	
38	挖掘	流程3	文件输出	200	output_数据	xls	2024-03-29 1	2024-04-05 1	
37	挖掘	流程2	文件输出	1057	蔬菜输出_数据	txt	2024-03-29 1	2024-04-05 1	

1　共 1 页　10　1 - 3　共 3 条

图 6-27　数据下载页面（Apriori 算法输出结果）

从下载的表格中可以看到全部结果，随机抽取4条记录，如表6-2所示。

表6-2 Apriori算法分析结果（随机抽取）

前项	后项	置信度	支持度
芸豆=下跌	大头菜=下跌	0.25	0.055
菠菜=下跌	芸豆=下跌	0.38	0.0803
菠菜=下跌	韭菜=下跌	0.36	0.0761
大白菜=下跌	葱=下跌	0.25	0.055

由表6-2可以看出：第一条，支持度5.5%，置信度25%，说明芸豆价格下跌时，大头菜价格上涨的可能性为25%。第二条，支持度8.0%，置信度38%，说明菠菜价格下跌时，芸豆价格下跌的可能性为38%。第三条，支持度7.6%，置信度36%，说明菠菜价格下跌时，韭菜价格下跌的可能性为36%。第四条，支持度5.5%，置信度25%，大白菜价格下跌时，葱价格下跌的可能性为25%。其他规则的解释原理同上。

需要注意的是，分析建模过程中，数据探查、数据清洗、分析算法及参数配置等的不同，都会影响分析的结果。数据分析本来就是一个结合业务需求和目标，不断探索最优方案的过程，可以根据自己的想法找到最佳模型。

6.3 FP-Growth算法实验

6.3.1 实验目的

（1）掌握FP-Growth算法的原理和应用。

（2）学习如何构建完整的建模流程。

6.3.2 实验要求

请利用FP-Growth算法添加合适的节点，构建一个完整的建模流程，实现以下目标：

（1）借助三阴性乳腺癌患者的病理信息，挖掘患者的症状与中医证型之间的关联关系。

（2）为截断治疗提供依据，挖掘潜在的病症。

6.3.3 实验数据

本案例的数据来自问卷调查，为了更有效地对其进行挖掘，将冗余属性以及与挖掘任务不相关属性剔除，选取其中6种证型得分，TNM分期（TNM分期表示乳腺癌分期基本原则，Ⅰ期为较轻，Ⅳ期为较严重）的属性值构成数据集，数据说明如表6-3所示。

表6-3　中医证型相关数据

字段名称	数据样例	数据类型
患者编号	20140001	字符型
肝气郁结证系数	0.175	数值型（DOUBLE）
热毒蕴结证系数	0.682	数值型（DOUBLE）
冲任失调证系数	0.171	数值型.(DOUBLE)
气血两虚证系数	0.535	数值型（DOUBLE）
脾胃虚弱证系数	0.419	数值型（DOUBLE）
肝肾阴虚证系数	0.447	数值型（DOUBLE）
TNM分期	H4	字符型

注：下载数据：中医证型相关数据.xls①。

6.3.4　实验步骤

（1）导入数据。

在平台页面左侧“数据管理”找到“文件输入”，并将其拖入建模流程中，如图6-28所示，将所下载的数据集上传至该节点，该节点支持上传本地csv、txt、xlsx、xls类型的数据文件。

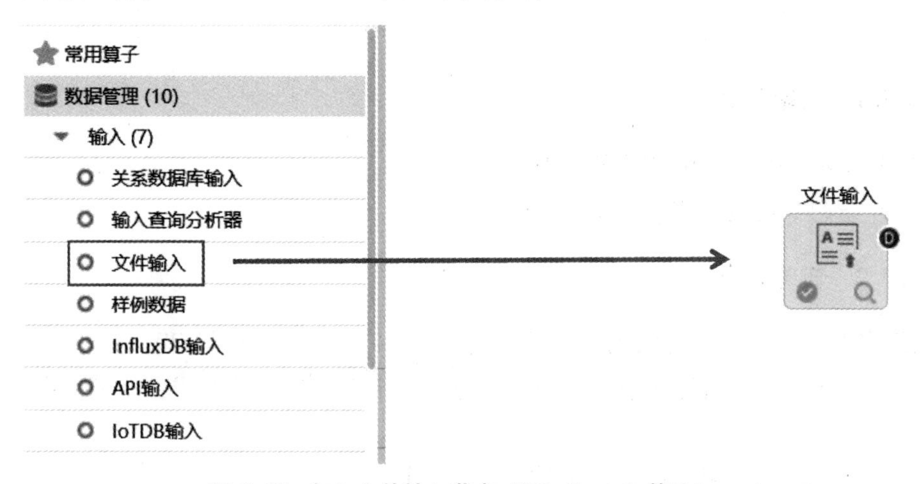

图6-28　加入文件输入节点（FP-Growth算法）

① http://edu.asktempo.cn/file-system/system/course/7e03ce2b8bc44973a461db93ea0051ce/file/e32a2dad462e437597a646c68b4a723f.xls.

双击“文件输入”节点，进入文件输入页面，单击文件上传，将所下载的数据集上传至该节点，如图 6-29 所示。

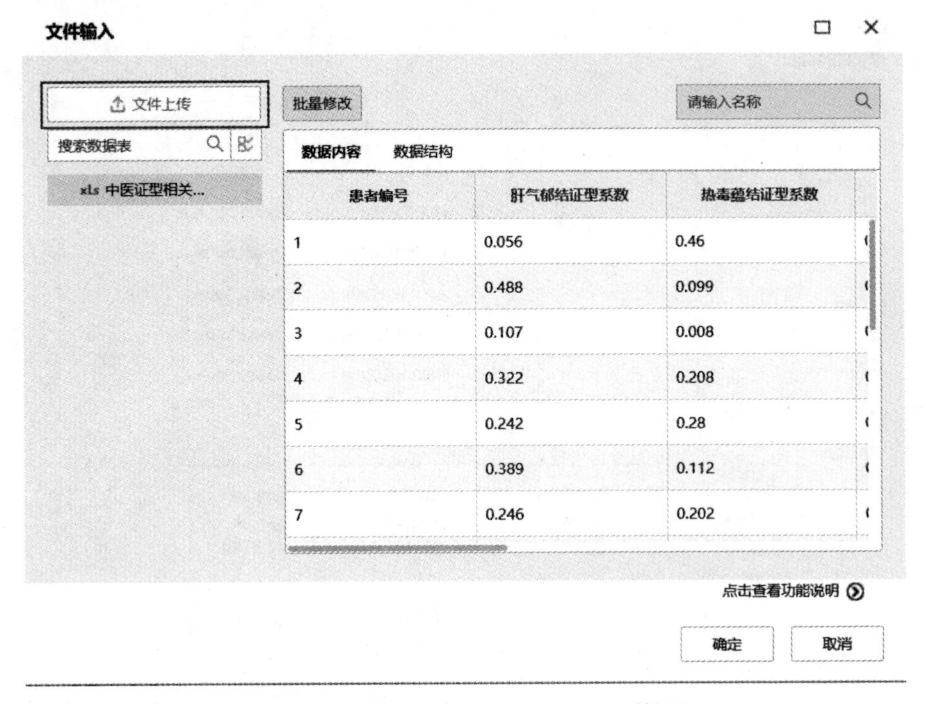

图 6-29　文件输入页面（FP-Growth 算法）

（2）描述性分析。

为找出数据的内在规律，对数据进行初步的整理和归纳，我们利用“统计分析”的“描述数据特征”节点，将其拖入建模流程中，并将“文件输入”和“描述数据特征”节点的数据集端口相连接（D-D），如图 6-30 所示。

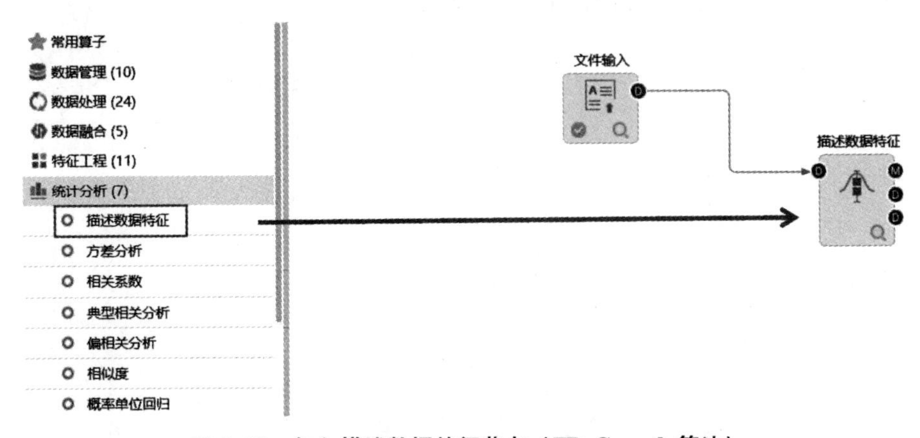

图 6-30　加入描述数据特征节点（FP-Growth 算法）

双击“描述数据特征”节点，进入文件输入页面对数据进行描述性统计分析，在配置中选择全部参数进行描述性分析，如图 6-31 所示。

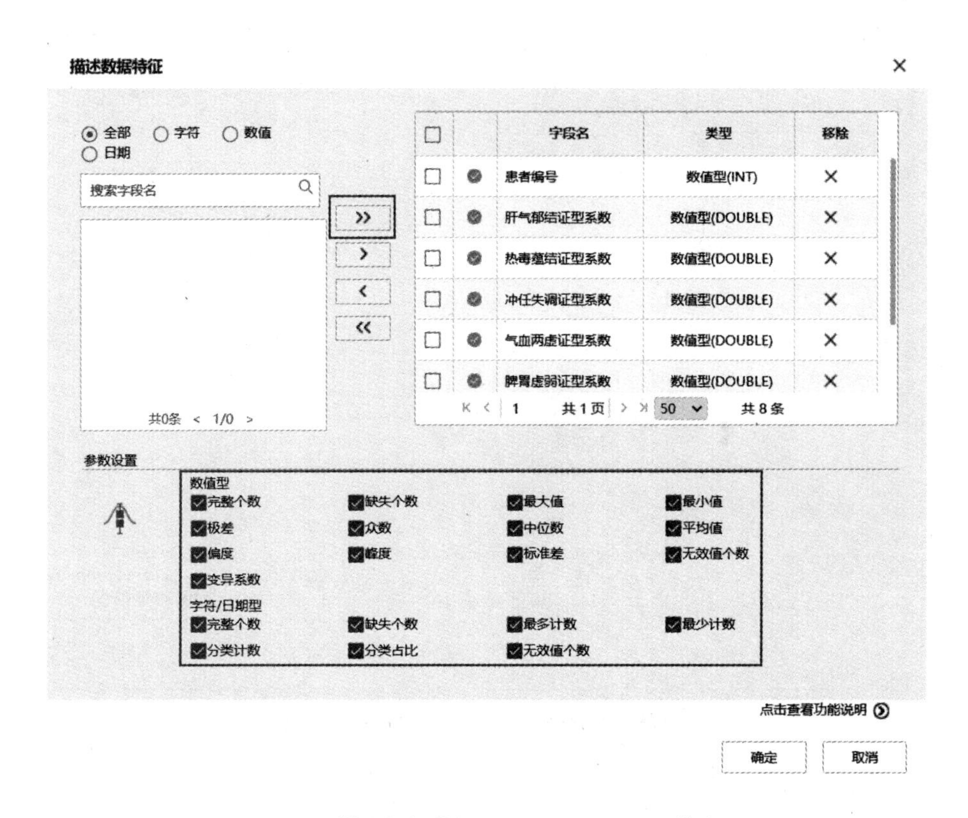

图 6-31　描述数据特征页面（FP-Growth 算法）

将“描述数据特征”节点的数据集端口和模型端口与执行端口相连接，然后单击右上方的“从头执行”执行流程，如图 6-32 所示。

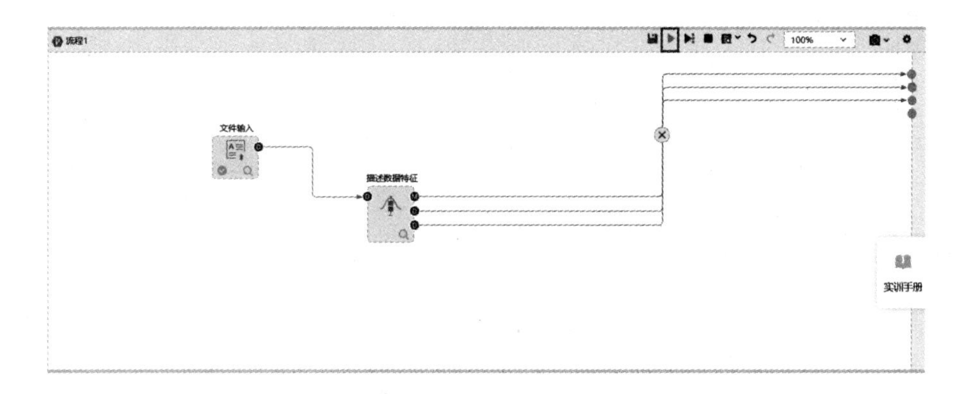

图 6-32　描述性分析（FP-Growth 算法）

等待流程执行完成后，在洞察页面中选中“描述数据特征”节点，查看描述统计结果，如图 6-33 所示。

数值型变量统计信息

字段名	完整个数	缺失个数	最大值	最小值	极差	众数	标准差	平均值	中位数	偏度	峰度	无效值个数	缺失值占比	变异系数
患者编号	930	0	930	1	929	(312,1)	268.4677	465.5	457	0	-1.2	0	0	0.5767
肝气郁结证型系数	930	0	0.504	0.026	0.478	(0.247,13)	0.0783	0.2322	0.23	0.265	0.3715	0	0	0.3371
热毒蕴结证型系数	930	0	0.78	0	0.78	(0.0,15)	0.1318	0.2144	0.185	1.0723	1.5684	0	0	0.6147
冲任失调证型系数	930	0	0.61	0.067	0.543	(0.225,32)	0.0877	0.247	0.233	1.0373	2.186	0	0	0.355
气血两虚证型系数	930	0	0.552	0.059	0.493	(0.204,12)	0.0792	0.2177	0.205	0.8849	1.1756	0	0	0.363
脾胃虚弱证型系数	930	0	0.526	0.003	0.523	(0.167,12)	0.108	0.227	0.198	0.4713	-0.6204	0	0	0.4757
肝肾阴虚证型系数	930	0	0.607	0.016	0.591	(0.316,10)	0.0991	0.2717	0.271	0.1916	-0.5339	0	0	0.3648

实训手册

字符或日期型变量统计信息

字段名	完整个数	缺失个数	最多计数	最少计数	分类计数	分类占比	无效值个数	缺失值占比	近似类别个数	近似类别个数/总样本数
TNM分期	930	0	(H4,415,0.4462)	(H1,105,0.1129)	((H2,205),(H3,205),(H1...	((H2,0.2204),(H3,0.220...	0	0.0000	4	0.0043

顶部

图 6-33　数据特征（FP-Growth 算法）

由图 6-33 可以看出数据完整个数、缺失个数、最多计数、最少计数等统计信息。

（3）关联规则挖掘。

为提高分类的准确率，此处我们选择了“FP-Growth”算法进行分析。

其具体操作是，第一，在平台页面左侧“数据管理”中找到“文件输入”，并将其拖入建模流程中，如图 6-34 所示。

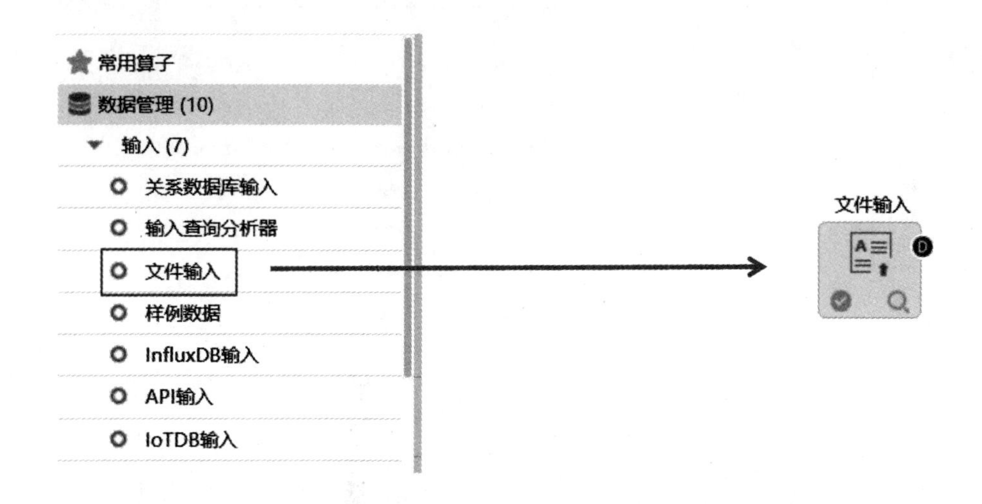

图 6-34　加入文件输入节点（FP-Growth 算法关联规则挖掘）

第二，在“特征工程”中找到“分箱”，将其拖入建模流程中，分箱的目的是将数据离散化，并将“文件输入”和“分箱”节点的数据集端口相连接（D-D），如图 6-

35 所示。双击“分箱”节点，参数切换分箱方式为“分位数”，并将字段设置为“四分位数”，进行分箱，如图 6-36 所示。

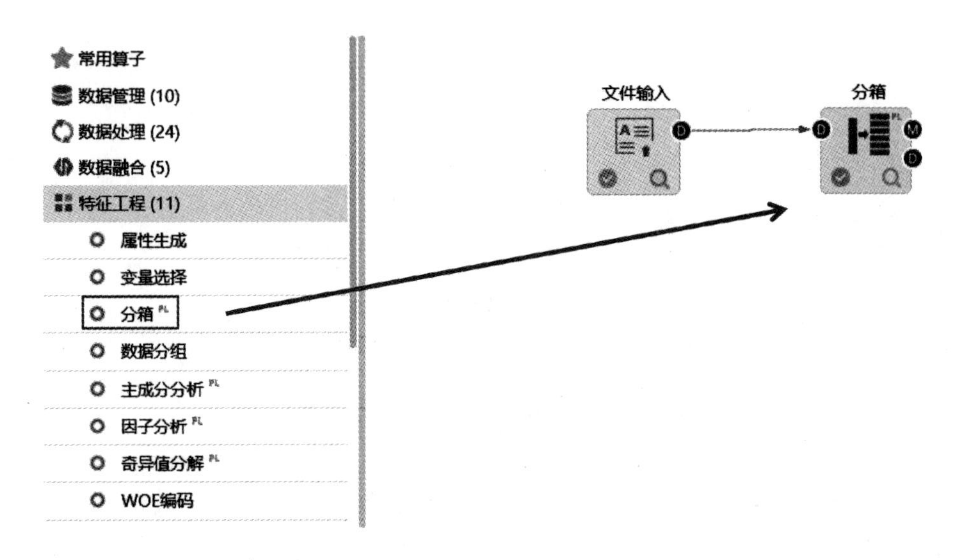

图 6-35　加入分箱节点（FP-Growth 算法）

图 6-36　分箱页面（FP-Growth 算法）

第三，在“数据管理”中找到“设置角色”，将其拖入建模流程中，并将“分箱”和“设置角色”节点的数据集端口相连接（D-D），如图 6-37 所示。双击“设置角色”节点，此节点支持用户选择需要分析的属性/列，并对属性/列进行变量的角色定义，聚类分析中除患者编号外，其余字段均为自变量，如图 6-38 所示。

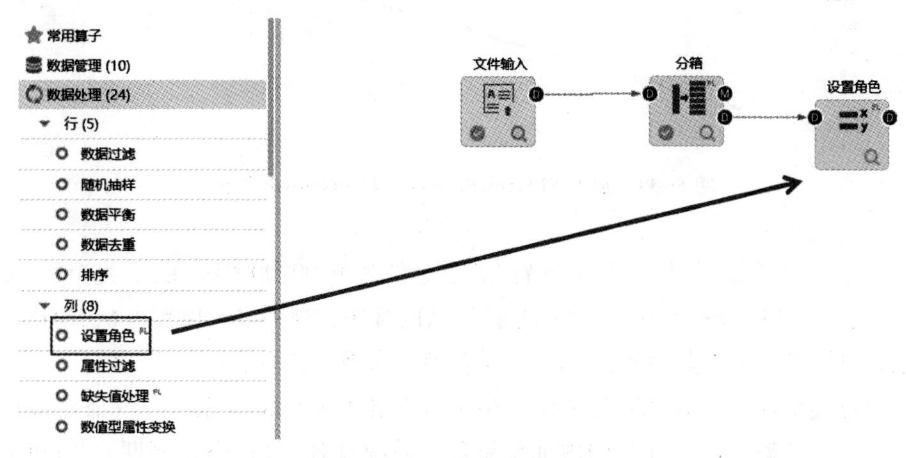

图 6-37　加入设置角色节点（FP-Growth 算法）

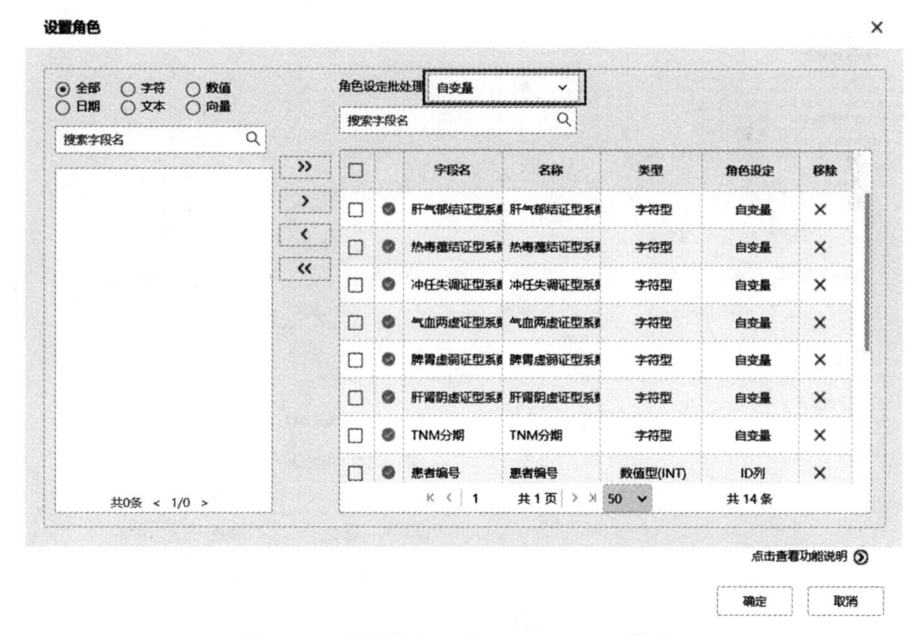

图 6-38　设置角色页面（FP-Growth 算法）

第四，将“FPGrowth”节点拖入建模流程中，并将“设置角色”和“FPGrowth”节点的数据集端口相连接（D-D），如图 6-39 所示。

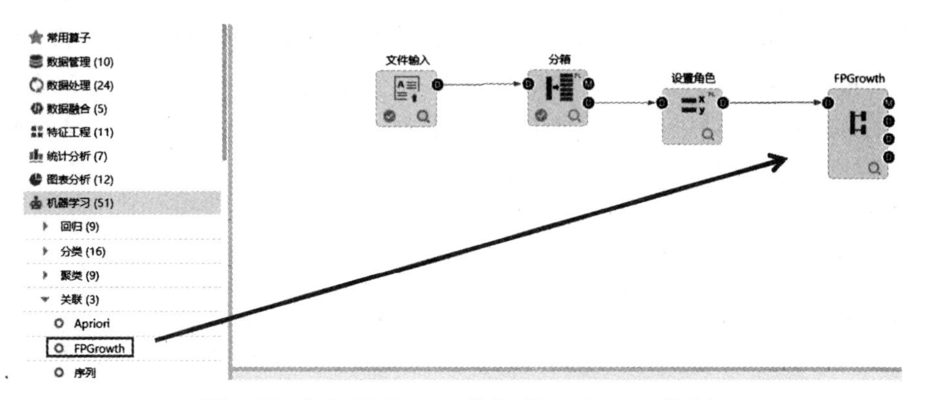

图 6-39　加入 FPGrowth 节点（FP-Growth 算法）

受限于平台系统算力，将最小置信度设置为 0.00000001，最小提升度设置为 0.001，最小支持度设置为 0.1，规则集按置信度排序，规则最大项数为 6，勾选“定制规则前项/后项”和“输出频繁项集”（请注意各参数小数点后位数不一致）。前项选择字段：热毒蕴结证型系数、冲任失调证型系数、肝气郁结证型系数、气血两虚证型系数、脾胃虚弱证型系数、肝肾阴虚证型系数，后项选择字段 TNM 分期。“FPGrowth”算法节点设置如图 6-40 所示。

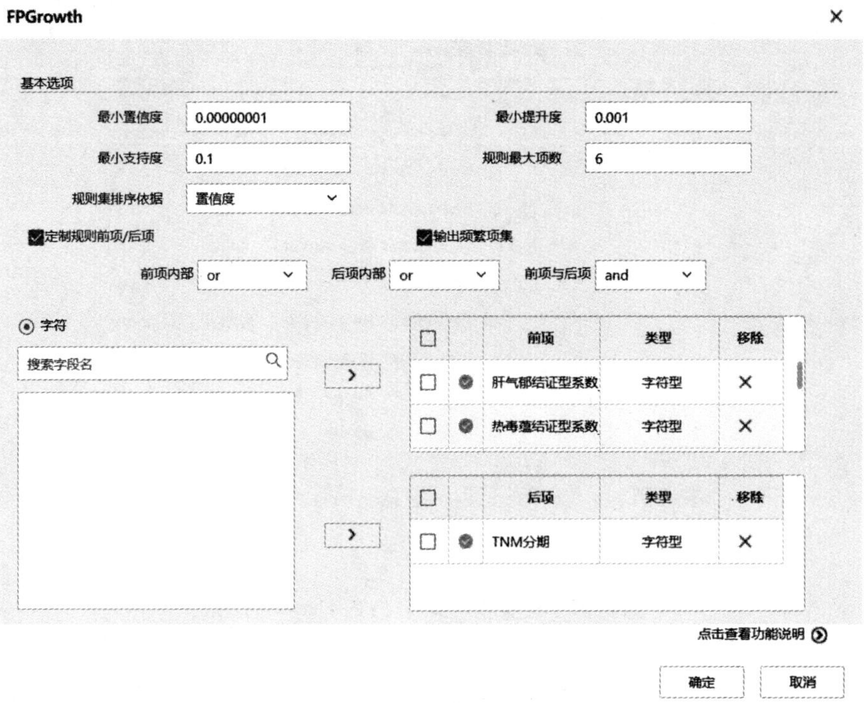

图 6-40　FP-Growth 算法设置

将“FPGrowth”节点的模型端口以及“文件输出”节点的数据集端口与执行端口相连接，然后单击右上方的“从头执行”执行流程，如图 6-41 所示。

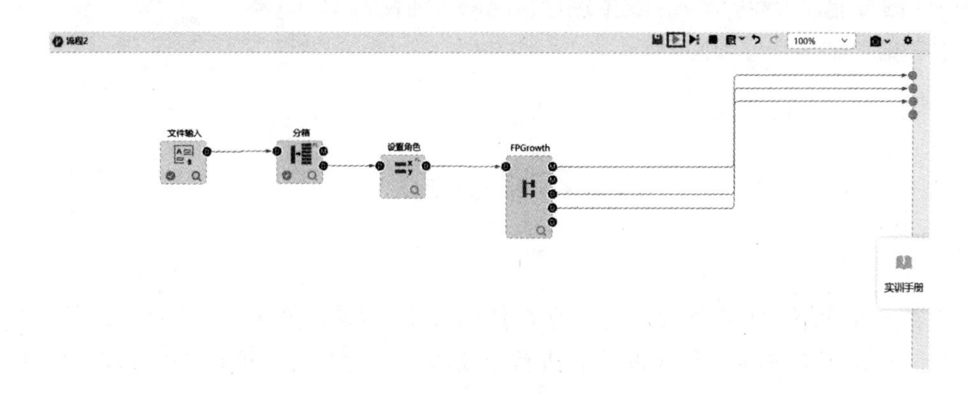

图 6-41 FP-Growth 算法关联规则挖掘建模流程

6.3.5 实验结果及分析

流程执行结束后，可以在“洞察”中查看流程的运行结果，单击“FP-Growth”查看模型的评估结果，分析结果如图 6-42 所示。

满足条件的规则信息

前项	后项	置信度	支持度	提升度	杠杆率
肝肾阴虚证型系数_BIN1=[0.352, Infinity)	TNM分期=H4	0.7447	0.1882	1.6688	0.0754
热毒蕴结证型系数_BIN1=[0.2748, Infinity)	TNM分期=H4	0.6078	0.1516	1.362	0.0403
肝气郁结证型系数_BIN1=[0.231, 0.282)	TNM分期=H4	0.6009	0.1505	1.3465	0.0387
肝肾阴虚证型系数_BIN1=[0.273, 0.352)	TNM分期=H4	0.5603	0.1398	1.2557	0.0285
脾胃虚弱证型系数_BIN1=[0.2, 0.3183)	TNM分期=H4	0.547	0.1376	1.2258	0.0254
气血两虚证型系数_BIN1=[0.2085, 0.264)	TNM分期=H4	0.5281	0.1312	1.1835	0.0203

图 6-42 FP-Growth 算法分析结果

图 6-42 的分析结果为利用 FP-Growth 算法得出支持度和置信度相对较高的前五个的频繁项集。其含义为，前项发生时≥后项发生，其中前项表示各个证型系数范围标识组合而成的规则，后项表示 YNM 分期为 H4 期，如前项肝肾阴虚证型系数_BIN = [0.352，Infinity）表示肝肾阴虚证型系数数值在［0.352，Infinity）范围之内。

规则 1，支持度 18.82%，置信度 74.47%，置信度较高，说明肝肾阴虚证型系数数值在［0.352，Infinity）范围内，TNM 分期诊断为 H4 的可能性为 74.47%，发生这种情况的可能性为 18.82%。

规则 2，支持度 15.16%，置信度 60.78%，置信度高，说明热毒蕴结证型系数在［0.2748，Infinity）范围内，热毒蕴结证型系数在［0.2748，Infinity）范围内，TNM 分期诊断为 H4 的可能性为 60.78%，发生这种情况的可能性为 15.16%。

规则 3，支持度 15.05%，置信度 60.09%，置信度较高，说明肝气郁结证型系数在［0.231 0.282）范围内，肝肾阴虚证型系数在［0.231，0.282）范围内，TNM 分期诊断为 H4 的可能性为 60.09%，发生这种情况的可能性为 15.05%。

其他规则的解释原理同上。

本章小结

本章主要介绍了关联分析在实际场景中的应用。介绍了关联规则的相关理论知识，并针对 Apriori 算法和 FP-Growth 算法进行了实验。在针对蔬菜价格进行关联性分析的实验中，通过构建建模流程，分析蔬菜价格之间的关联性，为防范蔬菜价格的同期剧烈波动提供新思路。在针对恶性肿瘤中医症状关联挖掘的实验中，通过挖掘患者的症状与中医证型之间的关联关系，为截断治疗提供依据，挖掘潜在的病症。通过本章的学习，能够使我们更好地熟悉关联分析的相关概念和算法，了解关联分析在不同场景中的应用；掌握 Apriori 算法和 FP-Growth 算法的原理和实现方法，了解如何构建建模流程进行关联性分析。

参考文献

［1］ Agrawal R，Srikant R. Fast Algorithms for Mining Association Rules in Large Databases［C］. Proceeding of 20th Conference on Very Large Data Bases，1994.

［2］ Borgelt C. An Implementation of the FP-growth Algorithm［C］. Proceedings of the 1st International Workshop on Open Source Data Mining（OSDM），2005.

［3］ De Y，She Y，Jia W. Research on the Improvement of FP-Growth Based on Hash［C］. International Conference on Information Science & Engineering，2011.

［4］ Du J，Zhang X，Zhang H，et al. Research and Improvement of Apriori Algorithm［C］. 2016 Sixth International Conference on Information Science and Technology（ICIST），2016.

［5］ Feng W，Li Y H. An Improved Apriori Algorithm Based on the Matrix［C］. Proceedings of 2008 International Seminar on Future BioMedical Information Engineering，2008.

［6］ Han J，Jian P，Yin Y，et al. Mining Frequent Patterns without Candidate Generation［J］. Data Mining and Knowledge Discovery，2004，8（1）：53-87.

[7] Lei W, Fan X J, Liu X L, et al. Mining Data Association Based on a Revised FP-Growth Algorithm [C]. International Conference on Machine Learning & Cybernetics, 2012.

[8] Liu Y. Study on Application of Apriori Algorithm in Data Mining [C]. 2010 Second Intematianal Confevence on Computer Modeling and Simulation, 2010.

[9] Niu Z, Nie Y, Zhou Q, et al. A Brain-Region-Based Meta-Analysis Method Utilizing the Apriori Algorithm [J]. BMC Neuroscience, 2016, 17 (1): 23-26.

[10] Park J S, Chen M S, Yu P S. An Effective Hash-Based Algorithm for Mining Association Rules [J]. ACM SIGMOD Record, 1997, 24 (2): 175-186.

[11] Purdom P W, Gucht D V, Groth D P. Average Case Performance of the Apriori Algorithm [J]. SIAM Journal on Computing, 2004, 33 (5): 1223-1260.

[12] Savasere A, Omiecinski E, Navathe S. An Efficient Algorithm for Mining Association Rules in Large Databases [C]. International Conference on Very Large Data Bases, 1995.

[13] Shana J, Venkatachalam T. An Improved Method for Counting Frequent Itemsets Using Bloom Filter [J]. Procedia Computer Science, 2015, 47: 84-91.

[14] Han J, Kambor M, Pei J. 数据挖掘：概念与技术 [M]. 范明，孟小峰，译. 北京：机械工业出版社，2012.

[15] 王国胤，刘群，于洪，等. 大数据挖掘及应用 [M]. 北京：清华大学出版社，2017.

[16] 王小虎. 关联规则挖掘综述 [J]. 计算机工程与应用，2003，39 (33)：190-193.

[17] 颜雪松，蔡之华，蒋良孝，等. 关联规则挖掘综述 [J]. 计算机应用研究，2002，19 (11)：1-4.

[18] 张良均，王路，谭立云，等. Python 数据分析与挖掘实战 [M]. 北京：机械工业出版社，2016.

7 文本分析实验

7.1 文本分析概述

7.1.1 文本分析的定义

结构化数据与非结构化数据是大数据的两种类型。结构化数据是指高度组织和整齐格式化的数据，如数字、符号等，主要利用关系式数据库进行资料保存与数据管理；非结构化数据是指一些构成无序、结构不完备、没有预定义的数据模型、不便于用二维逻辑描述的信息，如文档、资料、图片、音视频等，主要以文件的方式存储在文件系统中，同时将指向文件的链接或路径存储在数据库表中。

大数据时代的到来让人们能够在海量的数据中获取信息与知识，这是数据分析师能够进行分析的重要前提。由于非结构化数据占据了数据世界的绝大部分，在大数据时代到来之前，我们对非结构化数据的利用是低效的，因此，需要通过一些方法对非结构化数据进行分析，让数据充分发挥其应有的价值。

图像分析主要是对图像、视频等进行分类，在人脸识别门禁制度、自动驾车技术等方面应用广泛。同理，对文本的分析工作叫作文本分析，其研究重点聚焦在对文本内容的描述和特征项目的选择上，其描述文本的基本单元称为文本特征或特性项目。文本分析是自然语言处理的一个小分支。在网络环境下，大量的个人、组织、公司以及各种组织形式的主体都深嵌在了网络世界，因此在互联网世界中产生了大量的文本，如购物网站的用户评论、社交网站的用户互动、新闻网站发布的文章资讯等都是网络上可获取的文本数据，相较于图像、视频数据，大部分文本数据更易于获取，因此文本分析也能够解决更丰富的问题。

文本的任务在于传达一些概念、理念信息，但显然计算机无法直接处理尚未进行加工的原始文本信息，因此必须破坏文本的直接可解释性，将文本转换为结构化的、能够

被机器认识、使用的数据。文本分析是资料挖掘、信息检索中的一项基础性技术，通过数字化来描述文本资料。文本分析的目标主要有：一是将原始文本数据化；二是将量化后的文本知识化，利用文本数据进行因果推论。

文本分析所涵盖的领域也相当广泛，社会科学、管理、金融、市场营销等不同专业领域都能够运用文本分析的方式研究互联网上的海量文本，因此人们认为随着人工智能等研究领域的发展，文本分析方法也将朝着更加语义化、智能化的方向进一步发展，并在各个领域中发挥更大的作用，使文本资源得到充分利用。

7.1.2 文本分析的流程

完整的文本分析主要包括以下几步：

第一步：读取数据。在大数据分析过程中，文本分析所需的数据量较大，因此可能存储于不同的文件或计算机中，故需要对文本数据进行导入与整合。

第二步：分词。中文中的字、词之间并没有明确的分割点，因此对中文文本的研究需要使用模型的分词处理。而英文是用空格分隔的语言，因此就要求在一个空格内分割文本。如将“今天下雨了”分词得到“今天，下雨，了”，将“Today is rainy”分词得到“Today，is，rainy”。

第三步：剔除符号和无意义的停用词。文本数据中存在大量的标点符号及无意义的词语，这些标点符号和无意义的词语对分析结果影响很小，为了降低处理难度、缩短处理时间，需要对这些停用词进行剔除，如“的”“了”“哦”、“is”“a”“the”等。

第四步：将字母变为小写并进行词干化。这一步的目的主要是为了将同义、同主体的词语进行归并，如“中铁”“中国铁建”“中铁集团”都可以归并为“中铁”，英文文本分析可将“I”与“i”归并为“i”，“am、is、are”归并为“be”。

第五步：使用一定的编码方式构建文档词频矩阵。文档词频矩阵指一个给定词在语料库中的出现频率，常用方法有词袋法、TF-IDF 等。这一步有助于分析语料库不同文档中词的出现情况。

目前，人们通常采用向量空间模型描述文本向量，若直接使用分词算法或词频统计方法得到的特征项来表示文本向量，向量的维度可能很大，这种未经过处理的文本矢量会使文本处理、分析的过程效率低下，且会影响算法的准确性。因此，需要在不影响原文含义的基础上找出最具代表性的文本特征，然后通过特征选择来进行降维。文本的特征项必须具备一定的特性：一是能够标识文本内容；二是具有将目标文本与其他文本相区分的能力；三是数量不能过多；四是特征项分离较容易实现。

中文文本中，可采用汉字、词语、短语等作为文字的基本特征项。而相较于汉字，词语的表达能力更优，相较于短语，词语的分割难度也较小。因此，目前大部分中文文本分类都采用词语作为特征项，作为文本的中间表示形式，来进行文本和文本之间的相似度计算。最常用的特征选取方式有：一是以映射或变换的方式将原有特征转化为较少的新特征；二是从原始特征中选取一些较有代表性的特征；三是根据专家的知识挑选最有影响的特征；四是用数学的方法进行选取，找出最具分类信息的特征。

7.1.3 文本分析的算法

（1）文本分类。

1）基础知识。文本分类在文本处理中是很重要的一个模块，它的应用也非常广泛，如垃圾过滤、新闻分类、词性标注等。它和其他的分类没有本质的区别，核心方法为先提取分类数据的特征，然后选择最优的匹配，从而分类。根据文本的特点，文本分类的一般流程为：预处理；文本表示及特征选择；构造分类器；分类。

通常来讲，文本分类任务是指在给定的分类体系中，将文本指定分到某个或某几个类别中。被分类的对象有短文本，如句子、标题、商品评论等，也有长文本，如文章等。分类体系一般人工划分，比如：政治、体育、军事；正能量、负能量；好评、中性、差评。因此，对应的分类模式可以分为二分类与多分类问题。

2）常用算法。8 种传统算法：KNN、决策树、多层感知器、朴素贝叶斯（包括伯努利贝叶斯、高斯贝叶斯和多项式贝叶斯）、逻辑回归和支持向量机。4 种集成学习算法：随机森林、AdaBoost、lightGBM 和 xgBoost。2 种深度学习算法：前馈神经网络和 LSTM。

3）典型应用。垃圾邮件的判定：是否为垃圾邮件；根据标题为图文视频打标签：政治、体育、娱乐等；根据用户阅读内容建立画像标签：教育、医疗等；电商商品评论分析等类似的应用：消极、积极；自动问答系统中的问句分类。

（2）向量空间模型算法。

1）基础知识。向量空间模型（Vector Space Model，VSM）概念简单，把对文本内容的处理简化为向量空间中的向量运算，并且它以空间上的相似度表达语义的相似度，直观易懂。当文档被表示为文档空间的向量，就可以通过计算向量之间的相似性来度量文档间的相似性。文本处理中最常用的相似性度量方式是余弦距离。

M 个无序特征项 ti，词根/词/短语/其他每个文档 dj 可以用特征项向量来表示（a1j，a2j，…，aMj）权重计算，N 个训练文档 AM×N＝（aij）文档相似度比较。向量空间模型（或词组向量模型）是一个应用于信息过滤、信息撷取、索引以及评估相关性的代数模型。

2）算法优点。使用核函数可以向高维空间进行映射；使用核函数可以解决非线性的分类；分类思想很简单，就是将样本与决策面的间隔最大化；分类效果较好。

3）算法缺点。SVM 算法对大规模训练样本难以实施；用 SVM 解决多分类问题存在困难；对缺失数据敏感，对参数和核函数的选择敏感。

（3）提取主题的文本分析方法。

在自然语言处理中，存在着一词多义和一义多词的问题，即“同义”和“多义”

的现象。同义是指不同单词在一定背景下有着相同的意思，如“我今天面试就是去打酱油”和“今天面试就是随便参与一下”；多义是指一个单词在不同的背景下有着不同的意思，如“我今天面试就是去打酱油”和“中午吃饺子，下班先去打酱油”。因此，我们需要根据单词提取文本主题，建立起词与主题之间的关联联系，这样的词所组成的文档就能表示成为主题的向量。

介绍用于提取主题的文本分析方法，包括 LSA、PLSA 和 LDA。

1）潜在语义分析（Latent Semantic Analysis，LSA）。LSA 起初用于语义检索中，用以解决一词多义和一义多词的问题。一是一词多义。比如，“bank”这个单词如果和“loans”“rates”这些单词同时出现时，“bank”很可能表示金融机构；但如果“bank”一词和“fish”一词一起出现，那么很可能表示河岸。二是一义多词。比如，电脑和 PC 表示相同的含义，但单纯依靠检索词“电脑”来检索文档，可能无法检索到包含“PC”的文档。

LSA 是由 Scott Deerwester、Susant Dumais 等于 1990 年提出来的一个种新的索引和检索方法。该方法与传统向量空间模型（Vector Space Model）一样使用向量来表示词和文档，并通过向量之间的关系来判断词及文档间关系，所不同的是，LSA 将词和文档映射到潜在语义空间，从而去除了原始向量空间中的一些“噪声”，提高了信息检索的精确度。

LSA 的步骤如下：

第一步：分析文档集合，建立 Term-Document 矩阵。假设有 n 个文档，m 个单词，设有矩阵 $A(m\times n)$，其中 $A_{i,j}$ 表示词 i 在文档 j 中的权重。A 的每一行对应一个单词，每一列对应一个文档。

第二步：对 Term-Document 矩阵进行奇异值分解。将 A 分解为 T、S、D 三个矩阵相乘，其中 T 指单词向量矩阵，行向量表示词，列向量表示主题；S 为一个对角阵，对角上的每个元素对应一个主题，其值表示对应主题的有效程度；D 为文档向量矩阵，行向量表示主题，列向量表示文档。

$$A=T\times S\times D \tag{7-1}$$

第三步：对 SVD 分解后的矩阵进行降维。

第四步：使用降维后的矩阵构建潜在语义空间，或重建 Term-Document 矩阵。

LSA 的好处在于能够将原文的特征空间降维为一种低维语义空间，从而减少了一词多义或者一义多词的现象。其不足之处是由于每个文本特征矩阵维数都是特别大，所以在进行 SVD 分析上特别耗时。

2）概率潜在语义分析（Probabilistic Latent Semantic Analysis，PLSA）。通过将词归纳为主题，LSA 可以将多个词义相同的词映射到相同主题上，从而解决了一义多词的问题，但这种方法并不能解决一词多义的问题。为解决这个问题，可以将概率模型应用于 LSA 模型，从而得到 PLSA 模型。

PLSA 模型可以从文档生成的角度来理解。PLSA 模型定义了 K 个主题和 V 个词，任何一篇文本都是由 K 个主题的多个混合而成，即每篇文章都可以看作主题集合的一个概率分布，每个主题都是词集合上的一个概率分布，这意味着文本中的每个词都看作由某一个主题以某种概率随机生成的。

举个通俗的例子来说明 PLSA 的过程。有三个主题，其概率分布分别是｛教育：0.5，经济：0.3，交通：0.2｝，每个主题对应多个词语，如教育主题下有词语大学、课程、教师，其概率分布为｛大学：0.5，课程：0.3，教师：0.2｝。从这个角度来看，生成一篇文档可以看作选主题和选词的两个随机过程，如先从主题分布｛教育：0.5，经济：0.3，交通：0.2｝中抽取出主题"教育"，再在该主题对应的词分布｛大学：0.5，课程：0.3，教师：0.2｝中抽取出"大学"一词。经过不断地抽取、重复，产生了 N 个词，则生成一篇文本。

根据上述描述，PLSA 模型的文档—词项模型可描述如下：第一步，按照概率 $P(d_i)$ 选择一篇文本 d_i；第二步，选定文档 d_i 后，从主题分布 $P(Z_k|d_i)$ 选择一个隐含的主题类别 Z_k；第三步，选定主题 Z_k 后，从词分布 $P(W_i|Z_k)$ 中选择一个词 W_i。

因此，PLSA 的生成文件的全部流程都是确定文档生成主题，并确定主题生成词。反过来，如果文档已经产生，如何根据已经产生的文档反推其主题？这个利用看到的文档推断隐藏的主题（分布）的过程就是主题建模的目的：自动地发现文档集中的主题（分布）。下面对这个过程加以介绍：

在现实中，文本 d 和单词 W 是可被观察到的，但主题 Z 是隐藏的，因此需要根据大量已知的（主题—词）概率 $P(W_i|Z_k)$ 训练出（文本—主题）概率 $P(Z_k|d_i)$ 和（文本—词）概率 $P(W_i|d_i)$，由上述过程已知，对于某个文本 d_i 而言，其包含某个词 W_i 的概率为：

$$P(W_i|d_j)=\sum_{k=1}^{K}P(W_i|Z_k)(Z_k|d_j) \tag{7-2}$$

故得到文本中包含某个词的生成概率为：

$$P(d_i,W_j)=P(d_i)P(W_j|d_i)=P(d_i)\sum_{k=1}^{K}P(W_j|Z_k)(Z_k|d_i) \tag{7-3}$$

由于 $P(d_i)$ 可事先计算求出，而 $P(W_i|Z_k)$ 和 $P(Z_k|d_i)$ 未知，因此 $\theta=(P(W_i|Z_k),P(Z_k|d_i))$ 就是我们要估计的参数，通俗地说，就是要最大化这个 θ。常用的参数估计方法有极大似然估计 MLE、最大后验证估计 MAP、贝叶斯估计等。因为该待估计的参数中含有隐变量 z，所以我们可以考虑 EM 算法求解该问题，在此不再赘述。

3）潜在狄利克雷分布（Latent Dirichlet Allocation，LDA）。在 PLSA 模型的基础上加层贝叶斯框架即为 LDA 模型，为方便读者理解 PLSA 模型和 LDA 模型的区别，同样通过一个例子进行解释。如前所述，在 PLSA 模型中，选主题和选词都是两个随机的过程：先从主题分布｛教育：0.5，经济：0.3，交通：0.2｝中抽取出主题“教育”，再在该主题对应的词分布｛大学：0.5，课程：0.3，教师：0.2｝中抽取出“大学”一词；而在LDA模型中，选主题和选词同样是两个随机的过程。在文档生成后，两者都要根据文档去推断其主题分布和词语分布。

两者的区别在于：在PLSA模型中，主题分布和词分布是唯一确定的，能明确地指出主题分布是｛教育：0.5，经济：0.3，交通：0.2｝，该主题下的词分布是｛大学：0.5，课程：0.3，教师：0.2｝。在LDA模型中，主题分布和词分布不再确定不变，如主题分布可能是｛教育：0.5，经济：0.3，交通：0.2｝，也可能是｛教育：0.8，经济：0.1，交通：0.1｝。但无论怎么变化，也依然服从一定的分布，即主题分布和词分布由狄利克雷先验随机确定。

在前文的关键知识点中，本书介绍了文本特征提取法，它有两种十分关键的模型：词集模型和词袋模型，词袋模型是在词集模型的基础上扩大了频率的维度，即词集模型只关注有和没有，词袋模型还要关注有几个词语。

①词集模型。词集模型是词构成的集合，每个单词只出现一次，不考虑词频，即某个词在文本中出现一遍与出现多遍的特征处理是相同的。

②词袋模型。词袋模型把所有的单词都放入一个口袋内，对每一个单词都进行了统计，同时统计每个单词出现的频次，不考虑词法和语序问题。词袋模型认为各个单词都是相互独立的，在统计单词的同时统计了各个单词出现的频次，也就是说，词袋模型并不考察文章中词与词之间的上下文关联，只考察所有词的相对权重，其权重与词在文本中出现的频次相关。但也因它不考虑上下文关系，会导致文本丢失一部分文本的语义。若文本分析的目的是分类聚类，词袋模型则表现得很好。

在很多算法中，为了让单词参加计算，需要将单词转化为数值向量，One-Hot编码便是一种比较常用的文本特征提取的方法，又称“独热编码”。下面举例说明One-Hot编码。

假设有4个样本，每个样本有3个特征，特征1有2种可能的取值，特征2有4种可能的取值，特征3有3种可能的取值，样本特征如表7-1所示。

表7-1 样本特征

	特征1	特征2	特征3
样本1	1	4	3
样本2	2	3	2
样本3	1	2	2
样本4	2	1	1

表 7-1 用十进制数对每种特征进行编码。比如，特征 3 有 3 种取值，或者说有 3 种状态，那么就用 3 个状态位来表示，以保证每个样本中的每个特征只有 1 位处于状态 1，其他都是 0，则特征 3 的状态分别可以表示为：1→001，2→010，3→100。编码后的样本特征如表 7-2 所示。

表 7-2 编码后的样本特征

	特征 1	特征 2	特征 3
样本 1	01	1000	100
样本 2	10	0100	010
样本 3	01	0010	010
样本 4	10	0001	001

这样，4 个样本的特征向量就可以这么表示：样本 1：[0，1，1，0，0，0，1，0，0]；样本 2：[1，0，0，1，0，0，0，1，0]；样本 3：[0，1，0，0，1，0，0，1，0]；样本 4：[1，0，0，0，0，1，0，0，1]。

尽管 One-Hot 编码解决了分类器处理离散数据困难的问题，但在实际应用中这种方法有诸多不足，最显著的就是维度灾难。在实际应用中，字典往往是非常大的，那么每个词对应的向量维度非常高。此外，单词之间具有许多联系，但 One-Hot 是一个词袋模型，不考虑词与词之间的顺序问题。词嵌入就能够克服这些困难，是指将词映射成低维、稠密、实值的词向量，从而赋予词语更加丰富的含义，同时更加适合作为机器学习等模型的输入。

词嵌入是一种表示文本的方式，其中词汇中的每个词都由高维空间中实数值向量表示。所有英文单词都被直接映射为一组向量空间，而这种向量空间能够使用神经网络中的方法来学习更新，所以这种技能基本集中使用在深度学习领域中。其重点就是如何使用密集的分布式向量空间来描述所有英文单词，和 One-Hot 一样，使用词嵌入表示的英文单词向量空间通常有数十至数百个维度，极大地降低了运算量和存储率。词嵌入方法中应用最广泛的就是 Word2Vec。

Word2Vec 是由 Google 于 2013 年开源推出的一款将词表征为实数值向量的高效工具，它采用了深度学习的理念，通过单层神经网络将 One-Hot 形式的词向量映射成分布式类型的单词向量，同时使用了一些方法实现训练效率的提高。由 Word2Vec 所产生的词向量空间可用于完成文本聚类、查找同义词、词性分类等任务，一方面可用作某些复杂神经网络模式的建立任务，另一方面也可将词与词之间的相似度作为某些模型的特征提取。

Word2Vec 实质上是一种降维操作，将 One-Hot 形式的词向量转化为 Word2Vec 形

式。Word2Vec 工具主要包含两个模型：跳字模式（Skip-Gram）和连续词袋模型（continuous Bag of Words，CBOW），以及两种高效训练的方法：负采样（Negative Sampling）和层序 Softmax（Hierarchical Softmax）。

Word2Vec 该算法流程为：

第一步：把 One-Hot 形式的词向量输入到单层神经网络中，其中输入层的神经元节点数量应该与 One-Hot 形式的词向量维数相应。例如，输入词是“夏天”，它对应的 One-Hot 词向量为［0，1，1］，则输入层的神经元个数就应当为 3。

第二步：通过神经网络映射层中的激活函数，计算目标单词与其他词汇的关联概率，其中在计算时，使用了负采样的方式提高其训练速度和正确率。

第三步：使用随机梯度下降（SGD）的优化算法计算损失。

第四步：通过反向传播算法将神经元的各个权重和偏置进行更新。

CBOW 和 Skip-Gram 两个模型如图 7-1 所示，由图及模型命名可知，CBOW 模型就是根据某个词前面的 C 个词或其后 C 个连续的词来计算某个词出现的概率；Skip-Gram 模型是根据某个词计算它前后某几个词的出现概率。

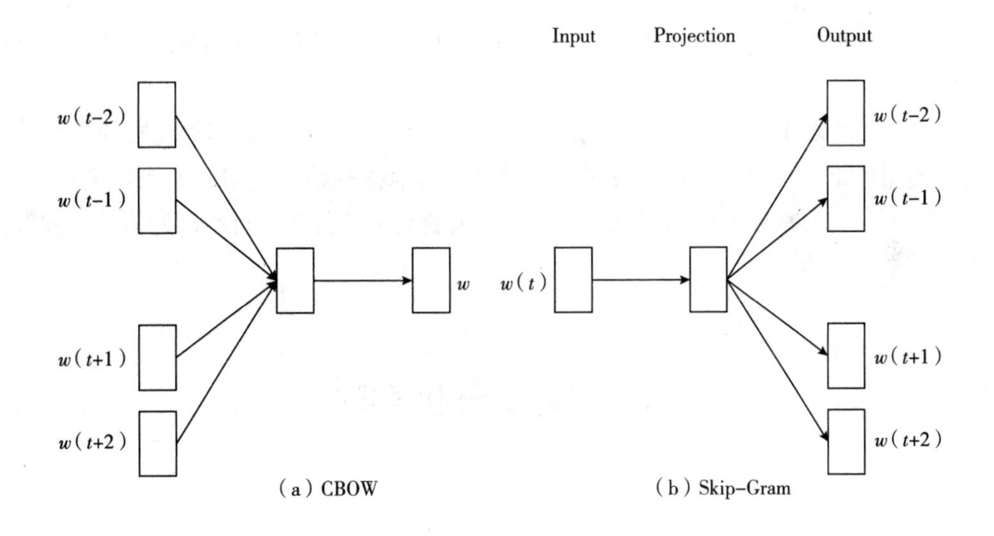

图 7-1　CBOW 模型与 Skip-Gram 模型

7.1.4　文本分析的评估指标

（1）准确率（Accuracy）。

定义：分类问题中最基本的评价指标，正确分类样本所占的比例，即正确分类的测试样本/全部测试样本。

优点：计算简单，易于理解；既可以用于二分类，也可以用于多分类。

缺点：当数据不均衡时，无法很好地衡量分类器的好坏。

（2）召回率（Recall）。

定义：召回率是指模型正确预测出风险类别的样本占实际风险类别的样本的比例，它反映了模型的查全能力。

召回率越高，说明模型的查全能力越强，但召回率不能反映模型对非风险类别的预测能力，也不能反映模型的预测精确性，因此，召回率也需要与其他指标结合使用，如准确率、F1 值等。

（3）F1 值。

定义：F1 值是指准确率和召回率的调和平均数，它反映了模型的预测精确性和查全能力的综合。

F1 值越高，说明模型的预测精确性和查全能力越强，但 F1 值不能反映模型对不同风险类别的预测能力，也不能反映模型在不同风险场景下的表现，因此，F1 值也需要与其他指标结合使用，如混淆矩阵、ROC 曲线等。F1 值适用于风险场景中，误判风险和漏判风险的代价相当的情况。

（4）n 均方根误差。

定义：模型预测的风险分数与实际的风险分数的差的平方的平均值的平方根，反映模型的预测误差的大小。

n 均方根误差越小，说明模型的预测误差越小，但均方根误差不能反映模型的预测方向和预测稳定性，因此，均方根误差也需要与其他指标结合使用，如平均绝对误差、相关系数等。均方根误差适用于风险场景中，需要对风险程度进行精确的估计，如保险费用、风险溢价等。

7.2 文本分析实验

7.2.1 实验目的

随着互联网走进人们的日常生活并逐步成为人们文化生活的一部分，每天互联网产生海量新闻咨询，如何从海量新闻咨询中找到自己关注的新闻成为新闻集成商的一个主要任务。本实验旨在探索和实现新闻文本的自动化分类以及基于分类的用户个性化推荐系统。随着互联网的普及和信息技术的发展，网络上的新闻资讯呈现出爆炸式增长，用户面临着信息过载的挑战。在这样的背景下，能够快速、准确地从海量新闻中检索和推荐用户感兴趣的内容变得尤为重要。

具体而言，本实验的目的包括：

（1）自动化新闻分类。

通过构建一个高效的文本分类模型，实现对新闻文本的自动分类。这不仅有助于新闻集成商管理和组织新闻内容，还能提高用户检索信息的效率。

（2）个性化推荐。

基于用户的历史阅读行为和偏好，利用分类后的新闻数据为用户提供个性化的新闻推荐。这将增强用户体验，使用户能够更加便捷地获取感兴趣的新闻资讯。

（3）模型训练与评估。

通过实验，训练一个能够准确识别新闻类别的机器学习模型，并对其性能进行评估。这将有助于理解模型在实际应用中的表现，并为进一步优化模型提供依据。

（4）技术探索。

实验中将应用自然语言处理（NLP）和机器学习技术，探索这些技术在文本分析领域的应用潜力，为未来相关研究和应用提供实践经验和理论支持。

（5）数据处理能力提升。

通过实验，提升处理大规模文本数据的能力，包括数据清洗、特征提取、模型训练等环节，为处理更复杂数据集打下基础。

通过本实验，我们期望能够提高新闻信息处理的智能化水平，为用户提供更加精准和便捷的新闻阅读服务，同时为文本分析领域的研究和应用提供新的视角和方法。

7.2.2 实验要求

为了确保实验的有效性和可重复性，以下是本次新闻文本自动化分类及个性化推荐实验的具体要求：

（1）数据准备。

收集并准备足够的新闻文本数据，包括不同类别的新闻文章，如政治、经济、体育、娱乐等。数据应具有代表性，覆盖广泛的主题和风格，以确保模型能够学习到丰富的文本特征。数据集应包含至少数千条新闻记录，以便进行有效的模型训练。所有文本数据需附有准确的类别标签，用于后续的监督学习。

（2）数据预处理。

对收集到的新闻文本进行必要的预处理，包括去除无关信息（如广告、无关链接等）、分词、去除停用词、词干化等，以便于后续的特征提取和模型训练。对文本数据进行清洗，移除噪声，如 HTML 标签、特殊字符等。实现中文分词，确保分词的准确性和一致性。剔除常见的停用词，如“的”“了”“在”等，以减少模型的复杂度。将文本转换为小写，以消除大小写的差异。

（3）特征提取。

基于预处理后的文本数据，选择合适的特征提取方法（如 TF-IDF、Word2Vec 等），将文本转换为机器学习模型可以处理的数值特征向量。特征向量应能够反映文本的语义内容，同时控制维度以避免过拟合。

（4）模型选择与训练。

选择适合文本分类的机器学习算法（如逻辑回归、支持向量机、随机森林等），并使用处理好的特征向量训练模型。在训练过程中，应考虑模型的过拟合问题，并适当使用交叉验证等方法优化模型参数。使用交叉验证方法评估模型的泛化能力，避免过拟合。调整模型参数以优化性能，如正则化强度、学习率等。

（5）模型评估。

使用准确率、召回率、F1 值等指标对训练好的模型进行评估，确保模型具有良好的分类性能。同时，对模型进行混淆矩阵分析，了解模型在不同类别上的表现，识别模型的优缺点。进行多次实验，计算性能指标的平均值，以确保结果的稳定性。

（6）个性化推荐系统构建。

基于用户的历史阅读记录和偏好，设计并实现一个个性化推荐系统。系统应能够根据用户的阅读习惯和兴趣，从分类后的新闻中推荐相关内容，动态调整推荐策略。

（7）系统测试与优化。

对推荐系统进行测试，评估其推荐效果，并根据用户反馈进行必要的调整和优化。测试应包括推荐准确性、用户满意度等方面。

（8）文档撰写。

撰写详细的实验报告，包括实验目的、实验步骤、数据处理方法、模型选择理由、实验结果及分析、遇到的问题及解决方案等。报告中应包含数据处理流程、模型选择理由、参数调整依据、性能评估结果等，提供实验中遇到的问题及其解决方案的讨论。

（9）遵守伦理规范。

在实验过程中，应遵守数据隐私和伦理规范，确保不侵犯用户隐私，不使用未经授权的数据。在处理用户数据时，遵守数据保护法规，不泄露个人信息。

（10）结果展示。

准备实验结果的展示材料，包括图表、图形等，以便清晰地展示实验过程和结果，便于他人理解和评估。展示推荐系统的界面截图，包括推荐列表和用户交互部分。通过用户满意度调查或单击率等指标评估推荐系统的有效性。展示推荐算法的准确率和覆盖率，以及与随机推荐的对比结果。利用表格和图形清晰地展示模型的准确率、召回率、F1 值等关键性能指标。绘制混淆矩阵图，直观展示模型在各个类别上的分类准确性。通过 ROC 曲线和 AUC 值评估模型的分类性能，特别是在不平衡数据集上的表现。

通过满足上述实验要求，可以确保实验的科学性、有效性和可重复性，同时也有助于提高实验结果的可信度和实用性，为后续的研究和应用奠定坚实的基础。

7.2.3 实验数据

采用爬虫技术抓取各大新闻网站数据，具体如表 7-3 所示。

表 7-3 网站数据汇总说明

字段名称	数据样例	数据类型	字段描述
indexl	1	数值型（INT）	新闻 id
label	政治	字符型	新闻类别
text	关于按劳分配的讨论 \ n 标题：回复静光和费文 \ n \ n 如果我没有记错，静光一直坚持认为国有制是公有制，但这里又认为国有制是私有制，那是否认为到目前为止世界上还没有公有制，也就是说，还没有一个真正建立在公有制基础上的社会主义国家。按静光的结论。不提列宁的社会主义在一个国家胜利的学说是否正确，就连马恩预言的社会主义在几个发达国家胜利也是不可能的，因为只有全世界所有……	字符型	正文

7.2.4 实验步骤

首先，进行分类模型训练，接入新闻文本训练语料，进行分词和文本过滤操作，过滤无效词性词条，基于向量空间节点实现新闻语料文本结构化，形成文本向量接入逻辑回归算法，最终将输出向量空间模型和逻辑回归分类模型。

其次，进行分类模型预测，接入新闻文本，进行分词处理，分词结果接入向量空间模型，将向量空间模型处理结果接入逻辑回归分类模型，向量空间模型负责将新闻文本向量化，逻辑回归分类模型基于向量空间模型向量化的结果实现文本分类。

具体实验步骤如图 7-2 所示。

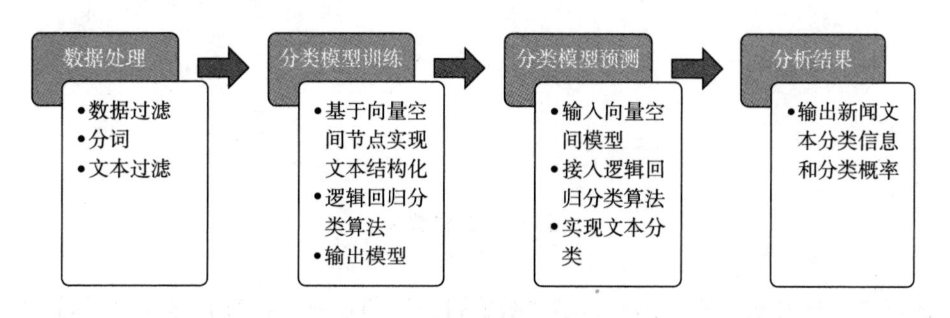

图 7-2 实验步骤

（1）分类模型训练。

分类模型训练整体流程如图 7-3 所示。

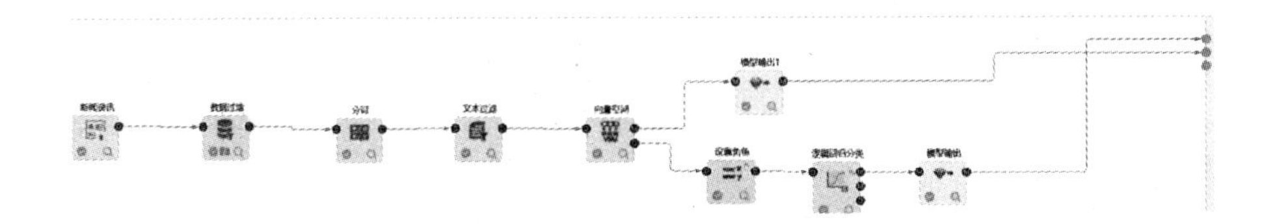

图 7-3　分类模型训练整体流程

在数据挖掘界面左侧的“数据管理”中找到“文件输入”，该节点支持上传本地 csv、txt、xlsx、xls 类型的数据文件，双击进行文件上传，并经行文件设置（见图 7-4）。

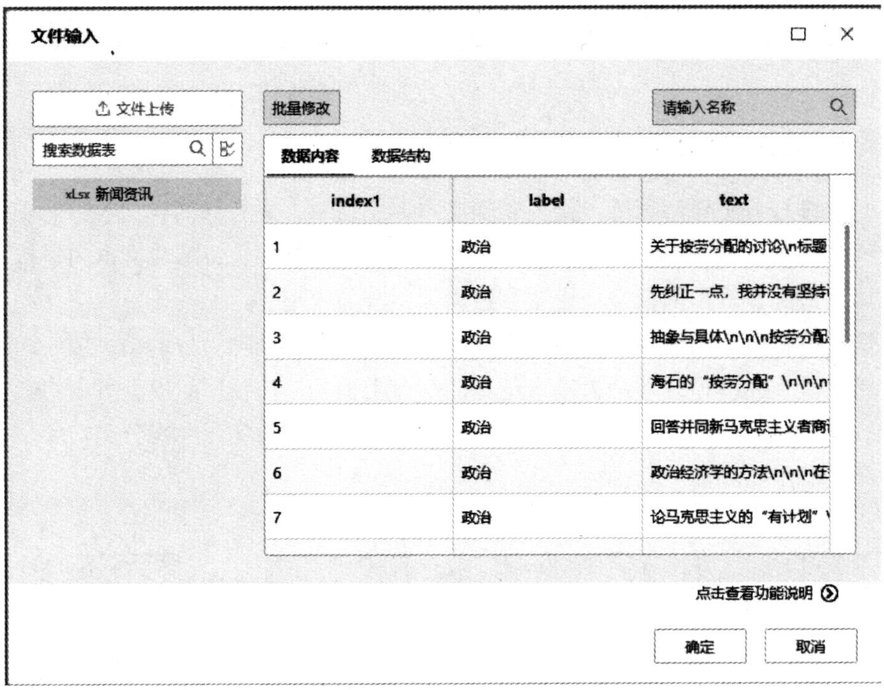

文件输入

文件上传　批量修改　请输入名称

搜索数据表

xLsx 新闻资讯

数据内容　数据结构

index1	label	text
1	政治	关于按劳分配的讨论\n标题
2	政治	先纠正一点，我并没有坚持
3	政治	抽象与具体\n\n\n按劳分配
4	政治	海石的“按劳分配”\n\n\n
5	政治	回答并同新马克思主义者商
6	政治	政治经济学的方法\n\n\n在
7	政治	论马克思主义的“有计划”

点击查看功能说明

确定　取消

图 7-4　文件输入

搜索“数据过滤”节点，并利用“数据过滤”节点过滤掉所有属性“label＝技术”的文本（见图 7-5）。

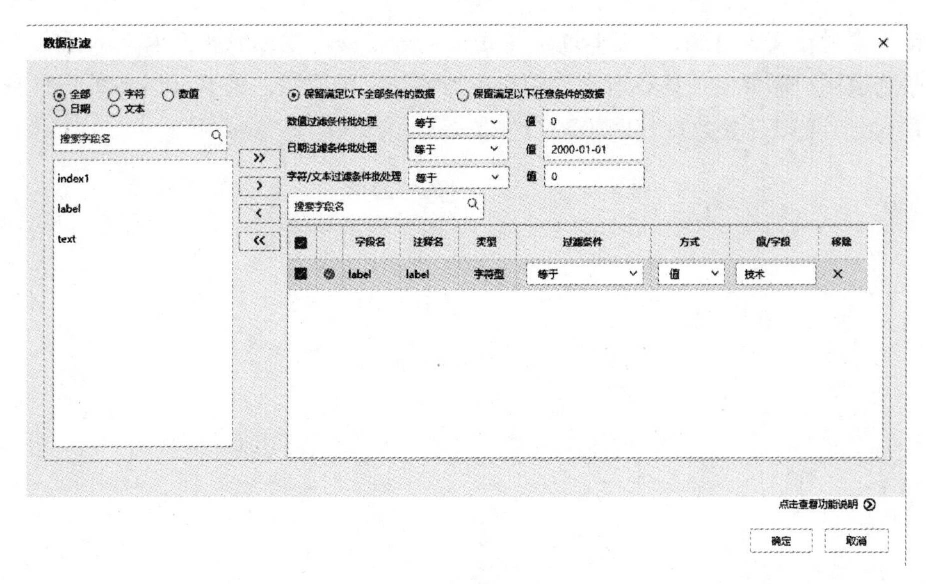

图 7-5 数据过滤

接入“分词”节点对属性 text 进行文本处理，分词节点涵盖了中文分词、词性标注的基础文本处理功能，主要实现对输入的中文字符串文本进行词语切分并标注词性，将原始字符串序列转换为带标签的词序列（见图 7-6）。

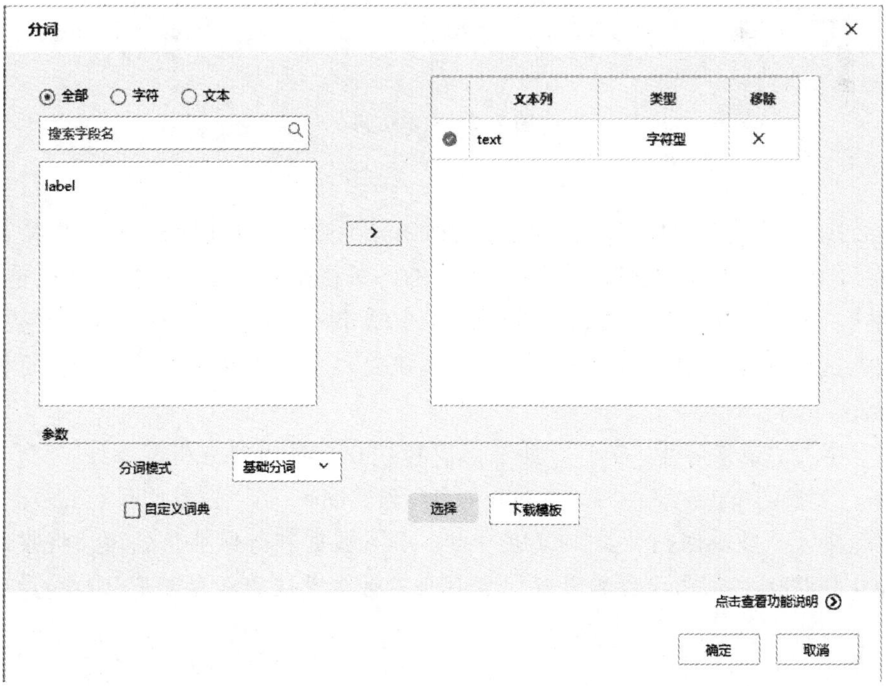

图 7-6 分词

接下来进行文本过滤，“文本过滤”是根据一定的设置标准或要求，从特定的文本信息中选取用户需要的信息或者剔除用户不需要信息的方法。将 WordSeg 属性的词长下限设置为 2，上限设置为 6（见图 7-7）。

文本过滤 ×

全部　字符　文本

搜索字段名

label

text

	分词列	类型	移除
	wordSeg	文本型	×

参数

自定义停用词　选择　下载模板

词长　下限值 2　上限值 6

词频　下限值　上限值

文档频数　下限值　上限值

词性筛选　选择

点击查看功能说明

确定　取消

图 7-7　文本过滤

然后接入“向量空间”节点，该节点利用分词列生成特征词条并构建特征词典大小维度的向量，对应过滤统计后文本保留的词条在相应维度上计算特征权重（TF、TF-IDF），从而生成数值形式的文本向量，选择 filterCol 为分词列，label 为类标列，特征词条选择算法为 DF（文档频数），最小和最大文档频数为 10 和 100，将模型输出（见图 7-8）。

同时接入“设置角色”节点，此节点支持用户选择需要分析的属性/列，并对属性/列进行变量的角色定义。Vsm_vector 为自变量，label 为因变量（见图 7-9）。

然后接入“逻辑回归分类”算法节点，不对数据进行标准化处理，将收敛容差设置为 0.000001，惩罚函数类型为 L1，其余参数为默认值（见图 7-10），最后输出模型。

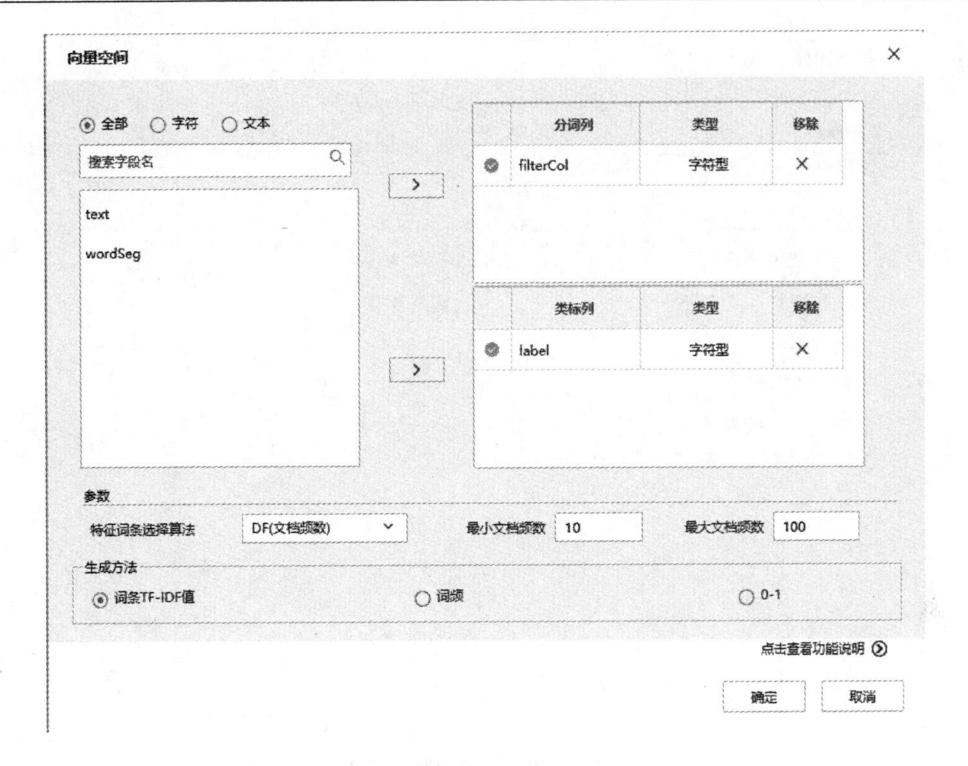

图 7-8　向量空间

图 7-9　设置角色

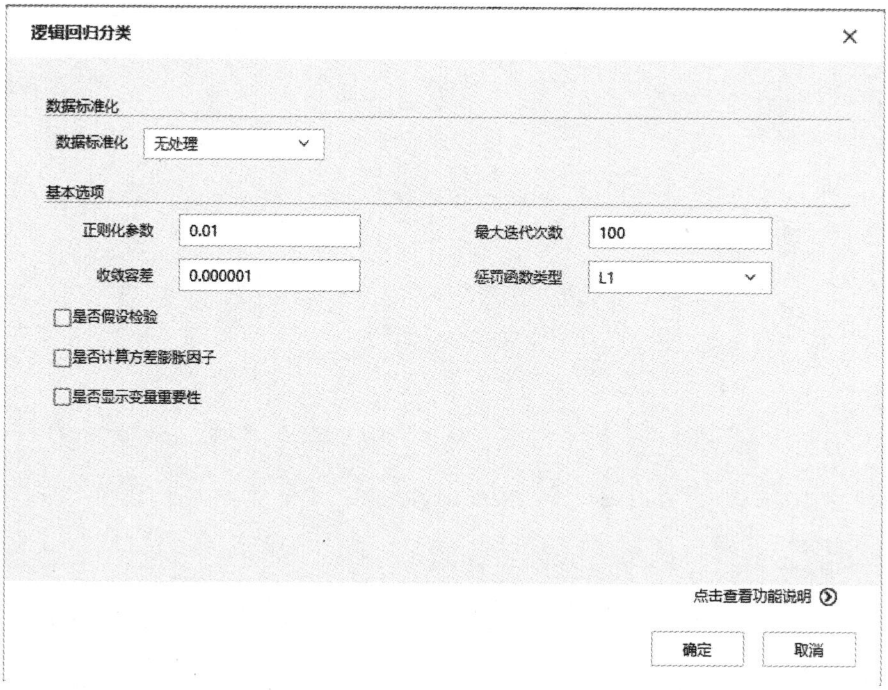

逻辑回归分类

数据标准化

数据标准化 无处理

基本选项

正则化参数 0.01 最大迭代次数 100

收敛容差 0.000001 惩罚函数类型 L1

是否假设检验

是否计算方差膨胀因子

是否显示变量重要性

点击查看功能说明

确定 取消

图 7-10 逻辑回归分类

（2）分类模型预测。

分类模型预测整体流程如图 7-11 所示。

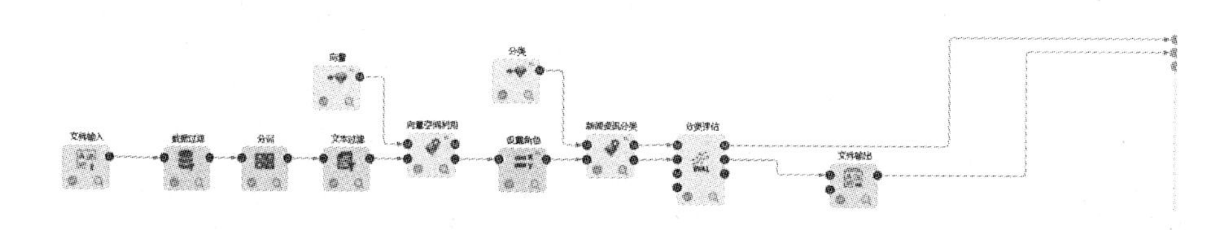

图 7-11 分类模型预测整体流程

首先读入数据，用相同的流程对数据进行处理。其次利用“模型读取”导入刚才训练好的向量空间模型，将数据和模型都接入“模型利用”节点。再次接入“设置角色”节点，Vsm_vector 为自变量，label 为因变量。最后利用“模型读取”节点读取训练好的新闻分类模型，利用“分类评估”节点对模型进行评估，对新闻文本的类别进行预测，与真实类别进行比较。

7.2.5 实验结果及分析

在“洞察”中单击“新闻资讯分类”节点，单击数据集→输出数据，最终输出新闻文本的类别信息和分类概率（见图 7-12）。

index1	label	text	wordSeg	filterCol	Vsm_Vector	Vsm_Vector_component_0	Vsm_Vector_component_1
1	政治	关于按劳分配的讨论\n标题：回复静光和康文\...	[{"pos":"p","term":"关于...	[{"pos":"v","term":"讨论...	(2419,[21,25,105,121,1...	0	0
2	政治	先纠正一点，我并没有坚持认为国有制是公有制，...	[{"pos":"d","term":"先"...	[{"pos":"v","term":"纠正...	(2419,[21,26,36,109,19...	0	0
3	政治	抽象与具体\n\n\n按劳分配是个原则，这必...	[{"pos":"a","term":"抽象...	[{"pos":"a","term":"抽象...	(2419,[17,59,98,103,10...	0	0
4	政治	海石的“按劳分配”\n\n\n说实话，海石器...	[{"pos":"nr","term":"海...	[{"pos":"d","term":"着实...	(2419,[121,162,181,198...	0	0
5	政治	回答并向新马克思主义者再讨\n\n\n一、我...	[{"pos":"v","term":"回答...	[{"pos":"v","term":"回答...	(2419,[17,84,210,216,2...	0	0
6	政治	政治经济学的方法\n\n\n在我国学术界，从...	[{"pos":"n","term":"政治...	[{"pos":"n","term":"政治...	(2419,[12,54,118,241,5...	0	0

图 7-12　预测结果

随着互联网咨询的激增，新闻咨询的自动化分类管理显得尤为重要，本案例提供了基于新闻文本自动分类的构建方案，能够实现新闻咨询的自动化分类，同时也为新闻推荐提供依据。

本章小结

文本、音频、视频和图像均是非结构化数据，文本分析的对象为文本数据。而在现实中，文本信息往往和其他形式的非结构化信息一起存在，如社交媒介的信息往往包含文字信息、图像数据、影像信息；平面广告也会在精心打造的画面上使用文字；电视广告有相应的音频，与视频中的文本相对应。音频信息相比于图像信息的优点之一是，音频以声调和语言特征的方式给出了丰富的信息，研究人员不仅能够观察说的信息，而且能够研究声调、语气和语言特性的塑造行为。因此，未来的文本分析可以调查文本与其他特征的相互作用，不仅包括文本本身的内容，还包括其出现的时间以及出现的媒介，从而采取合适的方式从文本中取得尽可能大的价值。

虽然文本信息占有着数字社会的大多数，使我们通过文本分析方法研究文本信息变为可能，但文本信息又提出了许多问题。首先，面临文字可解释性的问题。虽然文本研究给出了评价人类活动行为的比较客观的方式，但还是需要一些意义的说明。比如，尽管一些词语（如“love”）往往是正面的，但它的正面意义可能在较大程度上依赖语言。

其次，在理解文本信息上下文的过程中存在挑战。例如，餐厅评论可能包含很多否定词，但这是否意味着否定的是食物、服务或餐厅？文本数据对使用场景变化特别敏感，同一个词在不同的语境中表达的意思则不尽相同，对于这种情况可以使用针对特定研究环境创建的词典。

与大数据分析一样，数据隐私挑战也是文本数据分析流程中的主要问题。文本数据分析研究方法一般采用从网络上爬取的在线商品评价、销量排行等数据以及在社会化媒介平台上爬取的消费者的活动数据分析。虽然这个做法比较普遍，但可能会产生某些风险。虽然研究人员可以收集一些公共数据，但此行为可能与那些拥有数据平台的服务条款相冲突。

因此，一种解决办法是建立一种学术数据集，这种数据集中可能含有过时或经过处理的信息，以保证不会引起企业风险或用户个人信息披露问题。此外，研究人员必须注意文本分析过程中对数据的潜在滥用，尽可能地保护数据提供者的隐私，最大限度地减少对隐私的侵犯。

参考文献

[1] Calvo R A, D'Mello S, Gratch J, et al. The Oxford Handbook of Affective Computing [M]. Oxford: Oxford University Press, 2015.

[2] Ceron A, Curini L, lacus S M, et al. Every Tweet Counts? How Sentiment Analysis of Social Media can Improve our Knowledge of Citizens? Political Preferences with an Application to Italy and France [J]. New Media and Society, 2014, 16 (2): 340-358.

[3] Cheng B. Text Mining and Visualization Analysis Based on Fine-Grained Sentiment [J]. Advances in Applied Mathematics, 2021, 10 (1): 128-136.

[4] Furnas G W, Deerwester S, Dumais S T, et al. Information Retrieval Using a Singular Value Decomposition Model of Latent Semantic Structure [J]. ACM SIGIR Forum, 2017, 51 (2): 90-105.

[5] Golder S A, Macy M W. Diurnal and Seasonal Mood Vary with Work, Sleep, and Daylength Across Diverse Cultures [J]. Science, 2011 (333): 1878-1881.

[6] Hatzivassiloglou V, McKeown K R. Predicting the Semantic Orientation of Adjectives [C]. Proceedings of the Eighth Conference on European Chapter of the Association for Computational Linguistics. Association for Computational Linguistics, 1997.

[7] Hu M, Liu B. Mining Opinion Features in Customer Reviews [C]. AAAI Confer-

ence on Artificial Intelligence, 2004.

[8] Hur M, Kang P, Cho S. Box-office Forecasting Based on Sentiments of Movie Reviews and Independent Subspace Method [J]. Information Sciences, 2016 (372): 608-624.

[9] Jo Y, Oh A H. Aspect and Sentiment Unification Model for Online Review Analysis [C]. Proceedings of the Fourth ACM International Conference on Web Search and Data Miring, 2011.

[10] Kim S, Lee J, Lebanon G, et al. Estimating Temporal Dynamics of Human Emotions [C]. Proceedings of the 29th AAAI Conference on Artificial Intelligence, 2015.

[11] Lin C, He Y. Joint Sentiment/Topic Model for Sentiment Analysis [C]. Proceeding of the 18th ACM Conference on Information and Knowledge Management, 2009.

[12] Liu B. Sentiment Analysis and Opinion Mining [J]. Synthesis Lectures on Human Language Technologies, 2012, 5 (1): 1-167.

[13] Roberts C W. Text Analysis [M]. London: Blackwell Publishers, 2015.

[14] Tumasjan A, Sprenger T O, Sandner P G, et al. Predicting Elections with Twitter: What 140 Characters Reveal about Political Sentiment [C]. Proceedings of Intornc-ctional AAAI Confevence on Weblogs and Social Media (ICWSM), 2010.

[15] Zhou X, Wan X, Xiao J. Collective Opinion Target Extraction in Chinese Microblogs [C]. Proceedings of the 2013 Conference on Empirical Methods on Natural Language Processing, 2013.

[16] 蒋梦迪，程江华，陈明辉，等. 视频和图像文本提取方法综述 [J]. 计算机科学，2017，44 (B11)：8-18.

[17] 李寿山. 情感文本分类方法研究 [D]. 北京：中国科学院自动化研究所博士学位论文，2008.

[18] 邱祥庆，刘德喜，万常选，等. 文本情感原因自动提取综述 [J]. 计算机研究与发展，2022，59 (11)：2467-2496.

[19] 谭松波. 高性能文本分类算法研究 [D]. 北京：中国科学院计算技术研究所博士学位论文，2006.

[20] 王厚峰. 指代消解的基本方法和实现技术 [J]. 中文信息学报，2002，16 (6)：9-17.

[21] 王婷，杨文忠. 文本情感分析方法研究综述 [J]. 计算机工程与应用，2021，57 (12)：11-24.

[22] 王懿. 基于自然语言处理和机器学习的文本分类及其应用研究 [D]. 北京：中国科学院成都计算机应用研究所硕士学位论文，2006.

[23] 徐琳宏，林鸿飞，赵晶. 情感语料库的构建和分析 [J]. 中文信息学报，2008，22 (1)：116-122.

［24］许海云，董坤，刘春江，等．文本主题识别关键技术研究综述［J］．情报科学，2017，35（1）：153-160.

［25］张琦，张祖凡，甘臣权．融合社会关系的社交网络情感分析综述［J］．计算机工程与科学，2021，43（1）：180-190.

［26］钟美华．基于非结构化数据管理平台研究与建设［J］．中国新通信，2020，22（23）：57-58.

8　数据可视化分析实验

8.1　数据可视化概述

8.1.1　数据可视化的定义

数据可视化是关于数据视觉表现形式的科学技术研究。其主要目的是借助图形手段，清晰、有效地进行传达与沟通信息。狭义的数据可视化主要涉及计算机科学、统计学等学科，广义的数据可视化可涉及信息技术、自然科学、统计分析、图形学、交互、地理信息等多种学科。

8.1.2　数据可视化的特点

人类利用视觉获取的信息量，远远超出其他器官，而数据可视化正是利用人类天生技能来提高数据处理和组织效率，可视化可以帮助我们处理更加复杂的信息并增强记忆。大多数人对统计数据了解比较少，而基本统计方法又不符合人类的认知天性，如 Anscombe 的四重奏，根据统计方法看数据很难看出规律，但只要进行可视化，规律就非常清楚。因此，本书将数据可视化的特点总结如下：

第一，简化复杂信息。数据可视化通过图形化的方式呈现数据，使复杂的信息变得直观和易于理解，帮助用户快速捕捉数据的关键特征和趋势。

第二，提供洞察和发现。通过可视化工具，用户可以发现数据中隐藏的模式、关系和趋势，从而得出新的洞察和发现，促进深入分析和决策制定。

第三，满足用户交互。数据可视化通常具有交互性，用户可以通过交互操作改变数据展示的方式、粒度或维度，以满足不同的分析需求，并实时获取反馈。

第四，多样化表现形式。数据可视化支持多种图表类型和表现形式，包括柱状图、折线图、散点图、地图、热力图等，可以根据数据类型和分析目的选择合适的表现形式。

第五，跨平台性。现代数据可视化工具通常支持跨平台运行，用户可以在不同的设备和操作系统上进行数据分析和可视化操作，提高了工作的灵活性和便捷性。

第六，易于分享与传播。数据可视化结果可以轻松地以图形文件、报告或网页的形式分享给他人，便于团队协作和决策共享。

然而，数据可视化同样存在不足之处，其局限性在于不正确或不适当的数据可视化可能会导致信息失真或误导，给用户带来错误的理解和决策；此外，数据可视化的表现形式和图表类型的选择可能受到个人偏好或主观判断的影响，导致结果的局限性和片面性。

8.1.3 数据可视化的种类

（1）科学可视化。

科学可视化是科学研究中的一个跨学科的研究与应用领域，主要关注的是三维现象的可视化，如建筑学、气象学、医学以及生物学等方面的各种系统。重点在于对体、面和光源等的逼真渲染，或许还包括某种动态（时间）成分。科学可视化侧重于利用计算机图形学来创建视觉图像，让科研人员可以在数据处理中认识、描述和收集科学规律。

（2）信息可视化。

信息可视化是将复杂的信息或数据通过图形化、图表化或其他视觉化方式呈现出来，以增强用户对信息的理解、分析和交互。信息可视化旨在通过可视化工具和技术将抽象的、大量的数据转化为直观的视觉形式，帮助人们发现数据之间的关联、趋势和模式，从而支持决策制定、问题解决和见解提取。信息可视化广泛应用于各个领域，包括商业、科学、医疗、教育等，成为理解和沟通复杂信息的重要工具。

（3）可视化分析学。

可视化分析学是随着科学可视化与大数据可视化发展而产生的研究方向，重点是利用交互式可视化接口实现大数据分析。

（4）指标可视化。

指标可视化是将特定的指标或数据量化信息通过图形、图表或其他视觉化方式呈现出来，以便用户能够直观地理解和分析数据的趋势、变化和关系。通过指标可视化，用户可以快速获取数据的关键信息，发现模式和趋势，并支持决策制定和业务分析。指标可视化通常用于监控业务绩效、评估目标达成情况、进行比较和趋势分析等方面。

（5）数据关系可视化。

数据关系可视化是指通过图形化或图表化方式呈现数据集中元素之间的关联、连接或相互作用的过程。这种可视化技术旨在帮助用户直观地理解数据之间的关系，并发现隐藏在数据背后的模式、结构和趋势。数据关系可视化通常用于展示网络、图形、关系型数据等复杂结构的数据，以及数据集中元素之间的相互影响和依赖关系。通过数据关

系可视化，用户可以更容易地识别数据之间的联系，从而进行更深入的分析、挖掘和理解。

8.1.4 数据可视化的流程

（1）数据采集。

数据采集是数据分析与可视化的等一步，俗话说“巧妇难为无米之炊”，数据采集的方式与内容，很大程度上也决定了数据可视化的最终效果。

数据采集的方法有很多，从数据的来源来看，可以分为内部数据采集和外部数据采集。

内部数据采集指的是采集企业内部经营活动的数据，通常数据来源于业务数据库，如订单的交易情况。如果要分析用户的行为数据、App 的使用情况，还需要一部分行为日志数据，这个时候就需要用“埋点”这种方法来进行 App 或 Web 的数据采集（见图 8-1）。

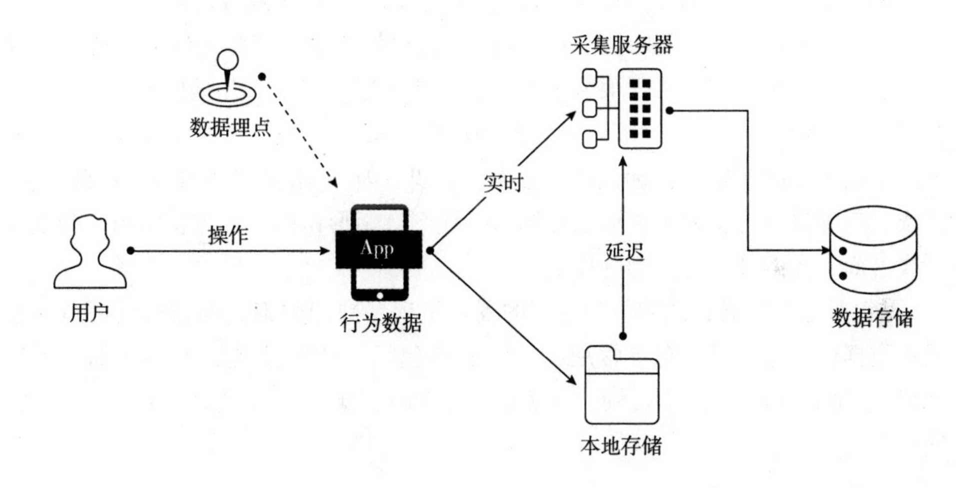

图 8-1 “埋点”数据采集

外部数据采集指的是通过一些方法获取企业外部的一些数据，具体目的包括获取竞品的数据、获取官方机构官网公布的一些行业数据等。获取外部数据，通常采用的数据采集方法为“网络爬虫”（见图 8-2）。

（2）数据处理和数据变换。

数据处理和数据变换，是实现数据可视化的前提条件，其涉及数据预处理与数据挖掘两个过程。一方面，通过前期的数据采集得到的数据，往往不可避免地有噪声和误差，数据质量较低；另一方面，数据的特征、模式往往隐藏在海量的数据中，需要进一步的数据挖掘才能提取出来。

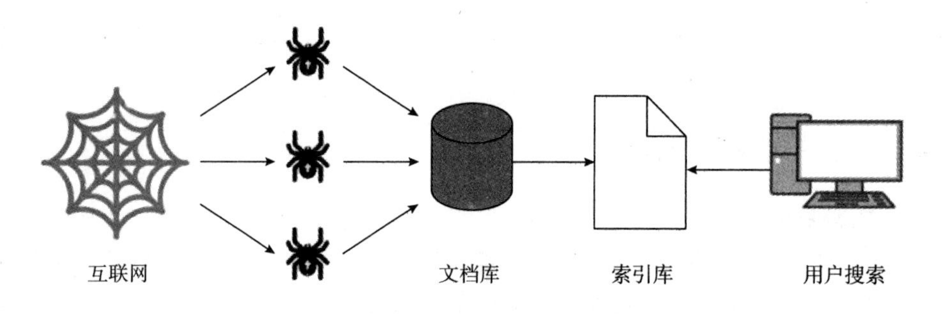

图 8-2 “网络爬虫”数据采集

（3）可视化映射。

对数据进行清洗、除噪，并按照业务目的进行数据处理以后，接下来就到了可视化映射环节。可视化映射是整个数据可视化流程的核心，是指把处理后的数据信息映射成可视化元素的过程。

可视化元素主要由三部分构成：可视化空间、标记、视觉通道。

1）可视化空间。数据可视化的显示空间，通常是二维。三维物体的可视化，通过图形绘制技术，解决了在二维平面显示的问题，如 3D 环形图、3D 地图等。

2）标记。标记是数据属性到可视化几何图形元素的映射，用来代表数据属性的归类。根据空间自由度的差别，标记可以分为点、线、面、体，其分别具有零自由度、一维、二维、三维自由度。如常见的散点图、折线图、矩形树图、三维柱状图，分别采用了点、线、面、体四种不同类型的标记。

3）视觉通道。数据属性的值到标记的视觉呈现参数的映射，叫作视觉通道。通常用于展示数据属性的定量信息。常用的视觉通道包括标记的位置、大小（如长度、面积、体积）、形状（如三角形、圆、立方体）、方向、颜色（如色调、饱和度、亮度、透明度）等。

（4）人机交互。

常见的交互方式包括：

1）滚动和缩放。当数据在当前像素分辨率的设备上无法完全显示时，滚动和缩放是一种非常有效的交互方式，比如通过滚动和缩放对地图、折线图的信息细节进行观察等。不过，滑动和缩放的具体效果，除与页面布局有关联以外，还与具体的显示器设备有关。

2）颜色映射的控制。一些可视化的开源工具，会提供调色板，如 D3。用户可以根据自己的喜好，进行可视化图形颜色的配置。这个功能在自助分析等平台型工具中，会相对多一点，但是在一些自研的可视化产品中，一般有专业的设计师来负责这项工作，从而使可视化的视觉传达具有美感。

3）数据映射方式的控制。数据映射方式的控制是指用户对数据可视化映射元素的

选择，一般一个数据集是具有多组特征的，提供灵活的数据映射方式给用户，可以方便用户按照自己感兴趣的维度去探索数据背后的信息。这个在常用的可视化分析工具中都有提供，如 tableau、PowerBI 等。

（5）用户感知。

可视化的结果，只有被用户感知之后，才可以转化为知识和灵感。用户在感知过程中，除了被动接受可视化的图形之外，还通过与可视化各模块之间的交互，主动获取信息。如何让用户更好地感知可视化的结果，将结果转化为有价值的信息用来指导决策，这涉及心理学、统计学、人机交互等多个学科的知识。以家庭收支情况为例，想要传达一个家庭收入支出的数据信息，选取了柱状图为可视化方法，并应用 Excel 对数据进行可视化，结果如图 8-3 所示。

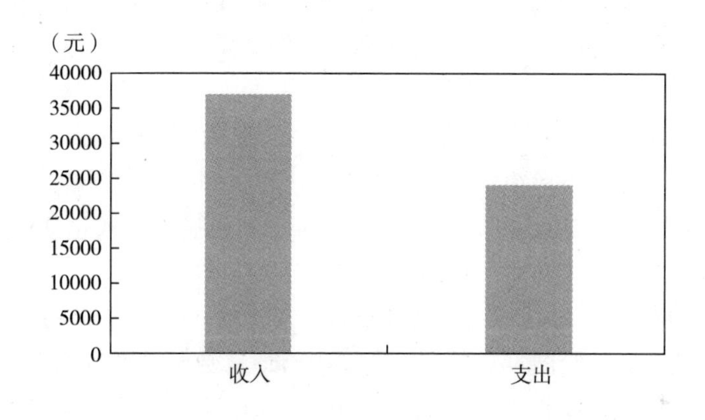

图 8-3　家庭收支情况

8.1.5　数据可视化的分析工具

（1）R 语言。

1）基础知识。R 语言是一种自由软件编程语言与操作环境，主要用于统计分析、绘图、数据挖掘。R 语言支持面向对象编程范式，具有丰富的数据结构，如向量、矩阵、数据框等，同时具有强大的数据处理和统计分析功能，拥有大量的扩展包（Packages）。R 语言有两大绘图系统：基础绘图系统和 Grid 绘图系统，两者相互独立。基础绘图系统直接在图形设备上画图；而 Grid 系统将界面分成矩形区域（Viewport），每个区域有自己独立的坐标体系，并且相互可以嵌套，使得 Grid 系统可以画出更复杂的图形。

2）原理和步骤。

原理：R 语言采用解释执行的方式，将代码逐行解释执行。一方面是基于 S 语言开发，支持面向对象编程和函数式编程；另一方面可以通过调用 C、C++、Fortran 等语言编写的扩展包，实现高性能计算。

步骤：第一步，准备数据，导入数据或生成数据。第二步，数据处理，对数据进行清洗、转换、筛选等操作。第三步，统计分析，应用统计方法和模型进行分析。第四步，可视化，利用绘图函数生成统计图形。第五步，解释和报告，解释分析结果并撰写报告或生成可视化报告。

3）特点。R 语言是免费开源的，可以自由获取和使用，同时，R 语言拥有丰富的统计方法和模型，支持各种数据分析任务；R 语言社区活跃，拥有大量的扩展包，提供了各种各样的功能和工具。此外，R 语言可视化功能也非常强大，提供了丰富的绘图函数，支持各种统计图形的生成。

R 语言的功能是通过一个个库（Package）——也就是我们常说的工具包实现的。基础绘图系统依赖于 graphics 包。基于 Grid 系统的包有 grid、lattice、ggplot2 等。grid 包仅提供低级的绘图功能（如点、线等），并不能画出完整的图形。更高级的图形由两个主流绘图包 lattice 和 ggplot2 来实现。让我们来关注最常用的三个包：graphics、lattice、ggplot2。

基础绘图包 graphics 在安装 R 语言时默认安装，启动 R 语言时默认加载。它囊括了常用的标准统计图形，如条形图、饼图、直方图、箱线图、散点图等。

在使用 lattice 之前，需要先加载 lattice 包。lattice 包提供了大量新的绘图类型、默认颜色、图形排版等优化。同时，它还支持“条件多框图”。

ggplot2 是由 Hadley Wickham 在根据 Grammar of Graphics（图形的语法）中提出的理论基础而开发的。它把绘图过程看作一个映射，即从数学空间映射到图形元素空间。它的绘图方式类似于平时生活中画图，先创建一个画布，然后一层层往上叠加信息。ggplot2 是 R 语言中最常用到同时也是功能最强大的绘图包。

4）缺点。R 语言也存在一定的局限性，比如对于初学者来说，学习 R 语言的门槛较高。同时，由于 R 语言是解释执行的，处理大数据集时执行效率相对较低，也可能会占用较多的内存资源。

（2）Python 可视化库。

Python 拥有许多强大的可视化库，这里以 7 个常用的库为例进行介绍。

1）Matplotlib 库。Matplotlib 是一个 Python 二维绘图库，已经成为 Python 中公认的数据可视化工具，通过 Matplotlib 可以很轻松地画一些简单或复杂的图形，通过几行代码即可生成线图、直方图、功率谱、条形图、错误图、散点图等。

2）Seaborn 库。Seaborn 是基于 Matplotlib 产生的一个模块，专攻统计可视化，可以和 Pandas 进行无缝连接，使初学者更容易上手。相对于 Matplotlib，Seaborn 语法更简洁，两者的关系类似于 Numpy 和 Pandas 之间的关系。

3）HoloViews 库。HoloViews 是一个基于 Python 的开源库，可以用非常少的代码行完成数据分析和可视化，除了默认的 Matplotlib 后端外，还添加了一个 Bokeh 后端。Bokeh 提供了一个强大的平台，通过结合 Bokeh 提供的交互式小部件，快速生成交互性和高维可视化，非常适合于数据的交互式探索。

4）Altair 库。Altair 是一个强大且简明的声明式统计可视化 Python 库。它的 API 简单、友好、一致，并建立在强大的 Vega-Lite（交互式图形语法）之上。Altair API 不包含实际的可视化呈现代码，而是按照 Vega-Lite 规范发出 JSON 数据结构。由此产生的数据可以在用户界面中呈现，只需很少的代码即可产生漂亮且有效的可视化效果。

5）PyQtGraph 库。PyQtGraph 是一个建立在 PyQt4/PySide 和 Numpy 之上的纯 Python 的 GUI 图形库。它主要应用于数学、科学、工程技术等领域。虽然 PyQtGraph 完全是在 Python 中写成的，但是其自身却是一种相当有实力的图形系统，能够完成大量的数据处理、数字计算。PyQtGraph 采用了 Qt 的 GraphicsView 框架优化并简化了工作流程，以最小的工作量实现了数据可视化，而且速度也相当快。

6）Ggplot 库。Ggplot 是基于 R 语言和图形语法的 Python 的绘图系统，实现了更少的代码绘制和更专业的图形。它使用一个高级且富有表现力的 API 来实现线、点等元素的添加，颜色的更改等不同类型的可视化组件的组合或添加，而不需要重复使用相同的代码，然而这对于那些试图进行高度定制的数据可视化来说，Ggplot 并不是最好的选择。

Ggplot 和 Pandas 有着共生关系。如果打算使用 Ggplot，最好将数据保存在 DataFrames 中。

7）Bokeh 库。Bokeh 是一个 Python 交互式可视化库，主要用于在现代化网页浏览器显示（图表能够直接输出为 JSON 对象，HTML 文件或是可交互式的网络应用）。它提出了风格更优美、简单的 D3. js 的图形化样式，并将此功能扩展到高性能交互的数据集和数据流上。使用 Bokeh，能够迅速方便地制作交互式绘图、电子仪表板，以及大数据应用程序等。Bokeh 可以和 NumPy、Pandas、Blaze 等大部分数组或表格式的数字结构完美结合。

8.1.6 设计数据可视化的十条原则

（1）明确数据可视化的目的。

（2）通过比较（同比或环比）反映问题。

（3）提供相应的数据指标的业务背景。

（4）通过总体到部分的形式展示数据报告。

（5）理论联系实际的生产与生活，可视化了数据指标的大小。

（6）通过明确而全面的标注，尽最大可能消除误差和歧义。

（7）将可视化的图标同听觉上的描述进行有机地整合。

（8）通过图形化工具增加信息的可读性和生动性。

（9）允许，但不是强制使用表格的形式提供数据信息。

（10）目标是让数据报告的受众思考呈现的数据指标，而非数据的呈现形式。

8.2 数据可视化分析实验

8.2.1 实验目的

本实验旨在通过学习本案例，深入了解煤矿领域传感器的时序数据分析应用场景，并掌握数据可视化分析技术。基于煤矿智能化开采控制相关数据，我们将分析三机（前/后部运输机、刮板机、破碎机）、皮带、采煤机和滚筒等开机运行数据，并设计两个可视化页面。通过这个实验，我们将理解可视化分析的整体思路，学会处理时序数据，熟悉相关数据准备和图形组件的使用，从而提高对实际问题的数据分析能力。我们还将通过平台强大的数据接入处理能力和可视化呈现能力，将数据接入并处理（降采/分表），以减少数据量、降低后期数据处理成本，实现各个系统的开机运行情况的数据可视化。这将为矿方在井下智能化、科学化、数字化、可视化采煤提供可靠的数据支撑，辅助决策煤机自动化控制策略优化，展现煤矿的自动化程度，进而推进煤矿的自动化水平，实现数字化技术的应用和自动化进程的加速。

8.2.2 实验要求

智能化开采是在传统开采方式的基础上，使综采装备依据开采系统进行自主决策、自动运行的煤矿开采新方法。随着煤矿无人化智能开采控制技术的发展，解决了开采空间多维信息采集及融合，智能开采决策、控制和综采装备群智能化协作三个问题。将可视化远程干预生产模式中生产人员的“看、想、控”拓展为“感知、决策、执行、运维”四个技术维度，从而构建具备全面感知、自主决策、自动执行、智能运维四种能力的综采生产系统，如图 8-4 所示。

结合上述条件，请综合运用可视化分析手段，实现以下目标：针对 InfluxDB 时序数据格式进行处理，通过过滤、分表、降采等手段降低单表数据量，提升页面查询效率。从传感器获取到的设备数据中清洗出准确的所需数据，分别对运输系统、供液系统、采煤机和电液控系统进行可视化分析，完成四个可视化看板的设计。主要有以下几个方面：一是通过分析三机（前/后部运输机、刮板机、破碎机）和皮带的开机和运行情况，绘制分析图表，设计运输系统运行情况总览页面；二是通过分析采煤机的开机、位置和滚筒的位置动作等数据，绘制分析图表，设计采煤机系统运行情况总览页面；三是了解无人化智能开采控制技术在煤矿领域的实际应用，能够将所学数据分析知识应用到其他实际案例中。

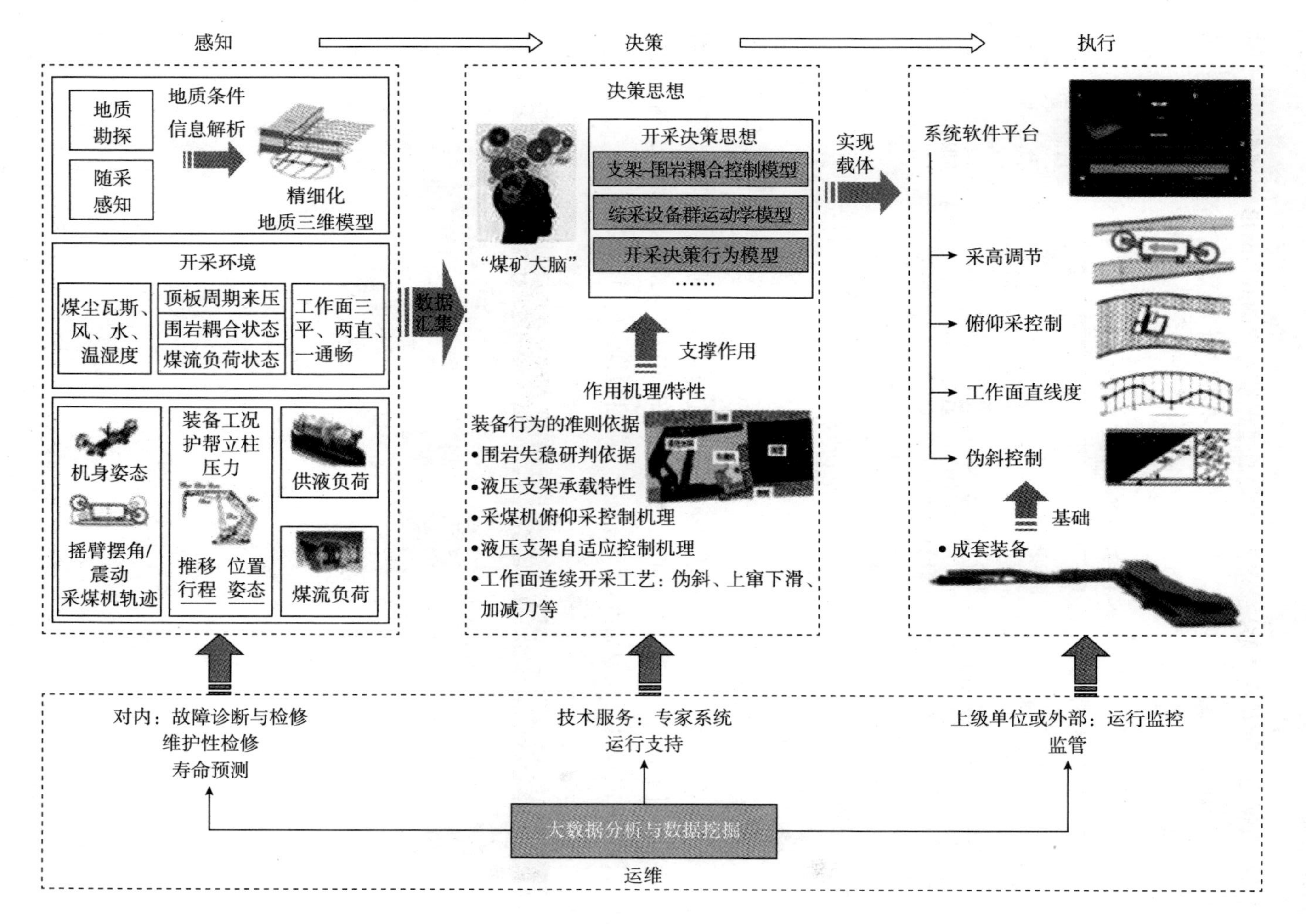
感知
决策
执行
地质
勘探
随采
感知
地质条件
信息解析
精细化
地质三维模型
开采环境
煤尘瓦斯、风、水、温湿度
顶板周期来压
围岩耦合状态
煤流负荷状态
工作面三平、两直、一通畅
机身姿态
摇臂摆角/震动
采煤机轨迹
装备工况
护帮立柱压力
推移行程
位置姿态
供液负荷
煤流负荷
数据汇集
决策思想
"煤矿大脑"
开采决策思想
支架-围岩耦合控制模型
综采设备群运动学模型
开采决策行为模型
……
支撑作用
作用机理/特性
装备行为的准则依据
•围岩失稳研判依据
•液压支架承载特性
•采煤机俯仰采控制机理
•液压支架自适应控制机理
•工作面连续开采工艺：伪斜、上窜下滑、加减刀等
实现
载体
系统软件平台
采高调节
俯仰采控制
工作面直线度
伪斜控制
基础
•成套装备
对内：故障诊断与检修
维护性检修
寿命预测
技术服务：专家系统
运行支持
上级单位或外部：运行监控
监管
大数据分析与数据挖掘
运维

图 8-4　综采生产系统

8.2.3 实验数据

本案例数据为 InfluxDB 的时序数据，平台通过连接客户的 InfluxDB 时序数据库，将数据导入至前端平台。数据的各字段（列）名称、样例、字段类型和字段描述如表 8-1 所示。

表 8-1 Jieba 分词的三种模式

字段名称	数据样例	字段类型	字段描述
Shortname	前部运输机状态	字符型	数据含义名称
Value	0	数值型	设备状态值
time	2022-09-07 14：50：12	日期型	传感器获取数据时间

8.2.4 实验步骤

进入平台，单击开始实训。

（1）数据接入。

单击左上角的添加数据，打开添加数据向导，选择“添加时序数据”，数据库选择“InfluxDB”（见图 8-5）。需要注意的是，因缺少 InfluxDB 数据库环境，本案例只讲解操作方式，实际演示以离线数据方式接入数据“项目数据 . 7z”①。

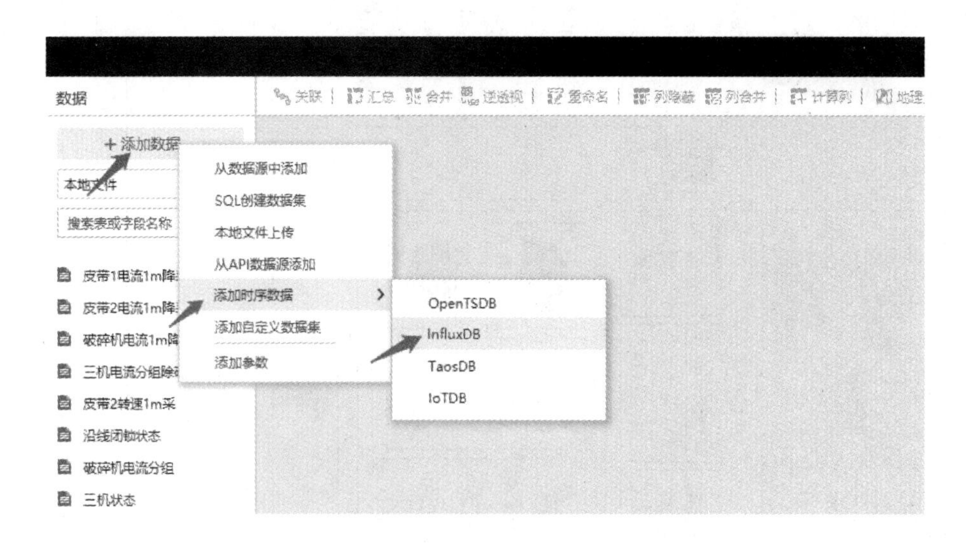

图 8-5 添加数据

① http：//dev2. asktempo. cn：32080/file - system/system/project - handbook/abb81bc87a154be3bc3da539eba37e52/%E9%A1%B9%E7%9B%AE%E6%95%B0%E6%8D%AE. 7z.

在左侧找到所需要的数据表，将其拖入右侧，在右侧通过 SQL 代码按一定维度和粒度对原始数据表进行过滤、降采聚合等操作，按页面图形所需完成分表（见图 8-6）。

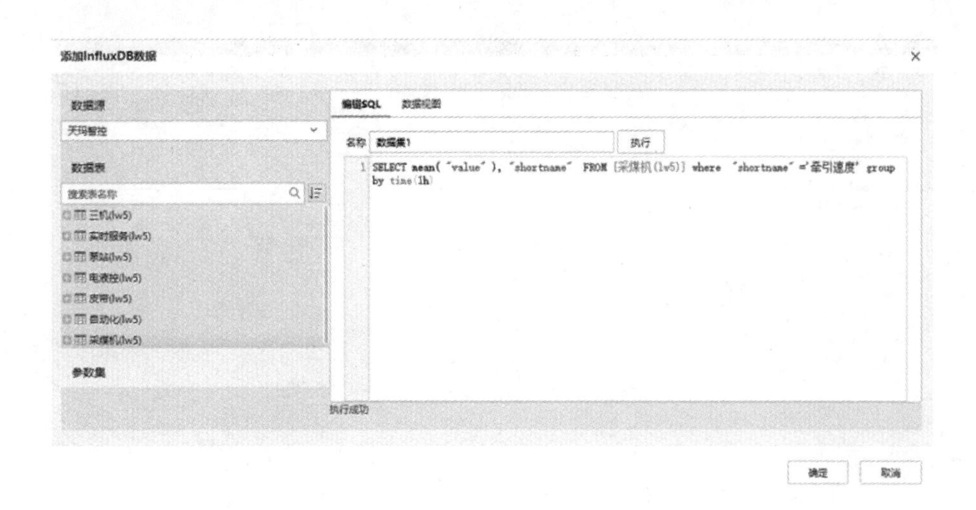

图 8-6　分表操作

得到如图 8-7 所示的分表结果，分别为三机电流、皮带电流和转速分别以分钟为粒度的降采表，三机除破碎机的电流分组表、破碎机的电流分组表（破碎机的电流区间和其他设备不同）和皮带电流分组表，三机状态表、皮带状态表和沿线闭锁状态表。

图 8-7　分表结果

（2）数据准备。

运输系统数据准备。在左侧数据表中选择“三机电流分组除破碎机”表，单击

“value”列右上角的倒三角，选择“数值分组”功能，对其进行分组（见图 8-8、图 8-9）。

shortname	value	
前部运输机.机头水平部.电流	68	
前部运输机.机头水平部.电流	69	
前部运输机.机头水平部.电流	71	
前部运输机.机头水平部.电流	70	
前部运输机.机头水平部.电流	68	
前部运输机.机头水平部.电流	67	
前部运输机.机头水平部.电流	66	2022-09-07 15:17:54
前部运输机.机头水平部.电流	67	2022-09-07 15:17:57
前部运输机.机头水平部.电流	65	2022-09-07 15:17:58
前部运输机.机头水平部.电流	67	2022-09-07 15:17:59
前部运输机.机头水平部.电流	66	2022-09-07 15:18:00
前部运输机.机头水平部.电流	68	2022-09-07 15:18:01
前部运输机.机头水平部.电流	70	2022-09-07 15:18:03
前部运输机.机头水平部.电流	71	2022-09-07 15:18:05
前部运输机.机头水平部.电流	70	2022-09-07 15:18:06
前部运输机.机头水平部.电流	69	2022-09-07 15:18:07
前部运输机.机头水平部.电流	66	2022-09-07 15:18:10
前部运输机.机头水平部.电流	69	2022-09-07 15:18:11

图 8-8 数值分组

图 8-9 数值分组区间设定

对“皮带电流分组”表和“破碎机电流分组”表的 value 列也进行分组，皮带电流

分组区间和三机一致，破碎机的电流分组为 10~25、25~35、35~45 和 45~55。

（3）创建分析场景。

单击“可视化设计”即可进入数据可视化分析，分析过程中“数据准备”与“可视化设计”可自由切换。

在场景“配置”中，进行画布类型、大小、扩展模式等信息的配置。也可以选择使用默认值。本案例画布比例设为 1920×1080（见图 8-10）。

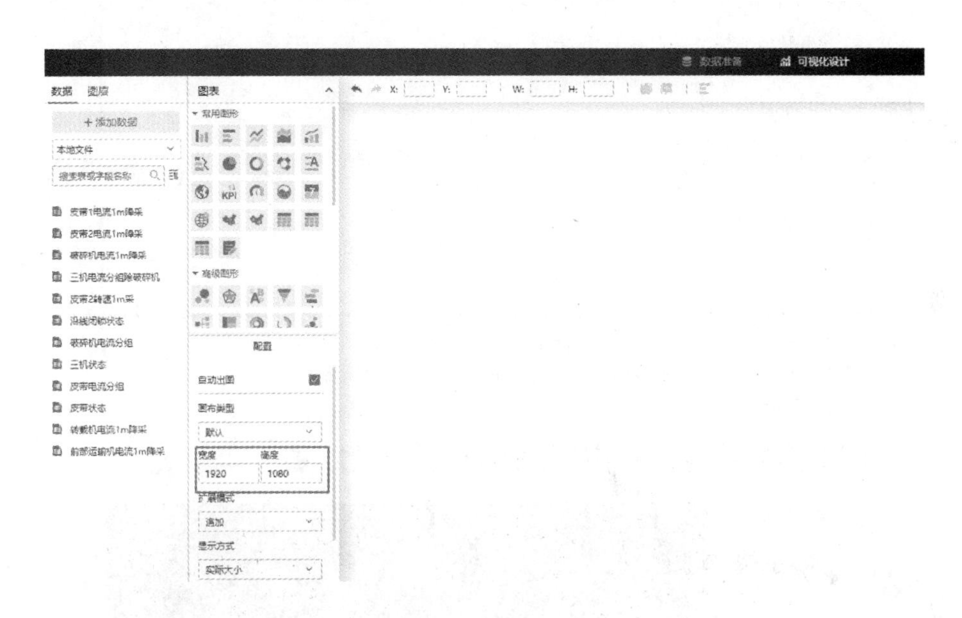

图 8-10　创建分析场景

1）运输系统运行情况总览。

第一，设置画布背景色和配色。单击“右上角素材库”，选择背景图片，这里使用本地上传 UI 图片作为背景（见图 8-11）。

使用“图片”组件将页面所需要用到的背景图片全部上传，并放在指定位置上（见图 8-12）。

第二，设置标题。在左侧图表区将“文本”组件单击选中，拖入右侧画布，双击或单击编辑按钮进入到文本编辑页面，输入本看板的标题“运输系统运行情况总览”。可以对标题的字体、字号、颜色等进行修饰（见图 8-13）。

第三，设置时间筛选器。拖入两个“筛选器”组件到画布，筛选器的时间使用非降采表的 time，时间粒度到秒，右上角的筛选器进行全局控制，中间的筛选器只控制中间区域（见图 8-14）。

图 8-11　设置画布背景（运输系统）

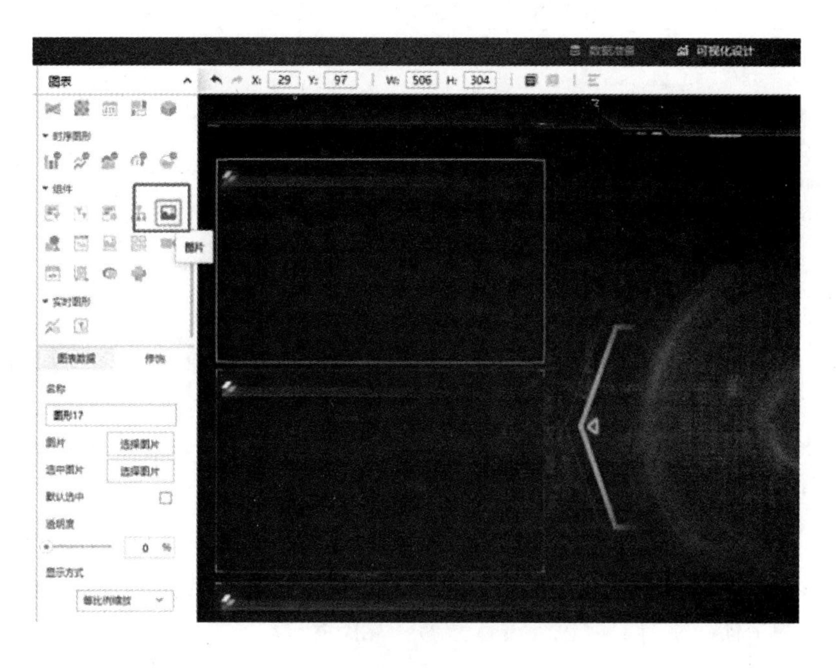

图 8-12　背景图片设置（运输系统）

第四，分析三机和皮带的开机时长和生产班开机率。拖入 JS 组件至画布，通过 JS 代码对筛选器所选择时间范围内的三机和皮带开机时长进行计算，并计算其生产班开机率（见图 8-15）。

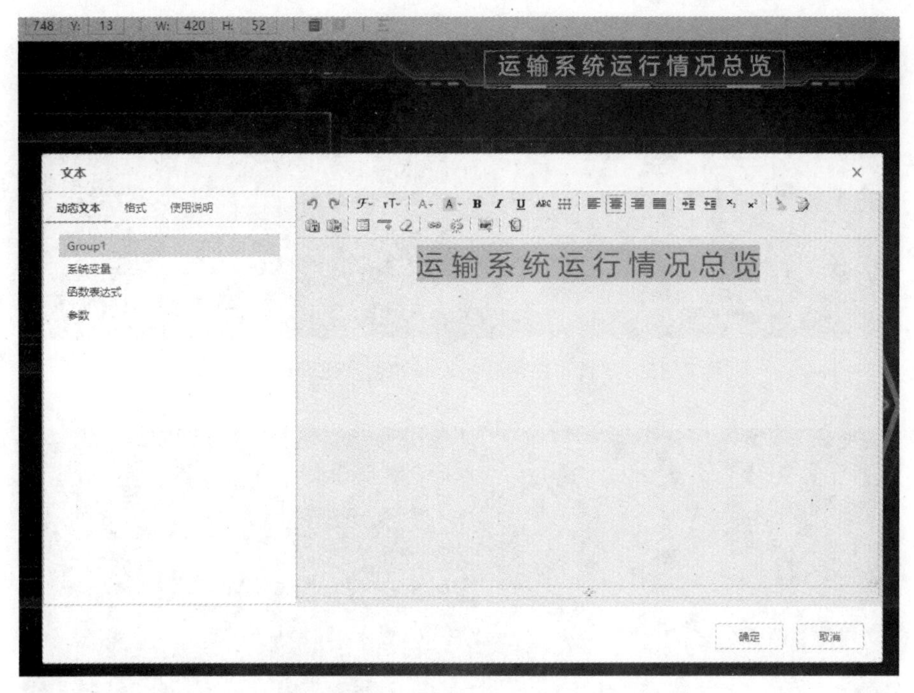

图 8-13　图表标题设置（运输系统）

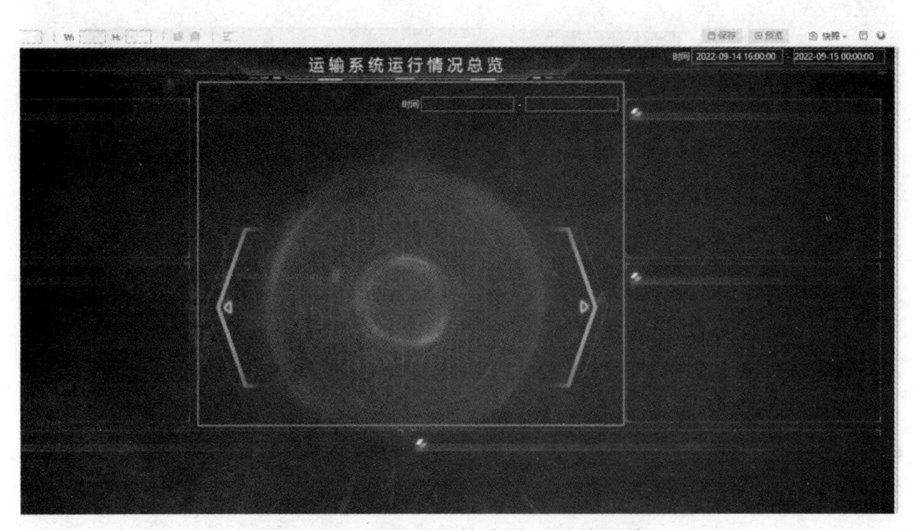

图 8-14　设置时间筛选器（运输系统）

第五，分析三机和皮带的各电流区间的电流负荷时间和占比。在中间区域放置一个“Tab 页签”，中心是各个设备的模型图片，通过 JS 组件使用 JS 代码计算出各电流区间的负荷时间和占比情况，右上角用 JS 绘制出占比饼形图（见图 8-16）。这里一共放置了两个页签，通过 JS 实现单击两侧的图标切换页签（见图 8-17）。

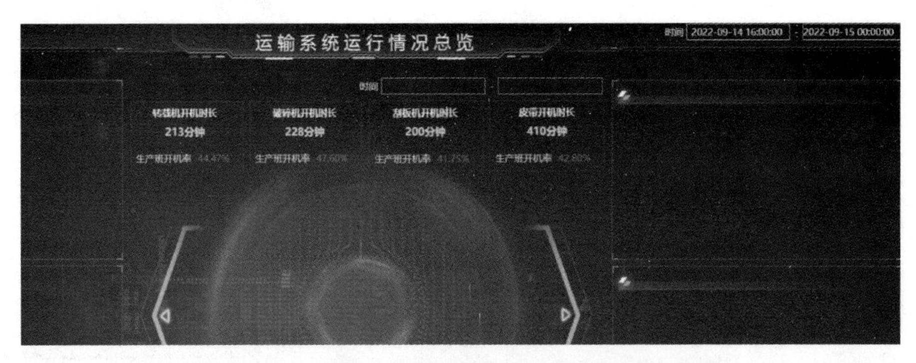

图 8-15　三机和皮带开机时长和生产班开机率分析

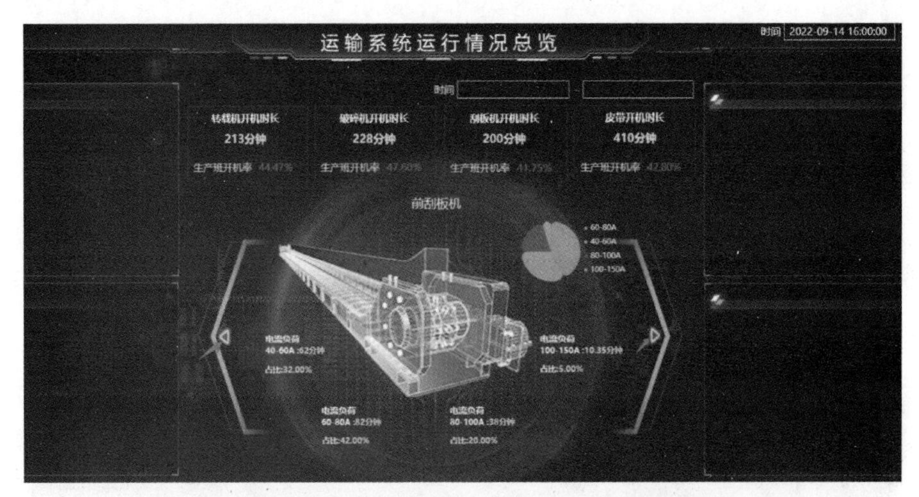

图 8-16　三机和皮带的各电流区间的电流负荷时间和占比分析

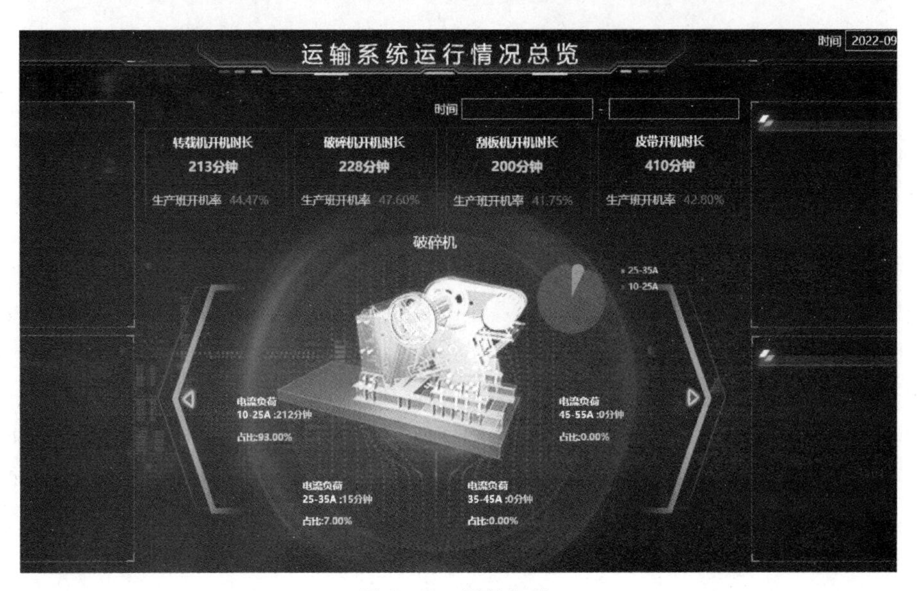

图 8-17　页签切换

第六，分析三机和皮带近一周的生产班开机率。这里以右上角筛选器的时间为截止日期，往前计算七天来展示三机和皮带的生产班开机率；通过共享数据的形式绘制图形，避免数据量过大，多个图表同时查询数据而导致图形加载时间过长的问题（见图 8-18）。

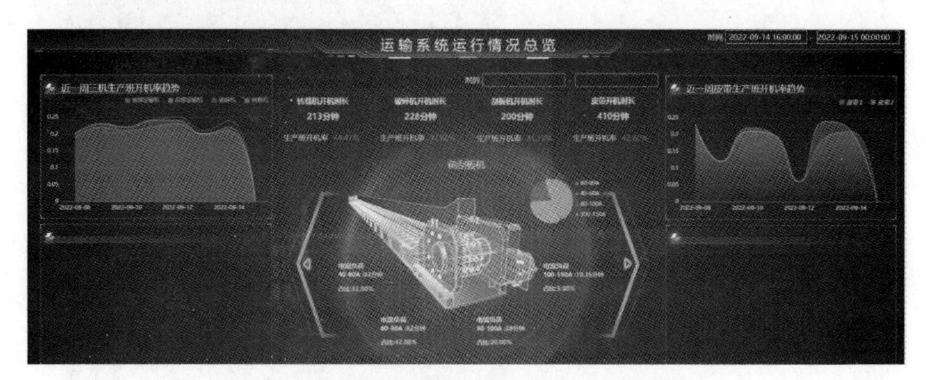

图 8-18　三机和皮带近一周的生产班开机率分析

第七，分析三机的电流趋势和皮带的电流转速趋势。使用【面积图】组件绘制三机电流趋势，X 轴时间粒度选择到秒，Y 轴分别来自三张表的 mean 列，聚合方式选择为平均值（见图 8-19）。

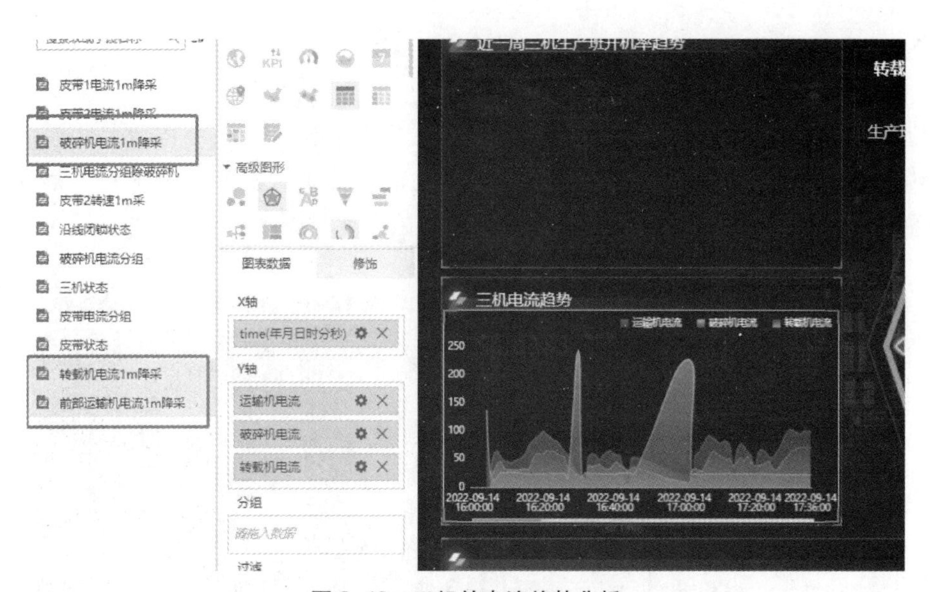

图 8-19　三机的电流趋势分析

在更多配置的常规中启用缩放，自定义数据点为 99999，系列中开启断点连接，不显示坐标轴的网格线，图例位置设置在右上角；在图形工具栏上进行脚本编辑，修改配置项内容，该内容包括初始化动画、背景色、堆叠、百分比、缩放等情况（见图 8-20）。

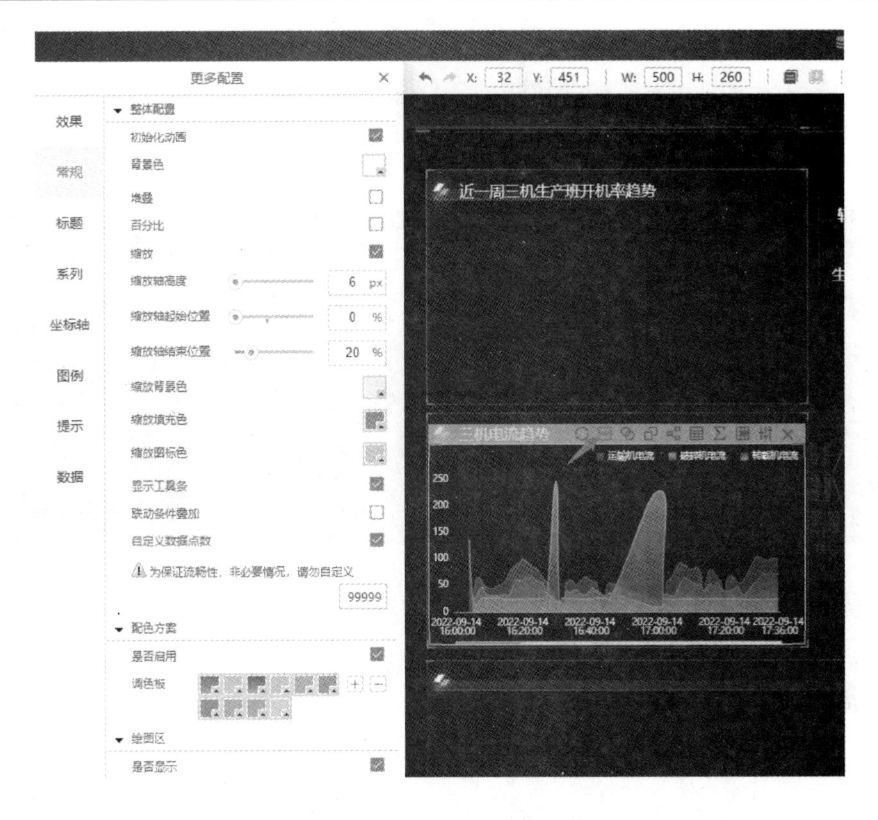

图 8-20　图表修饰（运输系统）

使用“组合图”绘制皮带电流转速趋势，配置内容类似于三机电流趋势，由于电流和转速数据相差过大，因此需要在系列中将皮带 2 转速设置为右侧 Y 轴，系列类型都设置为面积，在提示中整体的显示方式设置为截面（见图 8-21）。

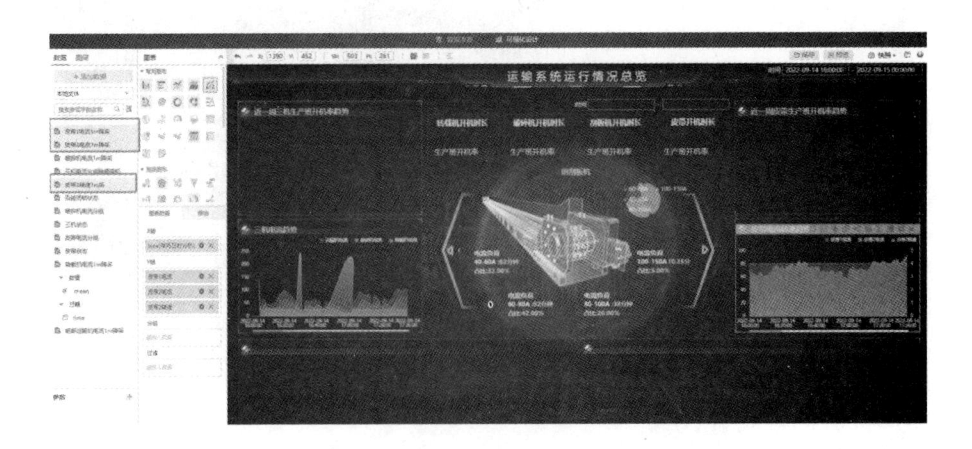

图 8-21　皮带的电流转速趋势分析

第八，分析三机和皮带的开关机状态分布。使用 JS 组件绘制出当前筛选器时间范围内的三机开关机状态和沿线闭锁状态，以及皮带的开关机状态，再计算出总的沿线闭锁时长和无闭锁时长进行展示（见图 8-22）。

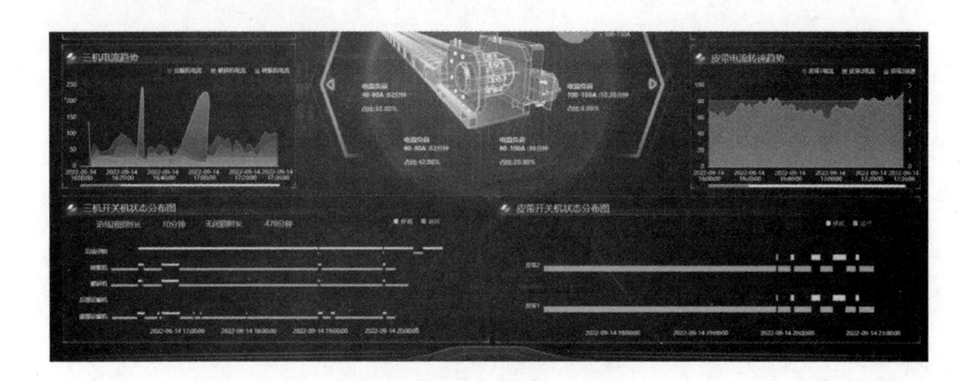

图 8-22　三机和皮带的开关机状态分布分析

运输系统运行情况整体页面效果如图 8-23 所示。

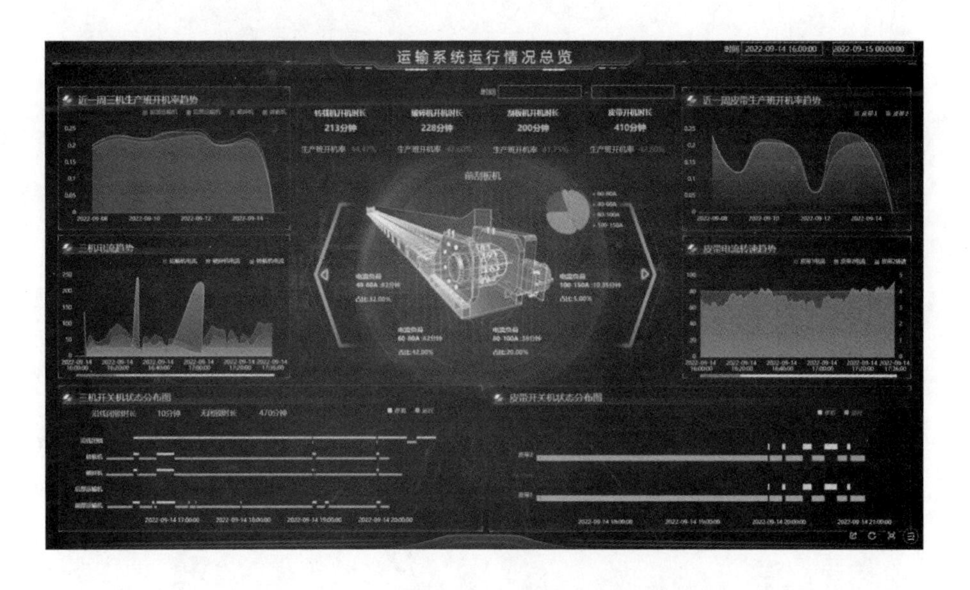

图 8-23　运输系统运行情况整体页面效果

2）采煤机系统运行情况总览。数据表如图 8-24 所示。

第一，设置画布背景色和配色。单击右上角“素材库”，选择背景图片，这里使用本地上传 UI 图片作为背景（见图 8-25）。

数据

＋添加数据

本地文件

搜索表或字段名称

- 高度与角度
- 开机率开机时长
- 速度1m采
- 速度与电流
- 位置及滚筒动作
- 位置架
- 右滚筒电流1m采
- 右滚筒温度1m采
- 左滚筒电流1m采
- 左滚筒温度1m采

关联 | 汇总 合并 逆透视 | 重命名 | 列隐藏 列合并

abc shortname	# 俯仰角
右滚筒.高度	
左滚筒.高度	
右滚筒.高度	
右滚筒.高度	
横滚角	
俯仰角	3.86
右滚筒.高度	
左滚筒.高度	
横滚角	
俯仰角	3.85
右滚筒.高度	
左滚筒.高度	
俯仰角	3.86
右滚筒.高度	
横滚角	
右滚筒.高度	
左滚筒.高度	

图 8-24 采煤机数据表

图 8-25 设置画布背景（采煤机系统）

使用“图片”组件将页面所需要用到的背景图片全部上传，并放在指定位置上（见图 8-26）。

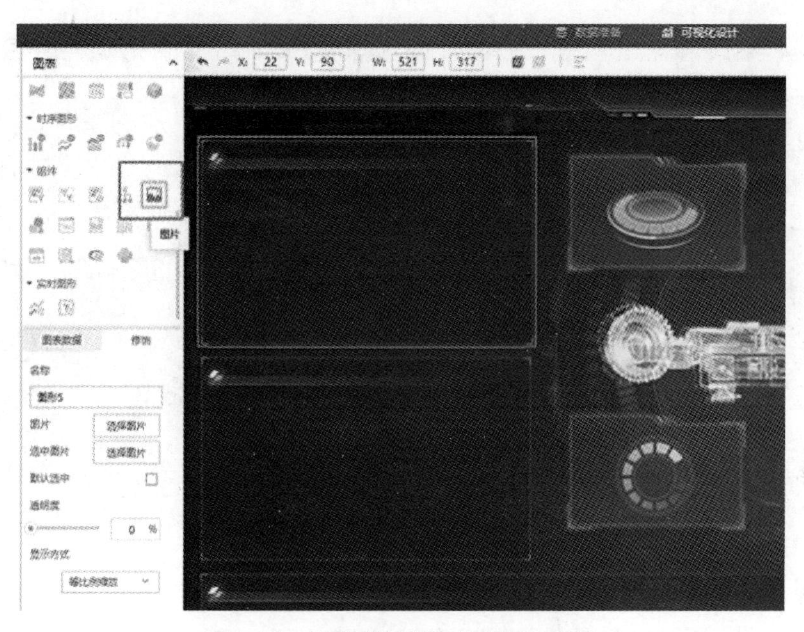

图 8-26　背景图片设置（采煤机系统）

第二，设置标题。在左侧图表区将“文本”组件单击选中，拖入右侧画布，双击或单击编辑按钮进入文本编辑页面，输入本看板的标题“采煤机系统运行情况总览”。可以对标题的字体、字号、颜色等进行修饰（见图 8-27）。

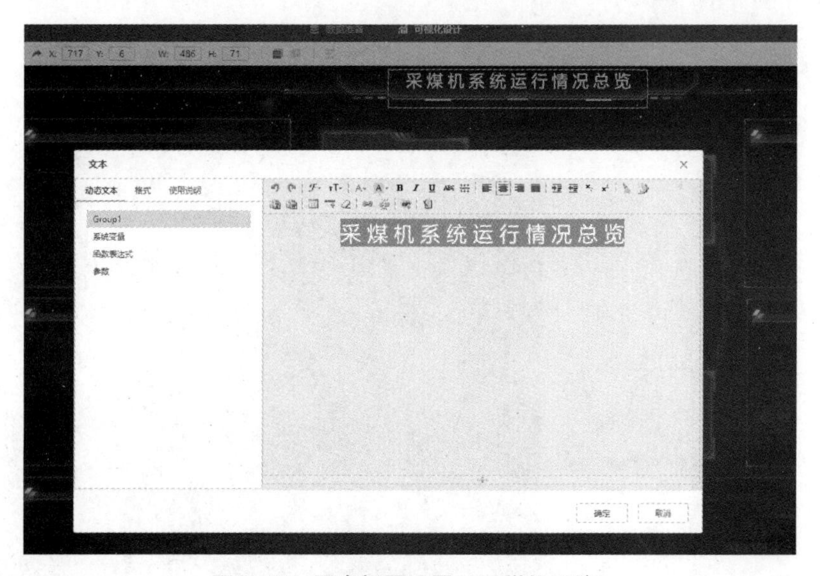

图 8-27　图表标题设置（采煤机系统）

第三，设置筛选器。拖入“筛选器”组件到画布右上角，筛选器的时间使用非降采表的 time，时间粒度到秒，使用筛选器进行全局控制（见图 8-28）。

图 8-28　设置筛选器（采煤机系统）

第四，使用 JS 组件进行编辑。分析采煤机在当前时间范围内的开机率、平均速度、自动率和开机时长，开机率、自动率和开机时长都使用 JS 组件进行计算，开机率和开机时长的 JS 组件的列中拖入“开机率开机时长”表中的所有列，自动率的 JS 组件的列中拖入“位置架”表中的所有列，注意需要按图中顺序拖入，进入编辑输入相应 JS 代码（见图 8-29 和图 8-30）。

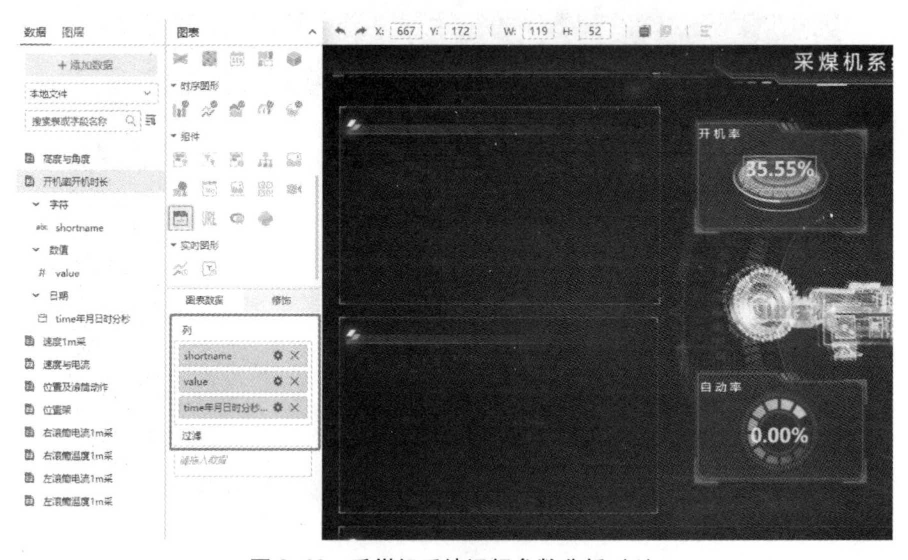

图 8-29　采煤机系统运行参数分析（1）

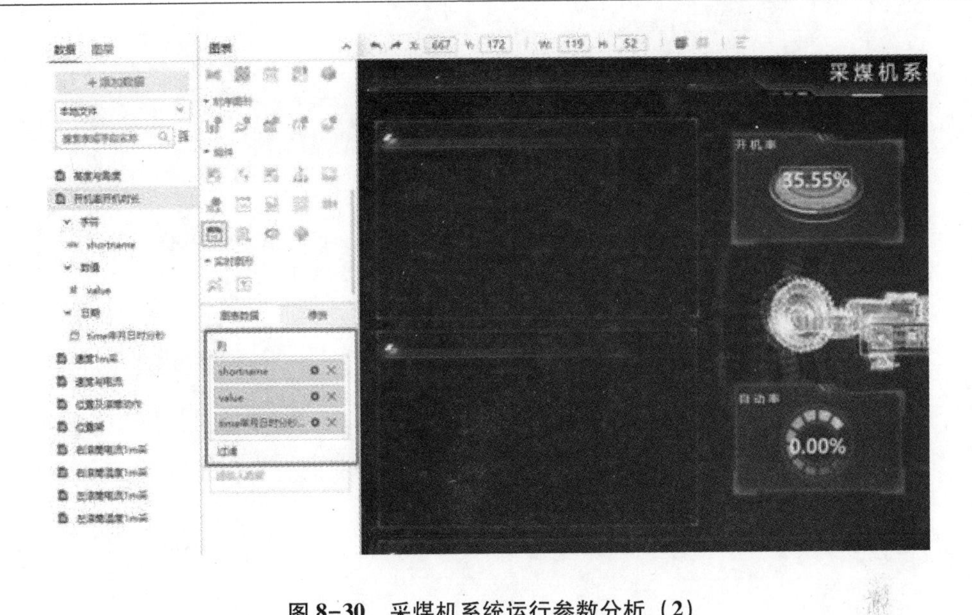

图 8-30 采煤机系统运行参数分析（2）

拖入“文本”组件计算平均速度，文本组件的指标中拖入“速度 1m 采”表的 mean 列，设置为维度，聚合方式为平均值（见图 8-31）。

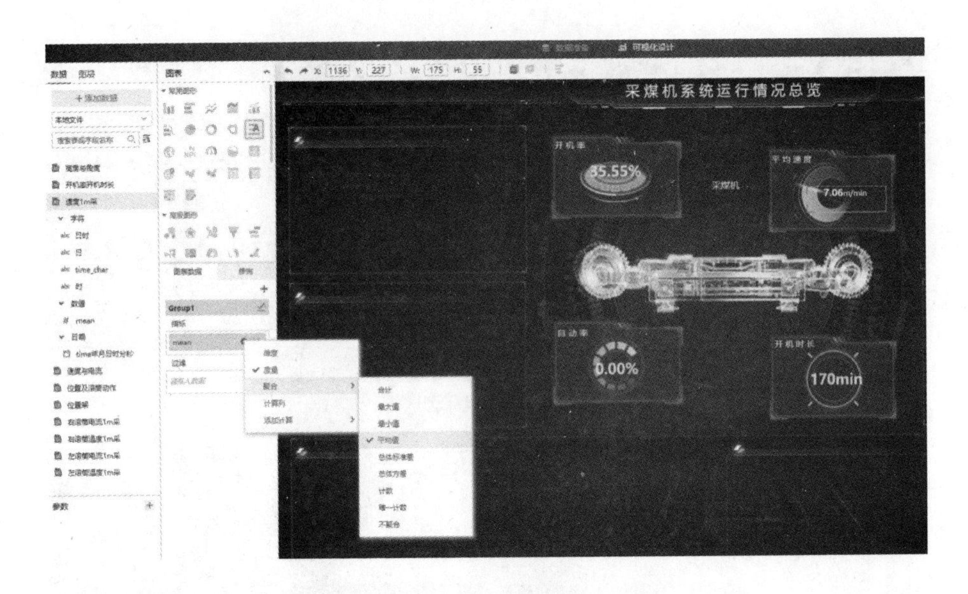

图 8-31 文本组件计算平均速度

双击或单击编辑进入编辑界面，单击左侧指标可以进行引用，输入内容，对文本字体、字号、颜色进行配置，修改完后单击“确定”（见图 8-32）。

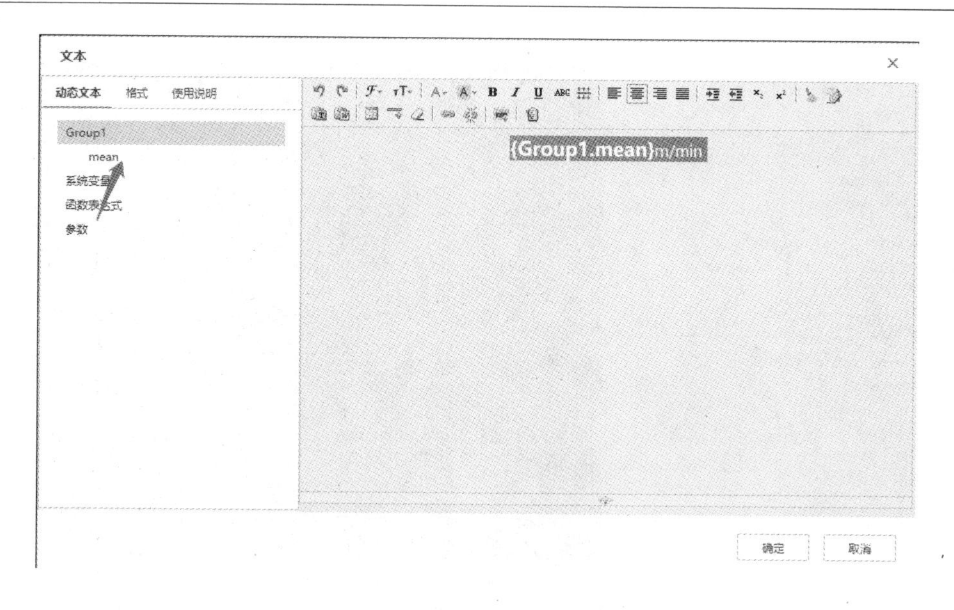

图 8-32　文本字体配置

第五，分析采煤机的位置分布。拖入一个“JS”组件，在图表数据的列中拖入“位置架”表中的所有列，在编辑界面输入对应代码（见图 8-33）。

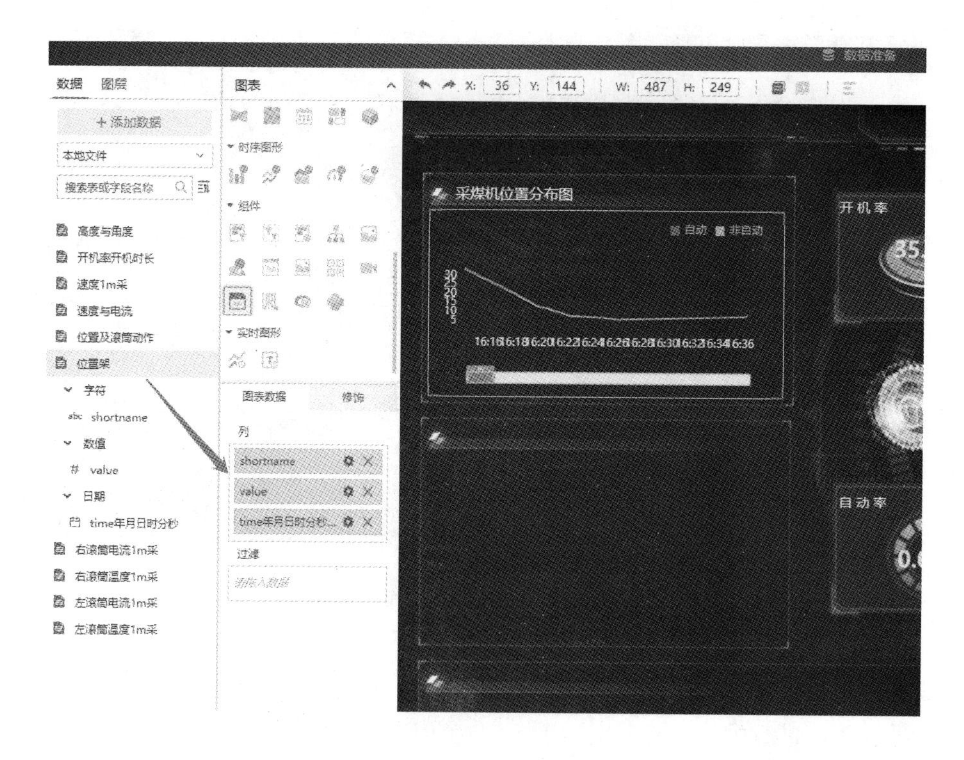

图 8-33　采煤机位置分布分析

第六，分析采煤机位置架和滚筒动作的分布。拖入一个“JS”组件，在图表数据的列中拖入“位置及滚筒动作”表中的所有列，在编辑界面输入对应代码（见图 8-34）。

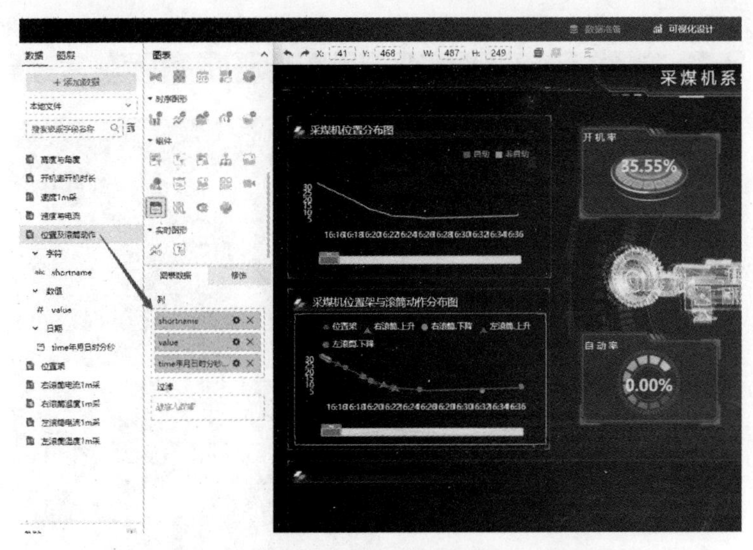

图 8-34 采煤机位置架和滚筒动作分布分析

第七，分析采煤机速度趋势。拖入一个“线形图”组件，图表数据的 X 轴和 Y 轴分别拖入“速度 1m 采”表的 time（time 时间粒度选择到秒）和 mean，双击 mean 重命名为速度（见图 8-35）。

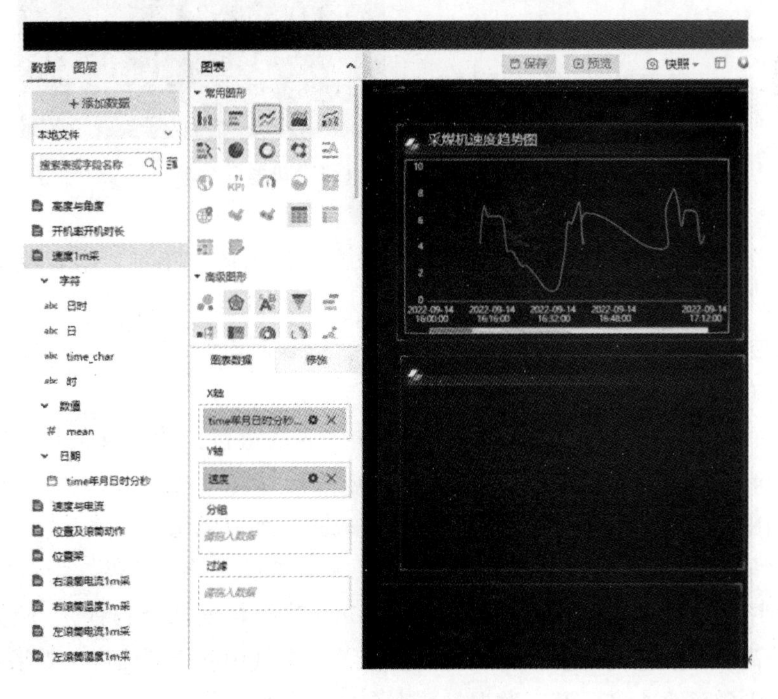

图 8-35 采煤机速度趋势分析

单击“修饰”，在更多配置中修改配置内容，常规中开启缩放，自定义数据点数为 99999；系列中修改样式为曲线，开启断点连接；图例中取消显示图例（见图 8-36）。

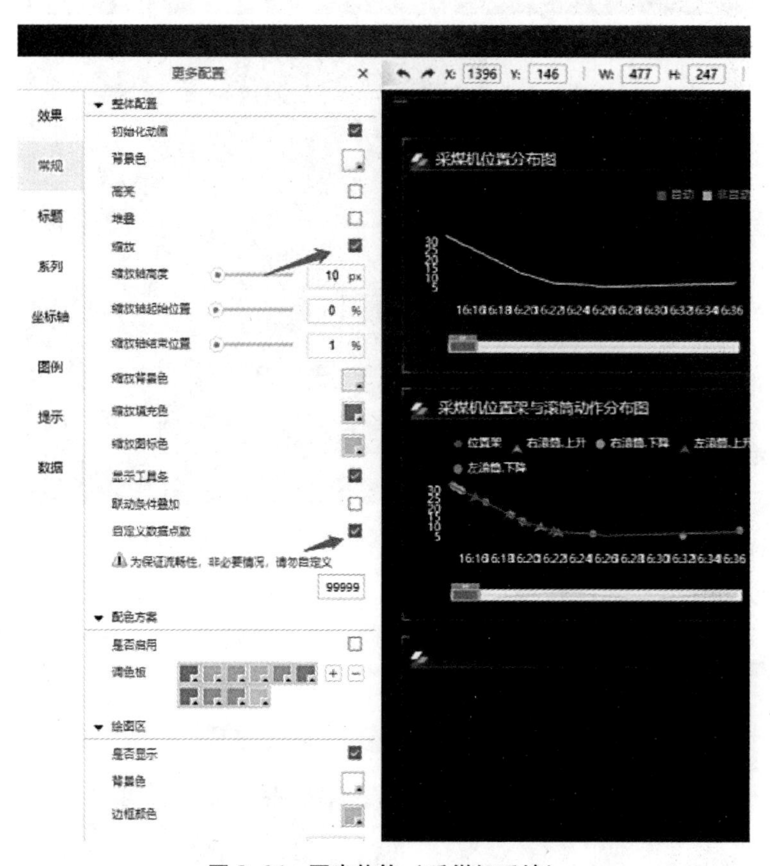

图 8-36　图表修饰（采煤机系统）

第八，分析采煤机滚筒温度趋势。拖入一个“线形图”组件，图表数据的 X 轴和 Y 轴分别拖入“左滚筒温度 1m 采”表的 time（time 时间粒度选择到秒），“左滚筒温度 1m 采”表与“右滚筒温度 1m 采”表的 mean，分别双击左右滚筒的 mean 重命名为左滚筒温度与右滚筒温度（见图 8-37）。

单击“表关系配置”在关系管理中选择两张表的链接类型以及关联字段，使“左滚筒温度 1m 采”表与“右滚筒温度 1m 采”表数据关联（见图 8-38）。之后按照与上面图形绘制中一样的方法修改图形配置项，完成图形细节优化。

第九，采煤机角度与滚筒高度趋势。拖入一个“线形图”组件，图表数据的 X 轴和 Y 轴分别拖入“高度与角度”表的 time（time 时间粒度选择到秒）、俯仰角、横滚角、左滚筒高度、右滚筒高度。之后在更多配置—常规中基于页面展示效果及配色风格打开缩放并调整配色方案，基于数据量要求自定义数据点数。

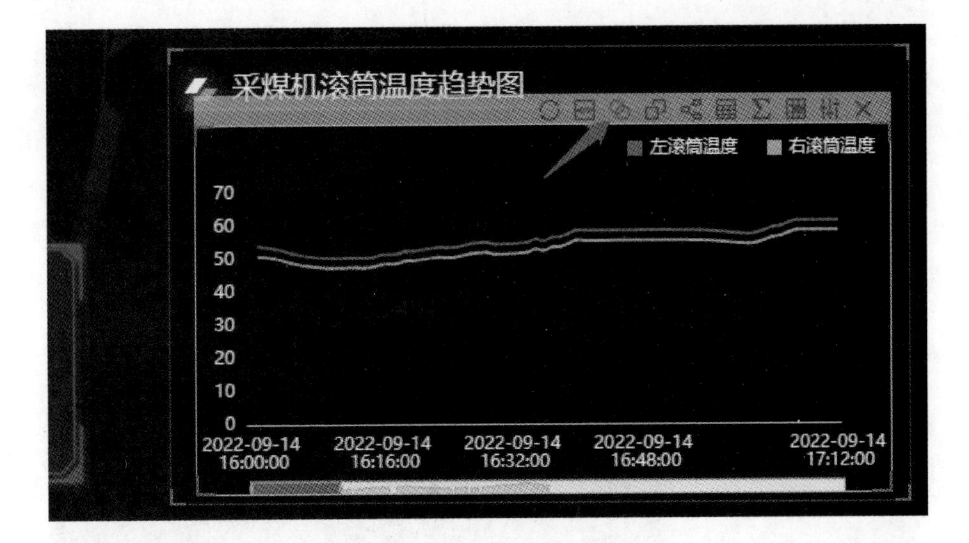

图 8-37 采煤机滚筒温度趋势

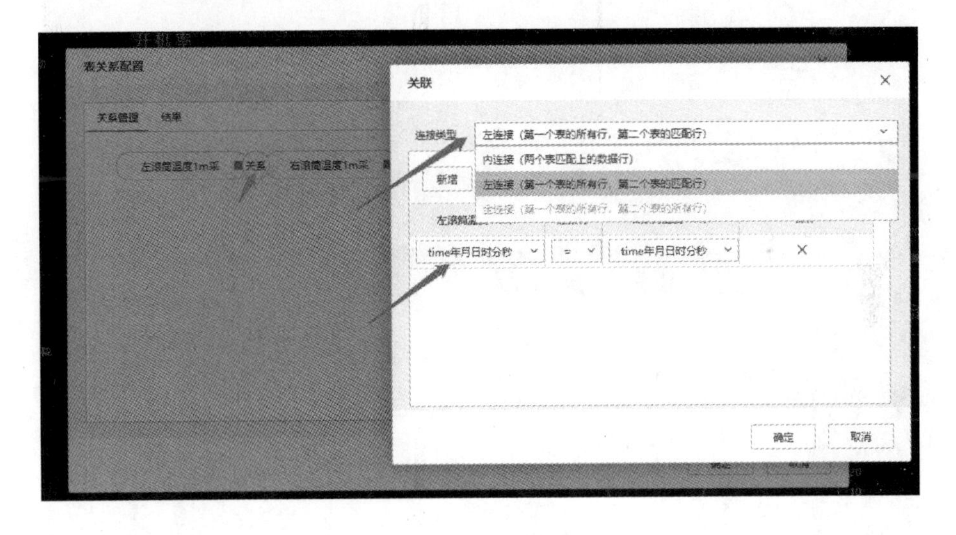

图 8-38 表关系配置

第十，采煤机速度与电流趋势。拖入一个“线形图”组件，图表数据的 X 轴和 Y 轴分别拖入“速度 1m 采”表的 time（time 时间粒度选择到秒）和 mean，“右滚筒电流 1m 采”表的 mean，“左滚筒电流 1m 采”的 mean。

单击“表关系配置”在关系管理中选择三张表的链接类型以及关联字段，使得“速度 1m 采”表、“左滚筒电流 1m 采”表与“右滚筒电流 1m 采”表数据关联（见图 8-40）。之后按照与上面图形绘制中一样的方法修改图形配置项，完成图形细节优化。

采煤机系统运行情况整体页面效果如图 8-41 所示。

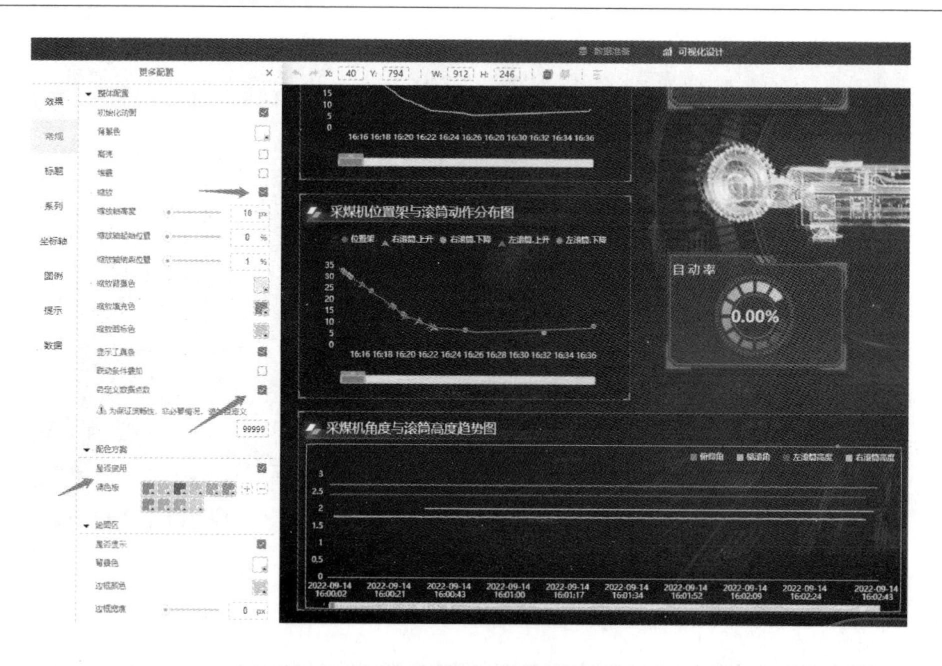

图 8-39　采煤机角度与滚筒高度趋势

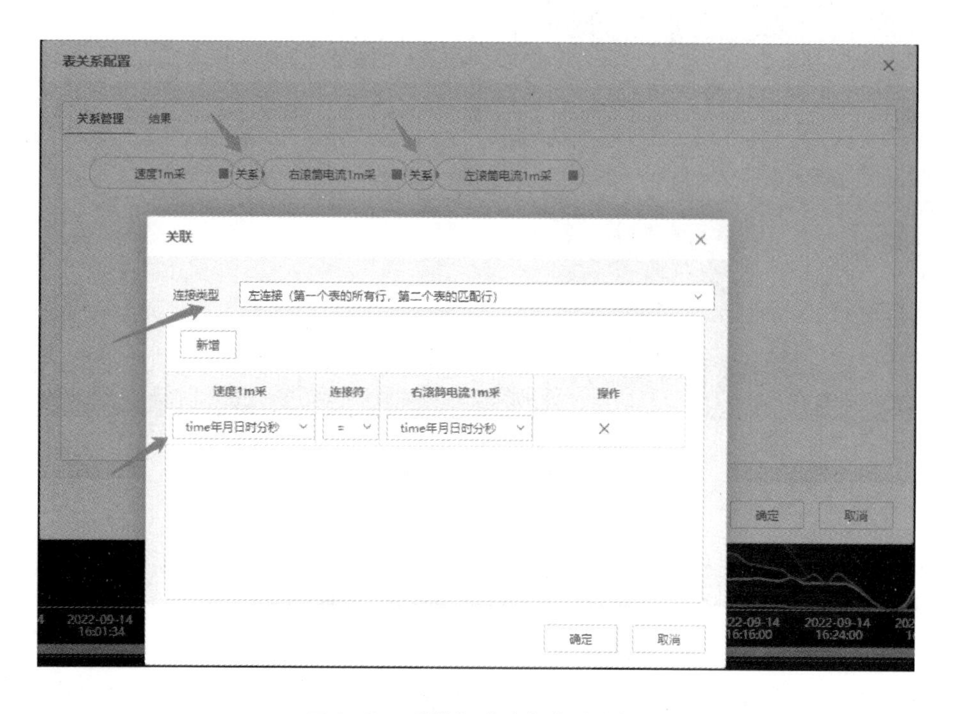

图 8-40　采煤机速度与电流趋势

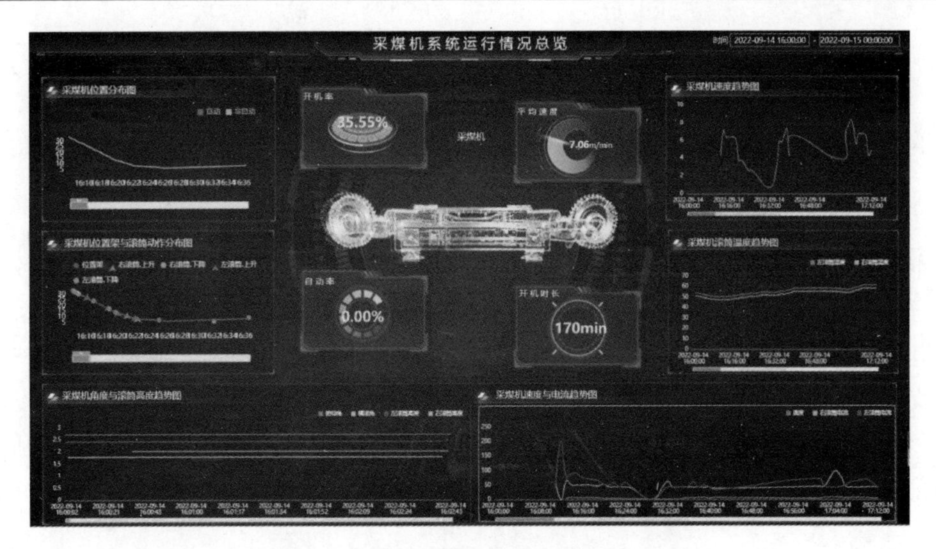

图 8-41 采煤机系统运行情况整体页面效果

8.2.5 实验结果及分析

随着井下自动化程度的不断提升，分析井下各设备运行情况则成为判断设备稳定性以及井下工况的必须手段，而对于井下设备的运行时长、电流、温度之间的关系以及变化趋势是分析的核心，通过分析历史数据分析，可以帮助企业对设备的自动控制策略及时优化，同时也可以直观地掌握设备相关数据。

通过对上述历史数据进行分析得出了以下结论：

（1）运输系统中皮带运行时长最长，破碎机开机率最大，检修班时可优先对皮带、破碎机进行及时检修。

（2）采煤机自动化程度较低，需调整采煤机自动化策略。

通过本案例的学习，能够了解煤矿领域传感器的时序数据分析应用场景，熟练掌握数据可视化分析技术。本案例基于煤矿智能化开采控制相关数据，通过分析三机（前/后部运输机、刮板机、破碎机）、皮带、采煤机和滚筒等开机运行数据，进行可视化分析，完成两个可视化页面的设计，能够理解可视化分析的整体思路，学会处理时序数据，以及相关数据准备和图形组件的使用，提高对实际问题的数据分析能力，能够将所学知识应用到其他领域数据分析和可视化的实际案例中。

通过平台强大的数据接入处理能力和可视化呈现能力，将数据接入并处理（降采/分表），减少数据量，降低后期数据处理成本，实现各个系统的开机运行情况的数据可视化，为矿方在井下智能化、科学化、数字化、可视化采煤提供可靠的数据支撑，辅助决策煤机自动化控制策略优化，展现煤矿的自动化程度，尽快提高煤矿的自动化程度，通过数字化推进自动化。

本章小结

本章首先概述了数据可视化的定义、特点及其重要性，并介绍了不同类型的数据可视化方法，包括科学可视化、信息可视化、可视化分析学、指标可视化和数据关系可视化。其次详细阐述了数据可视化的流程，从数据采集、数据处理和变换到可视化映射和人机交互等关键步骤。最后探讨了设计数据可视化的十条基本原则，并通过煤矿设备运行情况的实验案例展示了如何利用时序数据进行处理和可视化分析，以提高煤矿开采的自动化水平和决策支持能力。

参考文献

[1] Ramdane Y, Boussaid O, D Boukraà, et al. Building a Novel Physical Design of a Distributed Big Data Warehouse over a Hadoop Cluster to Enhance OLAP Cube Query Performance [J]. Parallel Computing, 2022 (111): 102918.

[2] Wang X, Besanon L, Ammi M, et al. Understanding Differences between Combinations of 2D and 3D Input and Output Devices for 3D Data Visualization [J]. International Journal of Human-Computer Studies, 2022 (163): 102820.

[3] Xu H, Wang C R, Berres A, et al. Interactive Web Application for Traffic Simulation Data Management and Visualization [J]. Transportation Research Record, 2022, 2676 (1): 274-292.

[4] 蔡斌，陈湘萍. Hadoop 技术内幕 [M]. 北京：机械工业出版社，2013.

[5] 陈晨，刘秀，李晋源. 基于数据仓库的多源监控告警数据集成系统 [J]. 电子设计工程，2023，31 (7): 104-108.

[6] 陈燕，李桃迎. 数据挖掘与聚类分析 [M]. 大连：大连海事大学出版社，2012.

[7] 菲尔·西蒙. 大数据可视化：重构智慧社会 [M]. 漆晨曦，译. 北京：人民邮电出版社，2015.

[8] 顾炯炯. 云计算架构技术与实践 [M]. 北京：清华大学出版社，2014.

[9] 黄宜华，苗凯翔. 深入理解大数据：大数据处理与编程实践 [M]. 北京：机械工业出版社，2014.

［10］霍朝光，卢小宾. 数据可视化素养研究进展与展望［J］. 中国图书馆学报，2021，47（2）：79-94.

［11］Jean Paul Isson，Jesse S. Harriott. 大数据分析：用互联网思维创造惊人价值［M］. 漆晨曦，刘斌，译. 北京：人民邮电出版社，2014.

［12］卡劳，肯维尼斯科，温德尔，等. Spark 快速大数据分析［M］. 王道远，译. 北京：人民邮电出版社，2015.

［13］拉贾拉曼，厄尔曼. 大数据：互联网大规模数据挖通与分布式处理［M］. 王斌，译. 北京：人民邮电出版社，2012.

［14］李春葆，李石君，李筱驰. 数据仓库与数据挖掘实践［M］. 北京：电子工业出版社，2014.

［15］刘鹏. 实战 Hadoop：开启通向云计算的捷径［M］. 北京：电子工业出版社，2011.

［16］刘鹏. 云计算（第 2 版）［M］. 北京：电子工业出版社，2011.

［17］陆嘉恒. Hadoop 实战（第 2 版）［M］. 北京：机械工业出版社，2012.

［18］威滕，弗兰克，霍尔. 数据挖掘：实用机器学习工具与技术［M］. 李川，张永辉，译. 北京：机械工业出版社，2014.

［19］维克托・迈尔・舍恩伯格. 大数据时代：生活、工作与思维的大变革［M］. 周涛，译. 杭州：浙江人民出版社，2012.

［20］吴朱华. 云计算核心技术剖析［M］. 北京：人民邮电出版社，2011.

［21］项亮. 推荐系统实践［M］. 北京：人民邮电出版社，2012.

［22］姚宏宇，田溯宁. 云计算：大数据时代的系统工程［M］. 北京：电子工业出版社，2013.

［23］伊恩・艾瑞斯. 大数据思维与决策［M］. 宫相真，译. 北京：人民邮电出版社，2014.

［24］于俊，向海，代其锋，等. Spark 核心技术与高级应用［M］. 北京：机械工业出版社，2015.

［25］曾繁超. 基于 PaaS 平台的矢量关系化数据可视化方法［J］. 信息技术，2022，46（3）：127-132.

［26］周英，卓金武，卞乐青. 大数据挖掘：系统方法与实例分析［M］. 北京：机械工业出版社，2016.